职业教育精品教材（制冷和空调设备运行与维修专业）

制冷与制冷设备技术

（第5版）

金国砥　主编
姚建平　宋进朝　祝玉林　沈国勇　葛　鸣　金　成　参编

電子工業出版社
Publishing House of Electronics Industry
北京 • BEIJING

内 容 简 介

本书是为了满足职业院校机电类专业进行制冷与制冷设备教学而编写的教材。

本书内容包括制冷概述、制冷基础知识、制冷设备的结构与原理、制冷系统组成及故障检修、制冷设备的电气控制系统、空调器的通风系统、制冷设备的选用与维护、制冷设备常见故障分析与处理、制冷设备维修服务与经营管理、电冰箱和空调器基本操作课题 10 个模块。其中，全国“制冷与空调设备组装与调试”大赛和大赛装置介绍，可进一步提高学生实战能力。

本书可作为职业院校机电技术类、电气技术类和电子技术类专业课程指导用书，也可供高等职业学校相关学生、职业技能鉴定、电冰箱和空调器工程技术人员参考。

图书在版编目（CIP）数据

制冷与制冷设备技术/金国砥主编. —5 版. —北京：电子工业出版社，2015.2
职业教育精品教材. 制冷和空调设备运行与维修专业
ISBN 978-7-121-25135-1

Ⅰ. ①制… Ⅱ. ①金… Ⅲ. ①制冷技术－中等专业学校－教材②制冷装置－中等专业学校－教材
Ⅳ. ①TB6

中国版本图书馆 CIP 数据核字（2014）第 294364 号

策划编辑：张 帆
责任编辑：张 帆
印 刷：三河市鑫金马印装有限公司
装 订：三河市鑫金马印装有限公司
出版发行：电子工业出版社
北京市海淀区万寿路 173 信箱 邮编 100036
开 本：787×1 092 1/16 印张：16.75 字数：428.8 千字
版 次：1999 年 4 月第 1 版
2015 年 2 月第 5 版
印 次：2024 年 1 月第 16 次印刷
定 价：33.60 元

凡所购买电子工业出版社图书有缺损问题，请向购买书店调换。若书店售缺，请与本社发行部联系，联系及邮购电话：（010）88254888，88258888。

质量投诉请发邮件至 zlts@phei.com.cn，盗版侵权举报请发邮件至 dbqq@phei.com.cn。

本书咨询联系方式：（010）88254592，bain@phei.com.cn。

再版（五版）说明

中等职业教育是我国职业教育的重要组成部分，其根本任务是培养和造就适应生产、建设、管理、服务第一线需要的德、智、体、美全面发展的技术性应用型人才。近年来，中等职业教育发展迅猛，其宏观规模发生了历史性变化。《国务院关于大力推进职业教育改革与发展的决定》明确提出，职业教育应“坚持以就业为导向，深化职业教育教学改革”。要加强学生操作技能的训练，在动手实践中锻炼过硬的本领，是提高中职教育水平的关键。

“崇尚一技之长、不唯学历凭能力”。《制冷与制冷设备技术》就是根据“以从职业岗位要求出发，职业能力和技能培养为核心，涵盖新工艺、新方法、新技术的专业教学意见，在前几版获得中国电子教育学会优秀教材一等、三等奖的基础上，在广大中等职业学校师生和企业技术人员的支持下又编写的新一轮教材。

第 5 版教材继续坚持以基础知识必需够用为原则，以实践操作有的放矢为主线，任务总结学生为主教师为导，开阔视野、兴趣知能同行，在以下 3 方面作了进一步修订：

（1）在教育目标上突出能力本位的职业教育思想，理论联系实际，以求实际应用需求。如：带着学生走进制冷实操现场参观学习、看一看、听一听、做一做、议一议等。

（2）在教学内容上强调与劳动部门的技能鉴定标准紧密相扣，体现学以致用的原则，操作性强。在行文中力求文句简练，通俗易懂，图文并茂，使之更具直观性。围绕学习任务，将相关知识和技能传授给学生，激活学生的技能（知识）储备。如“做实验说现象、电冰箱空调器基本原理和故障检修示意图等。

（3）在形式上注意灵活多样，将学习、工作融于轻松愉悦的操练环境中，如诗句与故事、电冰箱空调器维修案例、温馨提示、教仪装备介绍，以及全国技能大赛掠影等。

本书主要内容包括制冷概述、制冷基础知识、制冷设备的结构与原理、制冷系统组成及故障检修、制冷设备的电气控制系统、空调器的通风系统、制冷设备的选用与维护、制冷设备常见故障分析与处理、制冷设备维修服务与经营管理、电冰箱和空调器基本操作课题 10 个模块。其中首届全国职业院校技能大赛（中职组）“制冷与空调设备组装与调试”任务书，可作为提高学生实践操作训练参考用。

本书由金国砥任主编，参加编写人员有姚建平、宋进朝、祝玉林、沈国勇、葛鸣、金成等。在编写中，得到了浙江天煌科技实业有限公司、杭州龙翔服装大厦等领导和同志的支持和帮助，在此表示衷心感谢。孙立群老师审阅了本书。

由于编者水平有限，书中难免存在不足或缺陷之处，恳请读者批评指正。

为了方便教师教学，本书配有教学指南及思考与练习参考答案（含电子版）。教师可登录 http://hxedu.com.cn 进行下载。

编　者

2014 年 • 秋

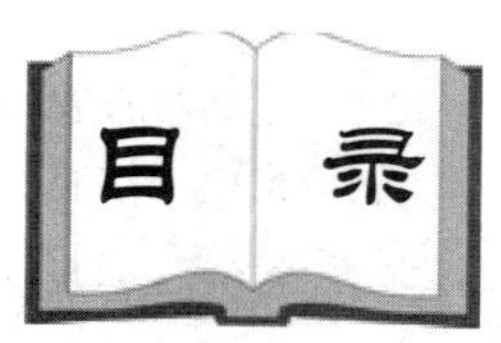
目 录

模块一

制冷概述

随着科学技术的发展，制冷与制冷技术在石油化工、医学卫生、工业生产、工厂施工、各种低温科学试验、航天技术，以及人们的日常生活中得到越来越广泛的应用。

通过本模块的学习，了解课程教学的性质与内容，以及制冷实训（实习）室的规则，树立安全与规范操作的职业意识；通过观看，认识制冷实训室的设备、仪器仪表及工具，明确学习目标、培养学习兴趣。

内容提要

- “冷”与“制冷”的概念
- 制冷与制冷技术在国民经济各部门中的应用
- 我国的制冷技术
- 制冷实训室内容与规则

1.1 制冷物理意义及研究内容

1.1.1 “冷”与“制冷”的概念

在自然界，热量总是从温度高的物体传向温度低的物体，或者由物体的高温部分传向低温部分，这就是冷（自然冷却）的规律，如图 1.1 所示。

图 1.1 自然界“冷”的规律

冷的程度受周围介质温度的影响，冬天可以将物体自然冷却到较低的温度，而在夏天冷却达到的极限温度就较高。要想把某物体的温度降低于它周围介质的温度之下，只能借助于人工冷却的方法。

“冷”是指物质温度的高低。冷却就是除去物体的热量。冷却过程中常伴随着温度的降低。

在制冷技术中，所谓“制冷”就是指用人为的方法不断地将热量从冷却对象释放到周围环境介质（一般指空气和水）中去，而使被冷却的对象达到比周围环境介质更低的温度，并且在一个较长的时间内维持所规定的温度的过程。例如在电冰箱中，将 10℃的物质降低为 0℃的物质，给以冷藏冷冻的过程。

制冷技术就是研究人工冷却的一门科学。其研究范围包括制冷过程、制冷过程热力学原理和传热原理，以及制冷机器与设备的构造、性能、操作与维修等技术。

按照生产、科研或生活上的需要和制冷所达到的低温范围，制冷又可以分为普通制冷（120K 以上）；深度制冷，简称深冷（120～20K）；低温制冷（20～0.3K）和超低温制冷（0.3K 以下）几个领域。由于低温范围不同，所使用的工质、机器设备、采取的制冷方式及其所依据的原理有很大的差别。本教材主要涉及普通制冷的领域。

提示

◎ 目前的时代是一个充满机遇和希望的时代，只要我们掌握一门技术，就可以很好地工作和生活。因此，我们要做好充分的准备：一是要练就过硬的专业技能；二是要培养全面的综合素质；三是要有终身学习的能力。

1.1.2 制冷技术的应用

“制冷”最早是用来保存食品和调节一定空间温度的。制冷技术发展到今天，它的应用已渗透到国民经济的各个部门及人们的日常生活中，制冷技术的应用如图 1.2 所示。

（a）轴瓦冰冷处理

（b）农作物技术的研究

（c）宇宙开发的研究

（d）食品冷藏冷冻处理

（e）适性空气调节

（f）制造人工冰场

图 1.2 制冷技术的应用

1.1.3 我国的制冷技术

我国是一个文明古国。勤劳、勇敢的中国人民，在古代就有了许多发明创造，曾为人类社会的进步做出了卓越的贡献。早在 3000 年前的周朝，我国人民就知道利用天然冰块来冷藏食品和制作清凉饮料。《诗经》中曾这样描写当时奴隶贮冰劳动的情景：“二之日凿冰冲冲，三之日纳入凌阴。”古代的凌阴，指冰窖。汉朝的《周礼》中就记载了周朝有专管冰的凌人官吏。随着封建社会取代奴隶社会；社会前进了一大步，天然用冰制冷技术也有了发展。《汉书·艺文志》上载道，春秋时期，秦国皇家造有一座冰宫，冰宫中的大立柱是用铜管制作的，每逢夏天，在每根铜柱中放入冰块，用以降低宫廷温度。魏国曹植在《大暑赋》中曾有这样的诗句："积素冰于幽馆，气飞积而为霜。"这表明我国古代就懂得冰的利用，如图 1.3 所示。

（a）冬天，冰工凿冰进冰窖

（b）夏天，冰投铜柱调室温

图 1.3　冰的应用

在唐朝，长安市场出现了冷饮。《唐摭言》云："蒯人为商，卖冰于市。"那时有名的"槐叶冷淘"就是用槐叶汁加糖经冰镇制成的。诗人杜甫食后诗兴大发，赞叹道："青青高槐叶，采摘付中橱，经齿冷于雪，劝人投此珠。"元朝初，意大利著名旅游家马可·波罗曾来我国长期居住，并把冷饮生产技术带回意大利，传向欧洲。

由于天然冰在采集、保存、使用等环节存在种种限制，促进人们对人工制冷的研究。1755 年，化学教授库仑在爱丁堡利用乙醚蒸发制出了冰。他的学生布拉克又从本质上解释了融化和汽化现象，导出了潜热的概念。美国发明家波尔斯，1834 年在伦敦造出了第一台以乙醚为介质（工质）的蒸气压缩机，之后，卡列和林德又以氨代替了乙醚。从 1910 年冰箱的问世，到 1930 年氟利昂制冷工质的出现和氟利昂制冷机的使用……制冷技术有了突破性的进展。

照理说，我国古代劳动人民所开创的应用天然冰制冷技术应逐步向人工制冷方面发展。但是，由于我国长期的封建统治束缚了人们的手脚，禁锢着变革步伐，阻碍我国制冷技术的发展，且延续至半封建半殖民地的国民党统治时期。当时，我国仅上海、天津、武汉、南京几个城市有少数冷库，总库容量也不过 3000 吨，还大都掌握在外国资本家手中，成为他们掠夺中国农副产品的据点。上海仅有的几家小"冰箱厂"也只能依靠进口设备、零件，搞些修修补补，为官僚买办、剥削阶级服务。至于制冷专业教育和科学研究则完全空白。

新中国成立后，在中国共产党领导下，我国制冷事业得到迅速发展。制冷制造工业从无到有，从小到大，从仿制到自行设计，正在不断地茁壮成长。我国从 1954 年制造出制冷机，到 1958 年已有很大发展。20 世纪 60 年代，在我国各大城市差不多都建立了制冷机厂。1964 年我国制冷工业开始走上自行设计的道路，有五种缸径的活塞式制冷压缩机 22 个品种，最大标准制冷量为每小时 44 万千卡。全封闭式压缩机系列的设计工作、蒸喷式制冷机的制作、溴化锂吸收式制冷机的设计试制和空调机的研制等都有了很大的进展，形成了一定的生产规模。

尽管如此，还需指出的是，制冷与制冷设备技术与先进国家相比仍有一定的差距，作为制冷战线上的一兵，任重而道远，我们一定要为实现四个现代化，努力学好这门技术，为发展我国的制冷事业做出更大的贡献。

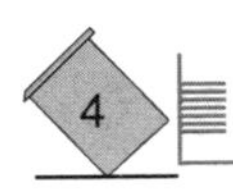

提示

◎ 专业体现价值，学习改变命运。

◎ 有压力才能产生动力，有动力才能培养能力。

知能拓展——诠释诗句、尝试应用

1. 诗句诠释

“二之日凿冰冲冲，三之日纳入凌阴。”

《诗经国风今译》为：

腊月里把冰砖冲冲地击捣，
正月间把冰砖块块藏地窖。

2. 冰棍的由来

弗兰克·埃珀森发明冰棍时，他还只是一个 11 岁的孩子。1905 年，人们把调配好的粉状原料和水搅拌在一起，准备制作清凉饮料。在那个寒冷的冬夜，埃珀森意外地将饮料遗忘在门外的走廊上。第二天清晨，埃珀森发现饮料冻成了固体，而搅拌棒却直直地立在其中。他试着舔了舔，发现味道妙极了！

1923 年，他注册了一个以 Popsicles（r）为商标的冰棍公司。从那以后，冰棍就成了老少皆宜的冷冻食品，如图 1.4 所示。

图 1.4　老汉喜尝冰棍

3. 学做冷食

上网学习冷冻食品的制作，如：西瓜冰棍的制作和芒果冰淇淋的制作等。

（1）西瓜冰棍的制作。西瓜冰棍的制作方法，如表 1.1 所示。

表 1.1　西瓜冰棍的制作方法

主　　料	西瓜泥 600ml、糯米粉半小碗、白糖 40g				
步　　骤	示　意　图	说　　明	步　　骤	示　意　图	说　　明
第一步		将西瓜切小块，去籽	第二步		把西瓜放入料理机打成汁
第三步		取一碗放入糯米粉和白糖，混合均匀	第四步		放入滚烫的开水，混合均匀
第五步		把混合后的糯米粉糊筛入打好的西瓜汁中	第六步		混合均匀

续表

主　料	西瓜泥600ml、糯米粉半小碗、白糖40g				
步　骤	示　意　图	说　明	步　骤	示　意　图	说　明
第七步	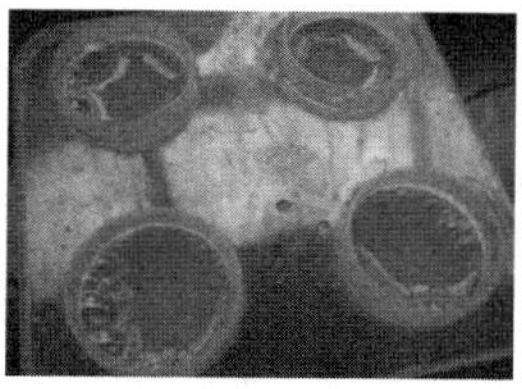	装入冰棍模具	第八步		盖好盖子放入冰箱冷冻4h以上即可食用

（2）芒果冰淇淋的制作。芒果冰淇淋的制作方法，如表1.2所示。

表1.2　芒果冰淇淋的制作方法

主　料	蛋黄2个、白糖40g、柠檬汁1小勺、牛奶200ml、芒果3个（中等） 淡奶油150ml、杏仁和巧克力少许				
步　骤	示　意　图	说　明	步　骤	示　意　图	说　明
第一步	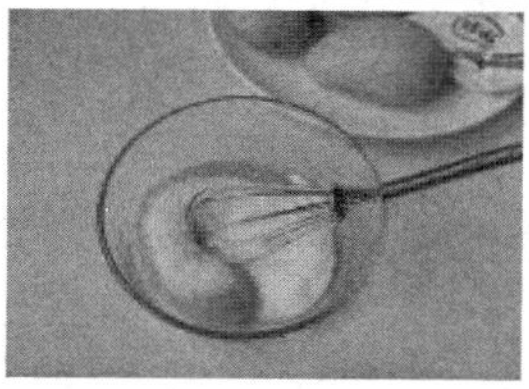	将蛋黄入打蛋盆，加入白糖用打蛋器搅打至乳白	第二步	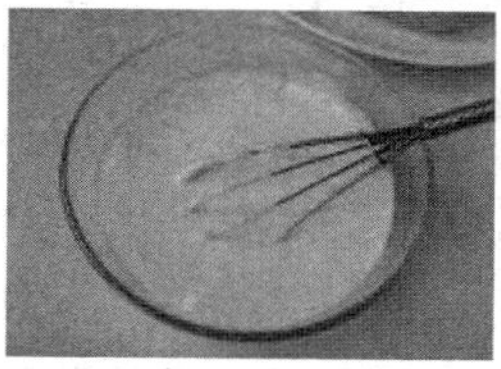	加入柠檬汁去腥搅匀，然后倒入牛奶拌匀成蛋奶浆
第三步	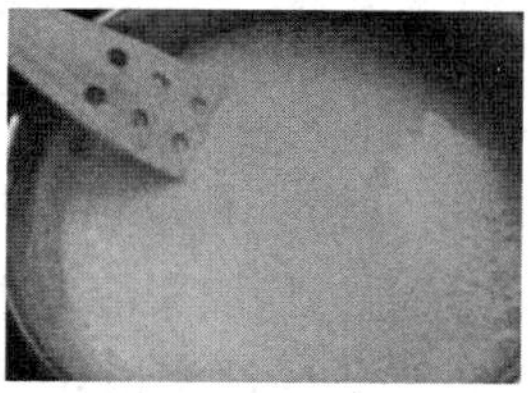	蛋奶浆用小火煮至变浓稠，倒出冷却备用	第四步		芒果取果肉，入搅拌机搅拌成芒果泥
第五步	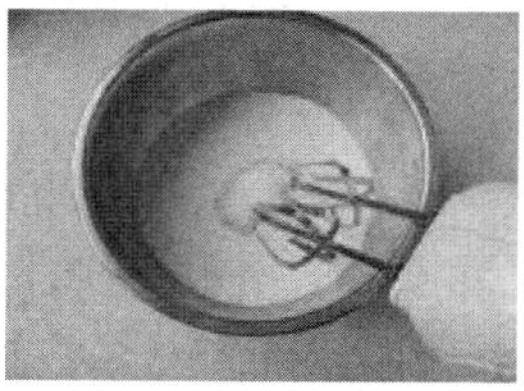	淡奶油摇匀倒入容器中加入白糖	第六步	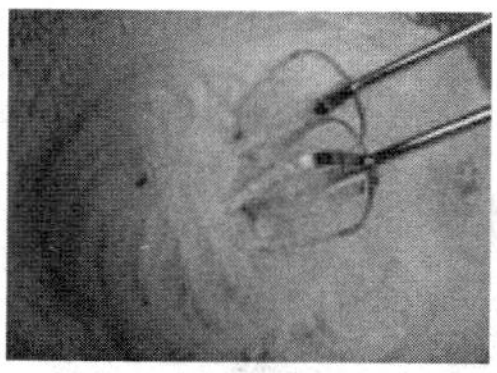	用电动打蛋器中速打至6成
第七步	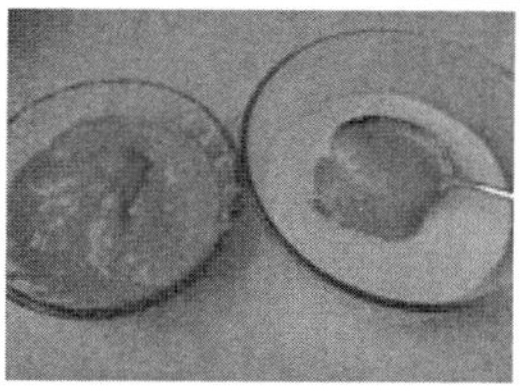	芒果泥分次倒入冷却的蛋奶浆，搅拌均匀	第八步		再将其倒入打好的奶油中，拌匀成冰淇淋糊
第九步		冰淇淋糊倒入密封盒，放冰箱冷冻，每半小时取出刮松，重复3～4次	第十步	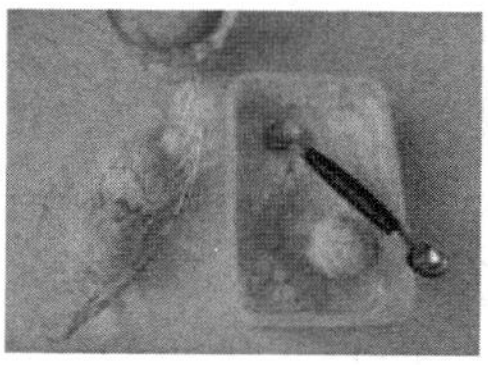	将冰淇淋取出用勺挖成圆球，撒上杏仁碎、装饰巧克力即可

提示

◎ 每个成功者都有一个开始。勇于开始，才能找到成功的路。

◎ 没有最好，只有更好。

1.2 制冷实训室的内容与规则

1.2.1 制冷实训室的内容

制冷实训（实习）室是对制冷设备进行组装、调测的场所，有别于其他教育教学环境。制冷实训（实习）室的操练内容主要有：

（1）熟悉电冰箱、空调器等设备的结构原理；

（2）熟悉制冷系统的基本组成及其部件；

（3）熟悉电气系统的基本组成及其部件；

（4）熟悉焊接、检漏、抽真空、清洗、制冷剂充注等实训工具设备；

（5）认识各种演示教仪和操作装置；

（6）掌握电冰箱、空调器制冷系统的组装；

（7）掌握电冰箱、空调器修理技能，如焊接、检漏、抽真空、清洗、制冷剂充注等基本操作技能；

（8）掌握电冰箱、空调器常见故障的分析方法和维修技能。

1.2.2 制冷实训室的规则

制冷实训（实习）室是个特定的教学场所，它不仅要求学生认真学习、勤于思考、乐于动手，一丝不苟的工作作风，强化纪律观念，养成爱护公共财物和爱惜劳动成果的习惯，而且还要提倡团队协作、规范实操、注意安全的意识。为此，要求学生在实训时严格遵守以下规则：

图 1.5 认真学、塌实干

1. 实训纪律

（1）不迟到、不早退、不旷课，做到有事请假。

（2）制冷实训室内保持安静，不大声喧哗、嬉笑和吵闹，不做与实习无关的事。

（3）尊重和服从指导教师（师傅）的统一安排和领导，“动脑又动手”，认真学、塌实干，如图 1.5 所示。

2. 岗位责任

实训（实习）期间，实行“三定二负责”（即定人、定位、定设备，工具负责保管、设备负责保养），做到不允许擅自调换工位和设备，不随便走动。

3. 安全操作

（1）实训（实习）场所保持整齐清洁，一切材料、工具和设备放置稳当、安全、有序。

（2）未经指导教师（师傅）允许，不准擅自使用工具、仪表和设备。

（3）工具、仪表和设备在使用前，做到认真检查，严格按照操作规程。如果发现工具、仪表或设备有问题应立即报告。

4. 工具保管

（1）工具、仪表借用必须办妥借用手续，做到用后及时归还，不私自存放，影响别人使用。

（2）对于易耗工具的更换，必须执行以坏换新的制度。

（3）每次实训（实习）结束后，清点仪器工具、擦干净、办好上交手续。若有损坏或遗失，根据具体情况赔偿并扣分。

5. 工场卫生

（1）实训（实习）场所要做到“三光”，即地面光、工作台光、机器设备光，以保证实训场所的整洁、有序。

（2）设备、仪表、工具一定要健全保养，做到经常检查、擦洗，以保证实训（实习）的正常进行。

（3）实训（实习）结束后，要及时清除各种污物，不准随便乱倒。对乱扔乱倒，值日卫生打扫不干净者，学生干部要协助指导教师（师傅）一起帮助和教育，以保证实操者养成良好的卫生习惯。

知能拓展——学校实训现场的“7S”

“7S”由“5S”演变而来。“5S”起源于日本，是指在生产现场对人员、机器、材料、方法、信息等生产要素进行有效管理。这是日本企业独特的管理办法。因为整理（Seiri）、整顿（Seiton）、清扫（Seiso）、清洁（Seiketsu）、素养（Shitsuke）是外来词，在罗马文拼写中，第一个字母都为S，所以日本人称之为5S。近年来，随着人们对这一活动认识的不断深入，又添加了“安全（Safety）、节约（Save）”等内容。

学校实训场所的7S（整理、整顿、清扫、清洁、素养、安全、节约）管理，是保证学生具有严明的工作秩序和良好的操作习惯，以及减少浪费、节约物料成本等好行为，从而，提升人的品质，营造学校实训场所一目了然的工作环境。学校实训场所的“7S”管理模式，如图1.6所示。

提示

◎“7S”能培养学生有序的工作、提升人的品质，养成良好的工作习惯。

◎ 作为学生要从身边的小事做起，从学校的实训操练做起。

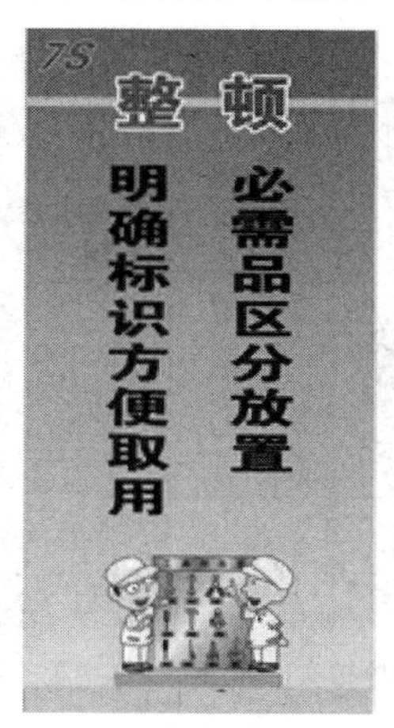

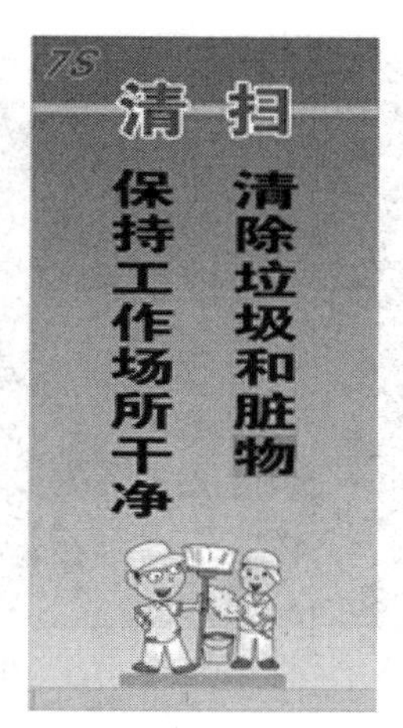

图1.6　学校实训场所的“7S”管理模式

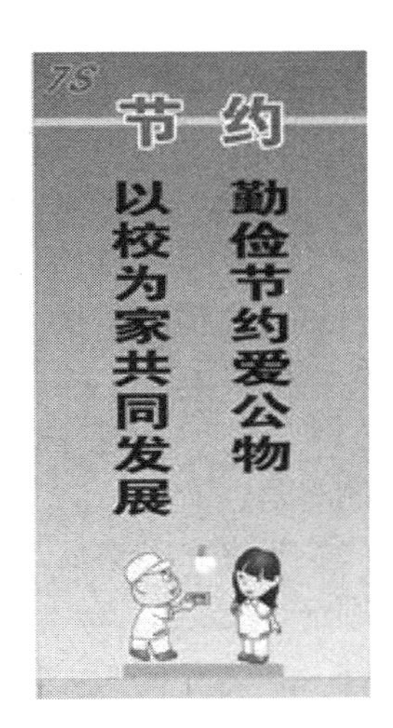

图 1.6　学校实训场所的“7S”管理模式（续）

1.3　走进制冷实训现场去看看

当前，我国正处于经济转型和产业升级换代时期，迫切需要数以亿计的工程师、高级技工和高素质职业人才，这就需要一个更具质量和效率的现代职业教育体系予以支撑。2014 年 2 月 26 日，在国务院总理李克强主持召开的国务院常务会议上，提出了“崇尚一技之长、不唯学历凭能力”的响亮口号，它是提振职业教育的信号，是为渴望成才的青年学生提供的一种新启示和方向。

会议强调：“大力推动专业设置与产业需求、课程内容与职业标准、教学过程与生产过程‘三对接’。”教学过程，要始终贯彻“理论实践”的模式，通过实训将课本知识巩固强化，让学生在亲自动手的过程中更加牢固地掌握技能。因此，走进制冷实训现场去学习，是制冷专业学生掌握电冰箱、空调器维修技能不可或缺的好地方！

1.3.1　听一听、看一看

聆听教师对实训现场情况的介绍、观看同学在实训中的操练。图 1.7 是一组某职业学校学生在实训现场的掠影。

（a）有序进实训现场、认真观看各种设备

图 1.7　一组某职业学校学生在实训现场的掠影

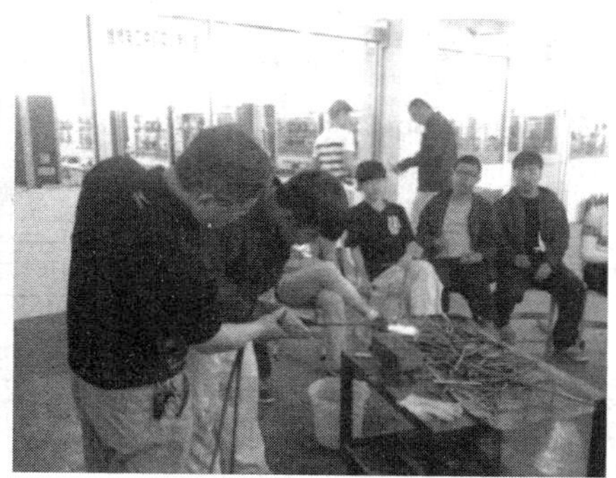

（b）拜师学艺虚心求教、规范操作做学并进

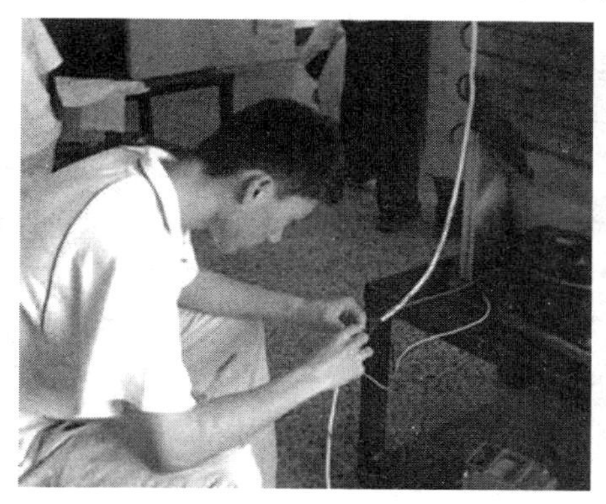

（c）有的放矢反复训练、夯实功底提升潜能

（d）拒绝平凡追求优秀、精益求精务实求真

（e）学以致用基层再现、学生高兴家长满意

图 1.7　一组某职业学校学生在实训现场的掠影（续）

1.3.2 议一议、写一写

学生分组讨论，并将讨论后的收获体会填写在表1.3中。

表1.3 收获体会情况评议表

课　题	为什么走进制冷实训现场学习，是学生掌握电冰箱、空调器维修技能不可或缺的好地方？							
班　级		姓名		学号		日期		
讨论后的收获体会								
建　议								
参观评价	评　议	评　议　情　况				等级	签名	
	互　评							
	师　评							
	综合评定							

思考与练习

1. 填空题

（1）“崇尚一技之长，不唯学历凭能力”是________在________年________月________日________主持召开的国务院常务会议上提出的响亮口号。

（2）实训（实习）现场内的材料和设备，一定要做到存放________、________、________。

（3）实训（实习）场地要做到的“三光”是指________、________、________。

（4）实训中的“三定二负责”是指：________、________、________和________、________。

2. 判断题（对打“√”，错打“×”）

（1）在实训现场工作时，要保持安静，不大声喧哗、嬉笑和吵闹，做与实训无关的事。（　　）

（2）发给个人的实训（实习）工具，可以任意支配和使用。（　　）

（3）爱护工具与设备，做到经常检查、保养、用后即还的习惯。（　　）

3. 问答题

（1）谈一谈你对“制冷与制冷设备技术”课程的认识。

（2）在“制冷与制冷设备技术”的实训（实习）现场，为什么要建立相应的规则呢？

（3）你知道今后制冷设备的发展趋势是什么吗？

模块二

制冷基础知识

制冷技术是研究获得低温的方法及其机理和应用的技术。电冰箱之所以能够用来冷冻与冷藏食品，空调器之所以能够用来调节空气的温度、湿度、气流速度和净度（即“四度”），是因为这些设备都是制冷基本知识的实际应用。为了能够深入地理解电冰箱、空调器的工作原理，学习一定的制冷技术的基础知识作为后续学习的铺垫，是十分必要的。

通过本模块的学习，掌握热力学、传热学基础知识，了解制冷的方式与条件，熟悉压-焓图的组成，制冷剂、冷冻油和载冷剂一般性能及对它的要求。

内容提要

- 热力学基础
- 传热学基础
- 制冷的方式与条件
- 制冷剂、冷冻油和载冷剂

2.1 热力学基础

2.1.1 表征物质的基本参数

在电冰箱、空调器中获得低温的方法很多，大体上可分为物理方法和化学方法两类。目前，在制冷技术中多采用物理方法。物理方法制冷是运用某些物质在液体变为气体的过程中吸热，又在气体变为液体的过程中放热的原理来实现制冷的，我们把这种能够使液体$\rightleftarrows$气体的物质，称制冷剂。

制冷剂在制冷系统中不断地进行状态变化，即处于各种不同的热力状态。我们把描述制冷剂热力状态的物理量称为热力状态参数，简称状态参数。状态参数有温度（T）、压力（P）、质量体积（V）、焓（H）、熵（S）、内能（U）等，其中温度、压力和质量体积三个参数又称为制冷剂的热力状态的基本参数。

1. 温度

温度是表示物体冷、热程度的物理量，温度在微观上是标志物质内部大量分子热运动的激烈程度。所有的气体、液体、固体都具有热。热度的数量表示就称为温度。

（1）温度计。测量温度的仪表称为温度计。温度计的种类很多，常见的有液体温度计

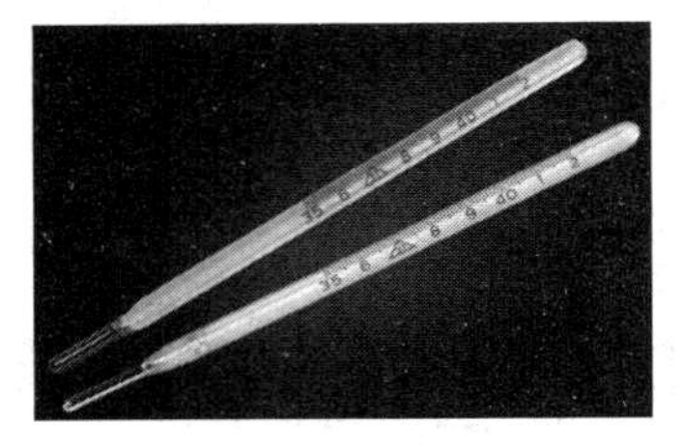
图 2.1　一种常见的温度计

（水银温度计、酒精温度计）、气体温度计、电阻温度计、温差电偶温度计、比色温度计等。如图 2.1 所示，是一种常见的温度计。

（2）温标。测量温度高低的标尺称为温标。目前，在日常生活和制冷技术中常用的是摄氏温标制、华氏温标制和绝对温标制三种，如表 2.1 所示。

表 2.1　常用的三种温标制

温　标　制	单　　位	说　　明	换 算 关 系
摄氏温标 t（又称国标百度温标）	℃	它是以纯净的水，在一个标准大气压下的冰点为零度，沸点为 100°，其间分 100 个等份，每等份定为摄氏一度，记作 1℃。摄氏温标制为十进制，简单易算，我国与前苏联等国多采用。相应温度计为摄氏温度计	F=（1.8t+32）（℉） t=（F−32）/1.8（℃） T=（273+t）（K） t=（T−273）（℃）
华氏温标 F	℉	它是以纯净的水，在一个标准大气压下的冰点为 32°，沸点为 212°，其间分 180 等份，每等份定为华氏一度，记作 1℉。因其分度较细，故准确性较高，但使用不便。现英美各国仍采用。相应的温度计为华氏温度计	
绝对温标 T（也称热力学温标，是国际制温标）	K	它规定以纯净水的三相点作为基点。为了便于记忆，我们把纯净的水，在一个标准大气压下的冰点定为 273°，沸点为 373°，其间分 100 个等份，每等份为开氏一度，记作 1K。在热力学中规定，当物体内部分子的运动终止，其绝对温度为零度，即 T=0K	

按国际规定，当温度在零上时，温度数值前面加“+”号（可省略）；当温度在零下时，温度数值前面加“-”号（不可省略）。三种温标的比较，如图 2.2 所示。

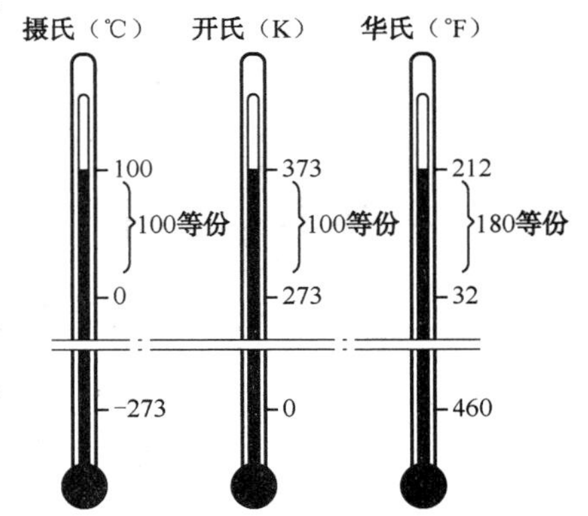

图 2.2　三种常用温标的比较

【例题 2.1】 室温为 25℃，折合为华氏是多少？

解：F=1.8t+32

=1.8×25+32=77（℉）

答：合华氏 77℉。

【例题 2.2】 某冷库的室温为 14℉，合摄氏多少度？

解：t=（F−32）/1.8

=（14−32）/1.8=−10（℃）

答：合摄氏−10℃。

【例题 2.3】 设低温箱的箱温降至摄氏−40℃，求此时箱温的绝对温度为多少开式度？

解：T=t+273=（−40）+273=233（K）

答：此时箱温的绝对温度为 233 开氏度。

知能拓展——人们为什么总是抱怨预报的气温不准

夏日，热浪滚滚，人们汗流浃背，盼望降温；冬日，寒流阵阵，人们藏头缩颈，期待升温。这时，人们会非常关心广播、电视播出的气温预报。然而常常会听到这样的抱怨："今天比昨天热，可为什么预报的气温却同昨天一样？""今天比昨天冷，为什么预报的气温同昨天一样？"这是什么原因呢？

夏天气温很高，人体新陈代谢所产生的热量靠出汗散热来维持体温的平衡。要是空气中的湿度很高，则汗更不易挥发，因此会感到异常闷热。如果这时吹来一阵风，则加快了人体热量散发，人们便会感到凉快，然而此时的气温并没有变化，这就是人感觉的温度，如图 2.3 所示。

图 2.3　人感觉的温度

人感觉的温度，与气温、湿度和风有关。科学家在两间相邻且建筑结构相同的实验室中安装了可调节气温、湿度和风速的设施。他把两间实验室气温调到相同，但风速与湿度不同，让被试验者走进这两个实验室，然后谈感觉。到过两个实验室的人异口同声地回答："气温不同。"相反，当把两间实验室气温调到不一样，但在风速和湿度上进行调整，人们走出实验室后，都说这两个实验室的气温是相同的。

由此看来，人们之所以在实际气温相同的环境中感觉不一样，是由于感觉气温不仅受到大气实际温度的影响，还要受到大气的湿度和风速的影响。

2. 压力

在制冷技术中，压力（见图 2.4）是指单位面积所承受的垂直作用力，也称压强，用 P 表示。由分子物理学可知，气体的压力是由于大量气体分子在无规则运动中对容器壁进行频繁撞击所产生的。压力的国际单位是帕（帕斯卡）Pa，或者 N/m^2（牛顿/米 ^{2}），它表示每平方米面积上所受的垂直作用力为 1 牛顿，即：

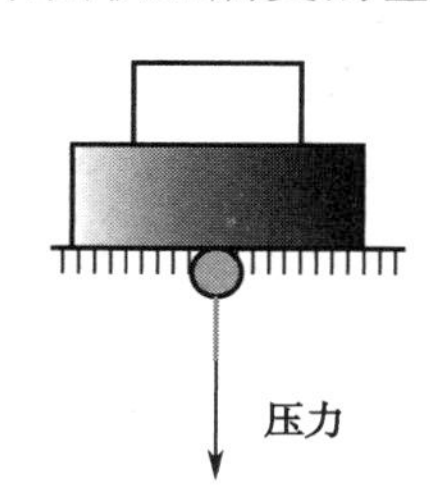

图 2.4　压力示意图

$$P=F/S$$

式中　P——压力（Pa）；

F——作用力（N）；

S——作用面积（m^2）。

压力的单位还有几种表示：一种是以千克力表示，如 kgf/cm^2（千克力/厘米 ^{2}）；一种是以液柱高度表示，如 mmHg（毫米水银柱高）或 mmH_2O（毫米水柱高）；还有 atm（大气压）和 bar（巴）等。

各种压力单位的换算关系为：

1（atm）=760（mmHg）=1033（mmH_2O）=1.033（kgf/cm^2）=101325（Pa）≈1.01（bar）

1（bar）=10^5（Pa）

在实际应用中，压力有表压力和绝对压力之分。

表压力是通过压力表上的数值表示的，是以一标准大气压作为基准（0），即为被测气体的实际压力与当地大气压力的差值。如果压力比大气压力低时，就是负值，称为真空度（B）。表压力是制冷系统运行和操作时直接观察得到的。

绝对压力是表示气体实际的压力值，等于表压力和大气压力之和，即

$$P_a=P_0+P_g$$

式中　P_a——绝对压力；

P_0——大气压力；

P_g——表压力。

绝对压力、表压力和真空度的关系如图 2.5 所示。

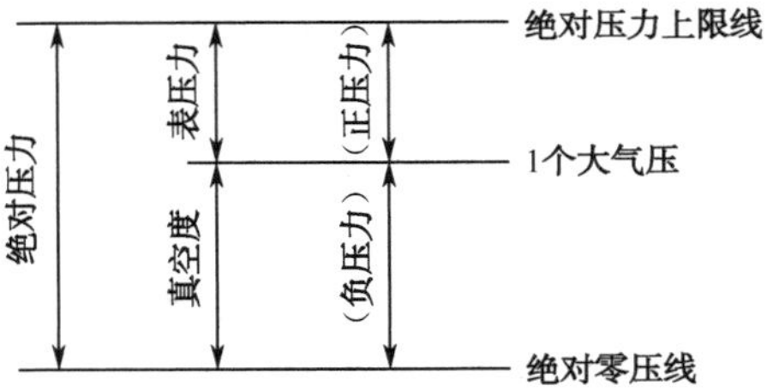

图 2.5　绝对压力、表压力和真空度的关系

【例题 2-4】 某设备的表压力为 810600P_g，求绝对压力 P_a。

解：$P_a=P_0+P_g$=101325+810600=911925（Pa）

答：折合绝对压力为 911925Pa。

【例题 2-5】 测得某系统的真空度为 400mmHg，当地大气压力为 760mmHg，求该系统的绝对压力 *P*a。

解：$P_a=P_0+P_g$=760+（-400）=360（mmHg）≈47995.92kPa

答：该系统的绝对压力约为 47995.92kPa。

3. 质量体积（比容）

质量体积（比容）是指单位质量的制冷剂所占的容积，用 V 表示，其单位是 m^3/kg（米 ^{3}/千克），或 L/kg（升/千克）。制冷剂蒸气的质量体积是决定压缩机制冷量的重要参数。例如：1kg 氟利昂 12，在标准状态下（绝对压力为 101325Pa，温度为 0℃），其蒸气的容积是 155.97L，它的比容则为 155.97L/kg；其液体的容积是 0.6727L，比容为 0.6727L/kg。

质量体积是物质分子之间密集程度的物理量。对于气体而言，分子间距离大，质量体积也大，密集程度就小，可压缩性就大；反之，质量体积小，则分子间的密集程度大，可压缩性就小。

制冷技术还常用到质量体积的倒数——密度（ρ），即

$$V=1/\rho \quad \text{或}\ V\cdot\rho=1$$

密度是指单位容积的制冷剂所具有的重量，单位为 kg/m^3。例如，1kg R_{12} 在标准状态下，蒸气密度为 6.411kg/m^3，其液体的密度为 1486.5kg/m^3。液体的密度比气体大，制冷设备中的油分离器、气液分离器就是利用这一性质达到分离目的的。

4. 焓、熵和内能

焓和熵是制冷热力计算中经常用到的状态参数。焓 H 是制冷剂能量的表征，当加热制冷剂时，其焓值增加，如压缩机活塞对制冷剂做功时，其焓值就会增加；反之，制冷剂冷却时，其焓值会减少；制冷剂蒸气在膨胀对外做功时，其焓值也会减少。焓是物体在某种状态下所具有能量的总和。熵 S 和焓 H 一样，是个状态参数，它是一个导出的状态参数，没有简单的物理意义。如果把焓看成为“含热量”的话，那么熵可表现制冷剂状态变化时其热量传递的程度，或者说，外界加给物质的热量与加热时该物质热力学温度的比值。

内能 U 是制冷剂内部分子能量的总称。其中内动能取决于物质分子的质量和它的平均速度。物质分子运动加剧，功能增加；运动减弱，动能减少。因摩擦、冲击、压力、日光辐射、通电、化学作用或燃烧等原因都会引起动能的增加。内位能则取决于分子之间的平均距离和吸引力。当物质接受外来能量膨胀或改变形态时，如液态变为气态，所接受的外来能量使分子间距离变大，即转换为物质的位能。

2.1.2 热力学基本定律

热力学定律是制冷工程的热力学基础，其内容如表 2.2 所示。

表 2.2 热力学基本定律

热力学定律	基本内容	示意图	说明
热力学第一定律	热和功可以相互转换，一定量的热消失时必然产生一定量的功；消耗一定量的功，亦必然出现与之相对应的一定量的热	热 ⇄ 功	它告诉我们：热和功之间的转换用下式表示：$Q=AL$ 式中 Q——消耗的热量（J 或 kJ）； L——得到的功（kg・m）； A——热功当量度（kJ/kg・m）。 热力学第一定律说明了热能和机械能在数量上的相互转化关系
热力学第二定律	热量能自动地从高温物体向低温物体传递，不能自动地从低温物体向高温物体传递。要使热量从低温物体向高温物体传递，必须借助外功，即消耗一定的电能或机械能	高温物体 → 自动地 Q → 低温物体；低温物体 → 借助外功 → 高温物体	热力学第二定律告诉我们：如果两个温度不同的物体相接触时，热量总是从高温物体传向低温物体，而不可能逆向进行，若要使它成为可能，就必须消耗一定的外功。 热力学第二定律说明了能量转化的方向和必备条件

提示

◎ 埃德加・富尔在《学会生存》中说："未来的文盲不再是不识字的人，而是没有学会怎样学习的人。"

知能拓展——焦耳的故事

焦耳（见图 2.6）1818 年 12 月 24 日诞生于英国曼彻斯特索尔福德，他的父亲是一个酿酒厂的老板。从童年时代起，焦耳就在家里接受父母的启蒙教育。他一边跟父亲学习酿酒技术一边自学。1834 年，父亲把近 70 岁的著名化学家道尔顿请到家里，给 16 岁的焦耳当家庭教师，指导他学习数学、物理、化学等。从 1837 年开始，焦耳对物理学产生了浓厚的兴趣。1839 年，他把酿酒厂的一间房子改建成实验室，在面里做了一系列物理实验，取得了不少重要的成果，为建立"热的动力学说"打下了坚实基础。1847 年，焦耳有幸认识了著名物理学家威廉・汤姆逊（开尔文勋爵），和他建立了比较深厚的友谊，并合作进行能量守恒等问题的研究。1850 年，焦耳当选为英国伦敦皇家学会会员。1866 年由于他在热学、热力学和电学方面的贡献，皇家学会授予他柯普莱金质奖章。1872—1887 年，焦耳任英国科学促进协会主席。

图 2.6 物理学家焦耳

焦耳在物理学中的主要贡献是第一次提出了机械功和热等价的概念，精确地测定了热功当量，为发现和建立能量守恒定律奠定了基础。

从 1840 年开始，焦耳多次进行通电导体发热的实验。他把通电金属丝浸没在水中，测算水的热量变化情况。结果发现，通电导体产生的热量同电流强度的平方、导体的电阻和通电时间的乘积成正比，比楞次早一年得到了电流的热效应定律。

接着，焦耳写了一篇题为《论电流生热》的论文，发表在 1841 年 10 月《哲学杂志》上。论文概述了电流生热的规律，明确地提出了功和热量等价的概念。1843 年 8 月，在考生克的一次学术报告会上，焦耳作了题为《论磁电的热效应和热的机械值》的报告。他在报告中描述了 4 个实验，其中一个是在磁场中让电磁体在水中旋转，分别测量运动线圈中感应电流所产生的热量和维持电磁体旋转所做的功。他发现，感应电流所产生的热量和电流强度的平方成正比，旋转所需要的机械功也和电流的平方成正比。由此可见，热量和机械功之间存在着恒定的比例关系。焦耳从这里测得了第一个热功当量值：1kcal 热量相当于 460kgf·m 的机械功。

当时，许多物理学家对测出热功当量值抱怀疑甚至反对的态度。为了证实这个发现是成功的，焦耳以极大的毅力，采用不同的方法，长时间地、反复地进行实验。1843 年年末，焦耳通过摩擦作用测得热功当量是 424.9kgf·m/kcal；1844 年通过对压缩空气做功和空气温度升高的关系实验，测得热功当量是 443.8kgf·m/kcal；尤其是 1847 年，焦耳精心地设计了著名的热功当量测定装置，也就是用下降重物带动叶桨旋转的方法，搅拌水或其他液体产生热量，用这种方法测得的结果是 423.9kgf·m/kcal。1849 年 6 月 21 日，焦耳向英国伦敦皇家学会报告了这个结果。到 1878 年止，焦耳反复做了 400 多次实验，所得的结果几乎都是 423.9kgf·m/kcal，这和现在公认值相比，误差只有 0.7%。焦耳以惊人的耐心和巧夺天工的技术，在当时的实验条件下，测得的热功当量值能在几十年时期里不作比较大的修正，这在物理学史上是空前的。难怪威廉·汤姆逊称赞说：“焦耳具有从观察到极细微的应用中做出重大结论的胆识，具有从实验中逼出精度来的高度技巧，充分得到人们的赏识和钦佩。

焦耳于 1889 年 10 月 11 日在英国去世，终年 71 岁。后人为了纪念他，把能量的单位命名为焦耳，简称“焦”；并且用焦耳的拉丁文拼法的第一个字母“J”来标记热功当量。

2.1.3 常用术语

1. 显热、潜热和比热容

在物体吸热或放热过程中，仅使物体分子的动能增加或减少，即使物质的温度升高或降低，而其状态不变时，所吸收或放出的热能称为显热。例如，水吸热后温度由 20℃上升至 35℃，其温度变化所吸收的热即为显热。显热可用触摸而感觉出来，也可用温度计测得。

物体吸热或放热过程中，仅使物质分子的位能增加或减少，即使物质状态改变，而其温度并不变化时，所吸收或放出的热能称为潜热。例如，在常压下把水加热到沸点 100℃，这时水吸收的热量为潜热。同样，100℃的水蒸气，在常压下液化为同温度的水所放出的热量也称为潜热。潜热不能通过触摸感觉到，也无法用温度计测出来。

物体有固体、液体、气体三态，这三态之间的变化都伴随热量的转移，仅仅使物体温度变化而形态不变的热为显热；使物体形态变化而温度不变的热为潜热，潜热有汽化热、液化热、熔解热和凝固热等。根据能量守恒定律，在同样条件下，同一物体的汽化热与液化热、熔解热与凝固热相等。表 2.3 列出了几种液体在一个大气压下沸点时的汽化热，图 2.7 标明了 1kg 水在一个大气压力下的各类热值。

表 2.3　液体在一个大气压下沸点时的汽化热

物　质	水	氨	R12	R22	R600a	氯甲烷	二氧化硫
汽化热（kJ/kg）	2256.8	1369.1	167.5	234.5	366.2	427.1	397.8

实验证明：同一物体在不同压力下汽化时所需的汽化热是不同的，而同一物体在不同温度下汽化时所需的汽化热也不同，一般说来，压力增高或汽化温度降低均使汽化热增大。

表 2.4 列出了几种氟利昂制冷剂在不同温度下的汽化热。

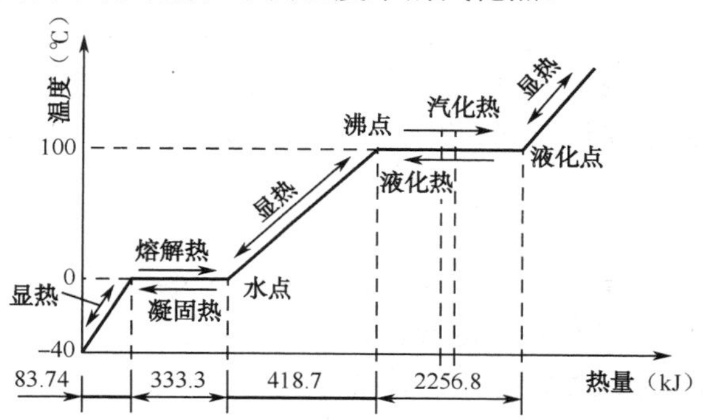

图 2.7　1kg 水在一个大气压下的各类热值

表 2.4　几种氟利昂制冷剂在不同温度下的汽化热

制　冷　剂	R12	R22	R600a	R114	R502
汽化潜热（-20℃时）kJ/kg	163.50	220.94	373.26	142.98	163.29
汽化潜热（0℃时）kJ/kg	151.10	206.96	355.6	137.96	150.02

质量热容（比热容）是指 1g 某种物质温度升高 1℃时所吸收的热量。不同物质的比热容不同，它的法定计量单位是 J/kg·k 或，常用单位为 kJ/kg·℃或 J/g·℃，一般可以从各种物理手册中查出。表 2.5 列出了制冷技术中常碰到的几种物质的质量热容。

表 2.5　几种物质的质量热容

制　冷　剂	铜	铝	钢	空气	冰	R_{12}（30℃）	R_{22}（30℃）	R600a（液）
物质热容 kJ/kg·℃	0.389	0.879	0.575	1.005	2.09	1.005	1.042	1.805

有了质量热容的概念，就可以进行热量的计算。如某一物质，当温度变化时，所吸收或放出的热量，就等于该物质的比热容、重量及温度变化值三者的乘积。即：

$$Q=c \cdot m\ (t_2-t_1)$$

式中　c——质量热容，单位为 kJ/kg·℃或 J/g·℃；

m——质量，单位为 kg 或 g；

t_1，t_2——分别为物质的初温和终温，单位为℃；

Q——热量，kJ 或 J。

当物质吸热时温度上升 $t_2>t_1$，$Q>0$；当物质放热时温度下降 $t_2<t_1$，$Q<0$。

【例题 2-6】 把质量为 500g、温度为 30℃的铝块加热到 100℃，铝块吸收了多少热量？

解：从质量热表中查到铝的质量热容是 0.879kJ/kg·℃，这就是说，1kg 铝温度升高 1℃吸收的热量是 0.879kJ。

500g 铝温度升高 100℃−30℃=70℃时吸收的热量是：

$Q=cm\ (t_2-t_1)$ =0.879×0.5×70=30.77（kJ）

答：铝块吸收了 30.77 kJ 热量。

【例题 2-7】 把 100g、80℃的热水与 300g、20℃室温的水相混合，经测量，混合后的共同温度为 35℃，试计算热水温度降低时放出的热量和室温的水温度升高时吸收的热量，将这两个热量加以比较并分别说明这两个热是显热还是潜热？

解：热水放出的热量是

$Q_{放}=cm_1(t_1-t)=1×100×(80-35)=4500$（cal）=18841.5（J）

$Q_{吸}=cm_2(t-t_2)=1×300×(35-20)=4500$（cal）=18841.5（J）

答：热水温度降低时放出的热量与室温的水温度升高时吸收的热量相等，都是 4500cal（即 18841.5J）。这两个热量仅使热水和室温的水温度发生变化，而形态没有改变，所以都是显热。

2. 物态变化

固态、液态、气态是物质存在的三种状态。在通常情况下，冰块是固态，水是液态，水蒸气是气态。物质由一种状态变成另一种状态称为相变或称物态变化，这状态之间的变化都伴有热的转移。热的吸收和放出是物体升温、降温或固、液、气三态之间形态变化的条件。图 2.8 所示是物质三态变化示意图。

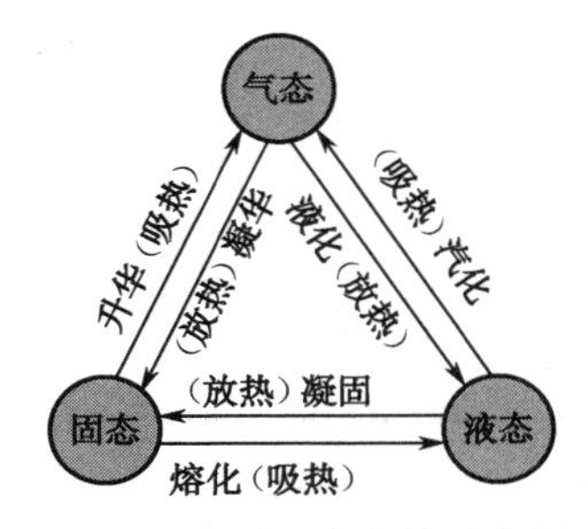

图 2.8 物质三态变化示意图

（1）汽化和液化。我们在日常生活中可以看到，把水泼在地面上，不久地面又慢慢恢复干燥，这是因为水变成水蒸气跑到空气里去的缘故。通常我们把这种过程称为蒸发。另外，我们还可以看到烧开水的情况，把一盆水放在炉子上烧，加热后水温不断升高，与此同时，从水的表面不断有蒸气逸出，这也是蒸发过程；但当水被加热到 100℃时，情况就发生显著变化，这时水面不断地翻滚，并从水里大量地产生气泡，这种现象称为沸腾。在沸腾过程中，尽管炉子还是继续加热，容器中水的温度却始终保持 100℃不变。蒸发与沸腾都是由液体变成蒸气的过程，都称为汽化过程，但两者之间有明显的区别。一般说，蒸发在任何压力、温度下都在进行着，只是局限在表面的汽化，而沸腾在一定压力下只有达到与此压力相对应的一定温度时才能进行，且从液体表面与内部同时产生汽化。例如，在 1 个标准大气压下，水温达到 100℃时就沸腾；在 47.07kPa 绝对压力下，水温 80℃时就沸腾。

液化与汽化过程恰恰相反，当蒸气在一定压力下冷却到一定温度时，就会由蒸气状态转变为液体状态，这种冷却过程称为液化或称凝结。日常生活中，液化（凝结）的例子很多，例如：把盛有热水的锅盖揭开，锅盖上就有许多水珠滴下来，这是汽化了的水蒸气遇到较冷的锅盖重新凝结的表现；又如冬天室外温度很低时，房间的玻璃上就有凝结的水珠，这是因为室内空气中的水蒸气遇到较冷的玻璃窗后凝结成水的缘故。

（2）饱和温度和饱和压力。液体沸腾时所维持的不变温度称为沸点，又称为在某一压力下的饱和温度。与饱和温度相对应的某一压力称为该温度下的饱和压力。例如，水在一个大气压力下的饱和温度为 100℃，水在 100℃时饱和压力为一个大气压。

饱和温度和饱和压力之间存在着一定的对应关系，例如在海平面，水到 100℃方才沸腾，而在高原地带，不到 100℃就沸腾。一般讲，压力升高，对应的饱和温度也升高；温度升高，对应的饱和压力也增大。

作为制冷剂的主要特点是沸点要低，这样才能利用制冷剂在低温下汽化吸热来得到低温。

（3）过热和过冷。在制冷技术中，过热是针对制冷剂蒸气而言的。过热是指在某一定压力下，制冷剂蒸气的实际温度高于该压力下相对应的饱和温度的现象，同样，当温度一定时，压力低于该温度下相对应的饱和压力的蒸气也是过热。例如 R_{12} 制冷剂，蒸发温度为-15℃时，对应的饱和压力应为 182.7kPa。如果温度不变，压力低于 182.7kPa，则此蒸气为过热蒸气；

如果压力不变，温度高于-15℃，也称为过热蒸气。过热蒸气的温度与饱和温度之差称为过热度。如一个大气压力下的过热水蒸气温度为105℃，其过热度则为

$$105℃-100℃=5℃$$

在制冷技术中，过冷是针对制冷剂液体而言的。过冷是指在某一定压力下，制冷剂液体的温度低于该压力下相对应的饱和温度的现象。例如 R_{12} 制冷剂的饱和温度为 30℃时，对应的饱和压力为 743.442kPa，如果将压力为 743.442kPa 的 R_{12} 制冷液体冷却到 25℃，那么这时的制冷剂液体称为过冷液体。过冷液体比饱和液体温度低的值称为过冷度。例如压力在 743.442kPa 下的 R_{12} 制冷剂液体的温度为 25℃时的过冷度为

$$30℃-25℃=5℃$$

（4）临界温度与临界压力。气体的液化与温度和压力有关。增大压力和降低温度都可以使未饱和蒸气变为饱和蒸气，进而液化。气体的压力越小，其液化的温度越低；随着压力的增加，气体的液化温度也随之升高。温度升高超过某一数值时，即使再增大压力也不能使气体液化，这一温度称为临界温度。在这一温度下，使气体液化的最低压力称为临界压力。制冷剂蒸气只有将温度降到了临界点以下时，才具备液化条件。表 2.6 列出了几种制冷剂临界温度和临界压力，可供参考。

表 2.6　几种制冷剂临界温度和临界压力

物 质 名 称	R12	R22	R600a
饱和温度（℃）	112.04	96.14	135.92
饱和压力（kPa）	4111.87	4982.32	3684

对临界温度和临界压力的研究，在制冷技术中有着特别重要的意义。比如，对于制冷剂的一般要求中，就有临界温度高、临界压力低、易于液化一项。

（5）湿度和露点。在自然界中，空气总是或多或少地含有水蒸气，这种空气称为湿空气。湿度是湿空气的状态参数之一，它表示空气中所含水分的量。在一定温度下，空气中所含水蒸气的量达到最大值，这种空气就称为饱和空气。

湿度的表示方法有绝对湿度和相对湿度两种。绝对湿度是指在 $1m^3$ 湿空气中所含水蒸气单位为 kg/m^3 或 g/m^3。但是，仅知道绝对湿度还不能说明湿空气是否处于饱和状态，还需用相对湿度来说明。相对湿度是指空气中所含水蒸气的质量（湿空气中的绝对湿度），与同温度下空气达到饱和时水蒸气的质量（同一温度下饱和空气的绝对湿度）的比值，用百分数表示，即：

$$\varPhi=\frac{\gamma}{\gamma_b}\times100\%$$

式中　$\varPhi$——相对湿度；

γ——绝对湿度，单位为 kg/m^3；

γ_b——同一温度下的绝对湿度，单位为 kg/m^3。

$\varPhi$ 值越小，表示空气越干燥。若 $\varPhi$=0%，空气为干空气；$\varPhi$=100%，空气为饱和空气。制冷工程使用的是干燥空气，通常是经过干燥含水量很少的空气。

在实际应用中，一般不使用绝对湿度，而是使用“含湿量”这一概念。含湿量是指 1kg 干空气中所伴有水蒸气的质量，其单位为 g/kg 干空气或 kg/kg 干空气，即

$$d=\frac{水蒸气（kg）}{干空气（kg）}（g/kg干空气）$$

露点（即露点温度）是反映在一定压力下，空气中含有水蒸气量不变时所含水蒸气达到饱和温度，也就是空气开始结露的温度。物体表面的温度高于露点温度就不会结露，低于露点温度就要结露。湿度越高，露点温度与空气温差越小。例如，在一个大气压下，空气温度为30℃，相对湿度为60%时，露点温度为20.9℃，相对温度为90%时，则露点温度为28.1℃。

空气的相对湿度是利用湿度计表测定的，常见的湿度计有露点湿度计、毛发湿度计和干湿球湿度计等。图2.9所示是其中的一种常见的湿度计（干湿球湿度计）。

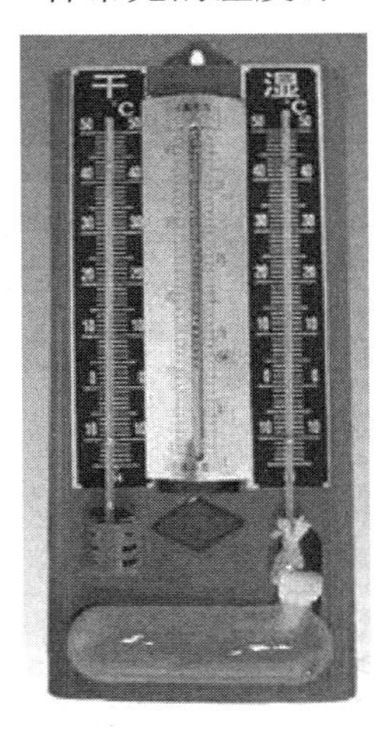

图2.9　常见湿度计（干湿球湿度计）

提示

◎ 我国著名科学家钱三强说：“古往今来，凡成就事业，对人类有所作为的，无不是脚踏实地，艰苦登攀的结果。”

知能拓展——解读两个现象

1. 冬天，为什么我们呼出的气是白色的？

图2.10　饱和现象

拿一只玻璃杯盛半杯水，然后放些盐进去，搅一搅。怎么样？盐没有了，被水溶解掉了。不断地把盐加进去，不断地搅，慢慢地会发现盐沉在杯底，搅不化了。这好像我们吃东西，饱了，再也吃不下去了。水不再能够溶解盐，也是因为水“吃”足了盐，再也“吃”不下去了，化学上把这种现象称为“饱和”，如图2.10所示。

空气在容纳水蒸气方面也有相似的性质。在一定范围内的空气，只能容纳一定数量的水蒸气，达到“饱和”以后，再也不能增加了。

如果把“饱和”的盐水烧热，那么沉在杯底的盐又会被溶解，就好像水热的时候“胃口”会大些似的。这是什么缘故呢？原来盐在水里溶解，靠的是水分子所具有的能量，到了一定程度，水分子和盐分子平衡了，水分子就不再能够把能量作用于更多的盐分子，这就是“饱和”。可是，当盐水加热以后，水分子得到了外加的能量，它便能够对更多的盐分子起作用，这样就能够溶解更多的盐，但是也仍然有个限度。

在这方面，空气容纳水蒸气，也有相似的性质，空气热的时候，气体分子也得到了外加的能量，“胃口”大些，便能多地容纳些水蒸气。反过来说，冷的时候“胃口”小些，能容纳的水蒸气也少些。

我们呼出的气体中，总有不少水蒸气。天热的时候，周围空气“胃口”大，呼出的水蒸气立刻就被空气“吃”掉，所以看不出来；到了冬天，空气的“胃口”小了，我们呼出来的水蒸气，只有一小部分被空气“吃”掉，大部分凝结成雾状的小水珠，经光线照射，就变成了白色的水汽，如图 2.11 所示。

夏天里，空气也有“吃”不下水蒸气的时候，比如水烧到滚滚开的时候，水壶里就喷出大量水蒸气，水壶周围的空气一时容纳不下，也有一部分就变成了白汽。又比如，盛了冷饮的杯子，当含有较多水蒸气的热空气接触杯子时，由于温度降低，水蒸气的能含量变得比实际含量小，多余的一部分水分就会凝结出来，附着在杯子的外壁上。

2. 火车上为什么要装两层玻璃窗？

火车车厢的玻璃窗总是两层的，因为，在冬天或较冷的天气里，如果只有一层玻璃窗，这层玻璃就成了冷空气和热空气的媒介物，车厢里热空气的温度就会降低到跟外面的冷空气差不多，车厢内空气里多余的水汽也会在玻璃上凝成霜、露，影响玻璃的透明性。

另外，尽管玻璃窗的缝隙很小，但小风仍旧会从窗缝里源源不绝地钻进来。同时车厢里的热量也容易外散，降低了车厢内的温度。

装了两层玻璃窗子，就找来了一个可靠的保暖的伙伴，那就是空气。

空气比起别的物质来是不易传热的，用空气来做个隔层，车厢好像穿了一件棉衣，外层玻璃虽已很冷，内层玻璃还可以很暖，这就不容易受到外面冷空气的侵袭了，如图 2.12 所示。除了车厢以外，在北方，为了保暖，房屋的窗子也常用两层玻璃窗。

图 2.11　光线下的水汽

图 2.12　两层玻璃窗的作用

2.1.4　压-焓图及其应用

压-焓图是制冷技术中最常用的热力图，如图 2.13 所示。在图中，横坐标表示焓（H），纵坐标表示饱和压力，为了使图形更紧凑、实用，纵坐标采用对数标尺 lg*p*，故压-焓图又称 lg*p*-*H* 图。

在图 2.13 中，*k* 点称为临界点。在临界温度以上，不论压力多高，都处于气态而不可能是液态；图中 *k*-*a* 是饱和液体线；*k*-*b* 是干饱和蒸气线。*k*-*a* 和 *k*-*b* 将图分为三个区域；*k*-1 左侧为液态区；*k*-*b* 右侧为过热蒸气区；*k*-*a* 与 *k*-*b* 之间的液气共存区（湿蒸气区），即制冷剂处于饱和液体与饱和蒸气混和物状态。图中的箭头表示参数值增加的方向。

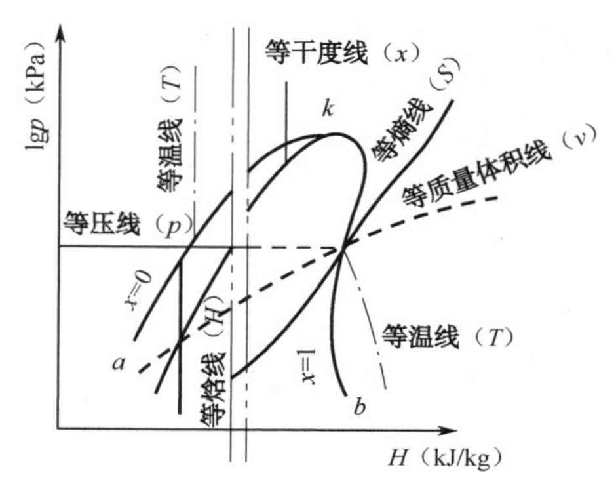

图 2.13　压-焓图上的主要曲线

为了查用方便，在图上绘制了许多等压线（p）、等焓线（H）、饱和液线（x=0）、干饱和蒸气线（x=1）、等温线（T）、等比容线（v）、等熵线（s）、等干度线（x），如表2.7所示。

表2.7　压-焓图上主要曲线的说明

曲线名称	特　点	说　明
等压线（p）	以垂直于纵坐标的水平线表示	水平线上各点压力值相同，所表示的压力为绝对压力，单位为千克力/厘米^2（kgf/cm^2）
等焓线（H）	以垂直于横坐标的竖直线表示	竖直线上各点的焓值相等。焓值的基准是0℃饱和液体的焓值，为100kcal/kg
饱和液线（x=0）	是一条由临界点 k 向左下方引的曲线	曲线上各点表示了各饱和液体的状态，各点标出的数值表示在此点压力的饱和温度。在曲线左侧区域为液态区，制冷剂进入该线右侧就要沸腾蒸发。此曲线右侧湿蒸气区内有一条与饱和液线（x=0）近似平行的细线簇是等干度线①。在等干度线上各点的制冷剂含湿量相等，若等干度线 x=0.3，是指制冷剂含湿饱和蒸气为30%，含饱和液体为70%
干饱和蒸气线（x=1）	是一条由临界点 k 向右下方向引的曲线	曲线上各点表示了干饱和蒸气的状态，各点标出的数值，与饱和液线上的数值意义相同。曲线左侧区域为湿蒸气区，当制冷剂蒸气被继续加热后，温度上升，蒸气呈过热状态，进入右侧的过热蒸气区
等温线（T）	是一条自上而下几乎与等焓线平行的线	在液态区（即在饱和液线 k-a 左侧）；与饱和液线相交后（即进入湿蒸气区），使水平线并与等压线重合；到达饱和蒸气线后（即进入过热蒸气区）为向右下方弯曲的倾斜线。在该曲线上各点温度相等
等比容线（v）	是一条由右下方向右上方倾斜的曲线	该线上各点制冷的比容值相等
等熵线（S）	是一条呈上下稍向一侧倾斜的曲线	该曲线上各点熵值相等。所有制冷剂熵值的基准点是：饱和液体温度在0℃时为4186.8kJ/kg・K

注：干度是指在湿蒸气区域里干饱和蒸气所占的比例。

由于压-焓图能简单直观地描述制冷剂在制冷循环中四个热力过程参量的变化，故在制冷工程中得到了极为广泛的应用。

可供实际查用的R_{12}、R_{22}及R_{600a}的压-焓图，见本书附录Ⅲ。

【例题2-8】 压力为134.35kPa，质量体积（比容）为$0.13m^3/kg$的氟利昂R_{12}呈何种状态？

解：查本书附录Ⅲ的有关附图，绝对压力 p=134.35kPa，等压线 AB 和比容 $v=0.13m^3/kg$ 的等比容线 CE 的交点 M（见图2.14）。

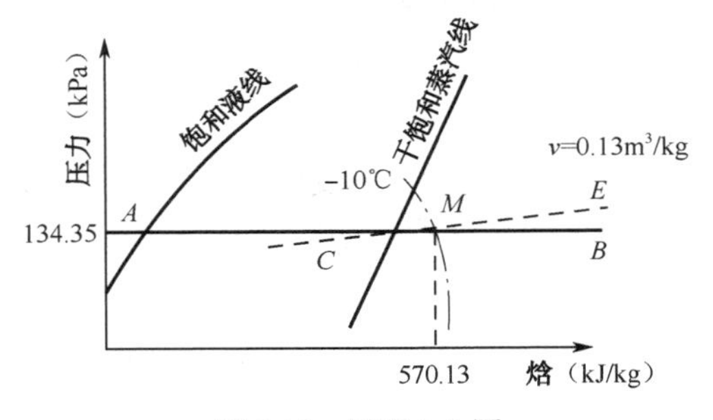

图2.14　例题2-8图

因为 M 点在过热区，所以这时R_{12}的状态是过热蒸气，从通过 M 点的等温线可读出它的温度大约是-10℃，从图中还可得知它的焓值大约是570.13kJ/kg。

【例题 2-9】　已知氟利昂 R_{12} 制冷剂温度 t 为 20℃，绝对压力 p 为 784.5kPa，制冷剂呈什么状态？

解：查书附录Ⅲ的有关附图，如图 2.15 所示。由于绝对压力 p=784.5kPa，等压线与温度 t=20℃的等温线相交得 M 点，此点位于过冷液态区，制冷剂呈过冷状态，其焓值 i=437.44kJ/kg。

【例题 2-10】　温度为−20℃，焓值为 437.44kJ/kg 时，氟利昂 R_{12} 呈什么状态？

解：这种状态可由表示温度为−20℃的等温线和表示焓值为 437.44kJ/kg 的等焓线的交点求得。

查书附录Ⅲ的有关附图，如图 2.16 所示，知其状态是湿蒸气，干度可由通过近于这点的等干度线估算，大约 x=0.21。

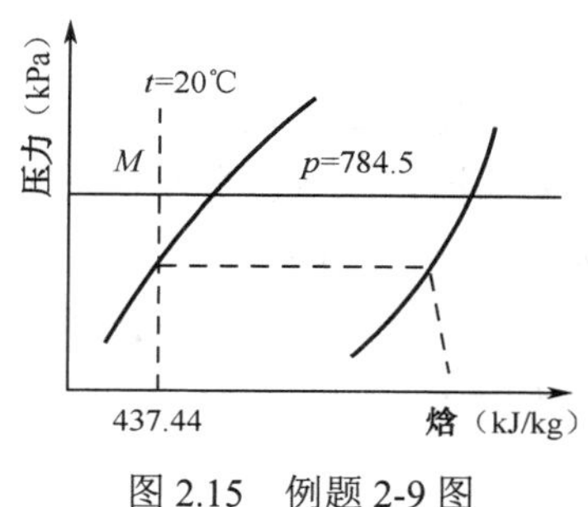

图 2.15　例题 2-9 图

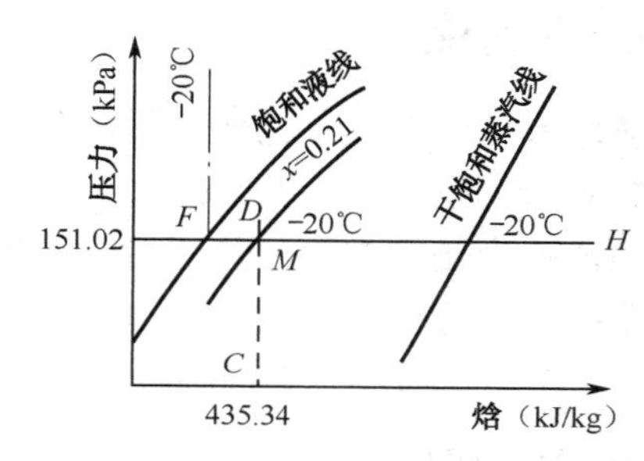

图 2.16　例题 2-10 图

提示

◎ 尽自己最大的努力，做到最好。在学识上，厚积薄发；在个性上，不断挑战自我与迎接新挑战。

◎ 马克•吐温说："当一个人将注意力集中到一个焦点上，那就会做出连他自己都感到吃惊的成绩来。"

2.2　传热学基础

2.2.1　热传导

热力学二定律已分别阐述了热能与机械能相互转化的数量关系和热的传递方向，但没有指出传热的形式和传热的规律。传热是热量从高温的物体通过中间媒介向低温物体转移的过程。这是一个复杂的过程，它有三种形式，即热传导、热对流和热辐射。

在热传导和热对流的过程中，传热的物体必须相互接触，称为接触传热；传递辐射热时，物体间不必相互接触，称为非接触传热。

在制冷技术中要解决传热的问题不外乎两种：一种是力求传热的加强（如在制冷设备中增设蒸发器、冷凝器就是加强传热的效果）；另一种是力求传热的减弱（如在制冷设备中采用的隔热保温装置就是减弱传热的效果）。

热量因物质分子的运动而由物体的某一部分传递到另一部分或由相互接触的两物体中的一个物体传递到另一个物体，但此时物体各部分的物质并未移动，称为导热过程，也称为热的传导。例如，手持铁棒一端，将另一端放在火上加热，过一段时间，手会感到灼烧。这就是热的传递作用。一般来讲，金属导热性好，非金属导热性差。我们把反映各种物质导热能力大小的物理量称为导热系数，单位是 kw/m • ℃。

根据导热系数的大小，物质可分为热的良导体和热的不良导体（即绝热材料）。前者如钢、铝、铜等，后者如发泡塑料、软木、空气等。在制冷工程中，有的部分需采用热的良导体，以加速热量的交换，如冷凝器的盘管与散热片，常采用铜管与铝板；有的部分又需用绝热材料，以防止热的散失，如冰箱的箱体常采用聚氨酯泡沫塑料。几种常用材料的导热系数如表 2.8 所示。

表 2.8　几种常用材料的导热系数

材　　料	λ（W/m²·℃）	材　　料	λ（W/m²·℃）	材　　料	λ（W/m²·℃）
紫铜	383.79	霜	0.5815	水	0.5815
铝	197.71	空气	0.069	水垢	2.326
钢	45.36	油漆	0.2326	聚氨酯泡沫塑料	0.0116～0.0291

2.2.2　热对流

当液体或气体的温度发生变化后，其比重也随之发生变化。温度低的比重大，向下流动；温度高的相对密度小，向上升，从而形成对流。我们把借助液体或气体分子的对流运动而进行的热传递，称为热的对流。热的对流如果是由于液体或气体自身的密度变化所引起的，即为自然对流；如果是由外加力（如风扇转动或水泵的抽吸）所引起的，则为强制对流。热对流的传热量，由传热时间、对流速度、传热面积及对流的物质来决定。

2.2.3　热辐射

物体的热能在不借助任何其他物质做传热介质（即物体间不接触）的情况下，高温物体将热量直接向外发射给低温物体的传递方式称为热辐射。如太阳传给地球的热能，就是以辐射方式进行的。

凡高温物体，都有辐射热传给周围的低温物体，辐射热量的大小决定于两物体的温差及物质的性能，物体表面黑而粗糙、发射与吸收辐射热的能力就较强，物体表面白而光滑，其发射与吸收辐射热的能力则较弱。因此，电冰箱和冷库的表面最好既白又光滑，以减少吸收太阳的辐射热。

提示

◎ 小林登博士在《创造未来》中说：“在 21 世纪中，重视人的光明面与感性的教育环节，将不是奢侈品，而是较好教育的必需品。”

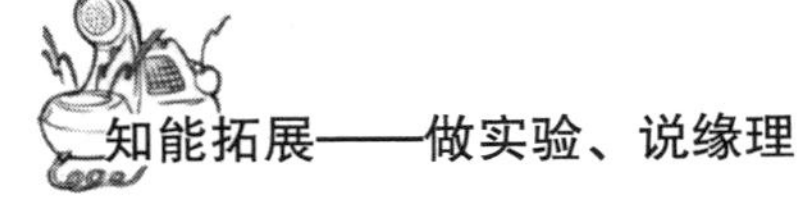

知能拓展——做实验、说缘理

1. 三则趣味实验

保暖瓶中的开水可以长时间保持温度，这是什么原因？有的物质传热，有的物质不能传热，这又是为什么呢？

实验一：热传导实验（见图 2.17）

材料准备：①调羹 3 把（分别为木质的、塑料的和金属的）；②冷猪油；③热水 1 杯，④图钉 3 枚。

操作（体验）步骤：（1）用猪油将图钉分别粘在 3 把调羹背面。（2）将调羹倒插进热水杯中。调羹受热后，图钉先后落下。比较一下，看看哪种材料做成的调羹传热最快。

实验二：热对流实验（见图 2.18）

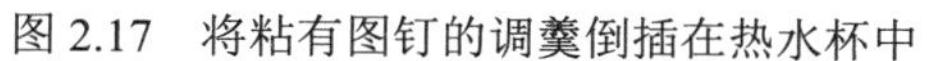

图 2.17　将粘有图钉的调羹倒插在热水杯中

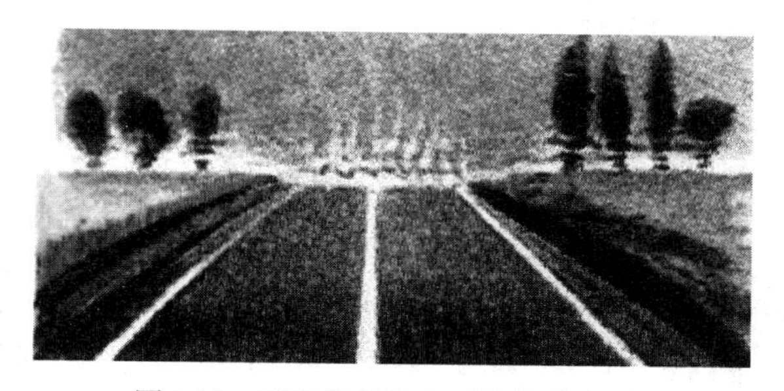

图 2.18　观察炽热阳光下的柏油路面

选一个炎热的夏天，观察受热面上的气体运动（如在炽热阳光下的柏油路面）。空气流动时，将热量向上带起。

实验三：热辐射实验（见图 2.19）

材料准备：①电熨斗；②硬纸板；③书；④锡纸 1 张。

操作（体验）步骤：（1）将锡纸贴在硬纸板上，弯成弧形。（2）将通电的熨斗放在硬纸板前面，旁边放一本书。隔着书你会感到熨斗的热量辐射到了你的手上。

2. 三则日常现象

（1）一块薄薄的面纱为什么能保温

面纱是一块薄薄的丝锦，尽管它上面纱孔很多，但能减缓贴在人脸周围那一层变热的空气（即人脸周围那一层变热空气被面纱阻拦下，就不会像没有面纱的时候那样很快地被风吹散。因此，不戴面纱要比戴面纱脸上觉得凉些。如图 2.20 所示，是戴面纱的姑娘。

图 2.19　隔着书感受电熨斗的辐射热

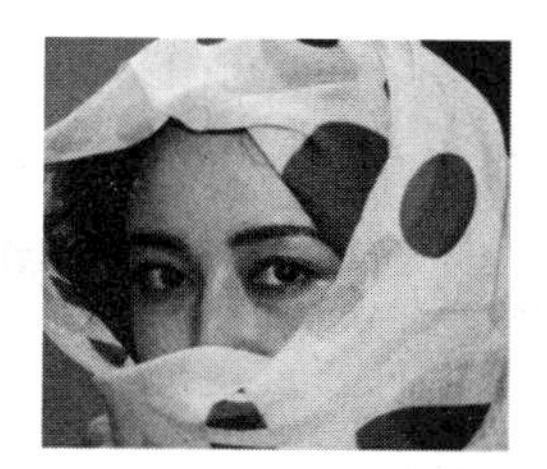

图 2.20　戴面纱的姑娘

（2）放在冰上还是冰下

我们烧水的时候，一定把装水的壶（或锅）放在火上，不会放在火的旁边。这样做是完全正确的，因为给火焰烧热了的空气比较轻，从四周向上升起，绕着水壶（或锅）的四周升上去。因此，把水壶（或锅）放在火上，就是最有效地利用了火焰的热量。但是，我们想用冰来冷却一个物体的时候，要怎样做呢？许多人根据一向的习惯，把要冷却的物体也放到冰块的上面。如他们把装有热牛奶的锅放在冰块的上面，这样做其实是不适当的。因为冰块上面的空气受到冷却后，就会往下沉，四周的暖空气就来占据冷空气原来的位置。因此可以得到一个非常实际的结论：千万不要把它放在冰块的上面，而要把它放在冰块的底下。

让我们再解释详细些：假如把装水的锅放在冰块的上面，那么受到冷却的只有水的底部，水的别的部分的四周仍然没有冷却的空气。相反的，如果把一块冰块放在水锅的上方，那么水锅里的水冷却就会快得多，因为水的上层冷却以后，就会降到下面去，底下比较暖的水就会升上来，这样一直到整锅水都全部冷却为止。从另一个方面说，冰块四周冷却了的空气也要向下沉，绕过那个水锅。

图 2.21 冰箱的颜色

（3）考一考你

关于冰箱上用到的物理知识，以下错误的说法是：

A. 冰箱后面有散热管，如果距墙壁或家具过近，会影响热量的散发，即会增加耗电量；

B. 冰箱是靠制冷物质氟利昂的升华制冷的；

C. 通过电冰箱的电流太大时会使其工作失调，甚至烧坏；

D. 冰箱外壳的颜色以白色（即冷色调）的居多，如图 2.21 所示，这是因为冷色调更有利于冰箱外壳的隔热，可使环境中的热尽可能少地传递到冰箱的内部。

2.3 制冷的形式与条件

2.3.1 制冷的形式

制冷是指利用人为的方法营造冷的环境。电冰箱、空调器都是制冷方面的应用，其常用的制冷形式有以下几种。

（1）冷却：使高温物体降温到常温状态。

（2）冷藏：使物体的温度低于常温保存。

（3）冷冻：从物体吸走热量，使物体水分成为冻结状态。

2.3.2 制冷的条件

热力学定律已告诉我们，热量总是自动地从高温物体传到低温物体，犹如水从高处流向低处一样。要使低温物体中的热量向高温物体传递，必须以消耗一定量的能为代价，才能实现。在实际应用中，要让制冷设备连续、经济地、高效率地制冷，就要考虑以下几方面。

（1）连续向制冷设备供给容易挥发的制冷剂。即把已经完成冷却作用的制冷剂再压缩、冷却、液化，循环使用。

（2）及时放掉制冷剂吸得的热量。即把制冷剂从蒸发器中得到的热量，及时地向周围环境介质释放。

（3）有效地利用制冷剂的蒸发热。即选择适当的位置让液化的制冷剂有效地蒸发。

（4）选择安全而又有良好特性的制冷剂。

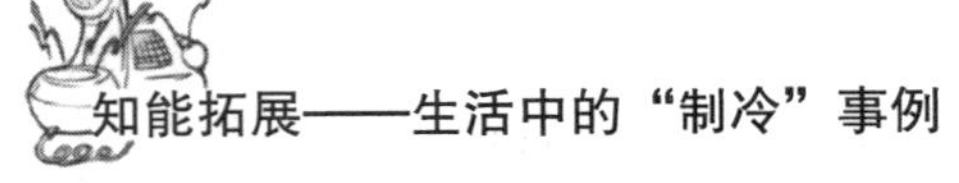

1. 利用蒸发热的方式

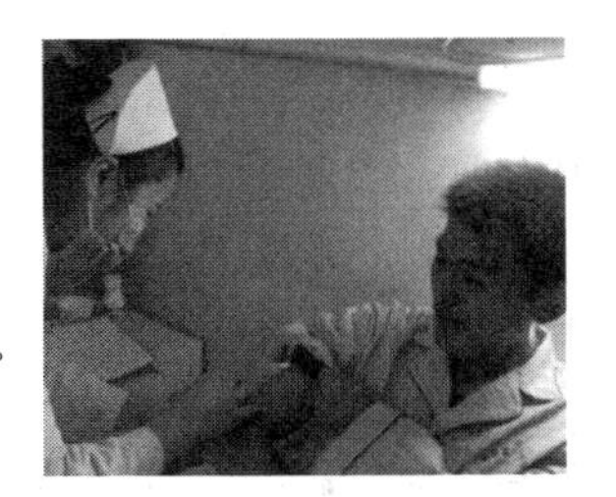
图 2.22 医生给病人注射

在医院注射时用酒精消毒皮肤（见图 2.22），酒精受体热而蒸发，酒精蒸发所需的热是皮肤产生的，酒精蒸发时带走了热，使人感到凉快。在电冰箱、空调器中利用易蒸发的氟利昂液体在蒸发器里大量蒸发，冷却了蒸发器，从被冷藏食品或空间介质中带走蒸发所需的热量，结果就降低了冷藏品或空间的温度。

2. 利用融解热方式

人们常常是用冰来冷却物体的，这是因为 1kg 固体的冰融解成液体时需要吸收 333.54kJ 的热量。这就是融解热。在冷库里冷藏苹果或橘子，就是因为冰融解时从周围吸收热量，从而使库内温度较低。冰的融点为 0℃，是对纯净的水而言；如果在其中加食盐，融点还要下降。1kg 水或雪中加 330g 食盐，可以获得-21℃的低温。

3. 利用升华热的方式

我们常常可以看到在卖冰激凌的箱子里冒有白烟的小“冰块”，这就是放进去的干冰，即固体二氧化碳，看得见的白烟就是二氧化碳在空气中凝结的结果。干冰与冰不一样，由固体直接变成气体，容器中却一直保持干燥状态。它多用于保存鱼类、黄油、干酪、冰激凌等食品。干冰在-78℃升华成二氧化碳气体，升华热为 573.48kJ/kg，因此同样重量的干冰的制冷能力大于冰。

2.4　制冷剂、冷冻油和载冷剂

2.4.1　制冷剂

制冷剂又称制冷工质，用英文单词（Refrigerant）的首位字母“R”作为代号。它是一种在制冷循环过程中利用液体汽化吸收热量，又在外功的作用下，把气体液化放出的热量传给周围介质的物质。它既易于汽化，又易于液化。在制冷装置中，没有制冷剂就无法实现制冷。一些常用制冷剂，如图 2.23 所示。

图 2.23　常用制冷剂

1. 制冷剂的分类

制冷剂的种类很多，根据它们的化学成分，可分为无机化合物、卤碳化合物（氟利昂）、碳氢化合物和共沸溶液 4 类。

（1）无机化合物制冷剂。这类制冷工质是人类采用最早的制冷剂，如氨、水、二氧化碳、二氧化硫等，有些已被淘汰，但氨和水仍为当前重要的制冷工质。它们的代号用英文字母 R 和后面 3 个数字表示：第一个数字 7 表示无机化合物，其余两个数字表示该物质分子量的整数。如氨的代号为 R_{717}、水的代号为 R_{718} 等。

（2）卤碳化合物（氟利昂）制冷剂。这类制冷工质都是甲烷、乙烷和丙烷的衍生物，是用氟、氯和溴的原子代替了原来化合物中全部或一部分原子。这类制冷剂是目前制冷设备使用的主要制冷工质。它一般可划分为三类，其中常用的是 R_{12}、R_{22} 和 R_{134a} 等。值得一提的是，近几年来，在电视、广播和报刊上出现的“禁用氟利昂”，并不是指禁用所有的氟制冷剂，而是指“禁用含氯的氟制冷剂”，如表 2.9 所示的 CFC 和 HCFC 两类。

表 2.9　氟利昂制冷剂的划分

类　别	元素的构成	举　例	通　称
氯氟烃	氯、氟、碳	R_{12}	CFC
氢氯氟烃	氢、氯、氟、碳	R_{22}	HCFC
氢氟烃	氢、氟、碳	R_{134a}	HFC

（3）碳氢化合物制冷剂。这类制冷工质有烷烃类和链烃类之分，它们主要用于石油化工工业。常用的有甲烷（CH_4）、乙烷（C_2H_6）、乙烯（C_2H_4）、丙烯（C_3H_6）等。这些制冷工质易获得、价格低、凝固点低，但易于燃烧和爆炸。

（4）共沸溶液制冷剂。这类制冷工质是由两种或两种以上的氟利昂按一定比例混合而成的。它们的性质与单一的氟利昂一样，在固定压力下，蒸发时保持一定的蒸发温度，而且其气相和液相有相同的组成。也就是说，蒸发和冷凝过程中其组成成分保持不变，犹如单一的制冷剂。

对于共沸溶液制冷工质，国际上规定其代表符号 R 后面的第一位数字为“5”和试验成功的先后顺序依次排列组成，如 R_{500}、R_{501}、R_{502} 等。

2. 常用制冷剂及其性质

目前，我国使用最广泛的制冷剂有氨（R_{717}）、氟利昂 12（R_{12}）、氟利昂 22（R_{22}）、氟利昂 134a（R_{134a}）、氟利昂 600a（R_{600a}）等，如表 2.10 所示。

表 2.10 常用制冷剂

制冷剂名称	代号	特性
氨（NH_3）	R_{717}	R_{717} 是目前广泛采用的制冷剂之一。其正常蒸发温度 t_0 为-33.4℃，使用范围是+5～-70℃，当冷却水温度高达 30℃时，冷凝器中的工作压力一般不超过 15kg/cm^2，压力比较适中。 氨的临界温度较高（t_{kr}=132℃），气化潜热大，在正常大气压力下为 1371.177kJ/kg，单位容积制冷量大，故氨的压缩机尺寸可以较小。 氨对钢铁基本不腐蚀，但当其含有水分时，对铜和铜合金（磷青铜例外），有腐蚀作用。氨具有强烈的刺激性臭味，对人体有一定毒性，氨具有可燃性，与空气混合后易爆炸。 氨在润滑油中的溶解度很小，因此在氨制冷装置的管路及换热器表面会形成油膜，影响传热效果。 氨能以任何比例与水相互溶解，所以不会在调节阀中形成“冰塞”。 氨制造容易，价格低廉，便于购买，所以广泛用于蒸发温度-65℃以上大型、中型活塞式、螺杆式制冷压缩机中
氟利昂 12 （CCl_2F_2）	R_{12}	R_{12} 是一种无色、无味、无臭、无毒的物质，容积浓度在 10%时，人没有感觉，浓度达到 20%时开始有感觉，浓度过大时（容积浓度超过 80%），对人有窒息危险。 氟利昂 12 不含氢原子，不会燃烧，亦不会爆炸。在温度达到 400℃以上，且与明火接触才能分解有毒的光气。 水在氟利昂 12 中的溶解度很小，其溶解度随温度的高低而变化。温度越低，水的溶解度越小，容易结冰堵塞管道，形成“冰塞”。为防止“冰塞”，规定氟利昂 12 产品的含水量不得大于 0.0025%。 氟利昂 12 极易溶解于油，使润滑油性能降低。另外，它的渗透能力强，且无味无臭，渗透时不易发现，因此对制冷系统的密封要求很严。 氟利昂 12 应用较早且甚广泛，可用于中小型活塞式、螺杆式压缩机及离心式压缩机
氟利昂 22 （$CHClF_2$）	R_{22}	R_{22} 是具有无色无臭、不燃烧、不爆炸特性，毒性比 R_{12} 稍大，水在 R_{22} 液体中溶解度比在 R_{12} 中大，对电绝缘材料的腐蚀性也比 R_{12} 大。 氟利昂 22 能部分地与润滑油相互溶解，其溶解度顾及润滑油的种类及温度而改变。 氟利昂 22 对金属的作用及泄漏特性与 R_{12} 相同。在常温下，R_{22} 的饱和蒸气压力与氨很接近，单位容积的制冷量也差不多，但在较低的温度下，R_{22} 的饱和蒸气压力及单位容积制冷量都比较高，故 R_{22} 较氨更适用于低温。在相同温度时，R22 的饱和蒸气压力比 R_{12} 约大 60%，因此，在较低温度工作时，R_{22} 比 R_{12} 更好。虽然 R_{22} 的价格较高，但因其上述优点，R_{22} 的应用亦日趋广泛。R_{22} 目前用于-80℃以上的空调、冷藏、小型活塞式制冷机和离心式制冷机中
环保型 制冷剂	R_{134a}	R_{134a} 与 R_{12} 相比具有较相似的热物理性质，而且消耗臭氧潜能 ODP 和温室效应潜能 GWP 均很低，并且基本上无毒性。在用户普遍关心的主要指标即安全性、来源可靠性和成本方面都具有较强的竞争力
	R_{600a}	R_{600a} 是一种环保型的制冷剂，其化学名称为四氟乙烷。它与 R_{12} 相比，具有较相似的热物理性质，而且消耗臭氧潜能 ODP 和温室效应潜能 GWP 均很低，为很多制冷制备厂商看好

然而，作为环保型制冷剂，也存在一些固有的弱点，在用于制冷设备时，必须采用一定的技术措施去克服它的负面影响，主要有以下几方面。

（1）渗漏性较强。由于环保型制冷剂（如 R_{134a}）比 R_{12} 的分子更小，其渗透性更强，从而对密封材料的选用及气密试验提出了更高的要求。

（2）饱和压力较高。与 R_{12} 相比，同温度下 R_{134a} 的饱和压力较高，使三星级冰箱在制冷工况下运行时低压段出现负压状态，这就要求在维修过程中须确保注氟工具密封性良好，以防空气和水分进入系统。而高压段由于温度较高，压力较大，则需要对压缩机的结构材料作部分改动。在对冰箱修理时，应根据 R_{134a} 饱和状态热力性质中温度与压力的对应关系值进行细致调试，以保证设备达到原工况要求。如 R_{134a} 饱和温度与饱和压力对应关系，如表 2.11 所示。

表 2.11　R_{134a} 饱和温度与饱和压力对照表

温度（℃）	−30	−25	−20	−15	−10	−5	0	5	10	15	20	25	30
压力（MPa）	0.085	0.107	0.133	0.164	0.201	0.243	0.293	0.350	0.489	0.572	0.572	0.666	0.771

（3）水的溶解性高达 0.15g/100g。由于 R_{134a} 是部分卤化物，化学性质不如全卤化的碳氢化合物稳定，其氟原子的负电极易于发生水解去卤化反应，因而要求制冷循环系统要保持绝对干燥。

（4）腐蚀性强。因而对冰箱电机漆包线的耐氟等级要求更高。

（5）润滑特点。R_{134a} 是非溶于矿物油的制冷剂，且具有很强的水解性能，原用于冰箱的矿物性冷冻油已不能满足压缩机的润滑要求。

虽然 R_{134a} 仍存在着一些不足之处，但不可否认它是一种较理想的替代制冷剂。可以预见，在不远的将来，以“绿色环保”命名的电冰箱将成为冰箱市场的“骄子”而进入千家万户，与之相对应的冰箱制冷技术也会日趋完备。

提示

◎ 珍妮德·佛丝博士在《学习革命》中说：“加速学习法让你自由自在地学习，帮助你开发每个人都拥有的天赋。”

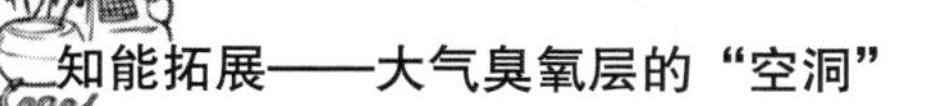

知能拓展——大气臭氧层的“空洞”

在地球上空的大气层中，有一平流层。基本上是由臭氧气体组成的，因此也称为臭氧层。臭氧层能大量地吸收太阳辐射中的紫外线。太阳辐射中的紫外线透过臭氧层后，只有少量照射到地面，对人畜无多大害处，却能杀伤病菌，对人类有利。但近年来，由于人类用于制造电冰箱、空调器的氟利昂制冷剂，泡沫塑料、喷雾剂中的添加剂等氯氟烃类进入大气，对臭氧层起破坏作用。氯氟烃类同臭氧发生化学反应，形成氧化氯，从而使臭氧数量减少。氯氟烃类物质大量逸入到大气中，使臭氧层中臭氧分子大量减少，部分区域甚至出现明显的稀薄。我们把臭氧层中臭氧数量明显减少的部分称为“空洞”。

“空洞”的产生，将会造成太阳辐射中的紫外线到达地面数量大大增加，使生态平衡遭到破坏，使人类和生物遭受危害，如导致人类和企鹅皮肤癌发病率极大提高等。所以，我们应对臭氧层进行保护，限制生产和使用氯氟烃类物质。如图 2.24 所示，是南极上空臭氧层空洞及对企鹅的危害照片。

图 2.24　南极上空臭氧层空洞及对企鹅的危害照片

3. 制冷剂的选用原则

为了提高制冷设备的热力完善度，减少消耗和确保安全运行，制冷剂的选用是一项很重要的工作。选用时应考虑制冷设备的工作压力，容积制冷量，制冷剂对人类的危害程度、生产情况，价格高低和储运等因素。

制冷剂应具备一些基本要求，可以从热力学、物理化学、安全和经济等方面来考虑。

（1）热力学的要求

① 在大气压下，制冷工质的蒸发温度（沸点）t_0 要低。这样不仅可以获取比较低的温度，而且还可以在一定的蒸发温度 t_0 下，使其蒸发压力 P_0 高于大气压力，以避免空气进入制冷系统影响换热设备的换热效果和设备的使用寿命。同时，在一定的蒸发温度下，蒸发压力高于大气压力，系统一旦发生泄漏极易被发现。

② 要求制冷剂在常温条件下，要有比较低的冷凝压力 P_k，以免对处于高压下工作的压缩机、冷凝器及排出管道等设备的强度要求过高。

通常按正常蒸发温度 t_0 和常温下的冷凝压力 P_k 将制冷工质分为以下三种：

a．高温制冷工质（或称低压制冷工质）：t_0>0℃，P_k<2～3kg/cm^2。如 R_{11}、R_{113}、R_{114} 等，这些制冷剂适用高温环境下空调系统用的离心式压缩机。

b．中温制冷工质（或称中压制冷工质）：0℃>t_0>−70℃，P_k<15～20kg/cm^2。如 R717（氨）、R_{12}（氟利昂 12)、R_{22}（氟利昂 22)、R_{500}（氟利昂 500)、R_{502}（氟利昂 502）等，这类制冷剂使用范围比较广，适用于活塞式制冷压缩机制电冰箱、食堂小冷库、空调用制冷系统等制冷装置中。

c．低温制冷工质（或称高压制冷工质）：t_0<−70℃，P_k>20kg/cm^2。如 R_{13}（氟利昂 13)、R_{14}（氟利昂 14)、R_{23}（氟利昂 23)、R_{503}（氟利昂 503）等，这类制冷剂只适用于复叠式制冷装置中的低温部分或在−70℃以下的低温制冷设备。

③ 对大中型活塞式压缩机来说，制冷剂的单位容积制冷量 q_v 要求尽可能大，这样可以缩小压缩机尺寸和减少制冷工质的循环量。所谓单位容积制冷量是指压缩机吸入 1m^3 的制冷剂蒸发所能产生的冷量。

④ 制冷剂的临界温度要高些，凝固温度要低些。因为当制冷剂处在临界温度以上时，不会进行相变，所以临界温度高，便于在环境温度下冷凝成液体；凝固温度低，宜制取较低温度，扩大制冷剂的使用范围，减少节流损失，提高制冷系数。

（2）物理化学要求

① 制冷剂的黏度尽可能小，以减小管道流动阻力，提高换热设备的传热强度，有利于制冷剂的循环和降低压缩机的功率消耗，并可缩小系统管径，降低金属消耗量。

② 制冷剂导热系数应当高，以提高换热设备的效率，减少传热面积。

③ 与油的互溶性。

④ 应具有一定的吸水性，这样就不至于在制冷系统中形成“冰塞”，影响正常运行。

⑤ 应具有化学稳定性，不燃烧，不爆炸，使用中不分解，变质。

同时，制冷剂本身与油、水等相混时，对金属不应有显著的腐蚀作用，对密封材料的溶胀作用应小。

（3）安全性要求。要求制冷剂对人的健康无损害，无毒性，无刺激性臭味。

（4）经济性方面的要求。要求制冷剂价廉且容易获取。诚然，目前还没找到一种制冷剂能完全满足上述各方面的要求，它仅为我们选择制冷剂时提供考虑的因素。

4. 制冷剂使用的注意事项

制冷剂属于化学制品，在一般温度下呈气体状态。有些制冷剂还有可燃性、毒性、爆炸性，所以在保管、使用、运输中必须注意安全，防止造成人身和财产损失的事故。制冷剂在保管和使用时应注意：

（1）盛放制冷剂的钢瓶必须经过检验，确保能承受规定的压力。

（2）各种制冷剂的钢瓶外应标有明显的品名、数量、质量卡片，以防错用。

（3）制冷剂钢瓶应放在阴凉处，应防止高热和太阳直晒。在搬动和使用时应轻拿轻放，禁止敲击，以防爆炸。

（4）保存制冷剂，钢瓶阀门处绝对不应有慢性泄漏现象，否则会漏完制冷剂和污染环境。

（5）分装或充加制冷剂时，室内空气必须畅通，禁止在室内泄漏有毒的气体。如果发生严重泄漏，应立即设法通风、防止中毒。

（6）分装和充加制冷剂时，要戴手套、眼镜，注意防护，以防制冷剂喷出造成人身冻伤。

（7）制冷剂使用后，应立即关闭控制阀，重新装上钢瓶帽盖或铁罩，加以保护。

（8）在检修系统时，如果需要从系统中将制冷剂抽出压入钢瓶时，钢瓶应得到充分的冷却，并严格控制注入钢瓶的重量，绝不能装满，一般按钢瓶容积装 60%左右为宜，使其在常温下有一定的膨胀余地，避免发生意外事故。

2.4.2 冷冻油

冷冻油是一种深度精制的专用润滑剂（见图 2.25），它在制冷压缩机中起润滑各运动部件、减少磨损、延长使用寿命、保证压缩机正常工作的作用。

图 2.25　冷冻油

1. 对冷冻油的基本要求

（1）冷冻油的凝固点要低。如果凝固点高，就会造成低温流动性差，在蒸发器等低温处失去流动能力，形成沉积，影响制冷效率和制冷能力。此外，当压缩机温度较低时，会影响机件润滑，造成磨损。一般家用电冰箱和家用空调器采用凝固点低于−30℃的冷冻油。

（2）要有适当的黏度。如果黏度[①]太小，在摩擦面不易形成正常的油膜厚度，会加速机械磨损，甚至发生拉毛汽缸、抱轴等故障；如果黏度太大，润滑和密封性能虽好，但制冷压缩机的单位制冷量消耗的功率会增大，耗电量增加。冷冻油的黏度过大或过小都会引起汽缸温度过度升高，造成排气温度过高，影响制冷压缩机的正常运行。

（3）有较好的黏温性能和较高的闪点②。制冷压缩机在工作中，汽缸等处的温度达 130～150℃，所以要求冷冻油的黏度在温度变化时要小，闪点要高。这才能保证在各种不同温度条件下，具有良好的润滑性能，不会使冷冻油在温度高的情况下碳化。

（4）要有良好的化学稳定性和抗氧化安定性。冷冻油在制冷系统内与制冷剂经常接触，在全封闭式的制冷压缩机内，要求能够使用 15 年以上，长期不换油。所以必须要有良好的化学稳定性和抗氧化安全性。

（5）不含水及酸之类杂质，要有良好的电气绝缘性能。在半封闭和全封闭式制冷压缩机中，电动机绕组要与冷冻油经常接触，所以要求冷冻油不能破坏电动机的绝缘物，并有良好的绝缘性能。

2. 冷冻油的种类

目前国产压缩机冷冻油分石油部标准（SYB）和企业标准二类。石油部标准有 13 号、18 号、25 号、30 号四种。其中 13 号冷冻油又有凝点-40℃以下和-25℃两种。凝点-25℃的 13 号冷冻油主要用于蒸发温度较高的冷藏、空调制冷系统。18 号冷冻油的指标比其他牌号的冷冻油要高，主要用于对冷冻油要求较高的 R_{12} 制冷压缩机，对其他制冷剂的压缩机也适用。25 号、30 号冷冻油，主要用于转速高、负荷大的新系列活塞式制冷压缩机、离心式制冷压缩机和螺杆式制冷压缩机，如表 2.12 所示。

表 2.12 国产压缩机冷冻油规格及性能

技术标准 / 油牌号 / 质量标准	SY_{1213}-75				企业标准
	13	18	25	30	40
运动黏度 50℃，1×m²/s	11～15	18～22	25～29	20～35	不大于 40
酸值，毫克 KOH/g 不大于	0.01	0.03	0.05	0.01	0.1
灰分，% 不大于	0.01	—	0.01	0.01	—
腐蚀（T3 铜，50 号或 40 号铜片，100℃，3h）	合格	合格	—	合格	合格
水溶酸或碱	无	无	无	无	无
机械杂质	无	无	无	无	无
水分	无	无	无	无	无
闪点（开口），℃ 不低于	160	160	190	180	190
凝点，℃ 不高于	-40	-40	-40	-40	-40
浊点（与氟氯烷的混合液）不高于	—	-28	—	—	—
氧化后酸值，毫克 KOH/g 不大于	—	0.05	—	—	—
氧化后沉淀物，% 不大于	—	0.005	—	—	—

提示

① 黏度是指液体流动时，在分子之间所呈现的内部摩擦力的大小。

② 闪点是指冷冻油加热到一定温度时，产生蒸气，如遇到火焰将发生闪光，但不燃的温度。

3. 冷冻油选用原则

（1）黏度的选择。选择黏度时要考虑到制冷压缩机的负荷及转速。负荷大、转速高的选用黏度高的油，反之，应选用黏度较低的冷冻油。如13号冷冻油主要用于氨和二氧化碳制冷剂、转速低、负荷小的活塞式制冷压缩机。选择黏度还应考虑制冷剂的种类、轴与轴承、活塞环与汽缸间隙以及排气温度等。间隙大或排气温度高的要用黏度较高的油；氟利昂制冷压缩机用的冷冻油黏度要比氨制冷压缩机的冷冻油黏度高。

（2）凝点和浊点的选择。考虑的因素是蒸发温度和制冷剂的种类。蒸发温度低，要用凝点和浊点低的冷冻油。采用氟利昂制冷剂时，润滑油的凝点和浊点要稍高于蒸发温度；采用氨制冷剂时，冷冻油的凝点和浊点要低于蒸发温度。目前，国产的冷冻油凝点仅有两种规格，即-40℃和-25℃。-25℃冷冻油可用于蒸发温度高于-20℃的氨制冷压缩机和蒸发温度低于-20℃的氟利昂制冷压缩机。当氨制冷压缩机的蒸发温度低于-20℃时，就应选用-40℃的冷冻油。

（3）抗氧化安定性的选择。主要是考虑排气温度和制冷压缩机的密封程度。尤其是全封闭式制冷压缩机中的冷冻油所处的工作环境要求的条件较高，长期不换油，所以一定要用抗氧化安定性好的油。

（4）闪点的选择。主要因素是排气温度。排气温度的高低和制冷压缩机的型号有关，并和选择的冷冻油是否合适有关。排气温度高，要求冷冻油闪点也高。一般都要求排气温度比冷冻油的闪点低15～30℃。

（5）电气性能的选择。主要根据制冷压缩机的密封程度。半封闭式和全封闭式制冷压缩机要求冷冻油具有良好的电气绝缘性能（击穿电压要高），且不会破坏绝缘材料的性能。

总之，冷冻油的牌号是根据黏度和凝点来划分的。黏度和凝点是选择冷冻油的两个标准。压缩机冷冻油国产规格与性能如表2.12所示。在选择冷冻油时，首先要根据制冷压缩机的种类、型式、负荷、转速、制冷剂种类和所需蒸发温度来确定黏度和凝点，而后结合其他方面的要求来确定冷冻油的牌号和种类。

知能拓展——冷冻油失效的原因

1. 高温影响

（1）冷冻油长期处在高温环境中，会氧化失效，出现变黑、变稠的现象。

（2）冷冻油内部的腐蚀物增加，如发动机工作中形成的酸性物质等。

（3）积炭、油泥、漆膜等物质的增加。

2. 杂质

主要来源于空气中的尘埃、金属磨粒、渗漏物（燃油、水等）、冷冻油氧化物以及燃料燃烧产生的物质等。

3. 添加剂失效

一些冷冻油因为其中的添加剂失效或用完而性能下降。例如冷冻油中的抗磨剂用完，会使抗磨性下降。

4. 黏度指数增进剂失效

因为其有机物分子长链断裂，不再具有增黏作用。

2.4.3 载冷剂

载冷剂又称传热剂或冷媒，是制冷系统中传递冷量的中间媒介物质。其工作原理是载冷剂在制冷系统的蒸发器中被冷却，获得冷量，再送到需要冷却的设备中去。此时载冷剂在需要冷却设备中吸收热量，接着返回至蒸发器，并将吸收的热量传递给制冷剂，而后进入需冷却设备，对需冷设备不停地冷却。

1. 对载冷剂的基本要求

图 2.26 载冷剂

（1）冰点要低。载冷剂的冰点低，可以扩大使用范围。

（2）比热容要大。在传送一定冷量时，载冷剂比热容容大流量小，可以减少循环泵的功耗。如图 2.26 所示，是一种用于制冷设备中的专用载冷剂。

（3）对制冷设备的化学腐蚀作用小。载冷剂对制冷设备的化学腐蚀作用小，可以延长设备的使用寿命。

（4）价格要低而且又容易获取。载冷剂价格要低而且又容易获取，可以减少制冷设备运行中的费用。

2. 载冷剂的种类

载冷剂的种类很多，按其工作温度大致可分为三类。

（1）高温载冷剂。高温载冷剂（如水），适用于 0℃以上的制冷循环，被广泛用于空调装置。

（2）中温载冷剂。中温载冷剂（如氯化钠、氯化钙的水溶液），适用于−50～5℃的制冷装置中。

（3）低温载冷剂。低温载冷剂（如 R_{11}、三氯乙烯），适用于低于−50℃的制冷装置。

3. 常用载冷剂的主要性质

（1）空气。空气是一种容易获得的载冷剂，具有冰点低（凝固点低）、对金属腐蚀性小、设备简单等优点，被广泛地采用。缺点是比热容容小、放热系数低，需要加大换热器空气一侧的传热面积。

（2）水。水是一种理想的载冷剂，具有比热容容大、相对密度小、放热系数高、传热性能好、安全无毒、来源充裕、价格低等优点。被广泛地采用，特别是空气调节系统。缺点是凝固点高（0℃就凝固），因而使用时受到一些限制。

（3）盐水溶液。盐水溶液一般是氯化钠、氯化钙或氯化镁与水配制而成的。在 0℃以下的温度系统中，一般都用盐水溶液作载冷剂。盐水溶液具有比热容容大、传热性能好、冰点较水低等优点。缺点是对金属腐蚀性较严重、相对密度大，而比热容容较水小，故动力消耗相对淡水循环系数要大。

盐水溶液的性质与盐的含量有关，盐水溶液的性能，如表 2.13 所示。

表 2.13 盐水溶液性能

氯化钠（NaCl）				氯化钙（$GaCl_2$）			
+15℃时的密度	凝固点/℃	溶液中	100 份水中	+15℃时的密度	凝固点/℃	溶液中	100 份水中
0.1	−0	0.1	0.1	1.00	−0	0.1	0.1
1.01	−0	1.5	1.5	1.05	−3.0	5.9	6.3
1.02	−1.8	2.9	3.0	1.10	−7.1	11.5	13.0
1.03	−2.6	4.3	4.5	1.15	−12.7	16.8	20.2
1.04	−3.5	5.6	5.9	1.16	−14.2	17.8	21.0
1.05	−4.4	7.0	7.5	1.17	−15.7	18.9	23.3

续表

氯化钠（NaCl）				氯化钙（$GaCl_2$）			
+15℃时的密度	凝固点/℃	溶液中	100份水中	+15℃时的密度	凝固点/℃	溶液中	100份水中
1.06	−5.4	8.3	9.0	1.18	−19.2	19.9	24.9
1.07	−6.4	9.6	10.8	1.10	−21.2	20.9	26.5
1.08	−7.5	11.0	12.3	1.20	−19.2	21.9	28.0
1.09	−8.6	12.3	14.0	1.21	−23.3	22.8	29.6
1.10	−9.8	13.6	15.7	1.22	−25.7	23.8	31.2
1.12	−11.0	14.9	17.5	1.23	−28.3	24.7	32.9
1.13	−12.2	16.2	19.3	1.24	−31.2	25.7	34.6
1.14	−13.0	17.5	21.2	1.25	−34.6	26.6	36.2
1.15	−15.1	18.8	23.1	1.26	−38.6	27.5	37.9
1.16	−16.6	20.0	25.0	1.27	−43.6	28.4	39.7
1.17	−18.2	21.2	26.9	1.28	−50.1	29.4	41.8
1.175	−20.0	22.4	29.0	1.286	−55.0	29.9	42.7
1.18	−21.2	23.1	30.1	1.29	−50.6	30.3	43.5
1.19	−17.2	23.7	31.1	1.30	−41.6	31.2	45.4
1.20	−9.5	24.9	33.1	1.31	−33.9	32.1	47.3
1.203	−1.7	26.1	35.3	1.32	−27.1	33.0	49.3

提示

◎ 著名教育家黄炎培先生说：“职业教育的目的乃在养成实际的、有效的生产能力，欲达此种境地，需要手脑并用。”

知能拓展——提倡“绿色标志”

“绿色标志”又称“环境标志”，是对一种符合环境保护要求标签的统称。这类标签不同于产品商标，它表明产品在生产和使用的过程中完全符合环境保护的要求，对生态环境和人体健康不产生损害。

全球最早使用绿色标志的国家是联邦德国。1978年联邦德国实施的“蓝色天使”计划，就是一种绿色标志。在这一计划的实施过程中，他们给3600种产品发放了环境标签。1988年，加拿大、日本及美国等也开始实行绿色标志，加拿大称为“环境的选择”，日本称为“生态标志”。法国、瑞士、芬兰、澳大利亚等国于1991年开始，也实施绿色标志。我国农业部于1989年开始实行绿色食品标志。如今，绿色标志已风靡全球，受到了人们的欢迎，并显示出了强大的生命力。调查表明，40%的欧洲人喜欢购买“绿色”产品，而不是“传统”产品。企业界为了自身的利益，将自己在环保方面取得的技术进步展示出来，以达到促进产品销售的目的。

实行“绿色标志”是为了告诉消费者在选择商品时，除考虑价格、质量等因素外，还要考虑对环境的影响问题。它是从提高消费者的环境意识、加强对环境的监督出发，促使企业在生产过程中注意环境问题，减少对环境的危害和不良影响。在国际贸易中，“绿色标志”的产品将具有强大的竞争力。中国环境标志如图2.27所示。

图2.27　中国环境标志

思考与练习

1. 填空题

（1）液体的基本状态参数有：________________________。

（2）常用温标有________、________、________；它们之间的换算关系是________。

（3）将40℃折合为华氏是________，折合为绝对温度是________。

（4）热量传递的方式有________、________和________。

（5）制冷剂应具备________、________、________和________4方面的基本要求。

2. 选择题

（1）在一个标准大气压下，华氏（　　）为纯水的冰点。

（A）23℉　（B）32℉　（C）13℉　（D）73℉

（2）物质的升华是由（　　）。

（A）气态直接变为固态　（B）固态直接变为气态

（C）固态直接变为液态　（D）液态直接变为气态

（3）温度的确定与大气（　　）有密切的关系。

（A）密度　（B）湿度　（C）压力　（D）流速

（4）制冷剂放热液化的过程属于（　　）。

（A）过冷　（B）冷却　（C）冷凝　（D）凝固

（5）物质处在临界状态时的汽化热为（　　）。

（A）最大值　（B）最小值　（C）恒定值　（D）零

（6）用压力表测得的压力为（　　）。

（A）饱和压力　（B）绝对压力　（C）表压力　（D）临界压力

（7）使制冷剂汽化的方法是（　　）。

（A）加热或减压　（B）降温或减压

（C）加热或升高　（D）降温或升高

（8）在一个标准大气压下氟利昂制冷剂中，R_{12}、R_{22}的沸点分别是（　　）。

（A）-29.8℃和-48.8℃　（B）-28.9℃和-40.8℃

（C）-29.8℃和-40.8℃　（D）-29.8℃和-48.8℃

（9）氟利昂制冷剂中产生对大气污染的主要成分是（　　）。

（A）氟　（B）氯　（C）氢　（D）溴

（10）以R_{12}、R_{22}制冷剂的制冷压缩机多采用（　　）冷冻油为润滑剂。

（A）13号　（B）18号　（C）25号　（D）30号

3. 问答题

（1）简述显热与潜热的区别和联系。

（2）蒸发与沸腾都是汽化现象吗？

（3）热力学第二定律的实质是什么？它与第一定律有什么关系？

（4）在某系统中，当真空表指示为400mmHg柱时，相应的绝对压力是多少？当绝对压力为0.2kgf/cm^{2}时，真空表的指示是多少Pa？

（5）谈谈臭氧层与人类的关系。

模块三

制冷设备的结构与原理

在日常应用中，制冷设备的种类有许多，如电冰箱、空调器等。电冰箱是一种小型的制冷设备，它广泛地应用于家庭、饭店、医院和科研等单位。空调器是一种向封闭空间提供经处理的空气调节设备。它为人们在炎热的夏季或严寒的冬季创造一个较为舒适的生活和工作环境。由于电冰箱、空调器的使用要求不同，在结构形式上就存在较大的差异。因此，掌握它们的结构与原理十分必要。

通过本模块学习，熟悉电冰箱、空调器的基本组成及工作原理，了解它们在结构形式上的差异与使用上的不同要求。

内容提要

- 电冰箱的基本结构与原理
- 空调器的基本结构与原理

3.1 电冰箱的基本结构与原理

电冰箱是以人工方法获得低温并提供储存空间的冷藏与冷冻器具（见图 3.1）。由于低温环境具有压制食物组织中的酵母，阻碍微生物的繁衍，能在较长时间内保证储存食物原有的色、香、味、营养价值，这使得电冰箱自问世以来就得到了广泛的应用。

图 3.1　电冰箱的应用

3.1.1 电冰箱的分类方式

电冰箱的分类方法很多，如按箱内冷却方式不同分，有直冷式和间冷式两种，如表 3.1 所示。其中直冷式又分单门和双门电冰箱两种。如按制冷剂不同分，则有“有氟”、“无氟”或“低氟”电冰箱等几种。

表 3.1　直冷式和间冷式的结构示意图及说明

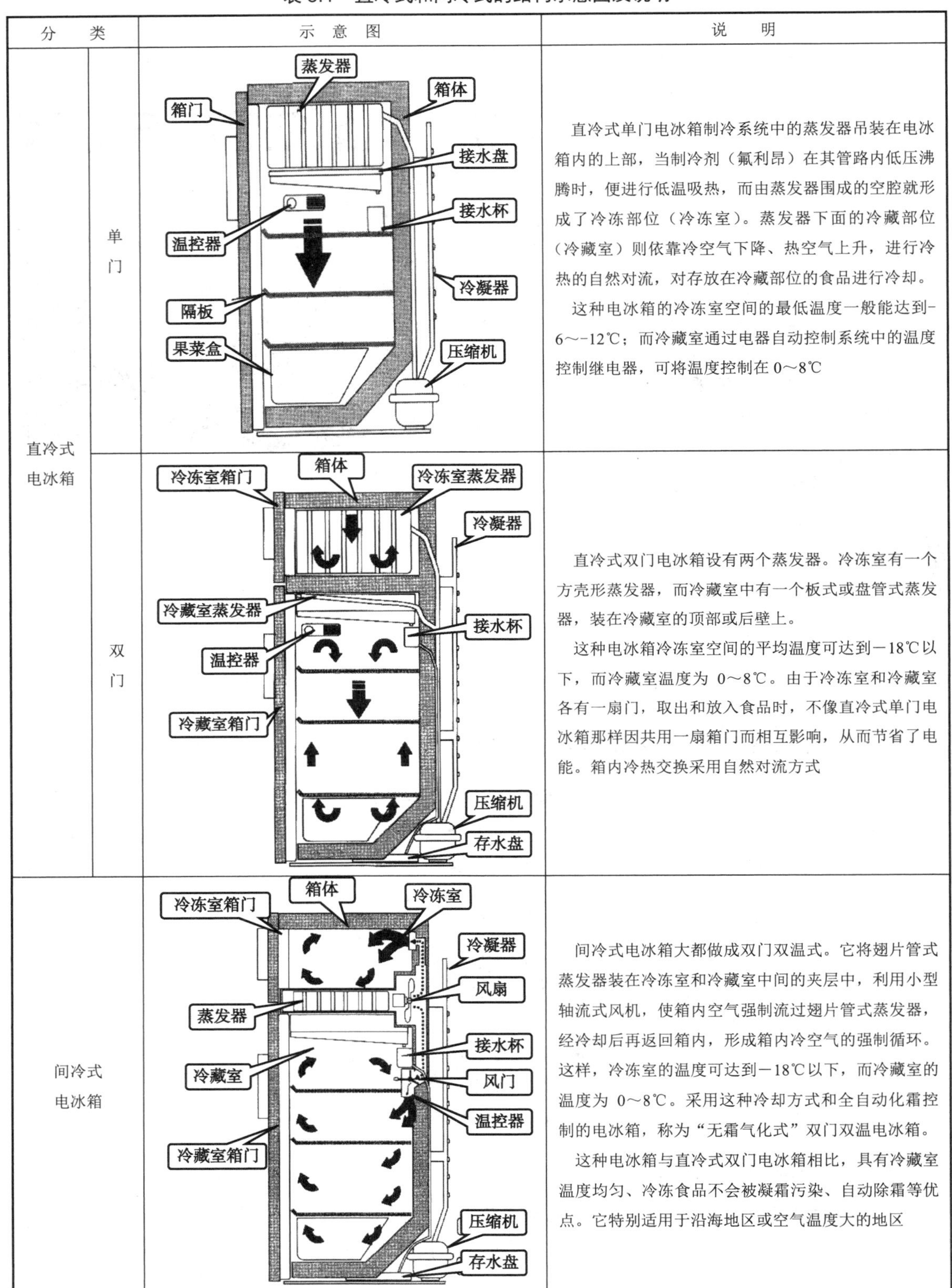

分类		示意图	说明
直冷式电冰箱	单门		直冷式单门电冰箱制冷系统中的蒸发器吊装在电冰箱内的上部，当制冷剂（氟利昂）在其管路内低压沸腾时，便进行低温吸热，而由蒸发器围成的空腔就形成了冷冻部位（冷冻室）。蒸发器下面的冷藏部位（冷藏室）则依靠冷空气下降、热空气上升，进行冷热的自然对流，对存放在冷藏部位的食品进行冷却。 这种电冰箱的冷冻室空间的最低温度一般能达到-6～-12℃；而冷藏室通过电器自动控制系统中的温度控制继电器，可将温度控制在0～8℃
	双门		直冷式双门电冰箱设有两个蒸发器。冷冻室有一个方壳形蒸发器，而冷藏室中有一个板式或盘管式蒸发器，装在冷藏室的顶部或后壁上。 这种电冰箱冷冻室空间的平均温度可达到－18℃以下，而冷藏室温度为0～8℃。由于冷冻室和冷藏室各有一扇门，取出和放入食品时，不像直冷式单门电冰箱那样因共用一扇箱门而相互影响，从而节省了电能。箱内冷热交换采用自然对流方式
间冷式电冰箱			间冷式电冰箱大都做成双门双温式。它将翅片管式蒸发器装在冷冻室和冷藏室中间的夹层中，利用小型轴流式风机，使箱内空气强制流过翅片管式蒸发器，经冷却后再返回箱内，形成箱内冷空气的强制循环。这样，冷冻室的温度可达到－18℃以下，而冷藏室的温度为0～8℃。采用这种冷却方式和全自动化霜控制的电冰箱，称为“无霜气化式”双门双温电冰箱。 这种电冰箱与直冷式双门电冰箱相比，具有冷藏室温度均匀、冷冻食品不会被凝霜污染、自动除霜等优点。它特别适用于沿海地区或空气温度大的地区

（1）“无霜”电冰箱。霜是热的不良导体，它的导热系数（导热系数是指在单位时间、单位温差下，通过物体单位面积和单位厚度所传递的热量）只有 0.5kcal/m·℃·h（千卡/米·度·小时）。如果蒸发器表面积有厚霜，将阻碍蒸发器冷量的传递，导致箱内温度下降变慢，而使蒸发器由于冷量不易传出而导致制冷效率降低，耗电量增大……这对电冰箱工作十分不利。据计算，当蒸发器表面结霜厚度超过 1cm 时，效率要降低 30%以上。为此，生产厂家推出了所谓“无霜”型的电冰箱。

所谓“无霜”电冰箱，实际上是一种全自动的定时或周期性地除霜的冰箱，它不需要人操作而能保持在极少霜的情况下运行。在国外，无霜冰箱（No Frost Refrigerator）也称防霜（frost-proof）或免霜（frost-free）冰箱，如图 3.2 所示。

图 3.2　无霜冰箱

目前，全自动无霜冰箱的自动除霜控制方式常有以下几种：

① 按电冰箱开门累积时间除霜。它采用一只定时器，当箱门开启时，定时器的时钟便运行。达到设计的累积时间后，通过其中的凸轮，使除霜电触点接通从而进行除霜。除霜后，凸轮又会使触点分开，恢复正常工作。

② 按电冰箱开门次数除霜。这是利用齿轮齿数的多少来控制除霜电触点的。在冰箱中设置一只计数器，可用它来计数，当达到一定次数后，进行一次除霜。

③ 每日定时除霜。它是采用除霜定时器来控制的，一般 24h（小时）除霜一次。

④ 按压缩机运行的累积时间除霜。这是基于压缩机运行的时间越久则结霜越多的现象，采用一只受温度控制继电器控制的定时器进行定时除霜。它是目前无霜电冰箱除霜控制方式中较常见的一种方式。

此外，还有根据霜层的厚度进行除霜等方式。关于电冰箱的除霜方法及有关电路将在后面作详细介绍。

无氟电冰箱。无氟电冰箱的出现免除了现行使用的氟利昂对大气臭氟层的破坏及诱发温室效应。无氟电冰箱可称为绿色冰箱，是大有发展前景的新一代电冰箱。

提示

目前，我国生产的无氟电冰箱，不仅选用了不含氯原子或低氯原子的替代物（如 R_{600a}）作为制冷剂，而且在工艺上使其更趋于完美，即向“无霜＋保鲜，无氟＋节能＋大冷冻力”的方向发展。

知能拓展——新款冰箱的体现

近几年来，电冰箱生产厂家根据市场要求，运用新技术、新材料、新工艺，不断开发出新产品，各种新款电冰箱异彩纷呈，主要体现在外形、性能和结构等方面。

1. 外形高雅华丽

外形方面除了保持原电冰箱实用的风格外，还强调配合现代家居装饰风格，高雅华丽，如门面板的选料、拉手的配置和整体的造型等方面进行了改进，符合现代人高品质生活的追求。典型代表有海尔的画王子、万宝的“真精彩”彩画门电冰箱，以及采用极具质感的墨绿把手、带闪光门面板的华凌电冰箱等。异彩纷呈的电冰箱如图 3.3 所示。

2. 大型、组合化

随着人们消费观念的改变，电冰箱厂家推出大容量组合化电冰箱（尤其是 250～500L 的冷冻室、抽屉式冷冻室）越来越受到用户的欢迎。

3. 微计算机控制

新颖电冰箱通过微计算机的控制，根据用户的使用习惯选择最便捷的使用方式、最佳的除霜时间，实现很好的节能效果。新颖的智能电冰箱，如图 3.4 所示。

图 3.3 异彩纷呈的电冰箱

图 3.4 新颖的智能电冰箱

4. 使用方便实用

电冰箱左、右均可开门，箱体脚轮灵活移动，冷藏室、冷冻室设计多样，可在上或在下，用户使用捷便。

3.1.2 电冰箱的基本组成

目前，国内外生产的电冰箱一般都为蒸气压缩式的，它主要由箱体、制冷系统、电器控制系统和附件 4 部分组成，如图 3.5 所示。电冰箱组成部分的示意图及其作用如表 3.2 所示。

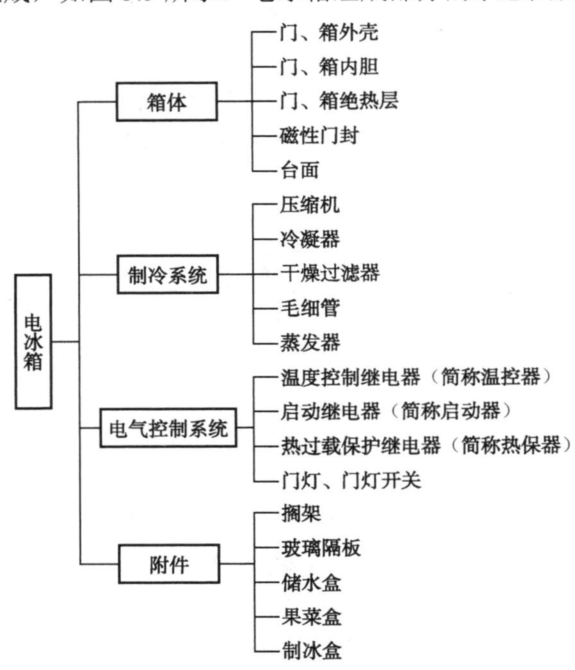

图 3.5 电冰箱的基本组成方框图

表 3.2　电冰箱组成部分的示意图及其作用

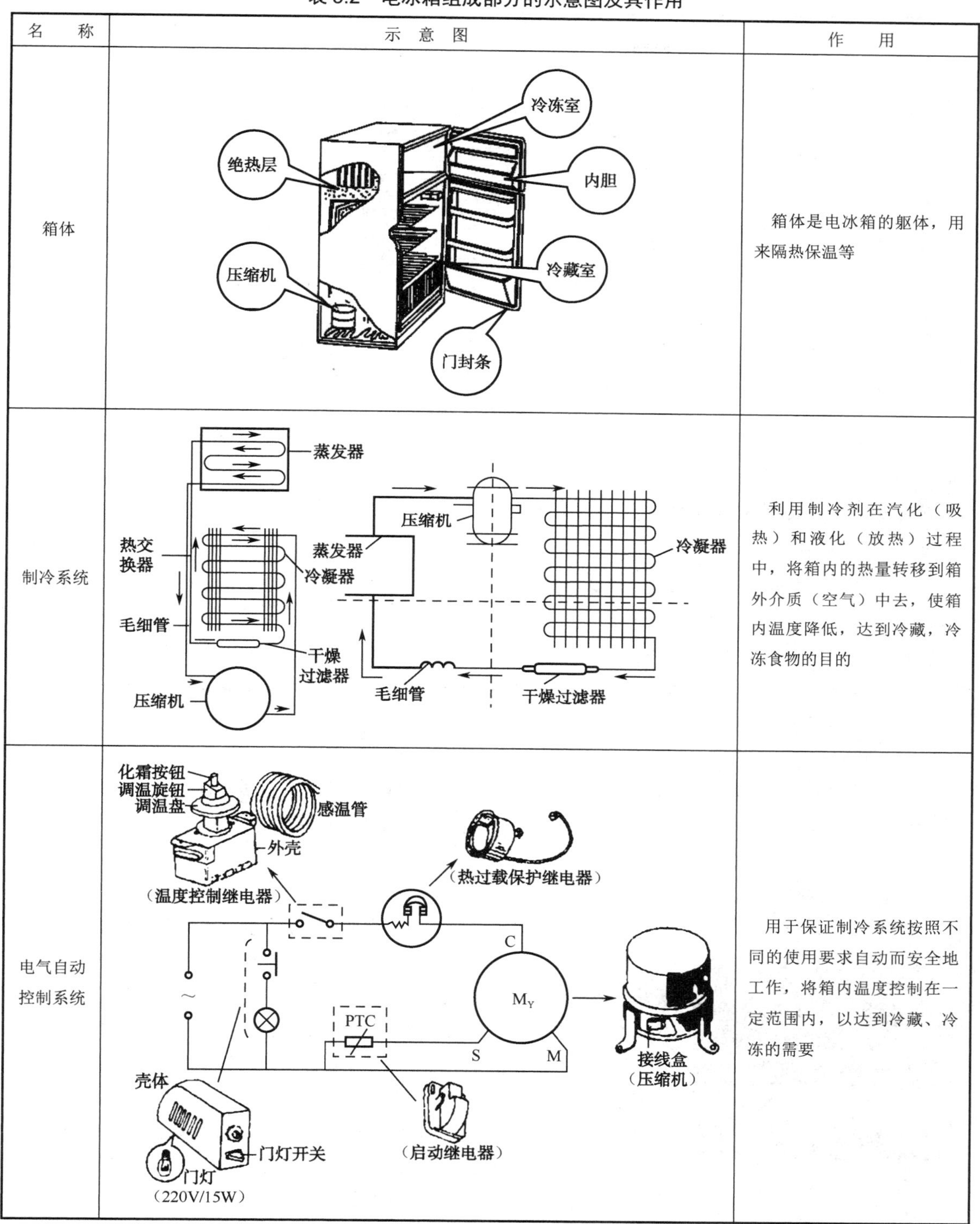

名　　称	示　意　图	作　　用
箱体		箱体是电冰箱的躯体，用来隔热保温等
制冷系统		利用制冷剂在汽化（吸热）和液化（放热）过程中，将箱内的热量转移到箱外介质（空气）中去，使箱内温度降低，达到冷藏，冷冻食物的目的
电气自动控制系统		用于保证制冷系统按照不同的使用要求自动而安全地工作，将箱内温度控制在一定范围内，以达到冷藏、冷冻的需要

续表

名　称	示 意 图	作　用
附件	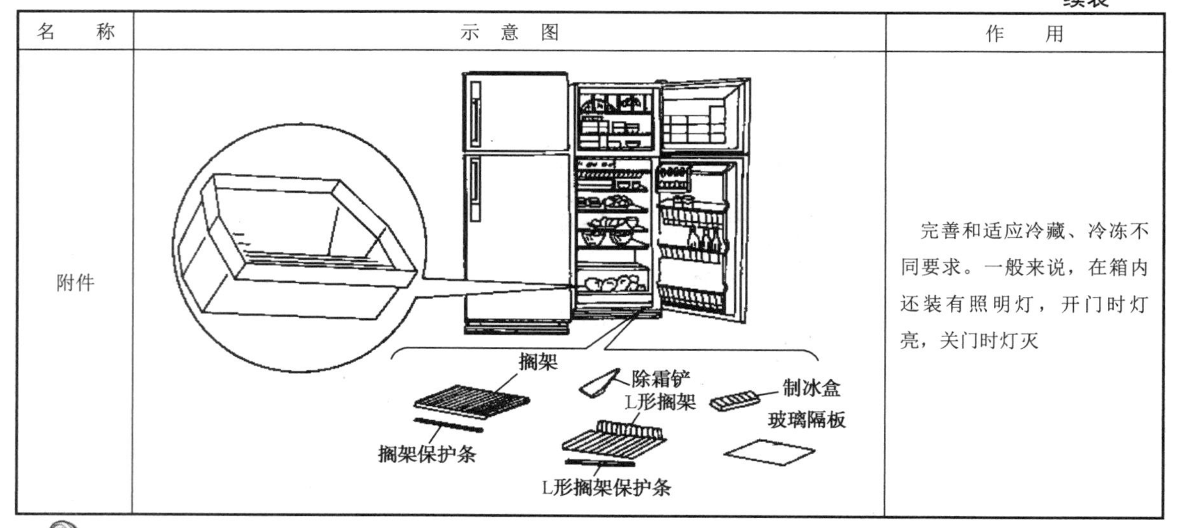	完善和适应冷藏、冷冻不同要求。一般来说，在箱内还装有照明灯，开门时灯亮，关门时灯灭

知能拓展——冰箱的发展趋势

1. 绿色电冰箱

绿色电冰箱就是指符合环保要求的电冰箱，即所采用的制冷剂和发泡剂对臭氧层的破坏程度和对地球变暖的影响程度都要等于零或趋近于零的电冰箱。

1991年6月19日我国以发展中国家的身份加入了《蒙特利尔议定书》，并于2010年最终淘汰臭氧物质。根据我国的实际情况，开始采用对臭氧层破坏程度和对地球变暖影响程度影响都为零或趋近于零的电冰箱生产工艺，真正实现了“绿色环保”。

2. 多用途冰箱

卧室中需要有个小冰箱用来储存冷饮和化妆品；儿童室内也有自己的冰箱存放冰淇淋；除了厨房里常用的冰箱，客厅里还有个专门储藏美酒佳酿的冷柜用来款待朋友；提供多种菜单模式，可随时按键调节冰箱功能，甚至可以用来保温。

3. 嵌入式冰箱

图3.6　嵌入式冰箱

顾名思义，嵌入式冰箱（见图3.6），就是将冰箱隐藏在橱柜当中，橱柜公司在设计时将冰箱作为厨房整体的一部分进行规划。嵌入式冰箱多被置放于特制的柜体中，容量从200～300L不等，当打开门柜时，冰箱门就自动打开。嵌入式与独立式冰箱的区别主要在散热方式上，独立式冰箱散热在两侧及箱后，但嵌入式冰箱两侧均有柜板，所以散热只能从箱后进行。在橱柜的设计中一定要考虑从地脚到箱后及上顶板的散热带。安装时，需要预留上方或下方的散热空间约10～20cm。外观可做成装饰用的通风栅板，冰箱后面也应留有适当空间，避免直接与壁面贴合，至少预圈不低于5cm的散热空间。门板的装饰上，现在的工艺都可达到和厨房的橱柜成为一体。由于散热方式不一样，嵌入式冰箱成本也比较高。

嵌入式冰箱在欧美国家已经很普遍，在中国市场上才刚刚起步，有关整体厨房的标准也还不健全。但可以肯定，随着人们越来越讲究生活质量和注重空间设计，嵌入式冰箱会有很大市场。

4. 网络冰箱

目前，不少家电企业都在开发网络化家电产品将所有家电甚至包括家中安防系统窗帘照明等进行互连再与互联网相连。国内海尔、美菱以及国外 LG、伊莱克斯、惠而浦等冰箱企业已经有网络冰箱展示或者上市。有的网络冰箱能够显示冰箱内的食品数量和存储时间，当某种食品减少到一定程度或者储存时间过长时，会自动提醒主人，有的网络冰箱还能提供菜单，主人可以照单烹调美味佳肴；有的网络冰箱能收听广播、看电视节目、上网冲浪；有的网络冰箱可直接与厂家售后服务中心建立联系，遇到故障及时报修。由于冰箱是 24h 通电的电器，有的企业还将冰箱作为家中所有电器的中央控制器，通过它，用户可以控制 MP3 播放器、DVD 播放器、手机、数码相册、洗衣机、微波炉等其他任何能够接入网络集线器或者路由器的设备。

3.1.3　电冰箱的制冷原理

在炎热的夏天，常会感到房间里闷热。这时只要在房间的地面上洒一些水，我们立刻就会感到凉爽一些。这是因为洒到地面上的水在蒸发时，水要吸收周围空气的热量，从而起到降温作用。这说明，液态物质在蒸发时，都要吸收其周围物体的热量，周围物体由于热量减少而使温度降低，从而起到制冷的效果。电冰箱就是利用易蒸发的某种制冷剂液体在蒸发器里大量蒸发，冷却了蒸发器，从被冷冻、冷藏的食品或空间介质中带走蒸发所需的热量，从而降低电冰箱内食品或空气的温度的。

在我国，家用电冰箱大部分都是采用压缩式制冷循环原理来制冷的，即利用压缩机增加制冷剂的压力，使制冷剂在制冷系统中循环流动，由气化 $\rightleftharpoons$ 液化，如此周而复始地将箱内冷藏、冷冻食物中的热量“搬出”箱外，实现制冷目的。

知能拓展——其他制冷原理的冰箱

电冰箱是最常用的家用电器之一，然而目前仍有一些电冰箱在生产中使用一种对环境有危害的化学物质——如 R_{12} 的氟利昂物质。这种物质释放到空气中会破坏大气的臭氧层，从而使宇宙中的紫外线很少受到阻隔而直射到地球上来，危害人类的健康。因此，联合国有关组织已明确规定了在下一世纪不准许再用氟利昂作制冷剂。所以一些新型的电冰箱，如利用半导体材料的“热电效应”来制冷的半导体冰箱，也称为“绿色冰箱”就应运而生了。

还有一种电冰箱称为磁力冰箱，它是利用某些磁性材料在反复受到电磁场作用时放热和吸热的功能来制冷。这也是一种不用氟利昂物质的电冰箱。

现有的电冰箱在运输时不许横着搬运，然而有一种新型的吸收式电冰箱可以倾斜着搬运，甚至倒过来也不怕，因为它也不再用氟利昂物质作为制冷剂。

用计算机来控制电冰箱的工作恐怕是最合理的了。这种冰箱能自动调节冰箱内各储藏室的温度，还可以鉴别食物的品质和冰箱内的污染程度。在保藏蔬菜时，能自动调节储藏室内的湿度，以保持它的新鲜度。

还有利用声音来制冷的冰箱，以及利用太阳能直接制冷的冰箱等，五花八门，层出不穷，如图 3.7 所示。

图 3.7　其他制冷方式的冰箱

3.2 空调器的基本结构与原理

图 3.8 舒适的环境

空调器与电冰箱是相互联系而又彼此独立的两个领域。空气调节器（简称空调器）是以人工方法对室内的温度、湿度、气流速度、空气洁净度等参数指标进行调节，从而使人们获得清新而舒适环境的器具。

在我国，随着人民生活水平的提高，空调器已进入千家万户，无论是炎热的夏天还是寒冷的冬天，人们都能在一个舒适环境里生活和工作，如图 3.8 所示。

3.2.1 空调器的分类方式

空调器的分类方法很多，有按空气处理的集中程度分类的，也有按空调器功能分类的，按空调器的结构形式分类的，以及按制冷量大小或制冷方式不同分类的等。

1. 按空气处理的集中程度分类

空调器按空气处理的集中程度分类如表 3.3 所示。

表 3.3 空调器按空气处理的集中程度分类

分 类	说 明
集中式空调	集中式空调是指所有空气处理设备全部集中在空调机房里，将冷却的空气或水分别送往各个需要空调的房间，与室内空气进行热交换。根据送风特点，又可分单风道系统、双风道系统和变风量系统等
半集中式空调	半集中式空调是指除安置在集中空调机房内的空气处理设备外，还设有分散的空调房间的空气处理末端设备。这些末端设备可对进入空调房间之前的送风，进行再一次处理
局部式空调	局部式空调又称单独式空调，是指机组的冷热源、空气处理设备、风机和自动控制元件，全部集中在一个或两个箱体内。可根据需要灵活地安置在空调房间内。局部式空调本身就是一个紧凑的空调系统

2. 按功能分类

空调器按功能分类，有如表 3.4 所示的几种结构形式。

表 3.4 空调器按功能分类

分 类	代 号	使用环境温度（℃）	说 明
单冷型	L	18～43	又称冷风型，只能制冷，不能制热
热泵型	R	-5～43	一机可两用，夏季制冷降温，冬季制热升温，整个系统是靠换向阀实现的，是一种经济效益较高的、发展较快的产品
电热型	D	-5～43	是在普通单冷型的空调器上增设一组电热装置，可给室内空气进行加热
热泵辅助电热型	Rd	-5～43	热泵辅助电热型，是由热泵型空调器演变而来的又一种机型，即在热泵空调器的基础上增添一组辅助电热制热装置。当室内温度高于某一温度（如 20℃）时，空调器仅作热泵制热运行；当室温低于某一温度时，转换成热泵与辅助电热制热装置联合供热

3. 按结构形式分类

空调器按结构形式分类，有如表 3.5 所示的几种结构形式。

表 3.5　空调器按结构形式分类

分　　类		示 意 图	说　　明
整体式空调器			整体式空调器是将制冷循环、空气循环和电气控制等系统都集中安装在同一箱体内的一种空调器。 其特点是结构紧凑、体积小、重量轻、安装使用方便
分体式空调器	吊顶式	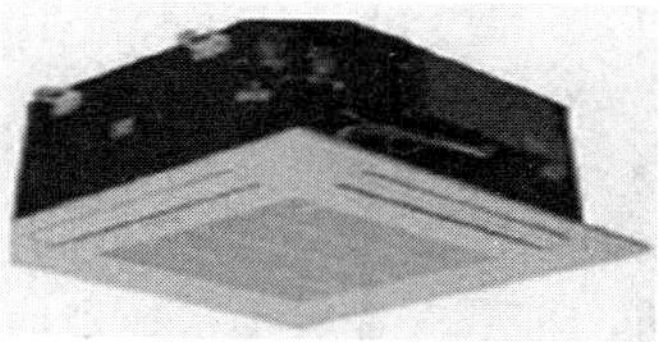	吊顶式空调器是吊装在房间天花板上的一种空调器。 其特点是不占室内有效空间，冷（热）风自上而下吹、制冷（热）效果好，可使整个房间的温度均匀
	挂壁式	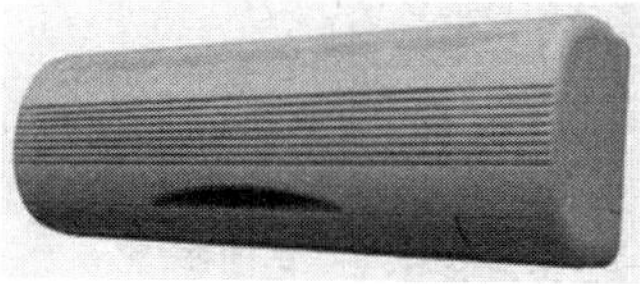	挂壁式空调器是挂在卧室或客厅墙壁上的一种空调器。 其特点与吊顶式空调器一样，不占房间有效使用面积，便于室内各种家具设施的布置与安排。空调制冷（热）时，冷（热）风自上而下吹，有利于室内气流自然对流，使室温更均匀，提高了制冷（热）的效果
	落地式	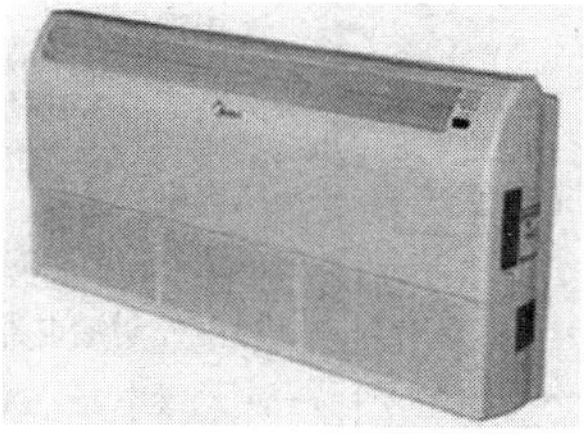	落地式空调器是安装在客厅及房中的一种空调器。 其特点是颜色与款式可以同室内家具色调相一致，造型美观、线条流畅、操作使用均十分方便。由于气流出口处装有可调式的出风栅，气流出口方向可在水平和垂直两个方向调节，能把清新空气均匀地送至房间的各个方向
	嵌入式		嵌入式空调器是安装在天花板内，冷（热）气流自上而下的一种空调器。 其特点是空调器的制冷（热）量比较大，通常用于办公室、商店、咖啡厅、酒吧间等场合

知能拓展——“空调”轶事

1881 年 7 月的某天，气候火热高温。美国总统格菲尔外出，在华盛顿车站突然遭到歹徒枪击，生命危在旦及，如图 3.9 所示。

为了挽救总统生命需降低室内温度，矿山多西技师搬来压缩机、皮管等利用压缩空气还原产生冷却效应的原理，将皮管通入病房吸取热量，达到降低室内温度的目的。进而演变和生产了世界上第一台最原始的空调器。如图 3.10 所示，是多西技师苦思降温办法。

图 3.9 总统外出遭枪击

图 3.10 多西技师苦思降温办法

3.2.2 空调器的基本组成

1. 整体式空调器的基本组成

图 3.11 所示为整体式（窗式）空调器的示意图，图 3.12 所示为窗式空调器的基本组成方框图，表 3.6 所示为空调器 5 大组成部分的示意图及其作用。

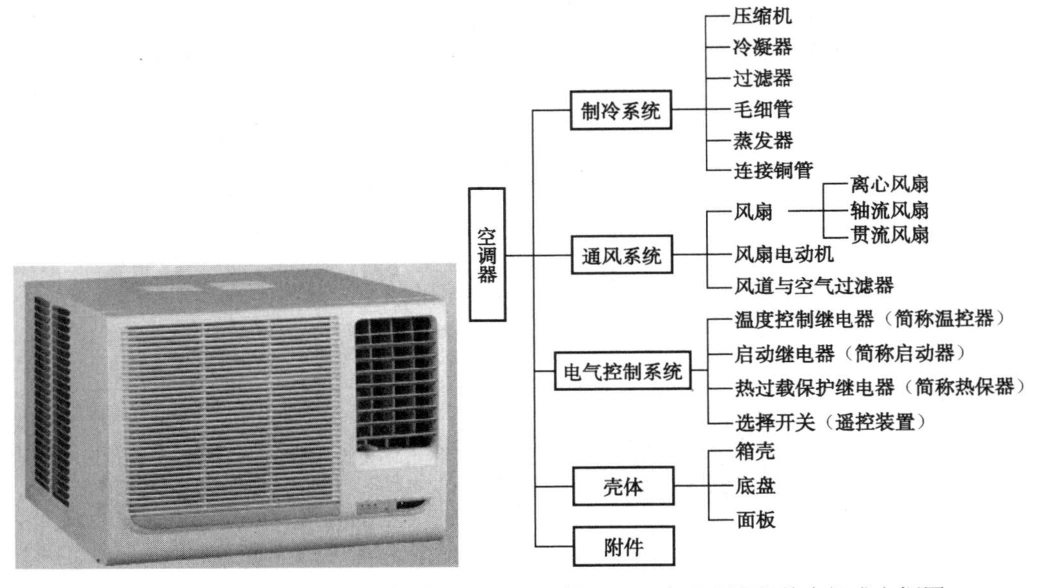

图 3.11 整体（窗式）空调器示意图

图 3.12 窗式空调器基本组成方框图

表 3.6 空调器 5 大组成部分的示意图及其作用

名 称	示 意 图	作 用
箱体		箱体是空调器的躯体，它为制冷系统、通风系统、电气控制系统等提供了存放的空间，分为室内侧和外室侧两部分

续表

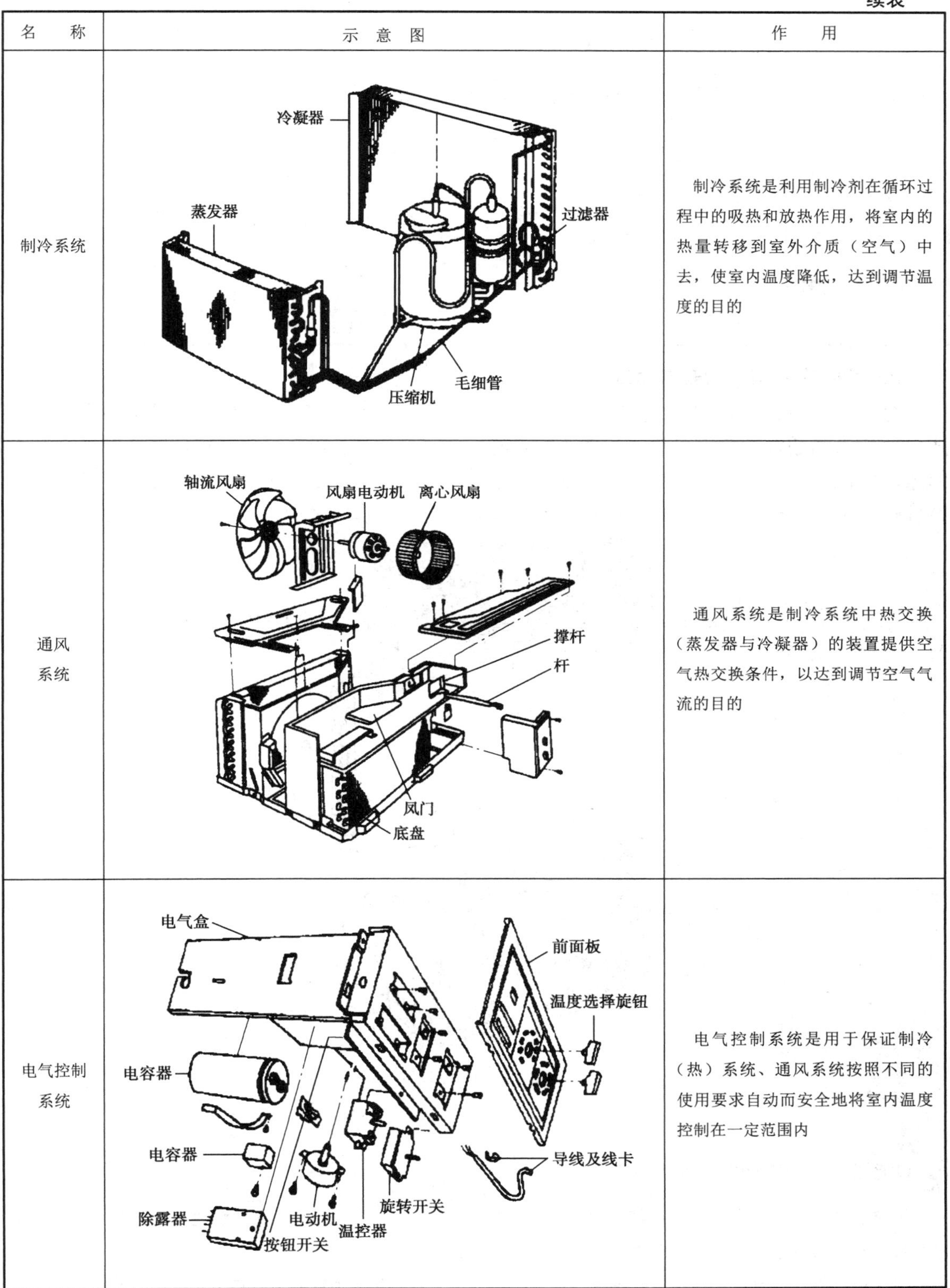

名　称	示 意 图	作　用
制冷系统		制冷系统是利用制冷剂在循环过程中的吸热和放热作用，将室内的热量转移到室外介质（空气）中去，使室内温度降低，达到调节温度的目的
通风系统		通风系统是制冷系统中热交换（蒸发器与冷凝器）的装置提供空气热交换条件，以达到调节空气气流的目的
电气控制系统		电气控制系统是用于保证制冷（热）系统、通风系统按照不同的使用要求自动而安全地将室内温度控制在一定范围内

续表

名　称	示　意　图	作　用
辅助器件	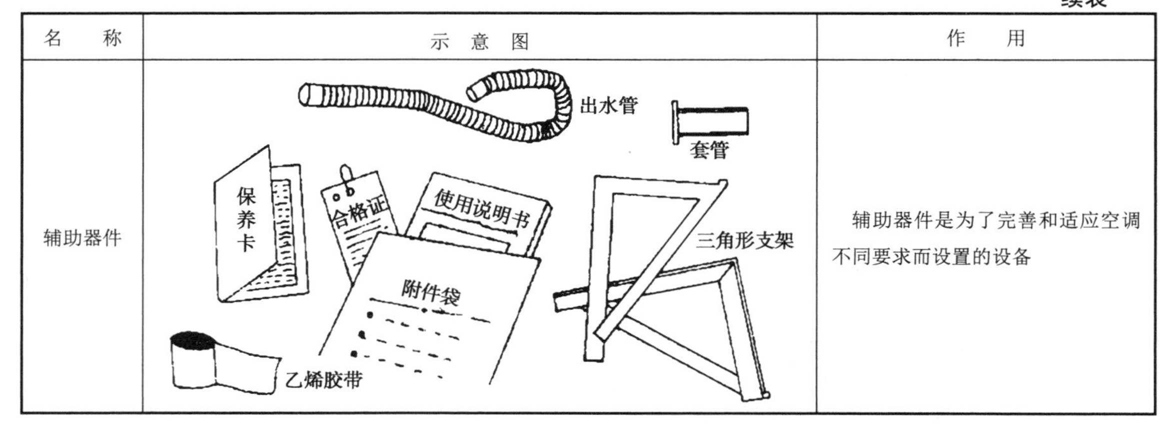	辅助器件是为了完善和适应空调不同要求而设置的设备

2. 分体式空调器的基本组成

分体式空调器是在整体式空调器的基础上发展起来的，由室内机和室外机组两大部分组成，两者之间通过制冷剂管道和电缆连接起来。图 3.13 所示为典型的分体挂壁式空调器基本组成示意图，室内机组主要由空气过滤器、蒸发器、室内风机、遥控装置和显示器等组成，室外机组由压缩机、室外风机等组成，两者之间由制冷剂管道和电缆连接。

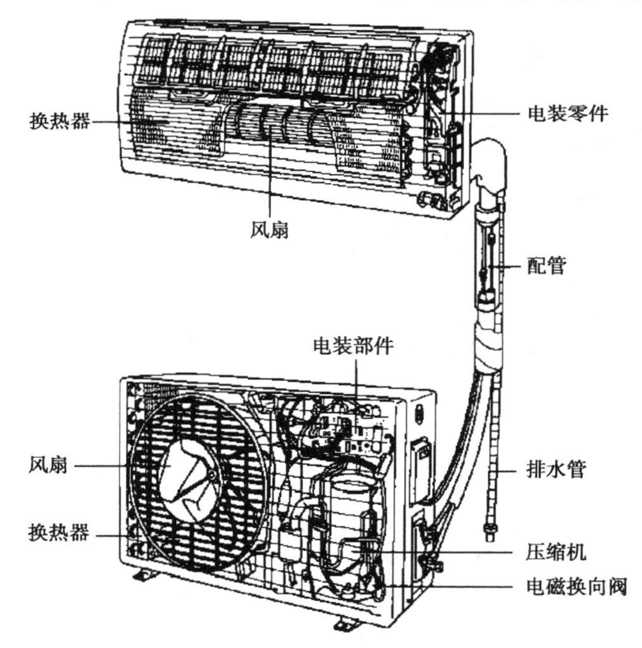

图 3.13　分体挂壁式空调器构成示意图

知能拓展——空调的“四度调节”

所谓空调的“四度调节”，是指空调器对空气的温度、湿度、洁净度及空气气流速度的调节。为获取新鲜而舒适的空气环境，应正确地把持好空调的“四度”范围。

（1）空气温度调节。空调器对室内空气温度的调节，实质上是增加或减少室内空气中的显热过程。空气温度的高低表述了空气显热的多少。室内外温差过大会影响人体健康，所以使用空调器时室内外温差一般以 3～5℃为宜。在夏天制冷时，室内温度可控制在 28℃左右；冬天制热时，室内温度可控制在 18～20℃。图 3.14 所示，是空调器对室内空气温度的调节。

（a）空调器的降温（制冷）调节

（b）空调器的加热（制热）调节

图 3.14　空调器对室内空气温度的调节

（2）空气湿度调节。空调器对室内空气湿度的调节，实质上是增加或减少室内空气中的潜热过程。在此过程中调节了空气中的水蒸气的含量。空气过于潮湿或过于干燥都会使人感到不适，因此夏季相对湿度一般控制在 50%～60%，而冬季应控制在 40%～50%为宜。图 3.15 所示为空调器对室内空气湿度的调节。

（3）空气洁净度调节。空调器对室内空气洁净度的调节，实质上是对空气中悬浮状态的固体微粒或液体微粒的过滤过程。空气中悬浮状态的固体微粒或液体微粒通称为空气尘埃，它们很容易随呼吸进入气管、肺部而影响人们健康。而空调场所密封性较高，空气质量往往较差，因此空调器的空气净化和滤清功能就显得十分重要。图 3.16 所示为空调器对室内空气洁净度的调节。

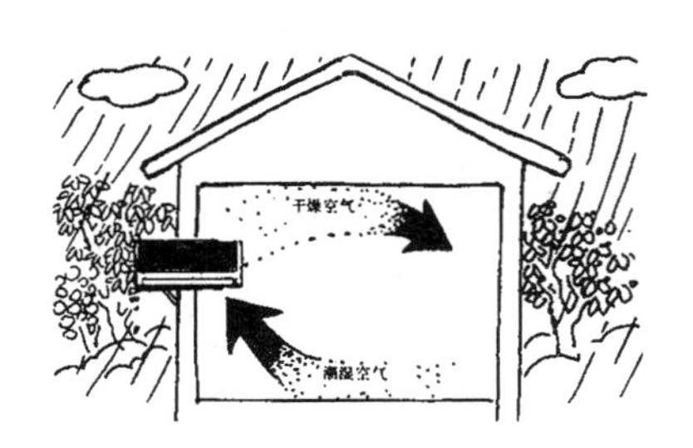

图 3.15　空调器对空气湿度的调节

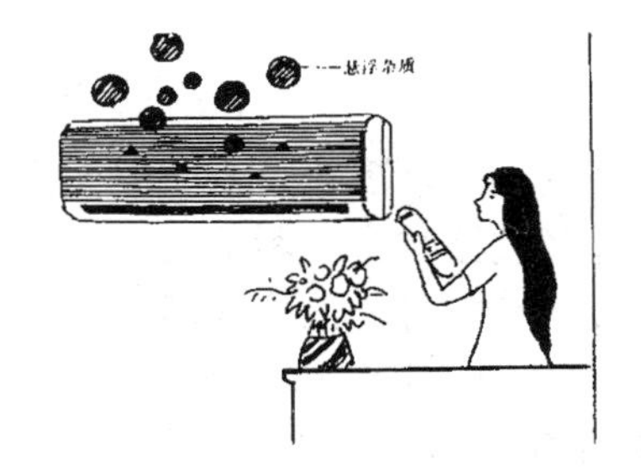

图 3.16　空调器对空气洁净度的调节

（4）空气气流速度调节。空调器对室内空气洁净度的调节，实质上是加快或减慢空气对流的速度。一般来说，人处于低速流动的空气中要比处在静止的空气中舒适，因此室内 0.1～0.2m/s（米/秒）的变动低速气流对人体最适宜，而且气流速度不应超过 0.5m/s。空调器通常设有几挡不同的送风速度，在使用时人们可根据需要进行调节。图 3.17 所示为空调器对室内空气气流速度的调节。

图 3.17　空调器对空气气流速度的调节

3.2.3　空调器的制冷（制热）原理

1. 冷风型空调器的工作原理

冷风型空调器的工作原理如图 3.18 所示。空调器制冷时，压缩机吸入来自蒸发器的低温低压制冷剂蒸气。由压缩机压缩成高温高压过热蒸气，再进入冷凝器冷却。轴流风扇从空调器左右两侧的百叶窗吸入室外空气并送入冷凝器，制冷剂蒸气完成热量交换后转变成高压过冷的液态，制冷剂再经毛细管节流降压后进入蒸发器。室内空气由离心风扇吸入蒸发器，使蒸发器中的液态制冷剂因吸收室内循环空气的热量又成为饱和蒸气，而降温后的室内空气则在离心风扇的作用下通过风道回到室内。经过蒸发器的低压过热蒸气又被吸入压缩机，再次压缩成高温高压过热蒸气。如此循环，直到室内温度下降到设定温度为止。

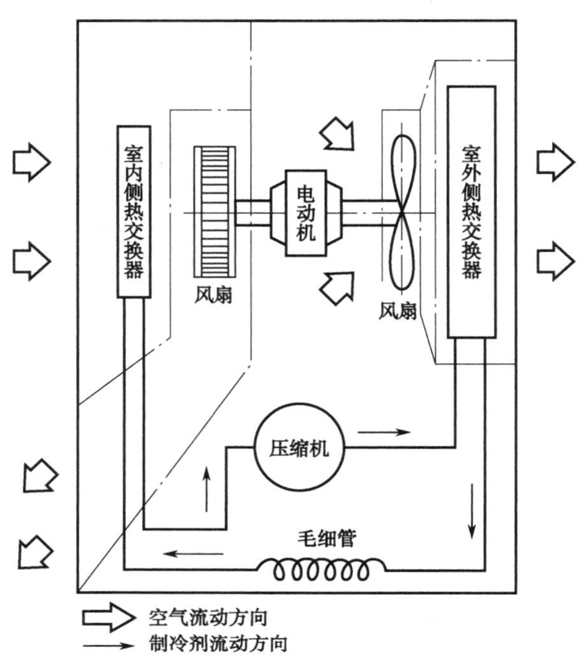

图 3.18　冷风型空调器的工作原理

在制冷过程中，因蒸发器的表面温度低于被冷却的室内循环空气的露点温度，所以当室内空气通过蒸发器时会不断析出露水，使室内空气的相对湿度下降。而露水沿倾斜方向流向底盘至冷凝器下方时，部分低温露水被轴流风扇的甩水圈飞溅起来以冷却冷凝器，其余则通过底盘的排水管排至室外。

2. 热泵型空调器的工作原理

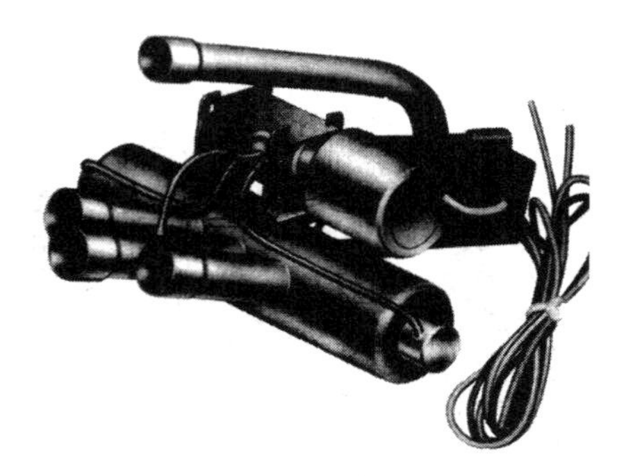

图 3.19　电磁换向阀

热泵型空调器的工作原理与冷风型空调器基本相同，不同之处是增加了一只电磁换向阀（又称四通阀），如图 3.19 所示。当改变电磁换向阀滑块的位置时，能使制冷系统中制冷剂的流动方向发生逆转，使两个热交换器（一个安装在室内，另一个安装在室外）功能互换。因此在制冷时，热泵型空调器的工作原理与冷风型空调器基本相同；在制热时，制冷剂流向逆转，室内外的热交换器功能互相转换，制冷剂在冷凝器中放出热量并由风扇送入室内，从而达到制热的目的。热泵型空调器的工作原理，如图 3.20 所示。

从图 3.20 可以看到，制热循环和制冷循环的过程正好相反。在制冷循环中，室内机的热交换器起蒸发器的作用，室外机的热交换器起冷凝器的作用，因此制冷时室外机吹出的是热风，室内机吹出的是冷风。而制热循环时，室内机的热交换器起冷凝器的作用，而室外机的热交换器则起蒸发器的作用，因此制热时室内机吹出的是热风，而室外机吹出的是冷风。

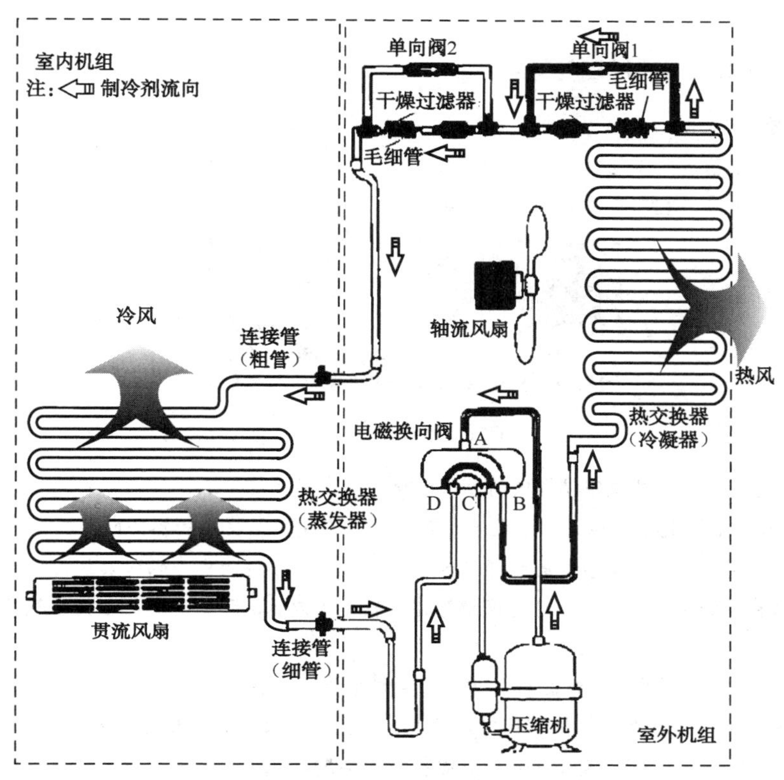

（a）热泵型空调器的制冷循环示意图

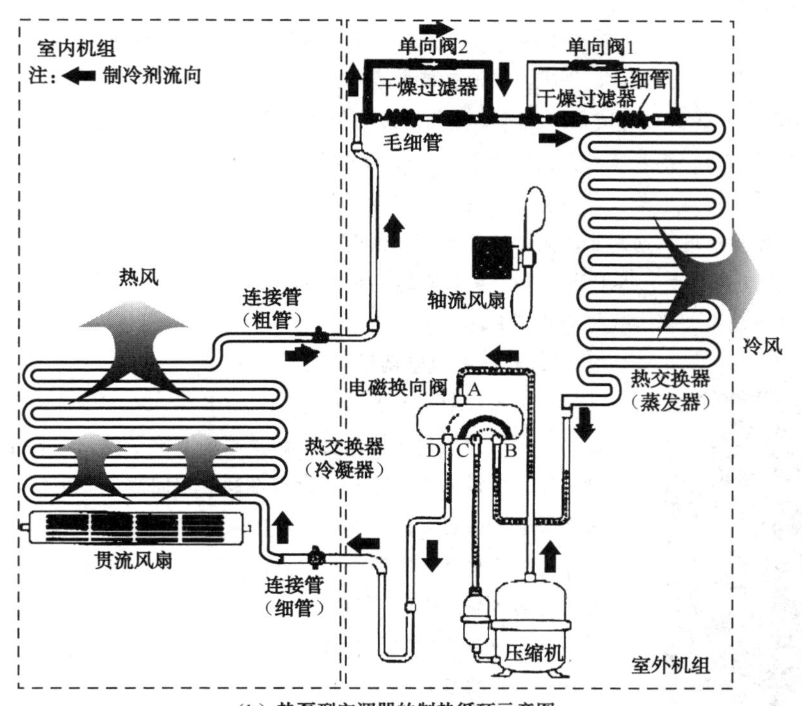

（b）热泵型空调器的制热循环示意图

图 3.20　热泵型空调器的制冷或制热工作原理

知能拓展——新颖空调器原理与特点

1. 变频空调器

（1）变频空调器的原理。变频空调器是指采用变频原理，利用二次逆变得到的可变化交流电源来控制压缩机的转速，从而根据需要控制空调输出能力的空调器，如图3.21所示。

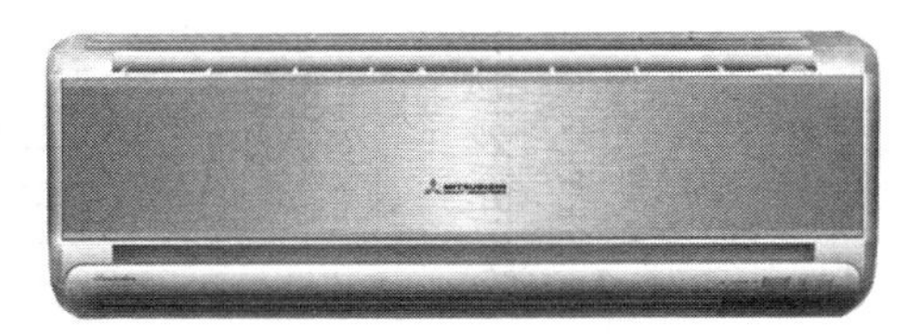

图3.21 变频空调器

（2）变频空调器的特点。变频空调器的特点，简单归纳有以下几点：

① 变频空调器的压缩机在运转时，不像普通空调器一样通过温度控制器的断开、闭合来控制压缩机的开停，从而控制室内温度，它没有直接的开停现象，压缩机是连续运转的，通过转速的变化，调节制冷、制热能力，有时高速有时低速，使室内环境温度维持在比较稳定的温度和气流，使室内空气控制在舒适的环境下，温差波动小。

② 变频空调器在启动时采用低频启动，减小了启动电流，对电动机和对其他家用电器的影响小。启动后压缩机高速运转，使室内温度快速接近设定温度（故有人讲变频空调器制冷、制热能力强，速度快）。当室内温度趋向设定温度时，压缩机低速运转，以维持室内温度，减小了开停次数，从而温度波动小。这样空调器的噪声、振动相对较低。

③ 变频空调器在节能方面：减少电能消耗，特别在室内负荷波动较大的情况下，省电效果更明显，压缩机不像固定频率空调器一样启动、停止，使消耗能量增加。

④ 变频空调器的制热能力特别强，受外界低气温影响较小。许多变频空调器在-10℃以下仍然能正常制热。因为热泵制热运转时，随着室外气温的下降，制热能力将下降。对此，变频空调器通过提高压缩机转速即提高制热能力来防止室温下降，故在较低环温下，仍能提供较为充足的热量，而普通空调在-5℃以下制热能力会变得很差，即使有电辅助加热，室内温度升高也很慢，甚至达不到要求。

⑤ 由于制冷、制热能力可以变化，为提高舒适的控制提供条件，可以根据空调器的实际情况采用模糊控制等技术，更方便以空调器实现智能化控制。

2. 远程射流空调器

图3.22 远程射流空调器

（1）远程射流空调器的原理。近几年，随着经济的发展和人民生活的提高，人们对室内环境的要求越来越高。除了满足工艺要求的工艺空调外，对舒适性空调的要求也逐渐出现在高大空间建筑之中。所谓远程射流空调器是指通过强制射流实现远距离送风的空调机组。

（2）远程射流空调器的特点。远程射流空调器，如图3.22所示。其机组主要由可调节变流形风口、换热器、送排风机、过滤器、板式热回收器及联动式风量调节阀门构成。可调节变流形风口兼具球形喷口和旋流风口的特点，在实现远距离送风的同时，又可满足对气流流形的调整；板式热回收器可有效回收热量，将空气预热；联动式风量调节阀门可实现对空气的风量调节。远程射流空调器的特点：

① 通过强制射流实现远距离送风，取消了传统中央空调的送风和回风管道，只保留水管，真正实现了无风管送风。

② 通过调整气流的径向和纵向流速，使之适应不同温度、不同高度对气流的要求，既能满足空调要求，又能满足舒适度要求，达到良好的使用效果。

③ 通过可调节的变流形风口，实现冷热送风的不同流形，使制冷和供暖在同一设备中完美兼顾。

④ 通过多功能组合，在同一设备上实现制冷、供暖、通风、热回收等功能，并且可进行模块化处理，使用更加灵活，设计更加简便。

思考与练习

1. 填空题

（1）电冰箱在结构上由________、________、________和________等部分组成。

（2）电冰箱按箱内冷却方式不同，可分为________和________两种。

（3）空调器分整体式和分体式两大类，其基本组成有________、________、________、________和________五部分。

（4）制冷设备的“四度”是：________、________、________和________。

（5）根据提供的电磁换中制冷剂流向图，如图 3.23 所示，指出（a）图热泵型空调器是处在________工作状态，（b）图热泵型空调器是处在________工作状态。

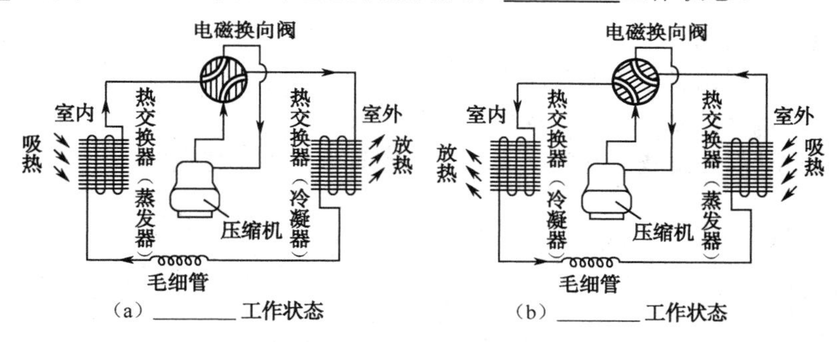

图 3.23　热泵型空调器的工作状态

2. 选择题

（1）三相四线供电可为负载提供（　　）电源。

（A）1 种　　（B）2 种　　（C）3 种　　（D）4 种

（2）（　　）是直冷式电冰箱的特点。

（A）箱内空气自然对流进行热交换　　（B）箱壁内无霜

（C）箱内各处温度均匀　　（D）无须人工化霜

（3）使用时，将冷冻室与冷藏室的温控调至“强”挡会出现（　　）。

（A）冷冻温度高，冷藏温度低　　（B）两室温度均低

（C）压缩机停机时间过长　　（D）冷藏室风量大，冷冻室风量小

（4）家用电冰箱多采用（　　）。

（A）直流变频电动机　　（B）交流变频电动机

（C）三相交流电动机　　（D）单相交流电动机

（5）家用空调器的制冷系统由（　　）。

（A）压缩机、冷凝器、蒸发器、启动继电器组成

（B）压缩机、热交换器、毛细管、过滤器组成

（C）压缩机、蒸发器、过滤器、温度控制继电器组成

（D）压缩机、冷凝器、过滤器、温度控制继电器组成

（6）小型制冷装置制冷效果差是由于（　　）造成的。

（A）电源电压高　　（B）电源电压低

（C）毛细管堵塞　　（D）冷冻物品少

（7）分体挂壁式空调器的室内机组主要由（　　）。

（A）空气过滤器、蒸发器、室内风机、遥控装置和显示器等组成

（B）压缩机、室外风机、制冷剂管道和电缆连接等组成

（C）空气过滤器、蒸发器、室外风机、遥控装置和显示器等组成

（D）空气过滤器、冷凝器、室内风机、遥控装置和显示器等组成

（8）当改变热泵型空调器电磁换向阀滑块的位置时，能使制冷系统中制冷剂的流动方向发生逆转，即其在制热时，安装在室内的热交换器起（　　）功能。

（A）冷凝器　　（B）毛细管

（C）过滤器　　（D）蒸发器

3. 问答题

（1）简述电冰箱的制冷原理。

（2）单冷型空调器由哪些基本部分组成？

（3）热泵型空调器的结构特点如何？

（4）分体式空调器在结构上与窗式空调器比较有哪些不同特点？

模块四

制冷系统组成及故障检修

制冷系统是电冰箱、空调器的重要系统，它的性能直接决定电冰箱、空调器的质量。

通过本模块的学习，熟悉制冷系统各部件的结构，掌握制冷系统的组装；了解常用检修工具设备的使用和维护知识，懂得焊接工艺要求和操作方法，能按照操作规程对电冰箱空调器进行清洗、试漏、检漏、抽真空、充注制冷剂作业和检修制冷系统常见故障。

内容提要

- 制冷系统的基本组成与工作原理
- 压缩机、热交换器、过滤装置和减压元件的结构与检修
- 制冷系统维修操作及故障排除

4.1 制冷系统的组成与工作原理

4.1.1 制冷系统的基本组成

制冷系统是电冰箱、空调器“制冷”的重要系统，主要由压缩机、冷凝器、干燥过滤器、毛细管（或膨胀阀）、蒸发器等部件组成。其中，压缩机在制冷系统中起到压缩和输送制冷剂的作用，是系统的动力装置，毛细管或节流阀是节流降压装置；冷凝器和蒸发器是使制冷剂在其中放出热量或吸收热量，与周围介质进行热交换的装置；过滤器起除掉系统中的水分和滤去杂质的作用，是系统制冷剂的净化装置。制冷剂在配有连接管道的封闭系统内循环工作，如图 4.1 所示。

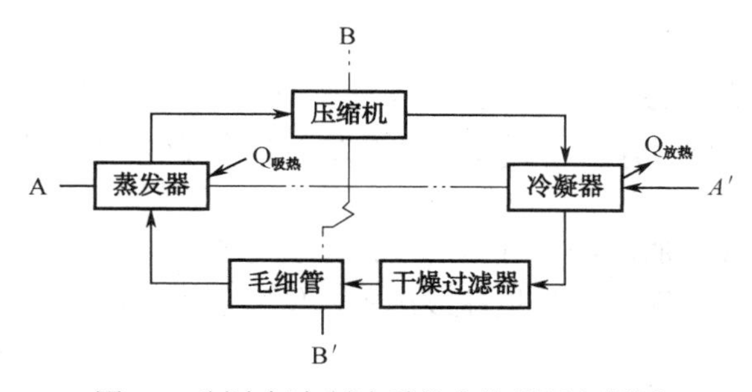

图 4.1　制冷剂在制冷系统中的循环方框图

在图 4.1 中，水平线 AA′的上半部为气相区，下半部为液相区；垂直线 BB′的左半边为低

压区，右半边为高压区。为了便于记忆，其口诀为："上气下液，左低右高。"

4.1.2 制冷循环的工作过程

制冷剂在制冷系统中的整个循环工作可分为蒸发、压缩、冷凝和节流四个过程（见图 4.2），它是由液体变气体，又由气体变液体反复变化的循环过程。

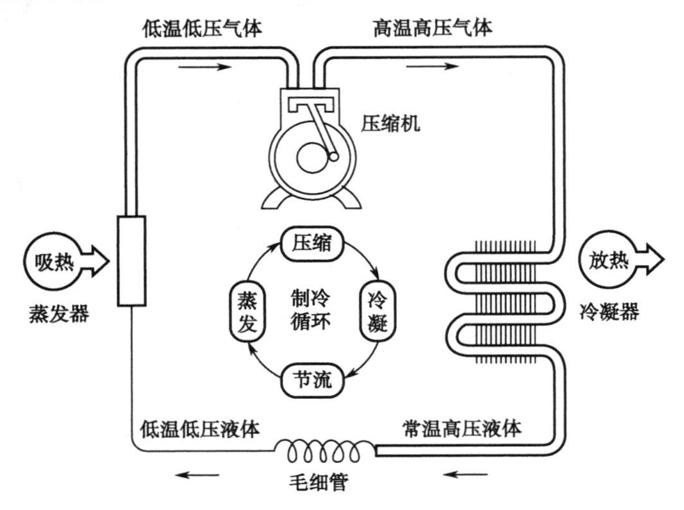

图 4.2 压缩式制冷剂的制冷循环

1. 蒸发工作过程

由毛细管（节流装置）流出的低温低压制冷剂液体，进入蒸发器，由于制冷剂的沸点低，蒸发器的管径较大，因此在蒸发器中立即沸腾蒸发，汽化为低温低压制冷剂气体的工作过程，称为蒸发工作过程。蒸气温度的高低取决于相对的蒸发压力。

在蒸发器中，制冷剂的蒸发工作过程如图 4.3 所示。

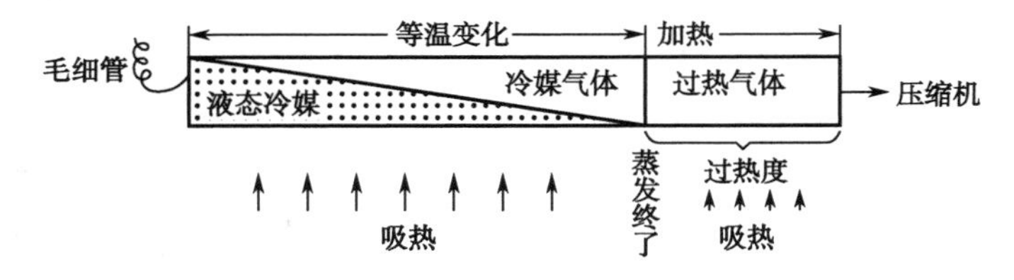

图 4.3 蒸发器中制冷剂的蒸发过程

2. 压缩工作过程

要使制冷剂循环使用，必须将蒸发器内低压制冷剂蒸气回收到压缩机的气缸中，经过压缩变成压力和温度都较高的气体，再压缩到冷凝器中去的过程，称为压缩工作过程。

3. 冷凝工作过程

在冷凝器内，高压高温的制冷剂气体与冷却介质（空气或水）进行热交换，把制冷剂在蒸发器内所吸收的热量和压缩功的热量释放出去，使高压蒸气冷凝为高压液体的过程，称为冷凝工作过程。

在冷凝器内制冷剂发生的变化过程如图 4.4 所示。

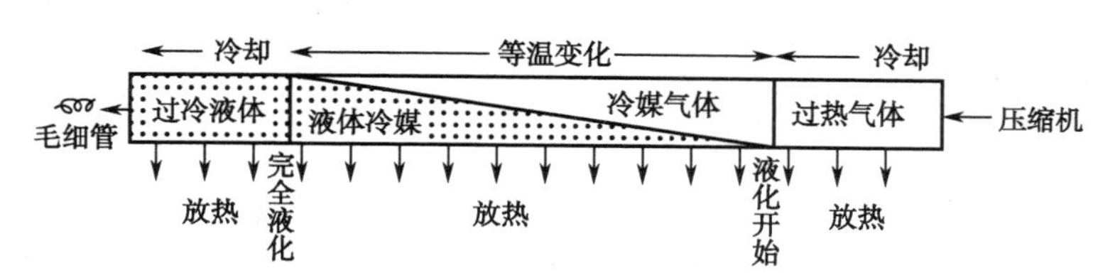

图 4.4　冷凝器中制冷剂的冷凝过程

4. 节流工作过程

进入毛细管（节流装置）的高压制冷剂，因毛细管（节流装置）孔（管径）小，受到毛细管（节流装置）的阻力而降低，同时少量的制冷剂液体因沸腾吸热而使其本身降温成为低温低压液体，流入蒸发器进入下一个循环的过程，称为节流工作过程。制冷循环的四个工作过程如表 4.1 所示。

表 4.1　制冷循环的四个工作过程

循环过程名称		蒸　　发	压　　缩	冷　　凝	节　　流
所用元件		蒸发器	压缩机	冷凝器	毛细管
作用		利用制冷剂蒸发吸热，产生冷作用	提高制冷剂气体压力，造成液体条件	将制冷剂冷凝，放出热量，进行液化	降低制冷剂液体压力和温度
制冷剂	状态	液态→气态	气态	气态→液态	液态
	压力	低压	增加	高压	降低
	温度	低温→高温	低温→高温	高温→常温	常温→低温

4.2　制冷系统维修工具及基本操作

4.2.1　工具与焊剂焊料

1. 通用工具

制冷设备在检修中所用的通用工具，有扳手、螺丝刀、钢锯、铁锤、钢凿、冲击电钻、钢钳和电烙铁等，如表 4.2 所示。

表 4.2　检修中的通用工具

名　　称	示　意　图	说　　明
扳手		一种可以在一定范围内旋紧或旋松六角、四角螺栓、螺母的专用工具 使用时，要根据螺栓、螺母的大小进行选择。活络扳手的结构及握持，如左图所示

续表

名　称	示　意　图	说　明
螺丝刀	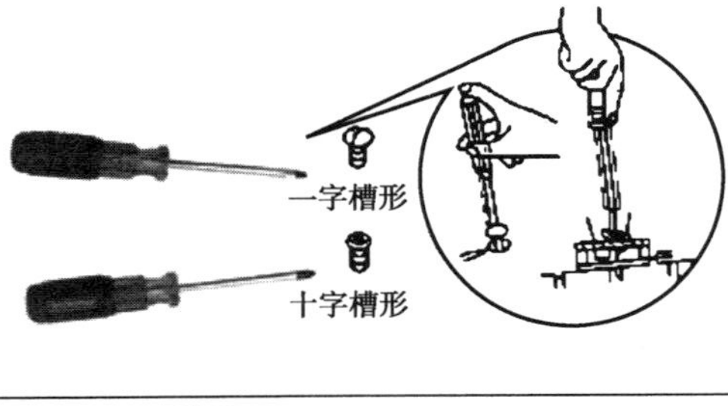 一字槽形 十字槽形	一种用来旋紧或起松螺丝的工具 使用小螺丝刀时，一般用拇指和中指夹持螺丝刀柄，食指顶住柄端；使用大螺丝刀时，除拇指、食指和中指用力夹住螺丝刀柄外，手掌还应顶住柄端，用力旋转螺丝，即可旋紧或旋松螺丝。螺丝刀顺时针方向旋转，旋紧螺丝；螺丝刀逆时针方向旋转，起松螺丝。螺丝刀的结构及握持，如左图所示
钢锯	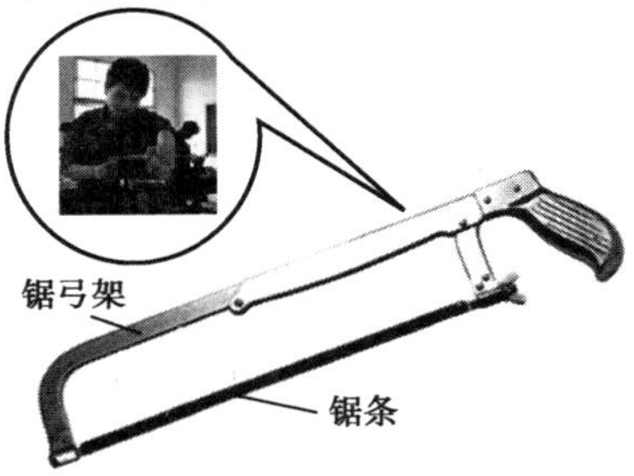 锯弓架 锯条	一种用来锯割金属材料及塑料管等其他非金属材料的工具 使用时，右手握紧锯柄，左手平稳护持锯弓架，均匀向前推动，用力不能过猛 钢锯的结构及握持，如左图所示
铁锤	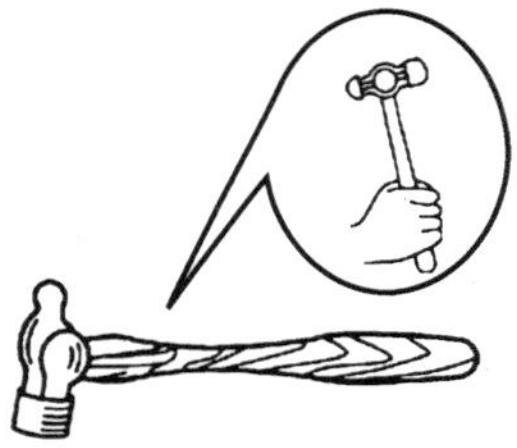	一种用来锤击的工具。如拆装电动机轴承、锤打铁钉等 使用时，右手应紧握木柄的尾部，才能使出较大的力量。在锤击时，用力要均匀、落锤点要准确 铁锤的结构及握持，如左图所示
钢凿	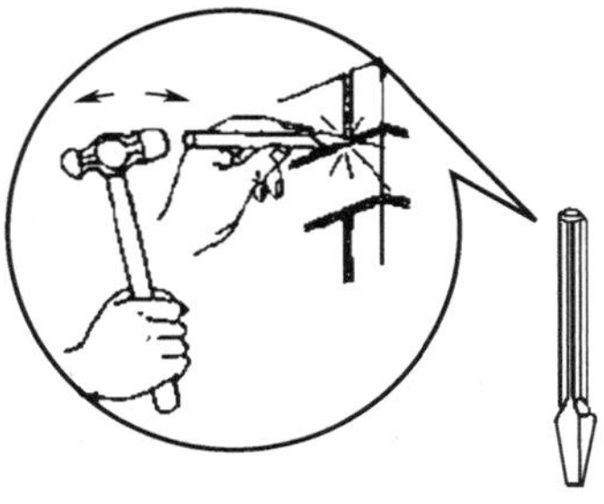	一种手工凿打砖墙上安装孔（如插座盒孔，木砧孔）的专门工具 使用时，左手持钢凿，右手握紧铁锤木柄的尾部，锤击用力要均匀、落锤点要准确 钢凿的结构及握持，如左图所示
冲击电钻	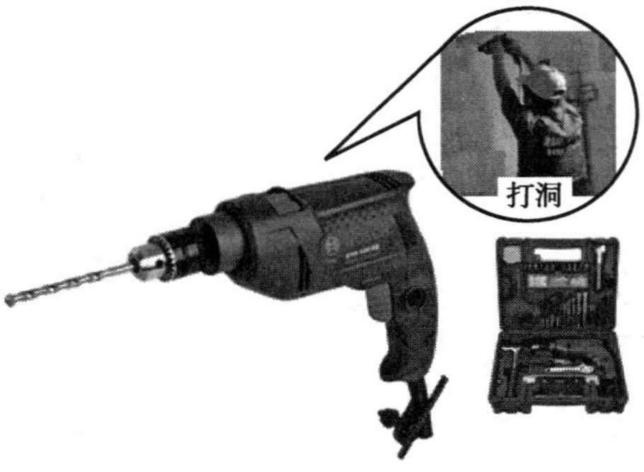 打洞	一种既可用普通麻花钻头在金属材料上钻孔，也可用冲击钻头在砖墙、混凝土等处钻孔，供膨胀螺栓使用的工具 冲击钻的结构及握持，如左图所示

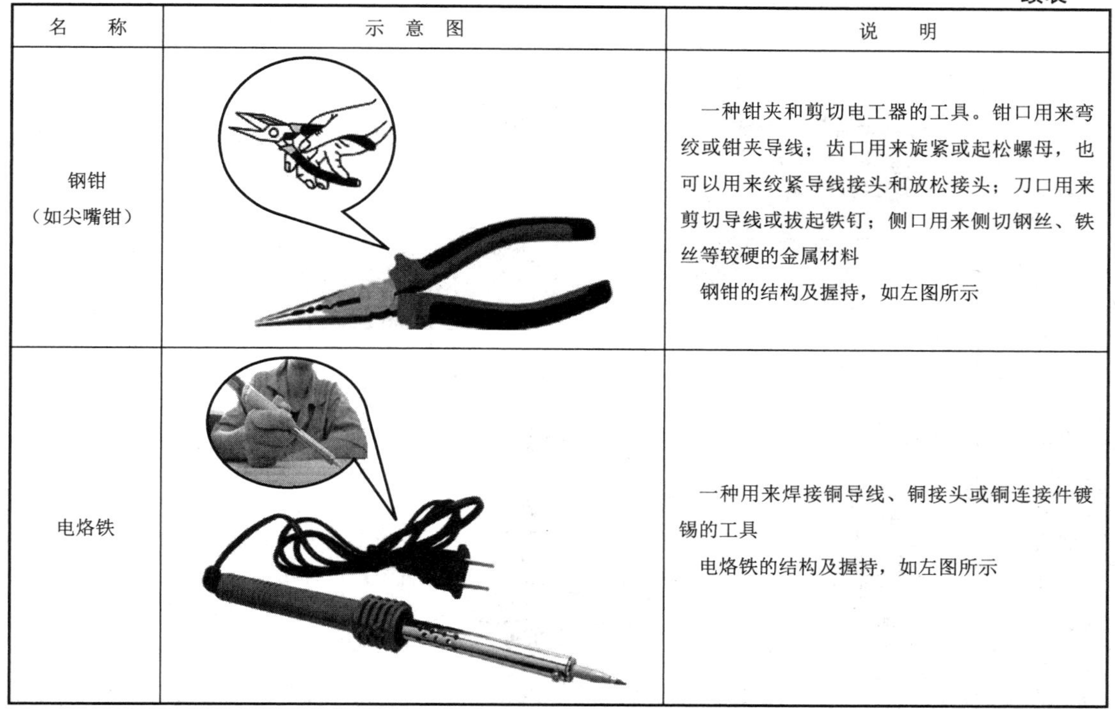

续表

名　称	示 意 图	说　明
钢钳（如尖嘴钳）		一种钳夹和剪切电工器的工具。钳口用来弯绞或钳夹导线；齿口用来旋紧或起松螺母，也可以用来绞紧导线接头和放松接头；刀口用来剪切导线或拔起铁钉；侧口用来侧切钢丝、铁丝等较硬的金属材料 钢钳的结构及握持，如左图所示
电烙铁		一种用来焊接铜导线、铜接头或铜连接件镀锡的工具 电烙铁的结构及握持，如左图所示

2. 专用工具

制冷系统在维修过程中常常会用到各种专用工具，如切管器、倒角器、扩口器、冲头、弯管器等，如表 4.3 所示。

表 4.3　专用工具及使用方法

名　称	示 意 图	说　明
切管器		切管器是专门用来切断紫铜、黄铜、铝等金属管的工具，如左图所示 切管器一般可以切割直径 3～25mm 的金属管。在切割时，将金属管放在两个滚轮之间，缓慢旋动调整钮至刀刃碰到管壁上。用一手捏紧管孔（若手捏不住，可用扩口工具夹紧），另一手捏紧调整钮，使整个割刀绕管子顺时针旋转。每转一圈，就顺旋调整钮进刀 1/4 圈。这样边转边进刀，绕几圈后，管子就被割断。切割时要注意，轮的刀口要垂直压向管子，不要歪扭或侧向扭动，也不要进刀过深，以免崩裂刀口边缘
倒角器		倒角器是切割加工过程中，用于去除铜管内凹收口和毛刺的专用扩口工具，如左图所示 倒角器去除铜管内凹收口和毛刺时，将倒角器锥形刀刃放入铜管口内。左手握紧铜管，右手握紧倒角器沿刀刃方向慢慢旋转即可

续表

名 称	示 意 图	说 明
扩口器	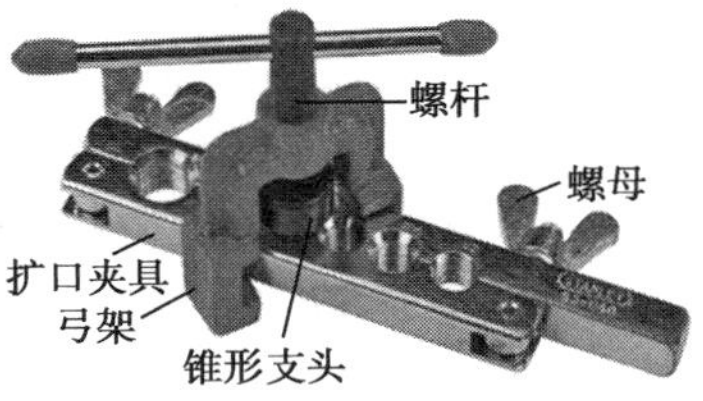 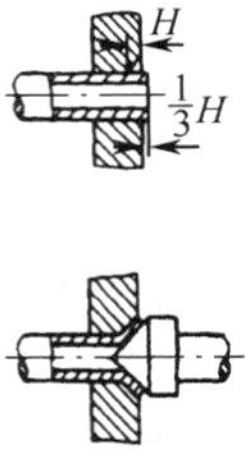 螺杆 螺母 扩口夹具 弓架 锥形支头 H $\frac{1}{3}H$	扩口器是铜管扩口的专用工具，如左图所示 扩口（俗称“支喇叭口”）时，将已退火且割平的管口去掉毛刺，放入与管径相同的孔径的孔中，管口朝向喇叭面，铜管露出喇叭口斜面高度 1/3 的尺寸，将扩口工具两头的螺母旋紧，把铜管紧固牢。然后用顶压器的锥形支头压在管口上，其弓架脚卡在扩口夹具内，慢慢旋动螺杆，使管口挤压出喇叭口形
冲头	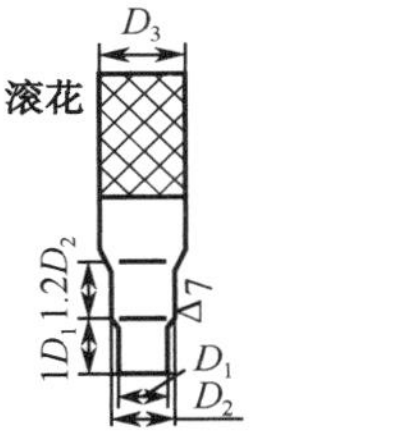 D_3 滚花 $1.2D_2$ $1D_1$ D_1 D_2 D_1=铜管内径−0.2mm D_2=铜管外径+0.1mm D_3=D_2+1mm 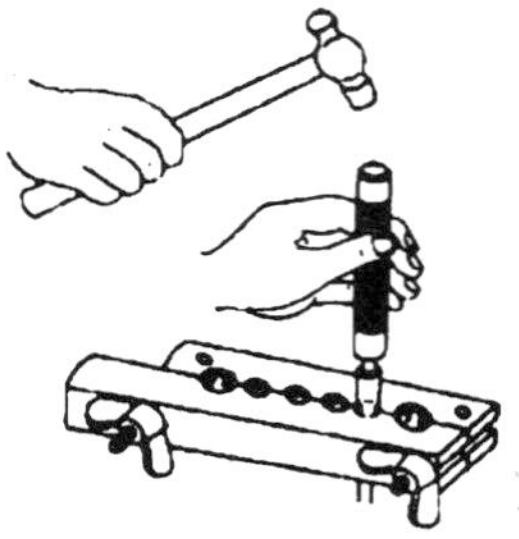	冲头是冲胀铜管环形口的专用扩口工具，如左图所示 冲头冲胀杯形口时，应先将铜管夹于扩口工具相同直径的孔内，铜管露出高为 H，需稍大于管径 D（1～2mm）。然后选用扩口内径等于接管外径（d+0.1）～（d+0.2）mm 规格的冲头，并涂上一层润滑油，再插入铜管内，用铁锤或木锤敲击冲头。每次敲击后，必须轻轻转动冲头。冲扩时，要注意冲头垂直，用力不可过猛
弯管器	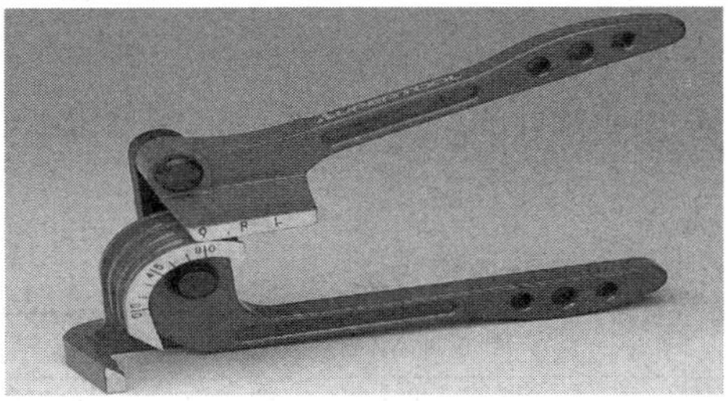	弯管器是用来弯曲管径小于 20mm 的铜管的专用工具（若管径大于 20mm 的铜管，则需用弯管机），如左图所示 弯管时，先将已退火的管子放入弯管工具的轮子槽沟内，将槽管沟锁紧（即锁上搭扣），慢慢旋转杆柄，一直弯到所需的弯曲角度上为止，然后将弯管退出模具
封口钳		封口钳是用于夹扁（截断并密封）管路的某一点，以便检修装拆制冷部件的专用工具，如左图所示 使用时，将需要夹扁的管道放入钢制的封口钳钳口上，用力捏紧封口钳，使两钳口间的距离缩小，逐渐把管道夹扁，封闭管路（口）
真空泵		真空泵是对制冷系统进行抽真空的专用设备。常用的真空泵为旋片式结构，如左图所示。它是利用镶有两块滑动旋片的转子，偏心地装在定子腔内，旋片分割了进、排气口。旋片在弹簧的作用下，时时与定子腔壁紧密接触，从而把定子腔分割成了两个室。一方面，偏心转子在电机的拖动下带动旋片在定子腔内旋转，使进气口方面的腔室逐渐扩大容积，吸入气体；另一方面，对已吸入的气体压缩，由排气阀排出，从而达到抽取气体获得真空的目的

3. 专用设备

制冷系统在维修过程中还会用到各种专用设备，如压力表和真空压力表、修理阀、速换接头、管接头、制冷剂定量加液器、卤素检漏灯与电子卤素检漏仪、温度计等，如表 4.4 所示。此外，还有喷灯、手电筒等。

表 4.4　一些专用设备

名　称	示　意　图	说　明
压力表和真空压力表	 （a）压力表 　（b）真空压力表	压力表和真空压力表是制冷设备常用的检测仪表。根据其外壳直径可分为 60、100、150、200、250mm 五种，而根据精度等级一般分为 1、1.5 和 2.5 三级 压力表和真空压力表安装、使用时注意事项： （1）仪表宜在-40～60℃、相对湿度不大于 80%的场所使用 （2）使用前应检查仪表的铅封和有效期限，如已过期须重新校验，合格后才能使用 （3）应注意安装点与测试点之间的距离，以免仪表指示反应迟钝 （4）仪表安装必须垂直，户外安装时应加装保护罩 （5）测量稳定压力时不得超过压力表测量上限的 2/3，测量波动压力时不得超过压力表测量上限的 1/2
修理阀	 （a）单表修理阀 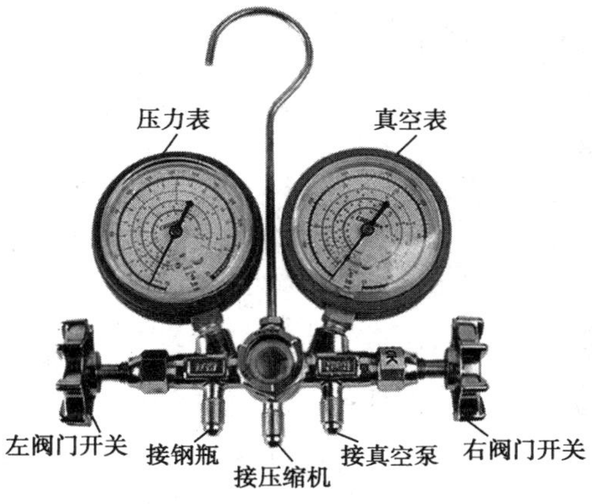 压力表　真空表　左阀门开关　接钢瓶　接压缩机　接真空泵　右阀门开关 （b）双表修理阀	修理阀是制冷系统检修专用工具，分单表修理阀和双表修理阀两种，如左图所示。 使用时应注意以下几点： （1）仪表宜在－40～60℃、相对湿度不大于 80%的场所使用 （2）使用前应检查仪表的铅封和有效期限，如已过期须重新校验，合格后才能使用 （3）应注意安装点与测试点之间的距离，以免仪表指示反应迟钝 （4）仪表安装必须垂直，户外安装时应加装保护罩 （5）测量稳定压力时不得超过压力表测量上限的 2/3，测量波动压力时不得超过压力表测量上限的 1/2

续表

名　称	示　意　图	说　　明
速换接头和管接头	 （a）速换接头  （b）管接头	速换接头又称快速接头，是一种用于检漏、清洗制冷系统与部件或充灌制冷剂的快速连接工具。具有装卸简便、迅速及开卸后能自动封闭等优点。速换接头分凸头和凹头两部分，如图（a）所示 使用时，推动滑套向凸头方向，使锁固球将凸凹两部分锁紧。脱离时，将滑套向凹头方向推动，使锁固球脱离槽，凸凹头两部分脱离 管接头是一种将两管对接配合使用的管道连接器，其结构如图（b）所示
制冷剂定量加液器	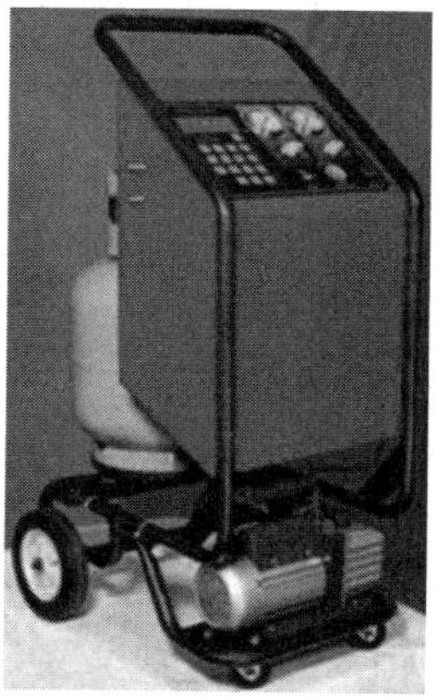	制冷剂定量加液器又称计量加液器。它是制冷系统充灌制冷剂并能准确控制加液量的专用器具，其外形结构如左图所示 在充灌制冷剂时，先按照压力表值和制冷剂的种类将对应的刻度线调节到液量观察管的位置，然后通过三通换向阀和加液管向制冷系统充灌制冷剂
卤素检漏灯与电子卤素检漏仪	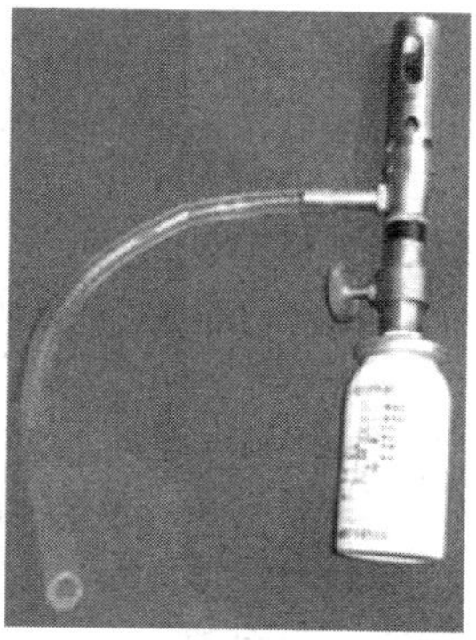 （a）卤素检漏灯 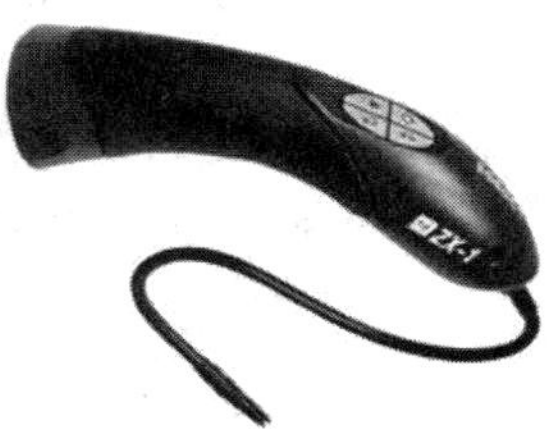 （b）电子卤素检漏仪	卤素检漏灯是制冷设备的检漏工作的必备工具，其结构如图（a）所示 使用卤素检漏灯时，先旋开座盘，加满纯度为99.5%的无水酒精，再把座盘旋紧。将手轮向右旋转，关紧阀芯，向酒精杯内加满酒精，用火点燃，对座盘内的酒精加热。当酒精杯内的酒精接近燃尽时，将手轮向左旋，使阀芯开启一圈左右，在火焰圈内引火点燃后即可进行检漏工作。检查时，手拿塑料软管，管口朝向所要检查的部位（如管道连接头、焊缝），逐一检查。若是卤素检漏灯软管口伸向某渗漏点，它会把漏出的部分氟制冷剂蒸气吸入，经燃烧，火焰就会发出绿色或蓝色的亮光。渗漏程度由弱到强的一般规律是：微绿色→淡绿色→深绿色→紫绿色 在检漏过程中要注意： （1）当发现火焰呈紫绿色光时，应该在相应的部位改用肥皂液进行检漏，以免被氟制冷剂所产生的有毒光气侵袭而造成事故 （2）卤素检漏灯用完熄灭时，不要将阀门关得太紧，以防灯体冷却阀体收缩，使阀门部位开裂 图（b）所示是一种新型的电子卤素检漏仪

4. 焊接设备与焊剂焊料

（1）焊接设备。在制冷系统维修过程中用到的焊接设备有乙炔气-氧气焊接设备、便携式焊接设备和液化石油气-氧气焊接设备等，如表 4.5 所示。

表 4.5　焊接设备

名　称	示 意 图	说　明
乙炔气-氧气焊接设备	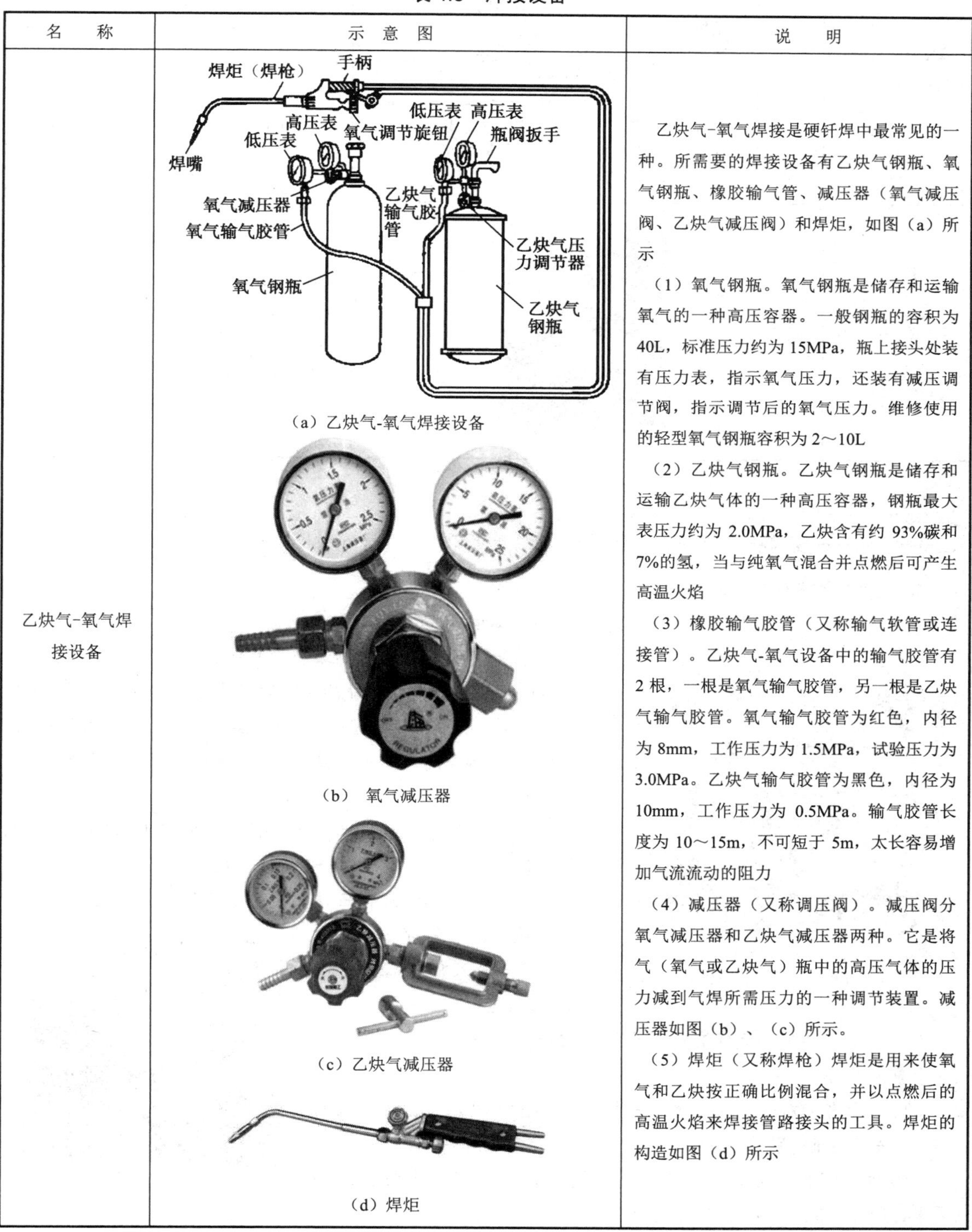 （a）乙炔气-氧气焊接设备 （b） 氧气减压器 （c）乙炔气减压器 （d）焊炬	乙炔气-氧气焊接是硬钎焊中最常见的一种。所需要的焊接设备有乙炔气钢瓶、氧气钢瓶、橡胶输气管、减压器（氧气减压阀、乙炔气减压阀）和焊炬，如图（a）所示 （1）氧气钢瓶。氧气钢瓶是储存和运输氧气的一种高压容器。一般钢瓶的容积为 40L，标准压力约为 15MPa，瓶上接头处装有压力表，指示氧气压力，还装有减压调节阀，指示调节后的氧气压力。维修使用的轻型氧气钢瓶容积为 2～10L （2）乙炔气钢瓶。乙炔气钢瓶是储存和运输乙炔气体的一种高压容器，钢瓶最大表压力约为 2.0MPa，乙炔含有约 93%碳和 7%的氢，当与纯氧气混合并点燃后可产生高温火焰 （3）橡胶输气胶管（又称输气软管或连接管）。乙炔气-氧气设备中的输气胶管有 2 根，一根是氧气输气胶管，另一根是乙炔气输气胶管。氧气输气胶管为红色，内径为 8mm，工作压力为 1.5MPa，试验压力为 3.0MPa。乙炔气输气胶管为黑色，内径为 10mm，工作压力为 0.5MPa。输气胶管长度为 10～15m，不可短于 5m，太长容易增加气流流动的阻力 （4）减压器（又称调压阀）。减压阀分氧气减压器和乙炔气减压器两种。它是将气（氧气或乙炔气）瓶中的高压气体的压力减到气焊所需压力的一种调节装置。减压器如图（b）、（c）所示。 （5）焊炬（又称焊枪）焊炬是用来使氧气和乙炔按正确比例混合，并以点燃后的高温火焰来焊接管路接头的工具。焊炬的构造如图（d）所示

续表

名　称	示 意 图	说　明
液化石油气-氧气焊接设备	焊炬 减压阀 减压阀 液化石油气瓶 液化石油气软管 氧气瓶 氧气软管	液化石油气-氧气焊接设备结构、使用方法与乙炔气-氧气的使用方法基本相同。液化石油气钢瓶的储气量一般为3～15kg，最大工作压力约为2.0MPa，在出厂时其钢瓶上配有专用的减压器，使用时不需调节
便携式焊接设备		便携式焊接设备的结构、使用方法与普通氧气-乙炔气焊接设备基本相同，只是在体积、重量上制作得比一般的气焊接设备更小、更轻、方便维修人员上门携带

知能拓展——乙炔气、氧气钢瓶使用时的注意事项

1. 乙炔气钢瓶使用时的注意事项

（1）乙炔气瓶（见图4.5）不能受到剧烈的振动和撞击。

图4.5　乙炔气钢瓶

（2）乙炔气钢瓶应直立放置，防止乙炔流出，发生危险。

（3）开启乙炔气钢瓶的瓶阀时应缓慢，严禁开至超过一圈半，一般只开至3/4圈以内，以便在紧急情况迅速关闭瓶阀。注意保护瓶阀应配专用方孔套筒扳手开启和关闭瓶阀，不要用普通扳手代替专用扳手，以免损坏阀杆端的方榫。

（4）乙炔气钢瓶的放置地点应离明火距离10m以上。严禁在烈日下曝晒和靠近热源，一般瓶体温度不得超过30～40℃。

（5）乙炔气钢瓶内气体不能全部用完，必须留有不小于98～196kPa表压的余气，以防止空气进入瓶内，避免爆炸事故发生。

图4.6　氧气瓶

（6）乙炔气钢瓶和氧气钢瓶之间的距离应大于5m，距气焊操作的位置也应大于5m。

（7）乙炔气钢瓶应每3年进行一次全面检验，合格后才能继续使用。

2. 氧气钢瓶使用时的注意事项

（1）氧气钢瓶（见图4.6）外表的漆色应符合《气瓶安全监察规程》的要求，所有附件应完好无损。

（2）氧气钢瓶一般应直立放置，并必须安放稳固，防止倾倒。氧气钢瓶要放在凉棚内，严禁阳光直接照射或靠近火炉、暖气片，以防因温度升高使瓶内压力剧增，引起爆炸。冬季当氧气瓶冻住时，不得在用撬杠撬动阀门，应使用40℃以下的温水解冻，严禁用明火加热。

（3）取瓶帽时，只能用手或扳手旋转，禁止用铁锤等硬物敲击。

（4）在瓶阀上安装减压器时，和阀门连接的螺母应拧紧，以防止开气时脱落。氧气瓶在使用时，按逆时针方向旋转瓶阀的手轮，可开启瓶阀：反之，则是关闭瓶阀。

（5）严禁易燃物和油脂接触氧气钢瓶阀、氧气减压器、焊炬、氧气橡胶管，以免引起火灾和爆炸。

（6）氧气钢瓶内的氧气不能全部用完，必须留有不小于98～196kPa表压的余气，以便充氧时鉴别气体的性质和吹除瓶阀口的灰尘，以及防止可燃气体倒流，发生事故。

（7）搬运氧气钢瓶必须戴上瓶帽，避免碰撞。不能与可燃气瓶、油脂和任何可燃物一起运输。

（8）氧气瓶应每3年进行一次全面检验，合格后才能继续使用。

（2）焊剂与焊料。

① 焊剂。焊剂（见图4.7）又称焊粉、焊药、熔剂。焊剂能在钎焊过程中使焊件上的氧化物或杂质生成熔渣。熔渣覆盖在焊件表面，使焊件与空气隔绝，防止焊件在高温下继续氧化。若不用焊剂，焊件上的氧化物会夹杂在焊缝中，使焊接处的强度降低，产生泄漏。

钎焊焊剂分非腐蚀性焊剂和活性化焊剂。非腐蚀性焊剂有硼砂、硼酸、硅酸等。活性化焊剂是在非腐蚀性焊剂中加入一定量的氟化钾、氟化钠或氯化钠、氯化钾等化合物。活性化焊剂具有较强的清除焊件金属氧化物和杂质的能力，但焊剂的熔渣对金属有腐蚀作用，焊接完毕后必须完全清除。

钎焊时要根据焊件材料、焊条来选焊剂。例如铜管与铜管的焊接，选用铜磷焊条可不用焊剂。若使用银铜焊条或铜锌焊条，可选非腐蚀性焊剂，如硼砂、硼酸或两者混合的焊剂。铜管与钢管或钢管与钢管焊接，用银铜焊条或铜锌焊条，要选用活性化焊剂。

② 焊料。焊料（图4.8）又称焊条，分为银铜焊条、铜磷焊条、铜锌焊条等。为提高焊接质量，要根据焊件材料选用合适的焊条。铜管与铜管之间的焊接可选用铜磷焊条。这种焊条价格比较便宜，并具有良好的流动、填缝和润湿性能，而且不需要用焊剂，因铜磷焊条中的磷在钎焊过程中能还原氧化铜，起到焊剂的作用。铜管与钢管或钢管与钢管焊接，可选用银铜焊条或铜锌焊条。银铜焊条具有良好的焊接性能，铜锌焊条次之，焊接时需用焊剂。常用焊料的类别、牌号、性能和适用范围如表4.6所示，供选用时参考。

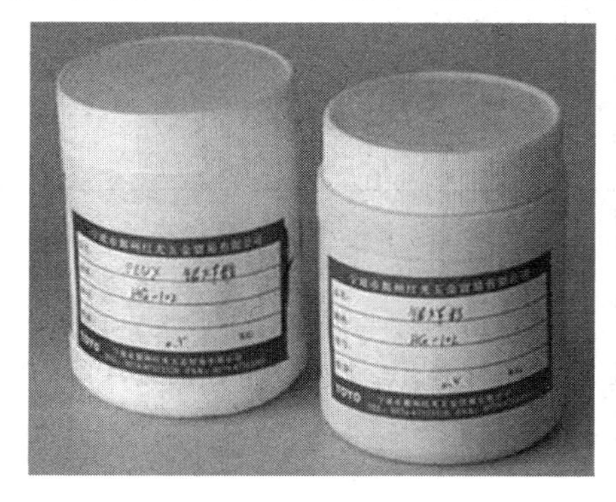

图4.7　焊剂

图4.8　焊料

表 4.6 常用国产钎焊焊料的牌号、性能和适用范围

类别	牌号	主要元素含量（%）				焊接温度（℃）	适用范围
		Ag	Cu	Zn	P		
银铜焊条 Ag-Cu-Zn	料 301	9.7～10.3	52～54	35～38		815～850	铜与铜、铜与钢、钢与钢，需使用焊剂
	料 302	24.7～25.3	39～41	33～36.5		745～775	
	料 303	44.5～45.5	29.5～31.5	23.5～26		660～725	
	料 312	39～41	16.4～17.4	16.6～18.6	Ni0.1～0.5	595～605	
铜磷焊条 Cu-P	料 909	1～2	91～94		5～7	715～730	铜与铜不用焊剂
	料 204	14～16	78～82		4～6	640～815	
	料 203		90.5～93.5		5～7	650～700	
铜锌焊条 Cu-Zn	料 103		52～56	44～48		885～890	铜与铜、铜与钢、钢与钢，需使用焊剂

4.2.2 管道加工技术

图 4.9 学生进行管道加工操练

在制冷设备的制造、修理中，对铜管的加工是件不可缺少的工艺。铜管的加工有：铜管的切割与去毛刺、喇叭口与杯形口制作、铜管的弯制等。如图 4.9 所示，是学生在实训室进行管道加工操练。

1. 铜管的切割与去毛刺

铜管的切割与去毛刺操作步骤，如表 4.7 所示。

表 4.7 割管与去毛刺操作步骤

步骤	示意图	操作说明
第一步 铜管夹装		将所需加工直径为 6mm 的铜管夹装在割管器滚轮和刀片之间，使刀口垂直压在铜管管壁上
第二步 割管操作		将整个切管器具绕铜管顺时针方向旋转。切管器具每旋转 1～2 圈，需调整手柄 1/4 圈，直至将铜管割断

续表

步　骤	示 意 图	操 作 说 明
第三步 去除毛刺	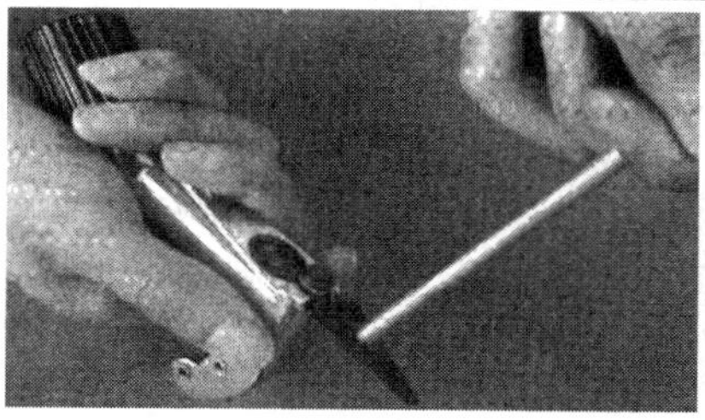	将倒角器锥形刀刃放入铜管口内。左手握紧铜管，右手把持紧倒角器，沿刀刃方向旋转，反复操作，直至去除毛刺

提示

割管时，每次进刀不宜过深，用力不宜过猛，否则会增加毛刺或将铜管压扁。

2. 喇叭口与杯形口制作

喇叭口与杯形口的操作步骤，如表 4.8 所示。

表 4.8　喇叭口与杯形口的操作

步　骤	示 意 图	操 作 说 明
第一步 拧开扩管器	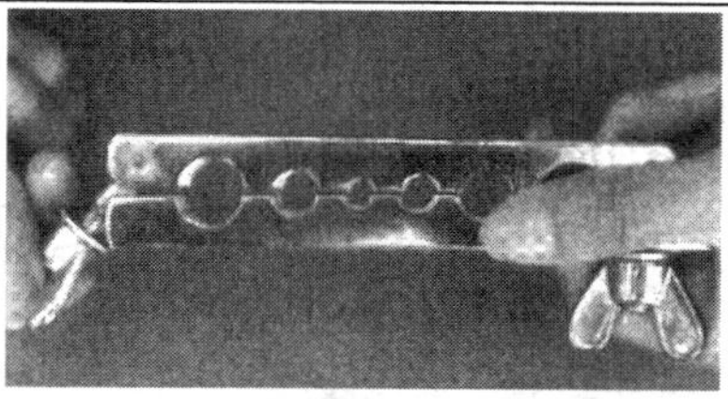	拧开扩管器夹板一端的紧固螺母，如左图所示
第二步 铜管的固定	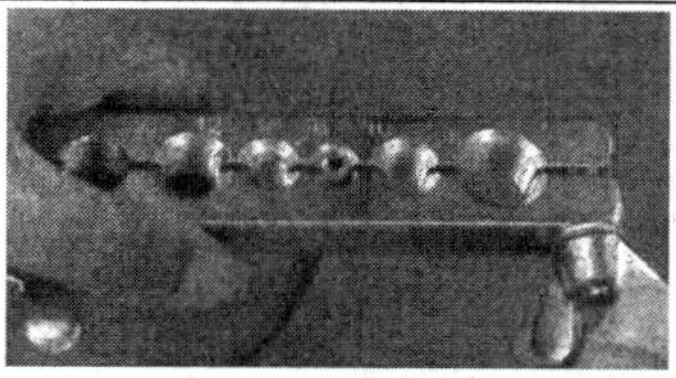	将直径 6mm 铜管夹装到相应的夹板孔口中，铜管端露出夹板面 $H/3$ 左右（注意夹板面位置），旋紧夹具螺母直至将铜管夹牢，如左图所示。加工用孔口的正确选用和扩口时铜管露出的高度，分别见图 4.10 和表 4.9
第三步 选用合适支头	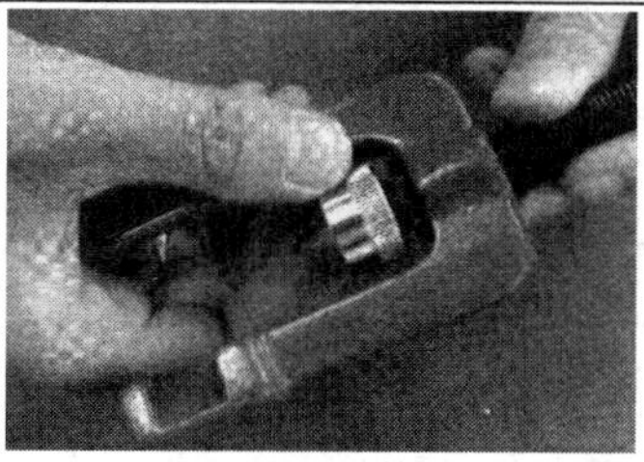	选用合适的支头，如左图所示
第四步 加工喇叭口或杯形口	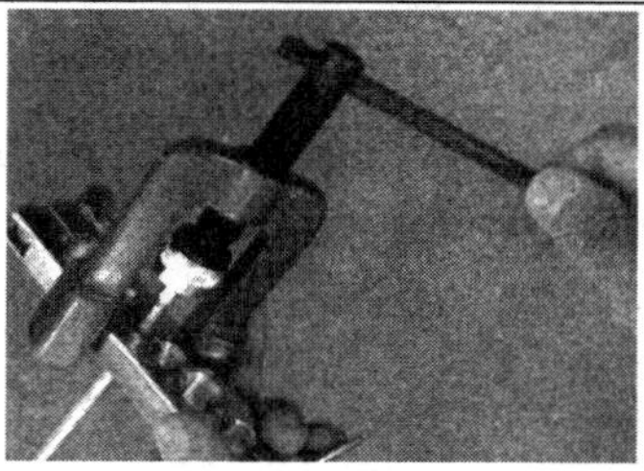	将涂有少许润滑油的扩口器支头支于铜管内，顺时针慢慢旋转手柄，先将顶尖下旋 3/4 圈，再退出 1/4 圈，反复进行，直到扩成喇叭口或杯形口为止，如左图所示

续表

步　骤	示 意 图	操 作 说 明
第五步 检查质量		将制作好的铜管退出夹具，并检查所支喇叭口或杯形口的质量（铜管孔口应平整、圆滑），如左图所示

提示

◎ 加工喇叭口时，管口既不能小也不能大，以压紧螺母能灵活转动而不卡住为宜。

◎ 加工杯形口与加工喇叭口的操作方法相似，但是所选用的支头是不同的。加工喇叭口用的支头是锥形支头，杯形口用的支头是杯形支头。

◎ 选择加工用的孔口尺寸应与所加工的管道一致，如直径为 6mm 的铜管，选夹具 6 孔，如图 4.10（a）所示。铜管露出的高度，参考表 4.9。

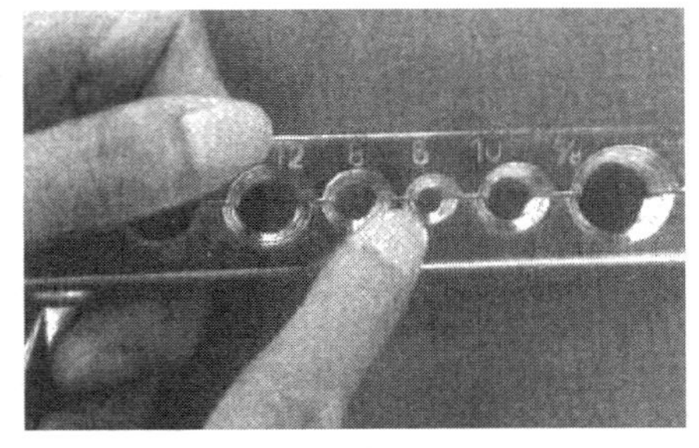

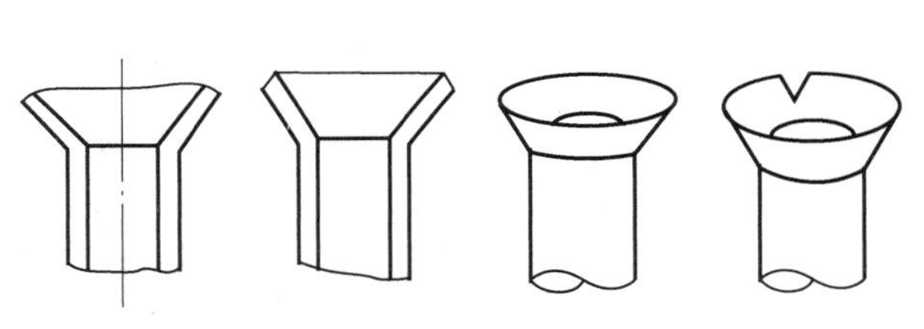

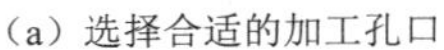
（a）选择合适的加工孔口　　（b）避免不合格的喇叭口

图 4.10　加工喇叭口应注意的问题

表 4.9　扩口时铜管露出的高度

铜管外径尺寸	露 出 高 度
$\phi6\sim\phi8$	2.5～3.0mm
$\phi9\sim\phi11$	3.1～4.0mm
$\phi12\sim\phi16$	4.0～4.5mm

◎ 加工喇叭口与杯形口时用力不能过猛，支头应与铜管中心线一致，否则会出现如图 4.10（b）所示形式。

3. 铜管的弯制

电冰箱、空调器制冷系统的管道经常需要弯成特定的形状，而且要求弯曲部分和管道内腔不变形。弯曲铜管的加工方法有弯管器弯管、弹簧弯管器弯管和直接用手工弯管 3 种。

（1）用弯管器弯管。用弯管器弯制铜管的步骤，如表 4.10 所示。

表 4.10　用弯管器弯制铜管的步骤

步　骤	示 意 图	操 作 说 明
第一步 割管操作	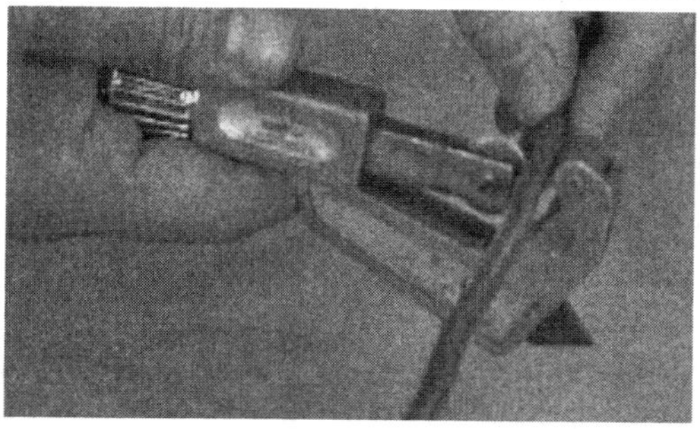	用割管器截取 60cm 长度、直径为 6mm 铜管一根，如左图所示
第二步 去除操作	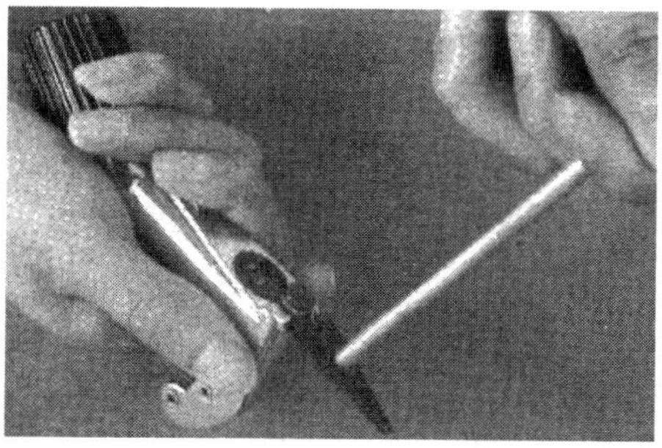	用倒角器去除铜管端部毛刺和收口，并检查管口的质量（管口应平整、无毛刺），如左图所示
第三步 铜管弯制	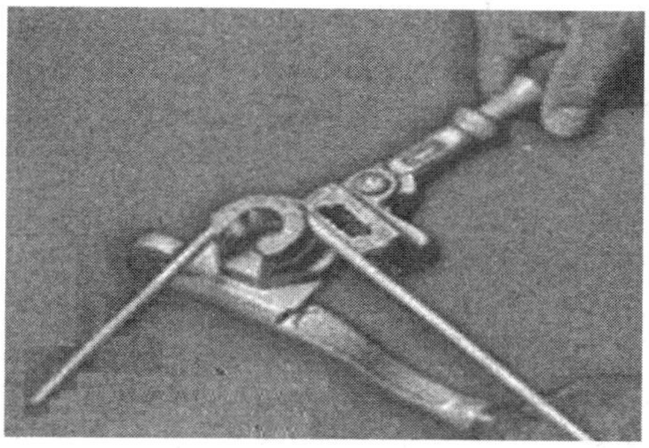	将铜管套入弯管器内，搭扣住管子，然后慢慢旋转手柄，使管子逐渐弯制到规定角度。然后将弯制好的铜管退出弯管器。弯制的 90°铜管标准如附图所示。其他角度铜管弯制方法雷同
附	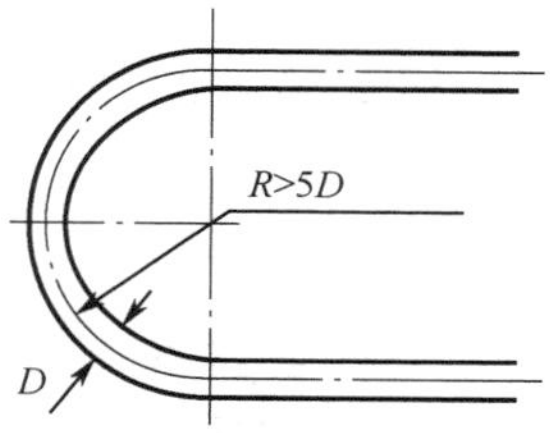 R>5D D 90°铜管弯制的标准	

提示

用弯管器弯管时，铜管的半径不小于铜管直径的 3 倍。

（2）用弹簧弯管器弯管。对于直径小于 10mm 的较细的铜管可以采用弹簧弯管器弯管，如图 4.11 所示。这种方法是将铜管弯成环形或者任意角度，但是弯曲半径不能过小，否则弹簧弯管器不容易抽出。操作时，将铜管套入相匹配的弹簧弯管器内，轻轻地弯曲。

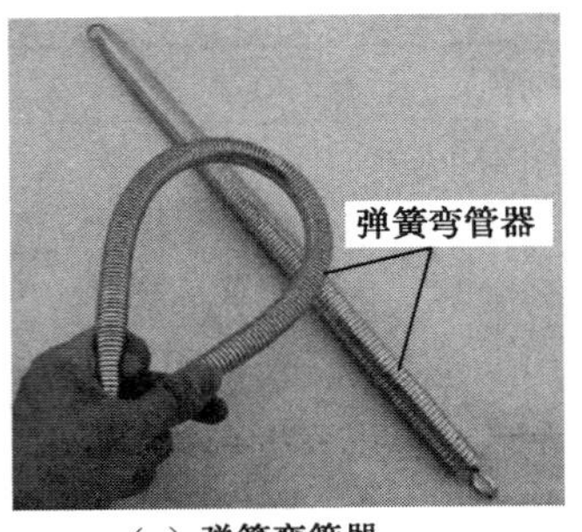

（a）弹簧弯管器

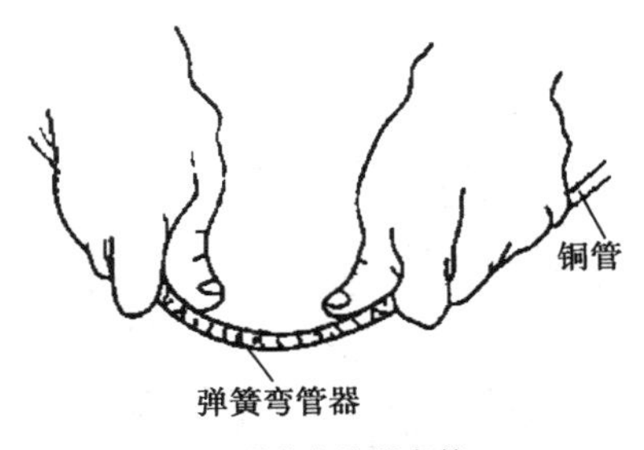

（b）用弹簧弯管器弯管

图 4.11 用弹簧弯管器的弯制

提示

① 弯管时速度过快、用力过猛会使铜管损坏。②如果不加以选择而随意乱用过粗或不相匹配的弹簧弯管器，会把铜管弯扁。

（3）直接用手工弯管。对于一些较细的铜管和分体式空调器的排列连接管，也可以直接用手弯管如图 4.12 所示。

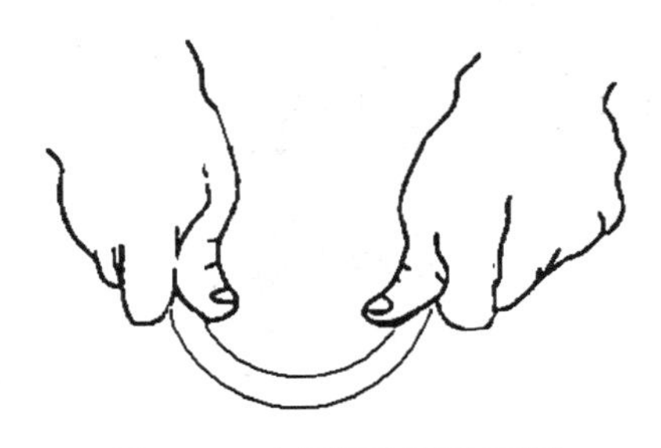

图 4.12 空调器配管的弯制

提示

直接用手弯曲铜管时，如果铜管较粗，弯曲就比较困难；管壁较薄时，用力不能过猛，过猛则容易使铜管压扁或损坏。

4. 课堂操练——割管器、倒角器、胀管扩口器与弯管器的使用

（1）任务内容：截取长 50cm，直径分别为 8mm 和 12mm 的铜管各一支。

（2）所需条件

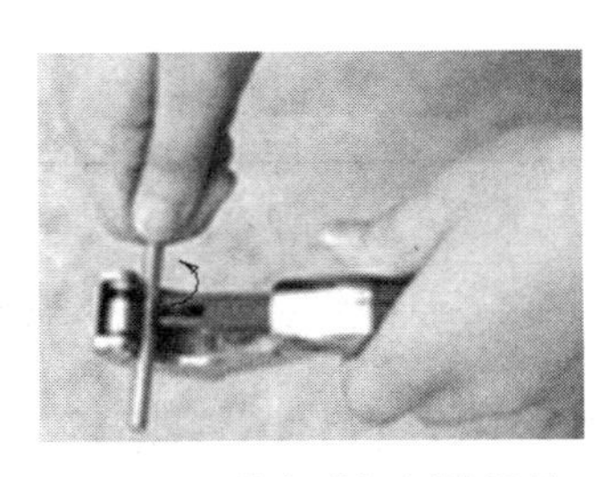

图 4.13 学生进行割管操练

① 割管器，1 把；

② 倒角器，1 只；

③ 胀管扩口器，1 把；

④ 弯管器，1 把；

⑤ 铜管（直径 8mm 和 12mm 或教师指定的规格），若干。

（3）操练步骤

进行铜管的割管、倒角、支喇叭口和杯形口与弯管操作步骤如下：

① 将所需加工直径为 8mm 的铜管夹装在割管器滚轮和刀片之间，慢慢旋紧手柄至铜管边缘（见图 4.13）。

② 将整个切管器具绕铜管顺时针方向旋转，每旋转 1～2 圈，需调整手柄 1/4 圈，直至将铜管割断。

③ 将倒角器锥形刀刃放入铜管口内。左手握紧铜管，右手把持紧倒角器，沿刀刃方向旋转，反复操作，直至去除毛刺和收口。

④ 在直径为 8mm、长度为 60cm 铜管的一端分别作喇叭口和杯形口练习。

⑤ 在直径为 8mm、长度为 60cm 的铜管上作 90° 的弯管练习。

⑥ 另取直径 12mm、长度为 60cm 的铜管，重新进行割管、倒角、制作喇叭口、杯形口和 45° 弯管训练。

（4）操练评议

根据表 4.11 所示要求，对割管器、倒角器、支喇叭口、杯形口与弯管器使用情况进行评议。

表 4.11　课堂操练情况评议表

<table>
<tr><td>序号</td><td>项目</td><td colspan="2">测评要求</td><td>配分</td><td colspan="2">评分标准</td><td>扣分</td></tr>
<tr><td>1</td><td>割管</td><td colspan="2">正确使用割管器割管</td><td>20</td><td colspan="2">（1）切口整齐光滑，否则扣 20 分
（2）割管器刀口崩裂，扣 30 分</td><td></td></tr>
<tr><td>2</td><td>倒角</td><td colspan="2">正确使用倒角器倒角</td><td>10</td><td colspan="2">（1）倒角整齐光滑，否则扣 20 分
（2）倒角不彻底，扣 10 分</td><td></td></tr>
<tr><td>3</td><td>扩喇叭口</td><td colspan="2">喇叭口整齐、光滑</td><td>25</td><td colspan="2">（1）喇叭口倾斜，扣 20 分
（2）喇叭口破裂，扣 25 分</td><td></td></tr>
<tr><td>4</td><td>支杯形口</td><td colspan="2">杯形口标准</td><td>25</td><td colspan="2">（1）杯形口倾斜，扣 20 分
（2）杯形口破裂，扣 25 分</td><td></td></tr>
<tr><td>5</td><td>弯管</td><td colspan="2">正确使用弯管器</td><td>20</td><td colspan="2">（1）弯管角度不正确，扣 10 分
（2）管道变形，扣 20 分</td><td></td></tr>
<tr><td colspan="2">安全文明操作</td><td colspan="5">违反安全文明操作规程（视实际情况进行扣分）</td><td></td></tr>
<tr><td>开始时间</td><td></td><td>结束时间</td><td></td><td>实际时间</td><td></td><td>成绩</td><td></td></tr>
<tr><td>综合评议意见</td><td colspan="7"></td></tr>
<tr><td>评议人</td><td colspan="3"></td><td>日期</td><td colspan="3"></td></tr>
</table>

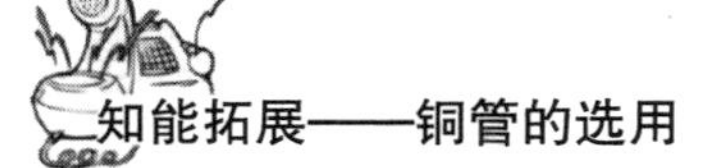

知能拓展——铜管的选用

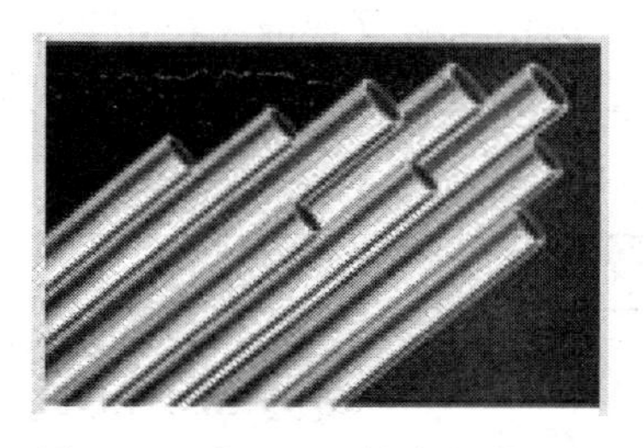

图 4.14　选用延展性良好的铜管

① 要选用有良好延展性的铜管（见图 4.14），忌用劣质铜管；

② 铜管应预先退火处理——用喷灯对需要加工部位进行退火处理。注意退火长度应略大于加工管子部位的长度；

③ 加工的管件壁厚不宜过薄，最好是在 1mm 左右；

④ 铜管的规格与工具规格相符合；

⑤ 操作时应防止管子变形或损伤。

4.2.3 焊接技术

在制冷设备的制造、修理中，焊接占十分重要的地位。图 4.15 所示是学生在实训室进行焊接操练。

图 4.15 进行焊接操练

所谓焊接，是指通过加热或加压，或两者并用，采用填充材料或不用填充材料，使焊件达到原子的接合的一种加工工艺。

根据焊接过程的特点，金属焊接可分为熔化焊和加压焊两大类。这两大类焊接方法中，以熔化焊应用最广。随着工业的发展，新的工艺和设备不断涌现，出现了电渣焊、气体保护焊、电子车焊、接触焊、摩擦焊、激光焊和超声波焊等。

制冷和空调器的管子焊接则以钎焊为主。钎焊是熔化焊的一种，它利用熔点比焊件金属低的钎料作填充材料，适当加热后，钎料熔化，把固态的焊件连接起来。

根据钎料熔点的高低，钎焊可分为硬钎焊和软钎焊。

硬钎焊：钎料即焊料，其熔点在 450℃以上，接头强度较高，适于钎焊受力较大或工作温度较高的工件。属于这类的钎料有铜基、银基、铝基及镍基钎料。在制冷系统中，紫铜管之间的连接，以银钎焊（简称银焊）为最好，可以得到较高的强度和气密性。

软钎焊：钎料熔点在 450℃以下，接头强度较低。一般不超过 70MPa，只适用于钎焊受力不大或工作温度较低的场合。常用的这类钎料为锡铅料，又称焊锡。

在钎焊过程中，一般需用助焊剂。助焊剂又称焊剂或焊药，其作用是清除被焊金属表面的氧化膜及其他杂质，改善钎料流入间隙的性能（即湿润性），保护钎料及焊件免于氧化。助焊剂的选用对钎焊质量影响很大。软钎焊常用助焊剂为松香或氯化锌溶液；硬钎焊常用助焊剂，则主要由硼砂、硼酸、氟化物、氯化物组成。

根据钎焊的加热方法，钎焊加热分为烙铁加热、火焰加热、电阻加热、炉内加热、盐浴加热等。其中烙铁加热温度很低，一般只适用于软钎焊。

由于钎焊在管路的焊接过程中，只需填充材料，无须焊件熔化，因此对焊件加热温度低，组织和力学性能变化小，变形也小，接头光滑平整，工件尺寸精确。

钎焊可焊接相同金属，也可焊接不相同金属，现介绍制冷管路中常用的几种焊接方法。

1. 铜管与铜管的焊接

铜管与铜管一般采用银钎焊，也可采用铜磷系焊料。它们熔化后均具有良好的流动性，并不需要焊剂（助焊剂）。其焊接顺序如表 4.12 所示。

表 4.12 铜管与铜管的焊接

步 骤	示 意 图	说 明
第一步 选用火焰	明亮的蓝色焰心 天蓝色外焰	选用中性火焰，如左图所示

续表

步骤	示意图	说明
第二步 加热铜管	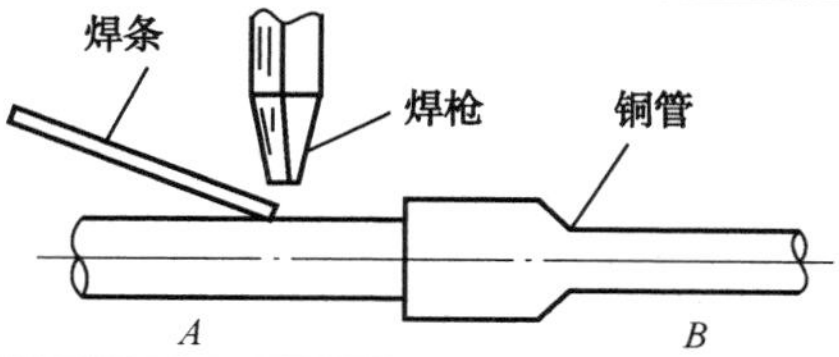 焊条 焊枪 铜管 A B	将一小段银焊条或铜磷系焊条与插入管的焊接管接触，如左图所示。加热插入管，直到焊条熔化。焊条开始熔化时，插入管正好处于焊接温度
第三步 移动火焰	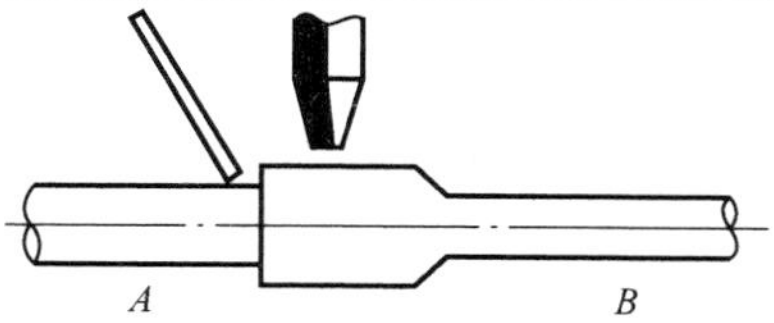 A B	焊完插入管，加热套管至樱桃红，将焊条放在被焊部位，并使火焰在 *A*、*B* 两点间连续来回移动，如左图所示。使熔化的焊条完全进入插入管和套管的缝隙
第四步 撤移火焰	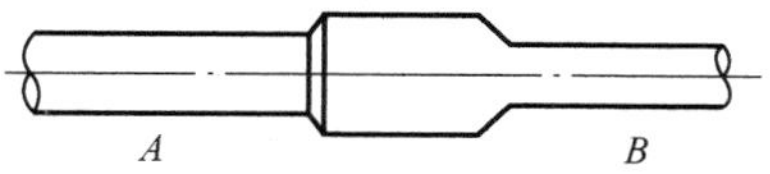 A B	将火焰移开，此时焊条仍处于原来位置，几秒钟后才拿开，检查焊接部位表面，如左图所示。如怀疑或查出插入管与套管仍有间隙，则应再次加热，必要时可添加少量焊条

提示

① 焊接前将被焊管件焊接部分毛刺、油污处理干净。

② 焊具及氧气瓶、减压阀严禁油污。

③ 调节火焰时动作不要过猛。

2. 铜管与钢管的焊接

铜管与钢管的焊接一般采用银焊条，且需要助焊剂的帮助。其焊接顺序，如表 4.13 所示。

表 4.13 铜管与钢管的焊接

步骤	示意图	说明
第一步 选用火焰	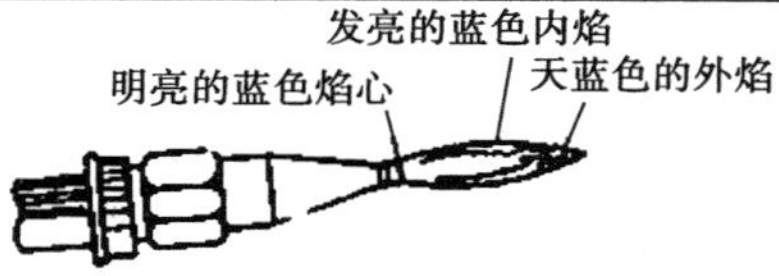 发亮的蓝色内焰 明亮的蓝色焰心 天蓝色的外焰	选用中性火焰，如左图所示。加热前，先将助焊剂涂在待焊部位
第二步 加热铜管	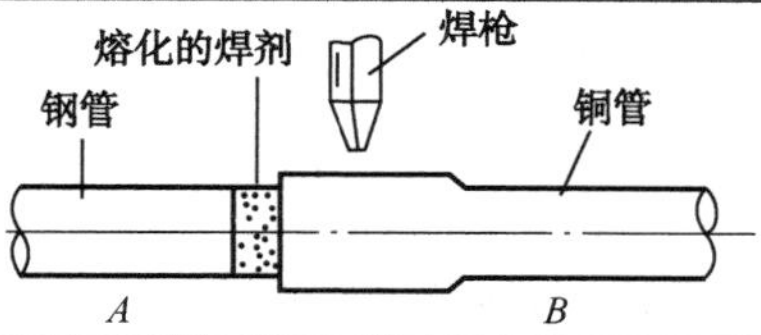 熔化的焊剂 焊枪 钢管 铜管 A B	加热插入管和套管，将火焰嘴在 *A*、*B* 两点间连续来回移动，如左图所示。不可将火焰直接碰到助焊剂。加热钢管时温度要比加热铜管时略高一些
第三步 移动火焰	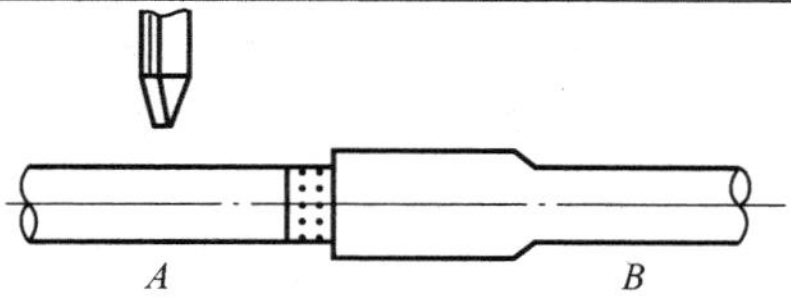 A B	当管子加热完毕，助焊剂熔化成液体时，立即将预热过的焊条放在焊点上，焊条一开始熔化，就使火焰嘴在 *A*、*B* 间来回移动，如左图所示，直至焊料流入两管间缝隙内
第四步 撤移火焰	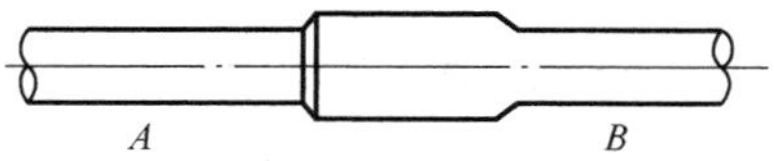 A B	将火焰移开，让焊料与焊接点接触，维持几秒钟后再拿开。如果怀疑或查出两管间仍有空隙，可再次加热，使火焰嘴在 *A*、*B* 两点间连续移动。必要时可添加少量焊料（焊条）

提示

除上述“铜管与铜管的焊接”操作时的①②③项外，焊料一般选用铜合金焊条。

3. 毛细管与干燥过滤器的焊接

毛细管与干燥过滤器焊接时，要注意毛细管的插入深度，过深和过浅都不好。毛细管与干燥过滤器正确的安装位置，如图 4.16（a）所示。

若按图 4.16（b）所示安装，则会使毛细管的阻力增加且易堵塞。若按图 4.16（c）所示安装，则焊接时容易堵塞毛细管口子。

焊接时，可按图 4.16（a）所示位置事先做好标记。焊枪温度可适当低些，焊接时间尽量缩短，以免熔化毛细管或损坏干燥过滤器。

4. 毛细管与蒸发器的焊接

毛细管和蒸发器焊接时，首先要将蒸发器的铜管夹扁，然后插入毛细管。各种铜管的夹扁方式，如图 4.17 所示。

管口的夹扁要使用专用夹扁钳进行。在夹扁操作中，要求铜管的内管不变形或堵塞，外管夹扁长度为 15～20mm，毛细管的插入深度应为 25～30mm，即毛细管伸出夹扁口最少约 10mm。其焊接方法和注意事项同毛细管与过滤器焊接一样。

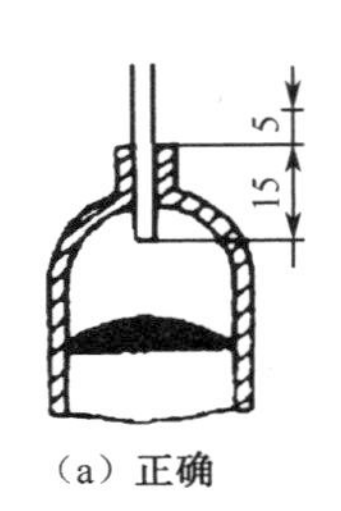

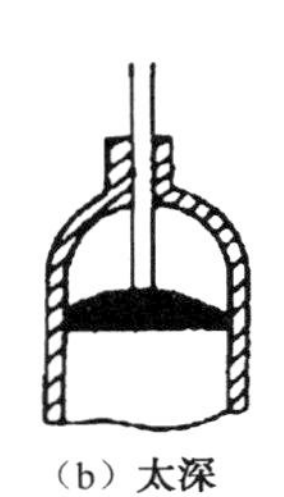

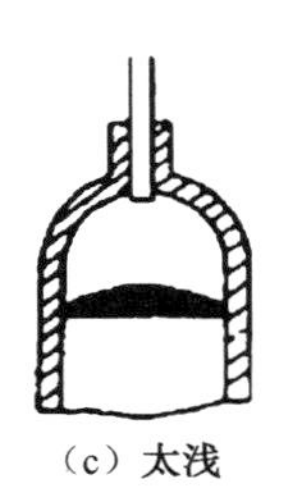

图 4.16 毛细管与过滤器的焊接操作

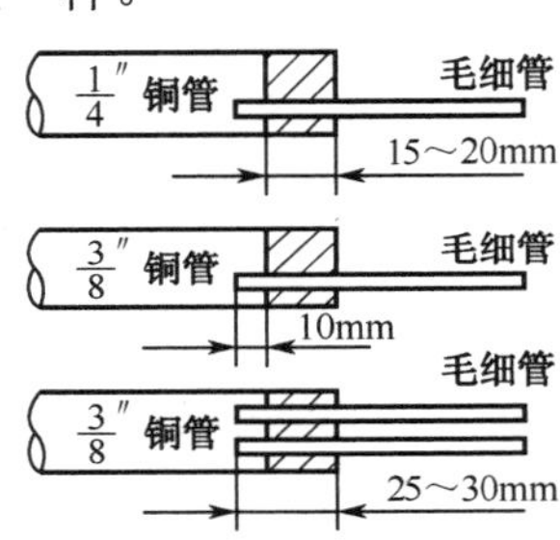

图 4.17 各种夹扁的方式

知能拓展——焊接安全操作事项

1. 焊枪的选用

（1）根据焊接的类型选用合适的焊枪或焊嘴。

（2）保持焊嘴和焊枪连接牢固。如果焊嘴松动会使乙炔回流；如果焊嘴安装过紧，则会损坏焊枪，同样会造成乙炔的回流。

（3）焊嘴的清洗必须用专用的清洗针进行，不能用其他物体去擦拭。

（4）在使用氧气乙炔焊接设备中，如果一部分出现了故障，千万不要带故障继续工作，或不知道其内部结构自行随便拆修，应请专业维修人员进行修理。

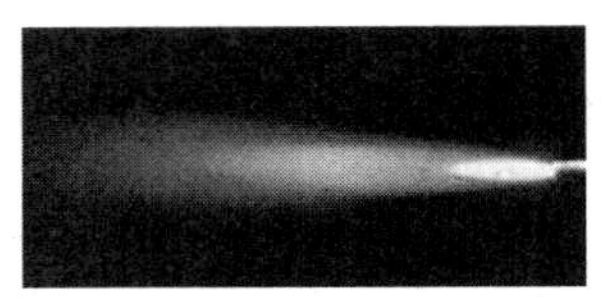

图 4.18 乙炔-氧气焊的火焰

2. 火焰要求及调节

（1）乙炔-氧气焊火焰的要求。对火焰的一般要求是：①火焰要有足够高的温度。②火焰体积要小，焰心要直，热量应集中。③火焰应不使或很少使焊缝金属增碳。乙炔-氧气焊火焰的要求，如图 4.18 所示。

（2）乙炔-氧气焊火焰的种类。在乙炔-氧气焊的过程中，常遇到的火焰种类有碳化火焰、中性火焰和氧化火焰3种，如表4.14所示。

表4.14　乙炔-氧气焊的3种火焰

火焰的分类	示　意　图	说　　明
碳化火焰		碳化火焰是一种在内焰有自由碳存在的火焰，如左图所示。碳化火焰中氧气与乙炔气的比例小于1，即氧气量小于乙炔气量 碳化火焰是一种燃烧不完全的火焰，火焰长而柔软，且温度较低，当乙炔气量过多时，会产生黑烟。若比例调节合适，可得到乳白色明火焰，用做检查焊口质量照明
中性火焰	明亮的蓝色焰心 天蓝色外焰	中性火焰是一种乙炔气和氧气的含量适中（乙炔气与氧气的比例按1∶1.2混合），乙炔气得到充分燃烧的火焰，如左图所示 中性火焰由焰心、内焰和外焰三部分组成。中性火焰的温度在3100℃左右，适宜钎焊铜管与铜管、钢管与钢管
氧化火焰		氧化火焰是一种在中性火焰的基础上继续增加氧气量得到的火焰，如左图所示 氧化火焰的火焰较短，略带紫色，火焰挺直。火焰的温度在3500℃左右，燃烧时还发出“嘶嘶”响声。由于氧化火焰的内焰和外焰中有较多游离氧，氧化性强，在焊接时会造成焊件的烧损，致使焊缝产生气孔、夹渣和氧化物，影响焊接质量

（3）点火、灭火操作顺序（见图4.19）。

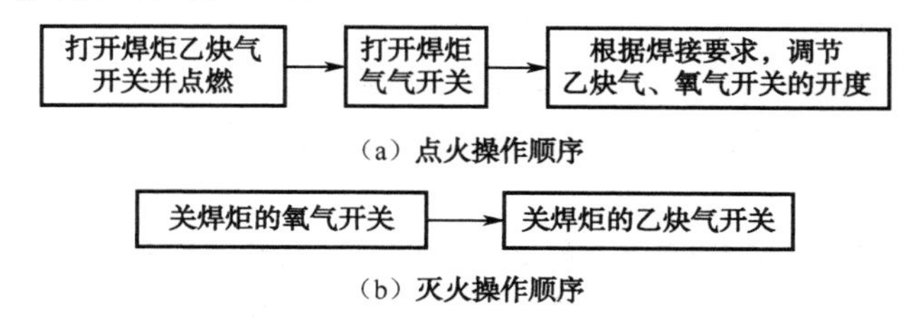

图4.19　点火、灭火操作顺序

（4）火焰的调节。

① 火焰的调节。一般来说，刚点燃的火焰多为碳化火焰。焊接前应根据不同的焊接材料，选用不同的焊接火焰。如铜管与铜管的焊接，选用中性火焰，其火焰的调节方法：对点燃的碳化火焰逐渐增加氧气，直至焰心有明显轮廓，即为标准中性火焰。如果增大氧气或减少乙炔供给量，就能得到氧化火焰。在整个焊接过程中，操作者还应注意观察火焰性质的变化，并及时进行调节，保证火焰性质不变。

② 热量的调节。在焊接中，不同性质的焊接材料所需热量应随时调节，才能保证焊接质量，其热量的调节方法如下：

a. 调节乙炔气开关和氧气开关。调节乙炔气开关和氧气开关的目的是控制气体流量，增减混合气体，而获得功效不同的火焰。

b. 调节焊嘴与被焊件的距离。调节焊嘴与被焊件的距离的目的是通过改变焊嘴与焊件的距离，以获得沿火焰中心线各点的不同温度，达到增减焊接温度（热量）的效果。焊嘴与被焊件不同距离时的各点温度如图4.20所示。

c. 调节焊嘴与被焊件表面的夹角。在焊接时，火焰热量还与被焊件表面的夹角有关。焊嘴垂直于焊件表面时，热量较为集中，焊件吸收热量大；随着夹角减小，焊件吸收热量下降。一般焊嘴与被焊件表面夹角的变动范围为 10° ～80° 。如图 4.21 所示，是焊嘴对被焊件进行“预热、焊接和结尾（收尾）”三阶段，夹角变化示意图。

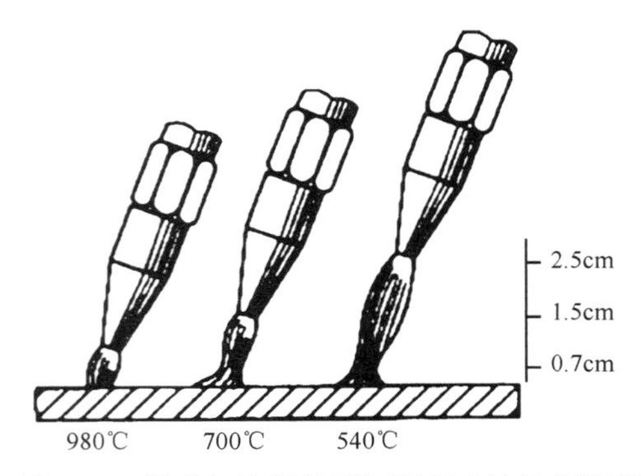

图 4.20　焊嘴与被焊件不同距离时的各点温度

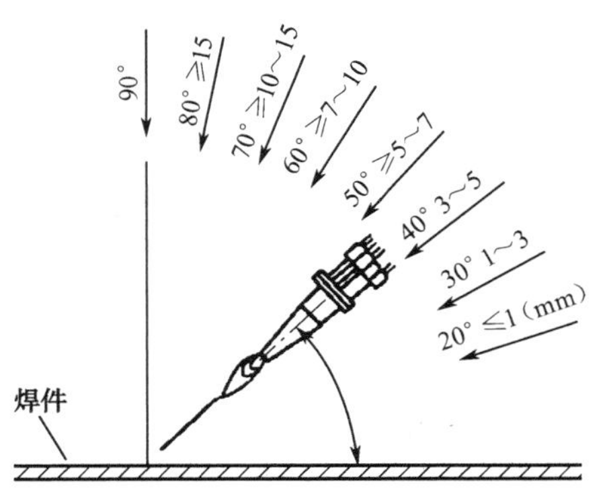

图 4.21　焊嘴与被焊件表面夹角变化示意图

3. 焊接安全事项

（1）安全使用高压气体。开启钢瓶阀门时应平稳缓慢，避免高压气体冲坏减压器。调整焊接用低压气体时，要先调松减压器手柄再开钢瓶阀，然后调压；工作结束后，先调松减压器再关钢瓶阀。

（2）氧气瓶严禁靠近易燃品和油脂。搬运时要拧紧瓶阀，避免磕碰和激烈震动，接减压器之前，要清理瓶上的污物。要所有合格要求的减压器。

（3）氧气瓶内的气体不允许全部用完，至少要留 0.20～0.5MPa 的余气量。

（4）乙炔气钢瓶的放置和使用与氧气瓶的方法相同，但要特别注意高温高压对乙炔气钢瓶的影响，一定要放置在远离热源、通风干燥的地方，并且一定要竖立放置。

（5）焊接操作前要仔细检查瓶阀、连接胶管及各个接头部分，不得漏气。焊接完毕要及时关闭钢瓶上的阀门。

（6）焊接工作时。火焰方向应避开设备中的易然易爆部位，远离配电装置。

（7）焊炬应存放在安全地点，不要将焊炬放在易然、腐蚀性气体及潮湿的环境中。

（8）不得无意义地挥动点燃的焊炬，避免伤人或引燃其他物品。

5. 课堂操练——铜管与铜管或铜管与钢管的焊接

（1）任务内容：进行铜管与铜管或铜管与钢管的焊接。

（2）所需条件：

① 割管器，1 把；

图 4.22　学生进行焊接操练

② 倒角器，1 只；

③ 胀管扩口器，1 把；

④ 弯管器，1 把；

⑤ 乙炔-氧气焊接设备，1 套；

⑥ 铜管（直径 8mm 和 12mm 或教师指定的规格），若干。

（3）操练步骤。

进行铜管与铜管焊接操练（见图 4.22），其步骤参见表 4.12；若进行铜管与钢管焊接操练步骤，参见表 4.13。

（4）操作评议。

根据表 4.15 所示要求，对铜管与铜管的焊接或铜管与钢管的焊接情况进行评议。

表 4.15　课堂操练情况评议表

序号	项目	测评要求	配分	评分标准	扣分
1	焊接装置的连接	按安装规范连接的要求	10	违反规范的连接焊接装置要求，扣 10 分	
3	火焰的选择	能调出规定的火焰	20	不能调出规定的火焰，扣 20 分	
4	管道插入与焊接前的处理	（1）焊接前做认真地净化处理 （2）毛细管插入深度要符合规定	10	（1）焊接前净化处理不当或没有进行，扣 5 分 （2）管道插入错误，扣 10 分	
5	管道的焊接操作	（1）火焰点燃和熄灭操作正确 （2）毛细管的焊接操作规范	40	（1）点火、熄火操作错误，扣 20 分 （2）焊接操作不正确，扣 30 分	
6	焊接后的检查	焊接后无堵塞、砂眼、气孔或烧穿等现象	20	出现有堵塞、砂眼、气孔或烧穿等现象，扣 20 分	
安全文明操作		违反安全文明操作规程（视实际情况进行扣分）			
开始时间		结束时间		实际时间	成绩
综合评议意见					
评议人			日期		

4.2.4　清洗操作

制冷剂在制冷系统中的循环应在无杂质、水分和空气的条件下进行。但是，由于压缩机的长期工作，润滑油、制冷剂的变质、装配不慎，常会有各类杂质、水分和空气污染。

当制冷系统出现污染：熔割开压缩机连接管路，嗅到一股焦油气味；倒出的压缩机润滑油混浊发黑；用石芯试纸浸入压缩机润滑油 5min，颜色变淡红色或红色；用酸度计检验压缩机润滑油的酸度，其氢氧化钠中和每克油达到“中性”所需要的氢氧化钠数量已大于 0.05mmg；压缩机机械杂质最大已接近或超过 40mmg；管路杂质 $1m^2$ 表面接近或超过 100mmg，就要进行清洗工作。否则会损坏压缩机机械部件，堵塞过滤器或毛细管，造成设备不能正常工作的故障。

制冷系统的清洗方法，如表 4.16 所示。

表 4.16 制冷系统的清洗方法

清洗方法		说明
管路的清洗	铜管	先用流速为 10～15m/s 的压缩空气吹扫，再用 15%～20%氢氟酸溶液腐蚀 3h，以除掉弯管内剩余砂子，再用 10%～15%的苏打水溶液和热水冲洗，最后在 120～150℃温度下烘干 3～4h
	钢管	先向管内注入 5%的硫酸溶液并保留 1.5～2h，再用 10%的无水碳酸钠溶液中和，然后用清水冲洗干净，用氮气或干燥空气吹干，最后用 20%的亚硝酸钠纯化
	毛细管	先用高温 650℃左右烧去管内油污，待冷却后用压缩空气吹净灰尘，再用四氯化碳冲洗，用氮气或干燥空气吹干
热交换器（冷凝器、蒸发器）的清洗		接触水或盐水的热交换器，由于水垢的附着力强，通常采用酸洗法，或采用机械方法清洗 机械除垢法一般有电动器具与手动器具除垢两种。除垢器具多为特殊的刮刀或钢丝刷，通过钢丝软轴与电动机连接。机械除垢法可单独使用，亦可与酸洗法配合进行。也可以利用压缩空气对冷凝器附着物进行吹除，同时也可用毛刷等清洗

提示

打压清洗时，对于不同的蒸发器，其充注的氮气压力应有所不同。

4.2.5 检漏技术

制冷系统是一个密封的系统。维修后的制冷系统必须严格地检查气密性，才能保证维修质量，提高运行的可靠性；减少制冷剂的损耗，提高运行的经济性。

氟利昂是一种渗透力极强的制冷剂。它无色无味，价格较贵，又不易保存，所以对制冷系统的气密性的检查必不可少。

氟利昂制冷系统中主要检查的泄漏部位为：制冷压缩机所有可拆卸的连接部和轴封处；蒸发器的各焊接部位，各管道和部件（干燥过滤器、截止阀及阀杆处、电磁阀、热力膨胀阀、液体分配器）连接处。

1. 常用的检漏方法

常用的检漏方法有：目测检漏、肥皂水检漏、浸水检漏、卤素灯检漏和电子卤素检漏仪检漏等几种，如表 4.17 所示。

表 4.17 常见的检漏方法

检漏方法	说明
目测检漏	如制冷装置中的某些部位，有渗油、淌油、油迹、油污等现象，即可断定该处有氟利昂制冷剂泄漏。因为氟利昂系统为密封系统，氟利昂类制冷剂和冷冻油又具有一定的互溶性，所以，凡是氟利昂制冷剂泄漏的部位，常伴有渗油或滴油等现象。遇到上述情况，也可进一步进行检漏（采用其他方法），以便确定准确位置
肥皂水检漏	用肥皂水检漏是目前电冰箱维修人员常用的比较简便的方法。具体的操作如下：先将肥皂切成薄片，浸泡在温水中，使其溶成稠状肥皂液后再使用，如图 4.23 所示。检漏时，在系统中充入 784～980kPa 的氮气或干燥空气，用纱布擦去被检部位的污渍，然后用干净的毛笔沾上肥皂液，均匀地抹在被检部位四周，仔细观察有无气泡。如有肥皂泡出现，说明该处有泄漏
浸水检漏	浸水检漏是一种最简单而且应用最广泛的方法，常用于压缩机、蒸发器、冷凝器等零部件的检漏。其操作方法是：检漏时，先向被检部件内充入一定压力的干燥空气或氮气（蒸发器和低压部件内压力不应超过 784～980kPa，冷凝器和高压部件内压力不应超过 1470kPa，然后将部件浸入 40～50℃的温水中观察 1min 以上，当目视无任何气泡出现，即为合格。注意：操作时应保持水的洁净

续表

检漏方法	说　明
卤素灯检漏和电子卤素检漏仪检漏	卤素灯检漏是利用卤素灯喷射的火焰与氟利昂气体接触，使氟利昂分解成氟、氯元素气体，当氯气与灯内炽热的铜接触，便生成了氯化铜，火焰颜色的变化就从浅绿→深绿→紫色，这样，便可通过火焰颜色的变化来判定泄漏量的大小。具有操作如下：先向制冷系统充入表压为 50kPa 左右的氟利昂 12 制冷剂蒸气，再充入氮气或压缩空气，升压到表压为 1000kPa，然后用卤素灯检漏 电子卤素检漏仪是利用气体的电离现象，经电子放大器放大后来检查管路泄漏情况的一种较为先进的仪器，如图 4.24 所示。 检漏时，先向被检部件或系统内充入含 1%氟利昂制冷剂的干燥氮气混合气体，压力保持在 784～980kPa，然后再把探头放在距被检部位约 5mm 处并以 5mm/s 的速度通过，且被放大显示在测量仪器上。检漏度应不大于每年 0.5g。 电子卤素检漏仪的精度很高，使用时要求检测区空气保持洁净、流动，否则会产生误差和损坏仪器

图 4.23　肥皂水检漏工具

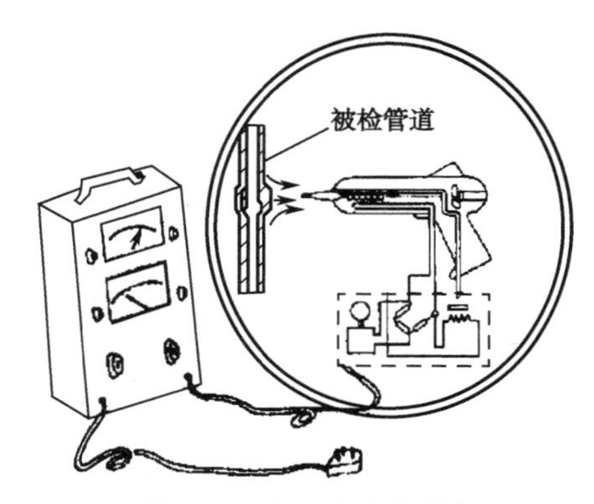

图 4.24　电子卤素检漏仪

2. 课堂操练——电冰箱制冷系统的检漏

（1）任务内容：电冰箱制冷系统漏气需找出泄漏之处，在压缩机工艺管连接表阀，给制冷系统充氮气达 0.4～0.6MPa 的压力；用肥皂水检漏，找出漏孔。

（2）所需条件：

① 电冰箱，1 台；

② 管道工具，1 套；

③ 连接软管，1 组；

④ 三通检修阀，1 只；

⑤ 氮气钢瓶，1 瓶；

⑥ 小毛刷，1 支；

⑦ 肥皂和清水，少量。

（3）操练步骤：

① 配制好肥皂水溶液。

② 连接管道、表阀和氮气瓶后，对系统充注氮气。

③ 用蘸肥皂溶液的海绵（或用蘸有肥皂液的毛笔）涂抹在初步判断可能泄漏的部位，每涂抹一处仔细观察一处，直至找出泄漏点，如图 4.25 所示。

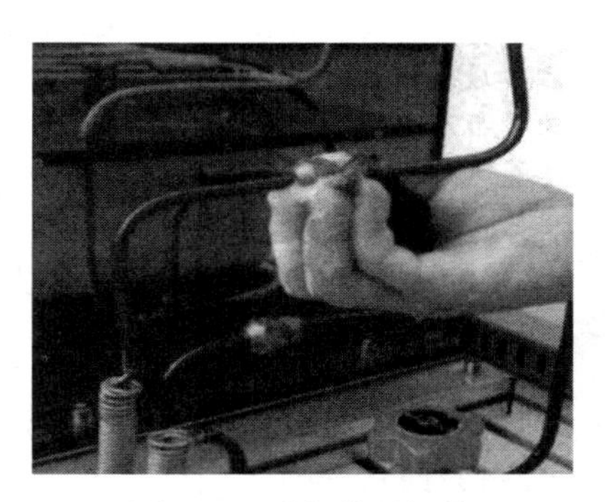

图 4.25　进行检漏操练

（4）操作评议

根据表 4.18 所示要求，对电冰箱制冷系统检漏操练情况进行评议。

表 4.18　课堂操练情况评议表

<table>
<tr><td>序号</td><td colspan="2">项　　目</td><td colspan="2">测 评 要 求</td><td colspan="2">配分</td><td colspan="4">评 分 标 准</td><td>扣分</td></tr>
<tr><td>1</td><td colspan="2">管道、表阀和氮气瓶的连接</td><td colspan="2">正确连接管道、表阀和氮气瓶</td><td colspan="2">20</td><td colspan="4">管道、表阀和氮气瓶的连接不正确，扣 10 分</td><td></td></tr>
<tr><td>2</td><td colspan="2">肥皂水溶液浓度配制或检漏工具的使用</td><td colspan="2">（1）配制的肥皂水溶液浓度得当
（2）检漏工具使用正确</td><td colspan="2">50</td><td colspan="4">（1）肥皂水溶液浓度配制不当，扣 10 分
（2）检漏工具使用不当，扣 10 分</td><td></td></tr>
<tr><td>3</td><td colspan="2">充氮气
检漏</td><td colspan="2">检查漏孔</td><td colspan="2">30</td><td colspan="4">检漏操作错误或漏检，每处扣 20 分</td><td></td></tr>
<tr><td colspan="3">安全文明操作</td><td colspan="8">违反安全文明操作规程（视实际情况进行扣分）</td><td></td></tr>
<tr><td colspan="2">开始时间</td><td></td><td>结束时间</td><td colspan="2"></td><td colspan="2">实际时间</td><td></td><td>成绩</td><td colspan="2"></td></tr>
<tr><td colspan="2">综合评议
意见</td><td colspan="10"></td></tr>
<tr><td colspan="2">评议人</td><td colspan="4"></td><td colspan="2">日期</td><td colspan="4"></td></tr>
</table>

知能拓展——制冷系统充注氮气操作

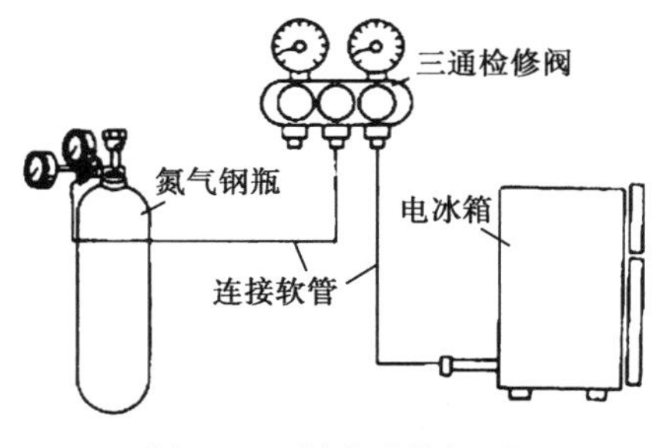

图 4.26　制冷系统加压

对电冰箱制冷系统充注氮气的操作步骤如下。

（1）用割管器切开电冰箱压缩机工艺管，排空系统内制冷剂。

（2）在工艺管上焊装好工艺检修阀。

（3）按图 4.26 所示，用软管将工艺检修阀、三通检修阀及氮气钢瓶连接好。

（4）打开三通检修阀及氮气钢瓶阀门。

（5）调节氮气减压阀，使氮气缓慢进入系统，同时注意观察三通检修阀压力表上的压力值。

（6）当压力达到 0.8MPa 时，关闭三通检修阀和氮气钢瓶阀门，松开氮气减压阀丝锥。加压结束。

4.2.6　抽空、加制冷剂与封口技术

1. 抽空（抽真空）操作

制冷系统抽真空操作的目的是排除制冷系统里的湿汽（水分）和不凝气体。

常用的抽真空的方法有：低压单侧抽真空和高低压双侧抽真空两种，如表 4.19 所示。

表 4.19 对制冷系统抽真空的方法

方 法	示 意 图	说 明
低压单侧抽真空	真空压力表 三通检修阀 低压管（接蒸发器） 高压管（接冷凝器） 压缩机 真空泵 负压瓶	低压单侧抽真空是利用压缩机机壳上的加液工艺管进行的。其操作工艺比较简单，焊接口少，泄漏机会也相应少 按左图连接好系统后，开动真空泵，把转芯三通检修阀逆时针方向全部旋开，抽真空 2～3h（视真空泵抽真空能力和设备的规格而定）。当真空压力表的指示在 133Pa 以下，负压瓶内的润滑油不翻泡，说明已抽到一定的真空度，可关闭转芯三通检修阀，停止真空泵工作
高低压双侧抽真空		高低压双侧抽真空是指在干燥过滤器的进口处另设一根工艺管，与压缩机机壳上的工艺管并联在一台真空泵上，同时进行抽真空 这种抽真空的方法克服了低压单侧抽真空方法中毛细管流阻对高压侧真空度的不利影响。但是要增加 2 个焊口，工艺上就稍有些复杂。高低压双侧抽真空对制冷系统性能有利，且可适当缩短抽真空时间，近年来已被广泛应用

此外，还有二次抽真空。二次抽真空是指将制冷系统抽真空到一定真空度后，充入少量的制冷剂，使系统内的压力恢复到大气压力。这时，系统内已含有制冷剂与空气的混合气。第二次抽真空后，便达到了减少残留空气的目的。如图 4.27 所示，是对制冷系统进行抽真空操作示意图。

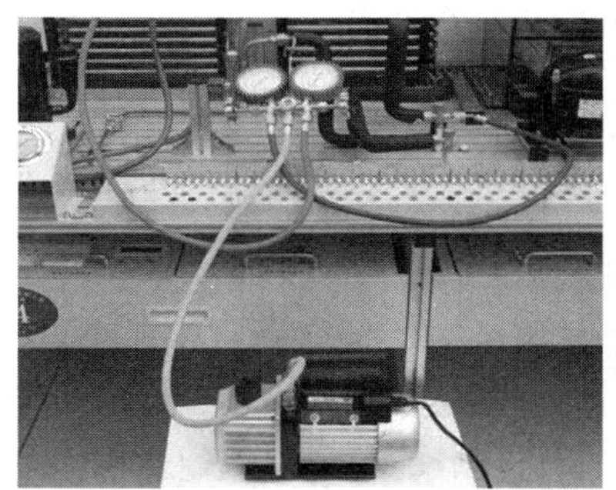
图 4.27 进行抽真空操练

二次抽真空和一次抽真空的区别是：一次抽真空时，制冷剂高压部分的残余气体必须通过毛细管后才能到达工艺管被抽除，由于受毛细管阻力的影响，抽真空时间加长，而且效果不理想。二次抽真空是在一次抽真空后向系统充入气体，使高压部分空气被冲淡，剩余气体中的空气比例减小，从而达到较为理想的真空度。

在上门修理电冰箱时，如果没有携带真空泵，可利用多次充、放制冷剂的方法来驱除制冷系统中的残留空气，达到抽真空的目的。其具体的操作如下：每次充制冷剂的压力为 50kPa，静止 5min 后将制冷剂放出，压力回到 0 kPa 后，再充制冷剂，重复 3～4 次后，便可达到抽真空的目的。充、放 3～4 次，制冷剂的消耗量共约 100g 左右。应该指出的是：将制冷剂直接释放到空气中的方法不可取，因为这样会污染人们赖以生存的大气层，不利于环保。

2. 充加制冷剂操作

充加制冷剂是制冷设备生产及修理中的重要操作工艺之一。在制冷设备的铭牌或使用说

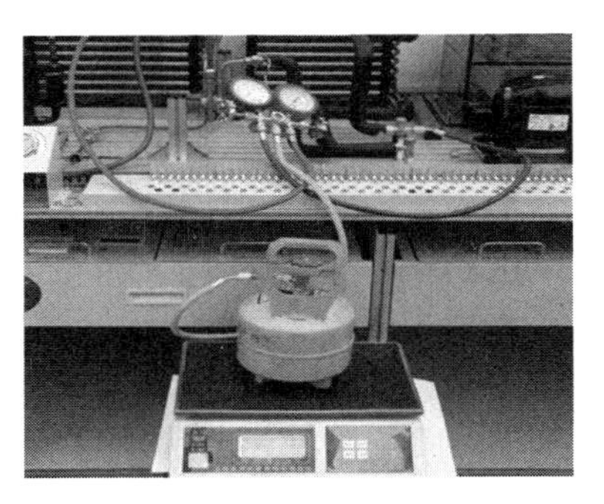

图 4.28　制冷剂充注量的确定

明书上，一般都标有充注制冷剂的品名和充注量，不能随便改换制冷剂或改变充注量。

（1）制冷剂充注量的确定。在安装或维修过程中，制冷剂充注量可按以下方法来确定。

① 称重量。将制冷剂钢瓶放在台秤上，充注前记下钢瓶的总重量，当钢瓶内制冷剂的减小量等于制冷剂的充注量时即可停止，如图 4.28 所示。

② 测压力。制冷剂饱和蒸气的温度与压力是一一对应的关系。知道制冷剂的蒸发温度和冷凝温度，即可确定对应的饱和压力。如氟利昂 22 制冷剂的饱和温度与饱和压力之间的关系，如表 4.20 所示。

表 4.20　R_{22}制冷剂的饱和温度和饱和压力

饱和温度（℃）	饱和压力（kg/cm^2）	饱和温度（℃）	饱和压力（kg/cm^2）	饱和温度（℃）	饱和压力（kg/cm^2）
−70	0.2088	−15	3.015	+20	9.35
−60	0.3822	−10	3.63	+25	10.64
−50	0.660	−5	4.297	+30	12.26
−40	1.076	0	5.10	+35	13.815
−30	1.679	+5	5.953	+45	17.63
−25	2.049	+10	6.99	+45	17.63
−20	2.51	+15	8.047	+50	20.03

③ 测电流。以压缩机的规定满载电流值为标准，如测得的电流符合规定值，即表示制冷剂充注量合适。

（2）制冷剂的充加操作。制冷剂的充注方法一般有低压充注法和高压充注法两种。低压充注法的优点是比较容易控制制冷剂的充注量的，安全且不易损坏部件，但充注时间较长，而且制冷剂呈气态，含水量较大，必须经干燥器处理。高压充注法的优点是充注时间短，但较难控制制冷剂的充注量，特别是小型设备，因而适用于制冷剂充注量较多的制冷设备。

目前，中小型空调器和其他制冷设备在维修时较多采用低压气态制冷剂充注法。

① 开启式半封闭压缩机制冷系统的充注操作。

a．将制冷剂钢瓶放在磅秤上，拧上钢瓶接头。

b．将压缩机低压吸入控制阀顺逆时针方向旋紧，关闭多通道口，再拧下多通道口上的螺塞和其他装接部件。

c．装上三通换向阀，一端接真空压力表，另一端接直径 6mm 的紫铜管，并经干燥过滤器连接到制冷剂钢瓶的接头上。

d．稍稍打开钢瓶上的阀门，使紫铜管中充满氟利昂气体，再稍稍打开三通换向阀接头上的接头螺母，利用氟利昂气体的压力将充注管及干燥过滤器中的空气排出，然后拧紧所有接头螺母，将钢瓶阀门打开。

e．使连接管及干燥过滤器均牌不受力的状态，从磅秤上读出钢瓶重量，同时注意充注用具及磅秤也不得承受外力，以免影响读数。

f. 按顺时针方向旋转压缩机的低压吸入控制阀，使多通道口和低压吸入管及压缩机处于连通状态，制冷剂即由此进入制冷系统。充注时应注意制冷剂钢瓶重量的变化和低压表压力的变化（一般不超过 98～196kPa）。如压力已达到平衡而充注量还未达到规定值，应先开冷却水（或冷却风扇），待冷却水从冷凝器出水口流出后，再启动压缩机进行充注。开机前应将低压吸入控制阀向逆时针方向旋转，关小多通道口，以免发生液击（如有液击，应立即停机），然后按顺时针方向慢慢开大多通道口，使制冷剂进入制冷系统。

g. 当达到规定的充注量时，先关钢瓶阀门，然后逆时针旋转低压吸入控制阀，关闭多通道口，再立即停下压缩机。

h. 卸下接管螺母、充注用具以及三通换向阀，将原先卸下的细牙接头、低压表等部件装上并拧紧。

i. 顺时针旋转低压吸入阀 1/2～3/4 圈，使多通道口与低压表及压力控制器相通（开启的大小以低压表指针无跳动为准）。

② 全封闭压缩机制冷系统的充注操作。

a. 将装有压力表的三通换向阀一端接压缩机低压工艺管，另一端接制冷剂钢瓶。稍稍开启制冷剂钢瓶并倒置，将连接管内的空气排出，然后拧紧接头螺母，关闭钢瓶阀门。

b. 开启三通换向阀和钢瓶阀门，使制冷剂徐徐充入制冷系统，当表压不超过 147kPa 时关闭三通换向阀。

c. 启动压缩机，观察蒸发器的结霜情况，当制冷剂充注量足够时，冷凝器和吸气管的温度、压缩机的工作电流均在额定范围之内。如充注过量，应放掉多余的制冷剂。

d. 充注量足够时，先关闭钢瓶阀门，让压缩机继续运行，将钢瓶连接管中的制冷剂抽入制冷系统后，再关闭三通换向阀。

e. 在距压缩机充气管口 20mm 处，用封口钳夹扁充气管，进行封口操作。

提示

充注制冷剂时应掌握最佳期的充注量，特别是小型全封闭的制冷设备。一般制冷剂充注量过多或过少对制冷都不利，而制冷剂过多更不利，因此在充注氟利昂制冷剂时，充注量要稍少一点为好。另外，充注的制冷剂必须经过干燥、过滤处理，而且在维修过程中也不允许采用向制冷系统中充注甲醇的办法来解决冻堵。较为理想的解决冻堵方法是使用足够大的和优质的干燥器对制冷剂脱水，并且认真地按规程进行操作。

3. 封口操作

“封口”是电冰箱、空调器制冷系统维修的最后工艺，其操作方法如表 4.21 所示。

表 4.21　封口操作方法

步　骤	示 意 图	说　明
第一步 夹扁连接管	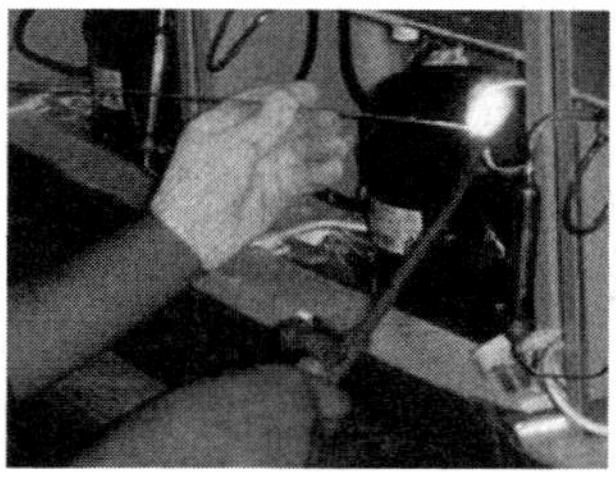	在离压缩机工艺管焊接 15～20mm 远的三通检修阀连接铜管口处，用乙炔-氧气焊烧暗红，并用封口钳将连接铜管夹扁。为了保证不泄漏，可相距 10mm 处再夹扁一次
第二步 取下修理阀		在距离最外一个夹扁处 30～50mm 的地方，用钢丝钳将连接铜管切断，取下三通检修阀和剩余的连接铜管
第三步 封管道端口		用乙炔-氧气焊将留在电冰箱或空调器上的连接管道端部封死，并进行检测，以保证不发生泄漏

知能拓展——制冷剂的倒灌技术

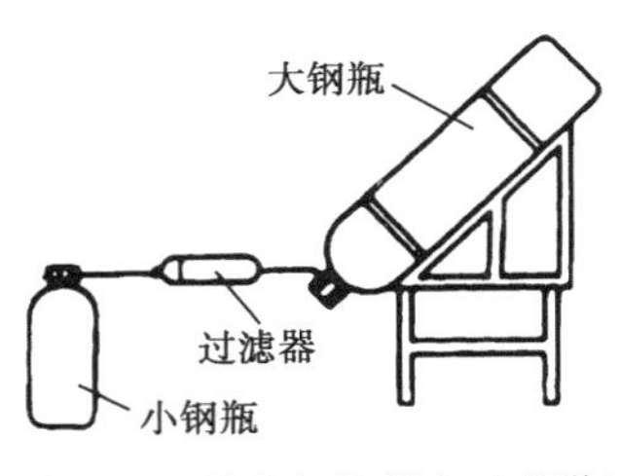

图 4.29　从大钢瓶灌入小钢瓶

在实际生产过程中，经常会遇到需要将制冷剂移动的问题，为了移动方便，经常将大瓶的制冷剂分装到小瓶里去，这就是制冷剂倒灌技术。

制冷剂的分装（见图 4.29）：先将大钢瓶倒置架高，被灌的小钢瓶必须经过检漏、抽真空，并称出重量，标记于瓶外。然后，开启制冷剂大钢瓶的阀门，再慢慢开启连接小钢瓶的连接管紧固螺母，吹出连接管和过滤器内的空气，当有制冷剂溢出时立即将连接管紧固螺母拧紧，打开小钢瓶阀门，制冷剂从大钢瓶灌入小钢瓶。

提示

小钢瓶充灌的制冷剂重量不得超过小钢瓶容积的 3/5～2/3，以免钢瓶遇热压力升高造成爆裂。

4.3　压缩机的结构与故障检修

4.3.1　压缩机的功用与分类

1. 压缩机的功用

压缩机是制冷装置中最重要的组成部分，人们形象地称之为制冷装置的心脏。它在压缩电动机的带动下，输送和压缩制冷蒸气，使制冷剂在系统中进行制冷循环。

2. 压缩机的分类

压缩机的分类，如表 4.22 所示。

表 4.22　压缩机的分类

种类		示意图	特点
活塞式	开启式	排气阀片、吸气阀片、气缸盖、阀板、活塞销、气缸体、连杆、曲轴、后轴承、活塞环、活塞、飞轮、轴封、前轴承、视油镜	压缩机与压缩电动机分成两体，中间用曲轴或皮带相连接传动。 开启式压缩机生产历史比较长，距今有 100 多年历史。由于它制造、维修工艺比较简单，仍被用于商用冰箱、小型冷库中，但结构笨重，材料消耗大，制冷剂容易渗漏，因此，逐渐被半封闭或全封闭式压缩机所代替

续表

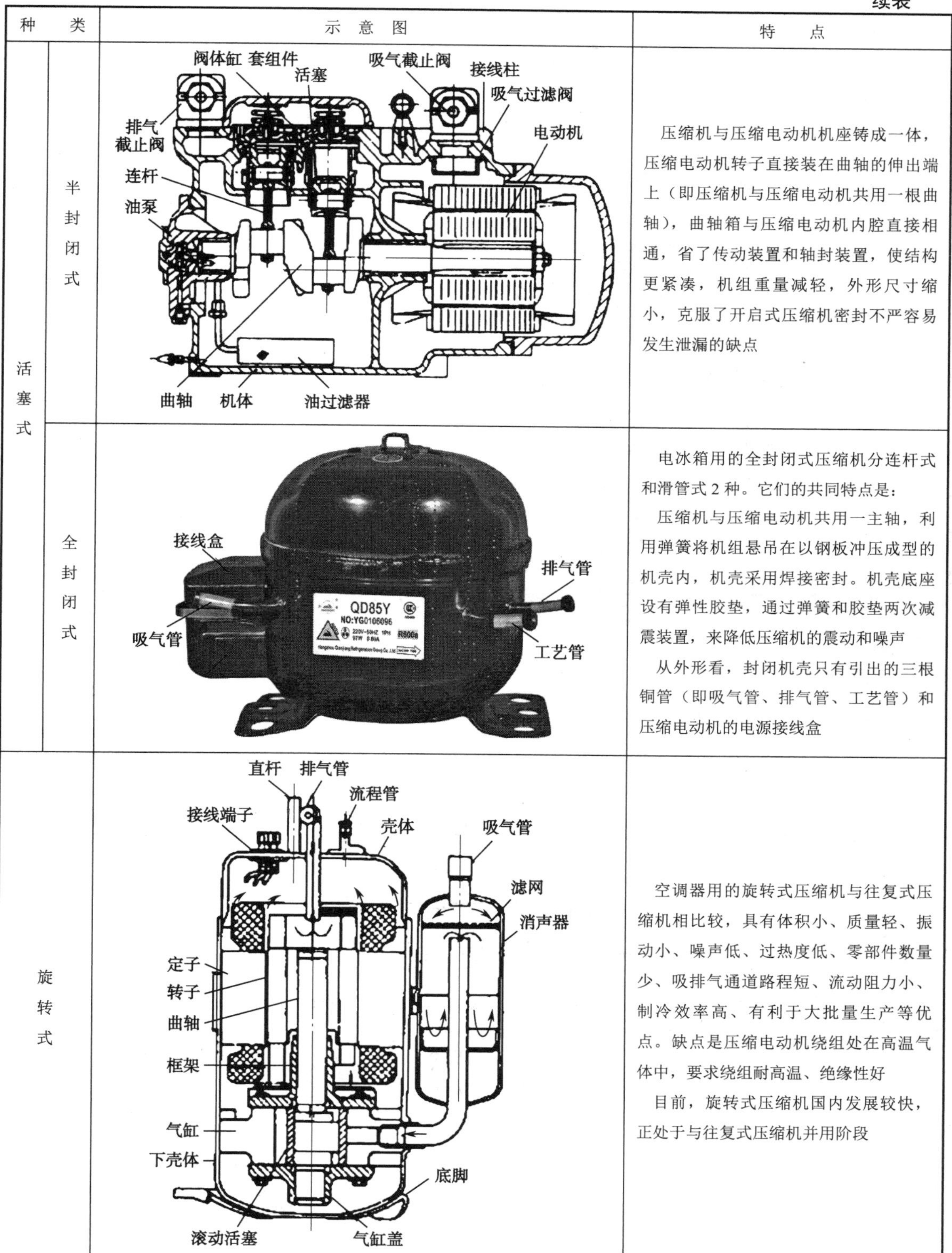

种类		示意图	特点
活塞式	半封闭式		压缩机与压缩电动机机座铸成一体，压缩电动机转子直接装在曲轴的伸出端上（即压缩机与压缩电动机共用一根曲轴），曲轴箱与压缩电动机内腔直接相通，省了传动装置和轴封装置，使结构更紧凑，机组重量减轻，外形尺寸缩小，克服了开启式压缩机密封不严容易发生泄漏的缺点
	全封闭式		电冰箱用的全封闭式压缩机分连杆式和滑管式 2 种。它们的共同特点是： 压缩机与压缩电动机共用一主轴，利用弹簧将机组悬吊在以钢板冲压成型的机壳内，机壳采用焊接密封。机壳底座设有弹性胶垫，通过弹簧和胶垫两次减震装置，来降低压缩机的震动和噪声 从外形看，封闭机壳只有引出的三根铜管（即吸气管、排气管、工艺管）和压缩电动机的电源接线盒
旋转式			空调器用的旋转式压缩机与往复式压缩机相比较，具有体积小、质量轻、振动小、噪声低、过热度低、零部件数量少、吸排气通道路程短、流动阻力小、制冷效率高、有利于大批量生产等优点。缺点是压缩电动机绕组处在高温气体中，要求绕组耐高温、绝缘性好 目前，旋转式压缩机国内发展较快，正处于与往复式压缩机并用阶段

续表

种 类	示 意 图	特 点
涡旋式	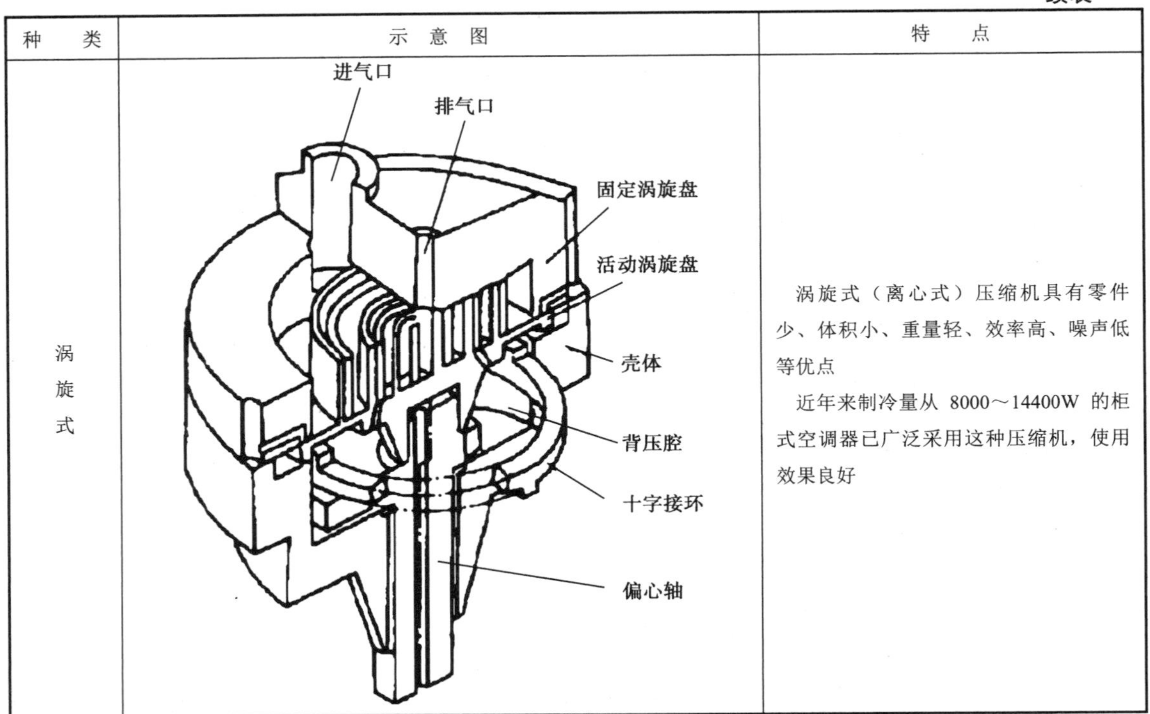	涡旋式（离心式）压缩机具有零件少、体积小、重量轻、效率高、噪声低等优点 近年来制冷量从 8000～14400W 的柜式空调器已广泛采用这种压缩机，使用效果良好

阅读材料——压缩机的工作过程

1. 活塞压缩式压缩机的工作过程

当压缩电动机带动压缩机主（曲）轴做旋转运动时，活塞经转换部件（如连杆）变为往复直线运动，如图 4.30 所示。

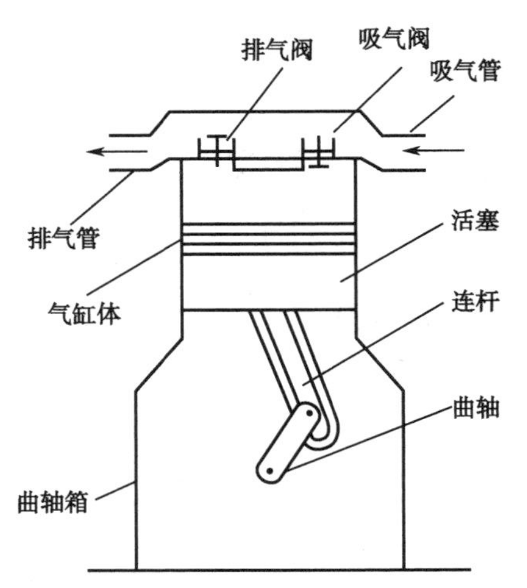

图 4.30 压缩机的曲轴连杆和活塞运动示意图

活塞在气缸中所做的往复运动，可分为压缩、排气、膨胀和吸气四个工作过程，如表 4.23 所示。

表 4.23　活塞压缩机的工作过程

工作过程	示意图	说明
压缩		当气缸内充满低压蒸气时，活塞从下止点开始往上移动，气缸容积逐渐缩小，气缸内的蒸气开始受到压缩，压力与温度随之上升。此时，吸气阀片受较高压力的作用而关闭，排气阀片则因这时的蒸发压力尚未超过而继续保持紧闭状态。这样，活塞继续上移，压力不断升高。这一过程持续到活塞上行至气缸压力开始等于排气腔压力和气阀弹簧力时为止
排气		活塞继续上移，被压缩气体的压力比排气腔压力高。当蒸气压力大于排气阀片时，排气阀被顶开，于是气缸内的高温高压蒸气被上行的活塞推动，并进入排气腔内，直至上止点时，排气过程结束。这里要注意，当活塞达到时，活塞与排气阀座之间还留有一个空隙称为余隙 Vc 里依然留着一小部分蒸气无法排出，其压力与排气室压力相等时，这时排气阀在弹簧力的作用下，又重新关闭气阀
膨胀		活塞从上止点开始向下移动，气缸容积逐渐变大，残留在气缸余隙 Vc 中的高温高压蒸气就要膨胀，其压力和温度随之下降。直到蒸气压力降低到等于吸气腔压力时，此过程结束。在这期间，吸、排气阀片均处于关闭位置
吸气		活塞继续向下移动，气缸内蒸气压力开始低于呼气腔压力，当其压力差足以使吸气阀片被吸气腔内的低压蒸气顶开时，低温低压蒸气便由吸气腔进入气缸内，吸气过程便开始，直到活塞下移至下止点时，吸气过程便告结束

综上所述，压缩机在压缩电动机带动下运行，压缩机的曲轴每旋转一周，活塞在气缸中往复运动一次，压缩机就依次进行一次压缩、排气、膨胀、吸气过程。

提示

当活塞到达上止点位置时，活塞与排气阀座之间都留有一定的余隙 Vc，很有必要。因为气缸中的金属零件都有热胀冷缩，必须提供这样的一个空间。此外还能防止由于液体制冷剂进入气缸形成湿行程，而击碎阀片和顶缸事故。

2. 涡旋式压缩机的工作过程

涡旋式压缩机的工作过程，如表4.24所示。

表4.24 涡旋式压缩机的工作过程

示 意 图	说 明
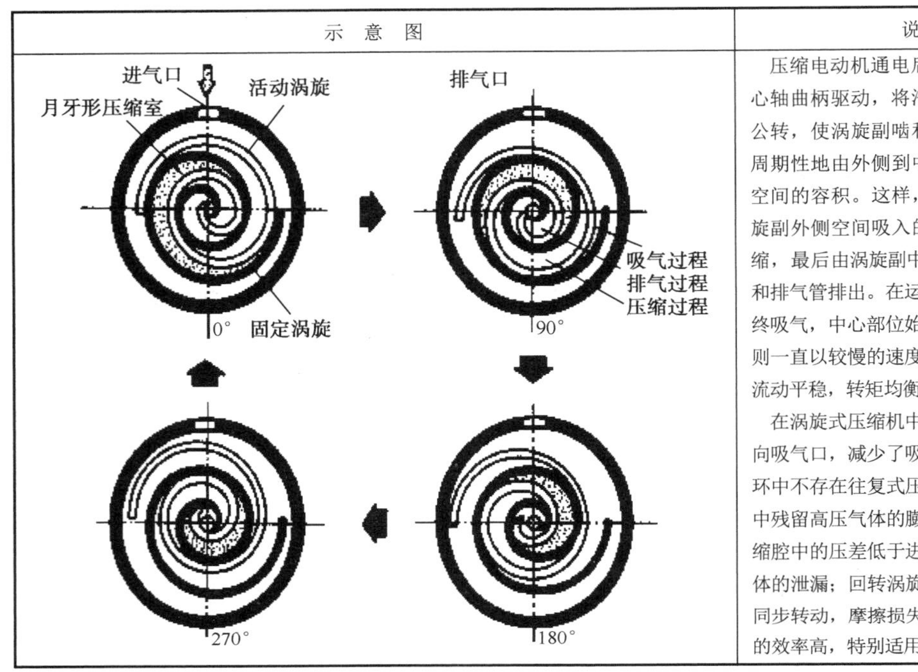	压缩电动机通电后，回转涡旋受旋转的偏心轴曲柄驱动，将沿固定涡旋曲面绕偏心轴公转，使涡旋副啮和线不断变化位置，从而周期性地由外侧到中心依次缩小几个月牙形空间的容积。这样，经进气管和进气腔从涡旋副外侧空间吸入的制冷剂蒸气不断受到压缩，最后由涡旋副中心部位的排气口经排气腔和排气管排出。在运转中，涡旋副外侧空间始终吸气，中心部位始终排气，几个月牙形空间则一直以较慢的速度连续压缩气体，所以排气流动平稳，转矩均衡，振动和噪声小 在涡旋式压缩机中，由于制冷剂蒸气直接流向吸气口，减少了吸气预热；没有吸气阀，循环中不存在往复式压缩机不可避免的余隙容积中残留高压气体的膨胀过程；相邻两月牙形压缩腔中的压差低于进排气压差，减少了压缩气体的泄漏；回转涡旋盘上各点都以很小半径做同步转动，摩擦损失小，因此，涡旋式压缩机的效率高，特别适用热泵型空调器

3. 旋转式压缩机的工作过程

旋转式压缩机的工作过程，如表4.25所示。

表4.25 旋转式压缩机的工作过程

示 意 图	说 明
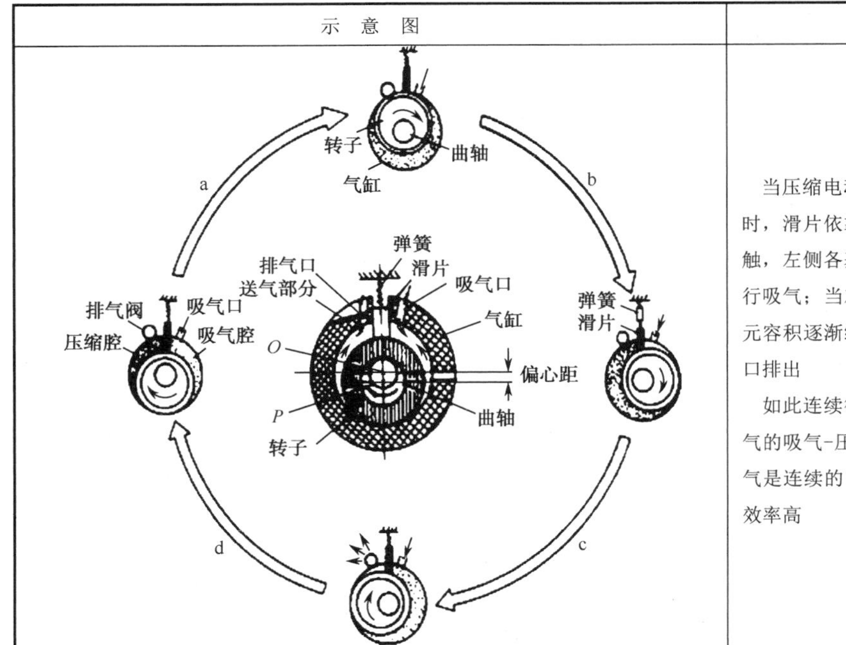	当压缩电动机带动转子沿顺时针方向转动时，滑片依靠离心力的作用与气缸壁严密接触，左侧各基元容积逐渐扩大，压力降低进行吸气；当左侧各基元容积转至右侧时，基元容积逐渐缩小，气体逐渐被压缩后由排气口排出 如此连续循环的转动，则可实现制冷剂蒸气的吸气-压缩-排气过程。由于压缩机吸排气是连续的，因此，吸气节流损失小、容积效率高

4.3.2　压缩机的性能判定

电冰箱、空调器的全封闭式压缩机性能判定，包括压缩电动机阻值的测量、压缩电动机的启动与压缩机吸排气性能判定等。

1. 全封闭式压缩机的电气性能判定

全封闭式压缩机的电气性能判定是指压缩电动机绕组阻值的判定和电气绝缘性能的判定。

（1）压缩电动机绕组阻值的判定

① 测量原理。前面已经讲过全封闭式压缩机是由压缩机和压缩电动机两部分构成的。压缩电动机是压缩机的动力，只有压缩电动机正常启动运行，才能带动压缩机工作，进而使制冷剂在制冷系统中流动，实现制冷的目的。如果压缩电动机出现故障，就不能带动压缩机工作，当然就谈不上制冷了。测量压缩电动机的性能（好坏），可通过测量压缩电动机绕组阻值来判定。

单相交流电源的压缩电动机，常采用电阻分相式或电容分相式单相异步电动机。这类电动机有两个绕组：运行绕组和启动绕组。运行绕组使用的导线截面积较大，绕制的圈数少，其直流电阻值一般较小；启动绕组使用的导线截面积较小，绕制的圈数多，其直流电阻值一般较大。

② 测量方法。压缩电动机的引线通过内插头接到压缩机机壳的 3 个专用接线端子上。常用 C 表示压缩电动机运行绕组与启动绕组的公共端，用 S 表示启动绕组的引出线端，用 M 表示运行绕组的引出线端，如图 4.31 所示。

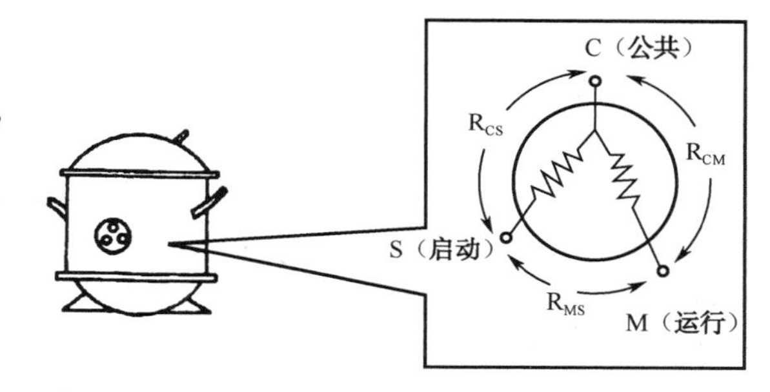

图 4.31　压缩电动机绕组出线端的关系

用万用表测量全封闭式压缩电动机绕组直流电阻值的方法，详见模块五的单相压缩电动机绕组的三接线端子（接线柱）判别。

（2）压缩电动机的电气绝缘性能判定

① 用 500V 兆欧表判定。用 500V 兆欧表进行测量时，其绝缘电阻值应不低于 2MΩ。若测得的绝缘电阻低于 2MΩ，则表示压缩电动机绕组与铁芯之间发生漏电，不能使用。用兆欧表测压缩电动机的电气绝缘性能方法，如图 4.32 所示。

图 4.32　兆欧表测压缩电动机电气绝缘性能

② 用万用表判定。用万用表判定压缩电动机的电气绝缘性能方法，详见模块五的单相压缩电动机的检测。

2. 全封闭式压缩机启动性能检查

若压缩电动机绕组的阻值正常，可对压缩机进行启动性能的检测。此时，压缩机应能正常启动和运行，且电流与标称电流值相符。若压缩机无法启动或虽然能启动运转，但电流值超过标称工作电流值，则表示压缩机机械部分存在卡死的情况，应及时断电。只有在压缩机通电后既能正常运行，且电流值与压缩机电流值相符，才表示正常。

3. 全封闭式压缩机吸排气性能判定

判定全封闭式压缩机吸排气性能的方法，一般有手指法和实测法两种。

（1）手指法。将压缩机通电转动，用大拇指按住压缩机高压排气口或低压吸气口，如图 4.33 所示。高压排气管口用手指应按不住，低压吸气管口应有较强的吸力感觉，则表示压缩机吸排气性能正常，可以使用。若高压排气很小，甚至没有，说明高压气缸盖垫或气缸体纸垫已被击穿，同时也有可能是高、低压阀片已被击碎。若有排气，但气量不足，则说明压缩机效率较差。若没有排气，但能听到"嘶嘶"声，停机后则消失，说明高压缓冲 S 管与机壳连接处、出气帽处断裂或是出气帽垫片冲破漏气，需更换新压缩机或送修理厂家开壳修理。

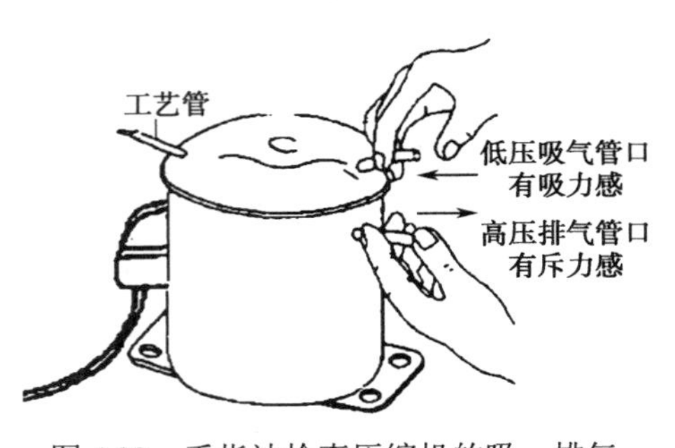

图 4.33 手指法检查压缩机的吸、排气

（2）实测法。把压缩机放到压缩机测试台上测试。启动压缩机约 1min（分钟）后，低压端压力应为 0Pa，高压端压力在 1.17MPa 左右，即为合格。再停止运转 3min。此时，压力不得下降到 0.05MPa，如果下降幅度过大，说明高压端（如高压阀片、气缸体紧固螺栓、纸垫等）有漏气，需更换新压缩机或送修理厂家开壳修理。

知能拓展——压缩机的基本参数

压缩机的基本参数主要是指性能参数。性能参数是衡量压缩机质量的重要指标和基本依据，其主要包括以下内容。

（1）制冷量。它表示压缩机制冷运行时，在环境温度、蒸发温度、吸气温度、冷凝温度、过冷温度、冷凝压力及蒸发压力都达到规定的制冷工况的条件下，单位时间内（1h）从密闭空间除去的热量，单位为 W，要求实测值不应低于标称值的 92%。

（2）输入功率。它表示压缩机产生一定制冷量时，在相应制冷工况条件下运转所必须输入的功率，单位为 W。

（3）性能系数（能效比）。该项指标表示压缩机进行制冷运行时，制冷量与制冷所消耗的总功之比。性能系数高说明产生同等制冷量所消耗的电能少。

（4）气缸容积。压缩机往复工作一次，一个气缸的几何容积（名义容积），称为气缸的工作容积。每个气缸的实际工作容积应为几何容积与余隙容积之和，单位为 cm^3。

（5）注油量。它表示为减少零件的磨损，用于保持活塞环和气缸之间、轴承和运动部件之间润滑所必须注入润滑油的数量，单位为 mL 或 cm^3。

（6）绝缘电阻。它表示用兆欧表测量的压缩机接线柱与外壳体间的电阻值，分为热态和湿态绝缘电阻，单位为Ω，一般要求其值应在几兆欧以上。

（7）噪声。它表示压缩机运转时所产生的异常声音的大小，根据压缩机结构类型的不同其值有很大差异，单位为 dB（分贝）。

除以上参数外，压缩机还有排气量、转速配用电动机功率、气缸数、制冷剂等性能参数。

4.3.3　压缩机故障与检修

1. 压缩机的常见故障

（1）全封闭压缩机的常见故障现象与原因

全封闭压缩机的常见故障现象与原因，如表 4.26 所示。

表 4.26　全封闭压缩机的故障现象与原因

故障现象	原因
压缩机“轧煞”	① 缺油或润滑油路堵死 ② 材质选择不当 ③ 装配间隙过小
压缩机有撞击声响	① 吊簧材质不良而断裂 ② 吊簧装配不严而脱落
压缩机效率降低	① 运动件磨损，使配合间隙过大 ② 吸、排气阀片破裂或关闭不严 ③ 缺垫石棉纸板击穿
压缩机接线柱或其他焊接部位渗油	① 接线柱焊接不良或玻璃绝缘体破裂 ② 机壳或引出管虚焊
压缩机只运转不制冷	① 制冷剂充灌过量，造成缸垫冲破 ② 高压 S 管断裂 ③ 高、低压阀片被击碎
压缩电动机的绕组烧毁	① 压缩机卡缸 ② 过载或过热

（2）开启式或半封闭式压缩机的常见故障现象与原因

开启式或半封闭式压缩机的常见故障现象与原因，如表 4.27 所示。

表 4.27　开启式或半封闭式压缩机的故障现象与原因

故障现象	原因
压缩机不能启动或启动后又立即停车	① 电源中断或三相电源缺一相 ② 压力继电器调整不当 ③ 油压过低，压差控制器动作使压缩机停止运转 ④ 给水阀门未打开，水量不足或压缩机排气截止阀门未开足，使排气压力过高，造成压力继电器动作 ⑤ 低压压力过低，造成压力继电器动作
压缩机发热异常	① 排气压力过高 ② 吸、排气阀片破损或阀板垫片被击穿 ③ 压缩机自动能量调节装置失效 ④ 润滑油少而脏 ⑤ 压缩机运动部件配合间隙太小

续表

故障现象	原　因
压缩机排气量减少	① 压缩机吸气条件改变 ② 电动机的转速改变（如电网电压降低、传动皮带过松等） ③ 管道阻塞 ④ 压缩机气阀关闭不严
压缩机体上严重结霜	① 系统中制冷剂加灌过量 ② 热力膨胀阀的感温包位置安装不妥 ③ 热力膨胀阀的节流孔调节太大
压缩机有异常声响	① 吸、排气阀片断裂或阀座螺丝钉松脱 ② 制冷剂或润滑油大量蹿入气缸内，产生“液击” ③ 活塞销与连杆小头衬套间磨损，造成间隙增大 ④ 主轴承间隙过大 ⑤ 连杆大头瓦和曲轴颈间隙过大 ⑥ 连杆螺栓松脱或断裂

2. 压缩机的修理

全封闭压缩机的修理比较复杂，只有在确认为内部故障后，才可进行开壳大修。压缩机的故障检修流程图，如图 4.34 所示。

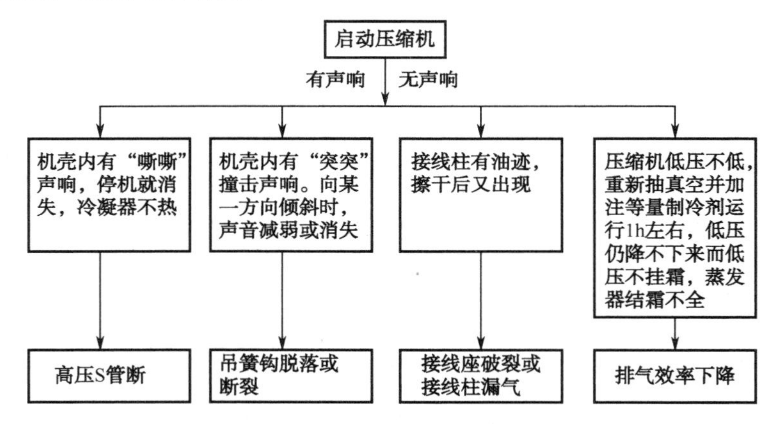

图 4.34　压缩机故障检修流程图

知能拓展——压缩机的检修实例

〖案例一〗　一台东芝 GR-184E 型电冰箱制冷正常，但震动大，噪声响

检查电冰箱各外部管道及压缩机，没有发现松动迹象，手摸冷凝器及压缩机等均有颤动的感觉，耳听噪声好像来自压缩机部位；用手摸压缩机，其颤动感觉明显强于冷凝器，怀疑该处为震动源。再询问用户，该电冰箱曾经修理过。初步判断故障为上次维修焊接时所留下的问题。

锯开压缩机外壳，查看高压排气管的管口部位有焊接残留物，用铜棒、小试管刷和铁锤等工具将管内残留物清除干净（如图 4.35 所示），重新焊接好，电冰箱恢复正常工作。

〖案例二〗 一台西冷牌 GR-185 型电冰箱压缩机正常运行，但不制冷

该台电冰箱采用的是 QF21-39 型滑管式压缩机。当断开压缩机的工艺管，有大量的制冷剂气体喷出，说明制冷系统没有泄漏。待制冷剂放尽后，用中性火焰把压缩机吸、排气管焊开，单独启动压缩机并用手堵住排气管口，感觉排气压力非常小，说明压缩机内部有故障。

锯开压缩机外壳查看，发现压缩机高压阀片已被击穿，使得被压缩后的大量气体返回低压系统而引起电冰箱无法制冷。经更换新阀片，重新焊接，对系统检漏不存在泄漏现象后，进行抽真空、充制冷剂、试机，电冰箱恢复正常。如图 4.36 所示，是 QF21-39 型滑管式压缩机机芯和气阀的结构。

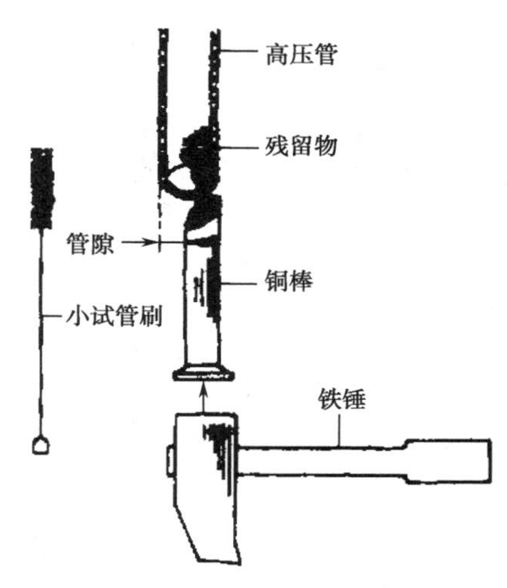

图 4.35　清除压缩机高压排气管内的残留物

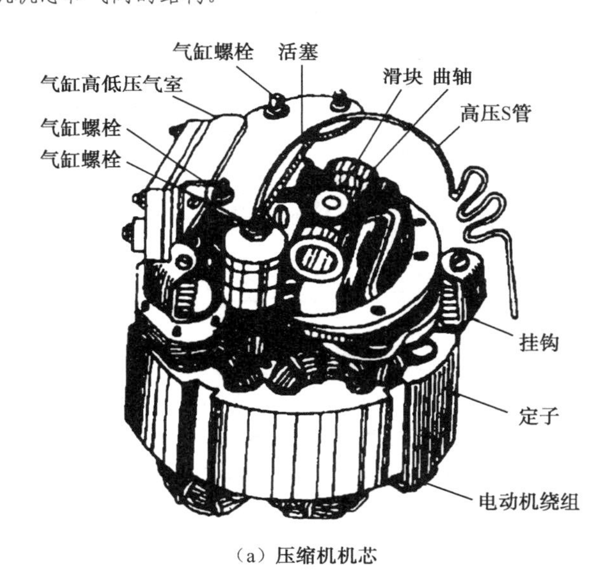

（a）压缩机机芯

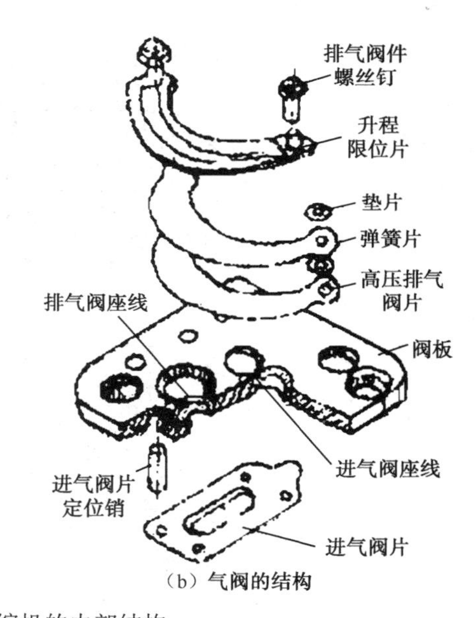

（b）气阀的结构

图 4.36　QF21-39 型滑管式压缩机的内部结构

4.4　热交换器的结构与修理

4.4.1　热交换器的功用与分类

1. 热交换器的功用

热交换器是制冷系统重要的设备组成之一，它是使制冷剂在其中吸收热量或放出热量与周围介质（空气或水）进行热交换的装置，亦称换热器。

2. 热交换器的分类

热交换器主要指冷凝器和蒸发器，其分类如表 4.28 所示。

表 4.28　热交换器的分类

分　　类		说　　明
冷凝器	风冷式	风冷式冷凝器是利用常温的空气来冷却的，按空气在冷凝器盘管外侧的流动形式，可分为空气自然对流和强迫对流两种
	水冷式	水冷式冷凝器是利用低于大气环境温度的水来冷却的，按结构形式不同分为套管式和壳管式两种
蒸发器	冷却空气式	冷却空气式蒸发器用于直接冷却空气，制冷剂在管内流动汽化，空气在管外被冷却。按空气流动形式，可分为自然对流和强迫对流两种
	冷却液体式	冷却液体式蒸发器用于直接冷却液体，例如用于冷却载冷剂，生产冷水，可见由低温载冷剂去冷却制冷空间和物体。按供液方式可分为满液式和非满液式（又称干式）两种

（1）冷凝器。冷凝器的结构，如表 4.29 所示。

表 4.29　冷凝器的结构

种　　类	示 意 图	说　　明
钢丝盘管式冷凝器	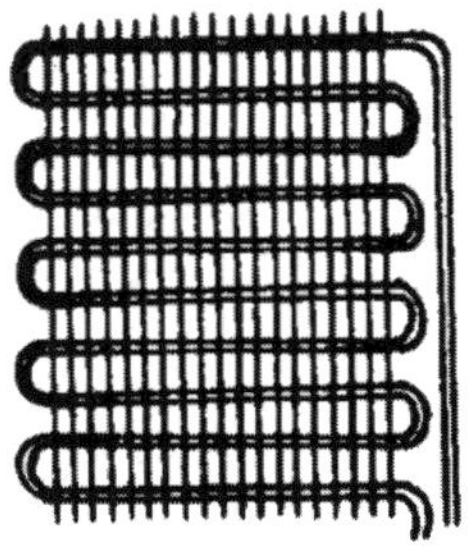	钢丝盘管式冷凝器是用涂铜钢管或钢管弯制成冷凝管后，再在盘管两侧均匀点焊上直径 1.6～2mm 的钢丝，并在表面涂上黑漆制成的 这种冷凝器具有单位尺寸散热面积大，通风散热条件好等优点
管板式冷凝器	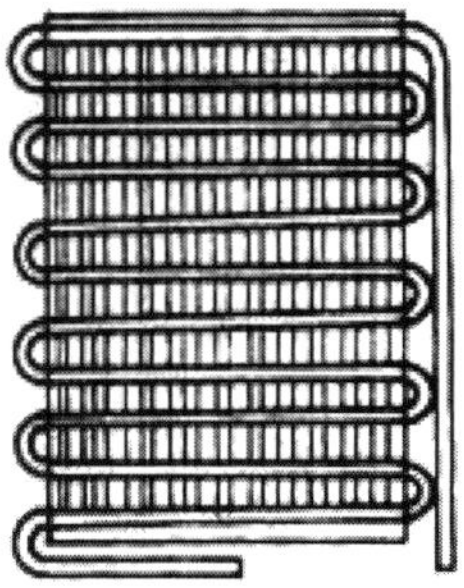	管板式冷凝器（又称百叶窗管板式冷凝器）则由 5～6mm 的铜管或涂铜钢管弯制成冷凝盘管后，再卡装在冲有百叶窗孔的散热片上，并在表面喷涂黑漆而成 这种冷凝器具有制造工艺简单，但传热效果不如钢丝盘管式冷凝器
内藏式冷凝器	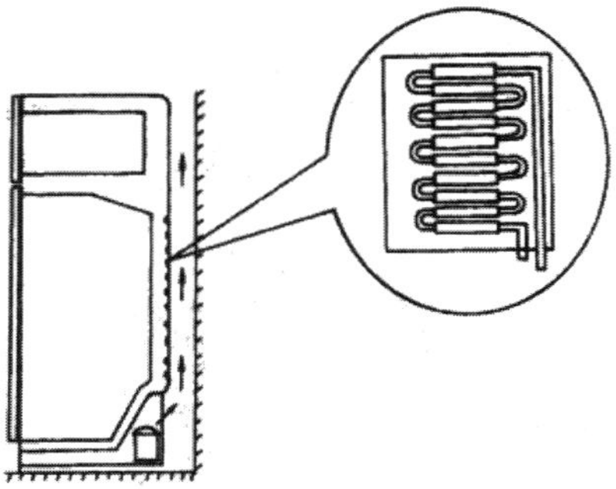	内藏式是用蛇形盘管挤压在或用黏胶贴在箱体的侧面或背部的薄钢板内侧而成的 这种冷凝器节省了钢材，改进了冰箱的外观，防止了外露式冷凝器在搬运中可能出现的损坏

续表

种　类	示 意 图	说　明
风冷式冷凝器		风冷式冷凝器是用铜管铝片，铝管铝片或钢管钢片制成的。肋片采用厚度 0.2～0.6mm 的薄片冲制，其片与片之间留有适当的距离，片距为 2～4mm。为增加整体传热效果，制成后常在外表面搪上一层锡 这种冷凝器在自然对流时热交换性能很差，只适用于强制通风

（2）冷凝器。蒸发器的结构，如表 4.30 所示。

表 4.30　蒸发器的种类

种　类	示 意 图	说　明
管板式蒸发器		管板式蒸发器是将蒸发盘管黏附于长方盒壳板外表面上制成的。它有铜管-铝板式、异型铝管-铝板式，若作冷藏室蒸发器，还有铜管-铜板式、异型铜管-塑料内胆式等 这种蒸发器内壁光洁，不易破损、泄漏；但盘管长度受到限制，传热效率较低。多为直冷门电冰箱采用
复合板式蒸发器		复合板式蒸发器是由两块铝板压合而成的 这种蒸发器的管路流程可多路并联，无接头，压力损失小；管路密集、传热直接、传热效率高；常用于直冷式单门电冰箱中
单脊翅片管式蒸发器		单脊翅片管式蒸发器是由挤压成型的异型带单脊式翅片铝管弯制而成的，翅片高度 20mm 左右 这种蒸发器结构简单，加工方便，传热性好，主要用做双门直冷式冰箱冷藏室的蒸发器
翅片式蒸发器		翅片式蒸发器是由冲制成型的铝翅片套入弯曲成 U 形的铜管中，再经胀管加工使翅片均匀紧密地与铜管接触，然后用 U 形铜管小弯头将相邻 U 形管焊接串连而成。为了防止盘管及翅片腐蚀，翅片盘管蒸发器表面都涂符合卫生标准的黑漆 这种蒸发器效率高，占用空间小

4.4.2　热交换器的工作原理

在前面基础知识中已讲到，凡是两物体之间存在温度差，就会彼此发生热量的交换（传递）。在实际生活中，物体间的热交换是一个很复杂的现象。一般是由热传导（导热）、热对

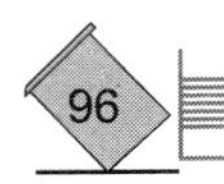

流和热辐射三种简单的热交换形式构成的。

热传导是物体各部分直接接触而发生的热量传递，它在固体、液体、气体中都可以进行。例如，热铁块与冷铁块接触，结果热铁块放热而温度降低，冷铁块吸热而温度上升，待两铁块的温度相等后，热量传递就停止。

热对流是指流体各部分发生位移而引起与它相接触的固体壁面之间的热量交换，它只是在有液体或气体时才会出现。

热辐射与热传导、热对流不同，不需要彼此接触就能传递热量。

例如在冷凝器中，冷凝器中的气态制冷剂将大部分液化热以热对流的形式传递给冷凝器管子的内壁，再通过对流形式传递给周围介质（空气或冷却水）；而气态制冷剂中的少部分液化热则以热辐射形式直接向周围的介质传递。

在一般制冷工程的传热计算中，由于两物体的温差不大，辐射换热量所占比例很小，可以忽略不计，因此主要考虑热的传导和热的对流两项。只有在计算受到太阳直接照射的设备时，才要计算辐射换热量。

知能拓展——影响热交换器传热效率的因素

1. 影响冷凝器传热效率的因素

（1）空气流速和环境温度对传热效率的影响。空气流速是影响冷凝器传热效率的重要因素，流速越慢则传热效率越低。但流速也不能过高，流速太高，将增大流阻和噪声，而传热效率无明显提高。因此，电冰箱四周围应空气流畅，尤其上部不能遮盖，以利于空气对流。

（2）污垢对传热效率的影响。自然对流冷却方式或是强制对流冷却方式的冷凝器，使用一段时间后，其表面一定会积落灰尘、油垢。由于灰尘、油垢传热不良，会影响其传热效率，因此需要定期清洁冷凝器。此问题易被使用者所忽视。

（3）空气对传热效率的影响。当电冰箱制冷系统中的残留空气过多时，由于不易液化，在电冰箱运行中将集中于冷凝器中，空气的导热率很低，也将使冷凝器的传热效率大为降低。因此，在充注制冷剂的过程中，必须要将制冷系统中的空气抽排干净。

2. 影响蒸发器传热效率的因素

（1）霜层及污垢对传热效率的影响。蒸发器是通过金属表面对空气进行热交换的。金属的导热率很高，例如，铜的导热系数为380W/（m•K），铝的导热系数为203W/（m•K），但冰和霜的导热系数分别为2.3W/（m•K）和0.58W/（m•K），要比铜和铝低数百倍。所以蒸发器表面结有较厚的冰和霜时，传热效率就要大为降低。尤其是强近对流的翅片盘管式蒸发器，霜层将会导致翅片间隙缩小甚至堵塞风道，致使电冰箱工作失常。

（2）空气对流速度对传热的影响。通过蒸发器表面的空气流速越高，传热效率越高。直冷式电冰箱是靠空气自然对流冷却，如果食品之间和食品与箱内壁之间没有适当的间隙，而挤得很满、很紧，空气就不能正常对流，因而降低了蒸发器对传热效率。强迫对流冷却的蒸发器，风速过低或风道不畅都会使传热效率降低。

（3）传热温差对传热效率的影响。蒸发器与周围空气的温差越大，蒸发器传热效率越高；当温差相同时，箱内温度越高，传热效率越低。

（4）制冷剂特性对蒸发器传热的影响。制冷剂沸腾（汽化）时的散热强度、制冷剂的导热系数大小及流速都会直接影响蒸发器的传热性能。制冷剂沸腾时散热强度随受热表面温度与饱和温度之差的增大而增高。R_{134a}传热效率比R_{12}差，也稍差于R_{600a}，而R_{12}的传热效率最好。

4.4.3 热交换器的故障与检修

热交换器的常见故障、原因与检修方法，如表 4.31 所示。

表 4.31 热交换器的常见故障、原因与检修方法

故 障	原 因	检修方法
热交换器表面积灰堵塞	（1）周围环境太脏 （2）长期未清洗热交换器	用毛刷清除尘埃，但不能用自来水冲刷，以免打湿电气控制件而发生短路
热交换器肋片严重变形	（1）安装时不慎揿压肋片 （2）搬运时碰损肋片	用略小于肋片间距的金属片或塑料板，沿肋片间进行整片整形，尽可能恢复原来的片距
热交换器盘管破裂导致制冷剂泄漏	（1）管道与 U 形管接焊接质量差 （2）使用不当 （3）酸碱物质腐蚀铝管道	采用水检漏法，通过检查确定泄漏点后进行补漏。如果肋片发生严重破损，只能更换新件

知能拓展——热交换器的检修实例

〖案例一〗 一台万宝牌 BCD-203 型电冰箱制冷效率低，压缩机运转时间长

经了解，该电冰箱已使用多年，制冷基本正常，只是最近压缩机运转时间明显延长。

对电冰箱的外部检查发现，其背面的钢丝冷凝器积尘很厚，并且结有不少的油污。用湿布清洗冷凝器外侧的积尘，粘结污垢的部位用汽油去污后，电冰箱工作恢复正常。

〖案例二〗 一台可耐牌电冰箱冷藏室内温度过高，压缩机运转不停

经检查排除了制冷剂泄漏的可能，再检查冷藏室铝板盘管式蒸发器，发现盘管与铝板两者脱胶开裂，形成了一定的空气隔热层，致下蒸发器的制冷量不能直接传递给内胆使温度控制继电器感温。

根据脱胶开裂面积的大小，用 100W 电烙铁在电冰箱后壁挖开一个洞，将内胆取走拉开蒸发器的铝板，再轻轻拉出下蒸发器的铜管。如图 4.37 所示，剪一块白铁皮，插入铜管的背后用自攻螺钉将铁板固定在内胆所挖之处，再用ϕ8 的塑料电线卡把铜管固定在铁板上，最后将温度控制继电器的感温管固定在原来位置。经试机，冷藏室温度恢复正常，压缩机开停也正常。

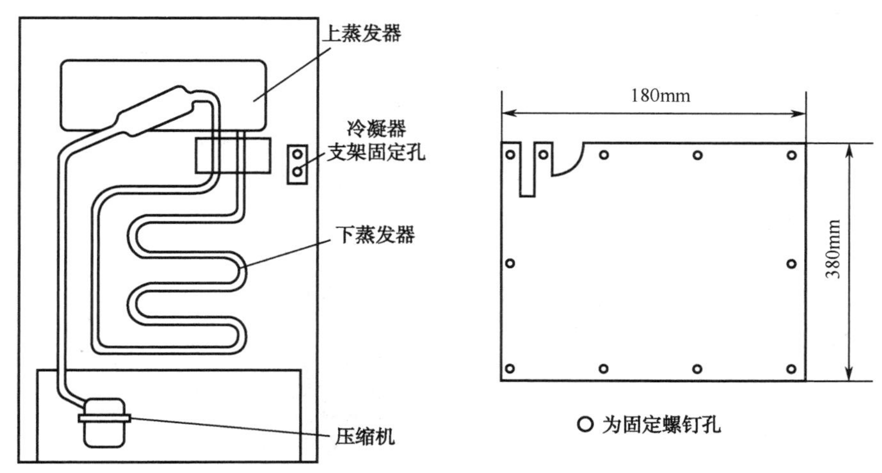

图 4.37 下蒸发器内胆变形的修复方法

提示

热交换器的几种修补方法

1. 冷凝器修补

如果冷凝器（钢丝盘管式）的蛇形盘管与钢丝脱焊。具体修补方法是：将钢丝和蛇形盘管上的黑漆涂层刮除干净，用细砂纸将点焊处砂光，用去漆皮的漆包线将钢丝和盘管捆扎紧，最后用烙铁把漆包线、蛇形盘管和钢丝牢牢地焊在一起。

如果冷凝器管弯头或连接焊部位出现泄漏。进行焊补时，一定要放净制冷剂。焊补应用银焊，并尽量做到焊补时间短，动作快、补漏准确。焊补时一般选用小号焊枪焊嘴，火焰不能过于强烈，要求补漏一次成功。

2. 蒸发器修补

如果蒸发器出现腐蚀形成的泄漏孔，可以采用下面几种方法进行修补：

（1）简易修补法。将蒸发器漏孔周围处理干净，用自凝牙托粉和自凝牙托水，按 10 : 6 比例调和，待数分钟后，黏丝即可涂于漏孔处，面积视漏孔大小而定，厚度以 2～3mm 为宜。

（2）胶黏修补法。将蒸发器漏孔周围的油污拭净，然后用环氧树脂金属胶或分装于两管现场配制的 CH-31 型胶黏剂粘结（两管的胶挤出等量后调匀），在洞的 2mm 周围涂敷，使其固化 24～48h。为了保险起见，可以进行第二次涂敷，范围可再大一些。也可以用 1mm 厚的铝片拭净后，涂上黏胶敷于洞上，固化后即可。

（3）酸洗焊接法。先将蒸发器漏孔周围用细砂皮处理干净，再用 1%稀磷酸溶液处理，稍等片刻后抹一层三氯化铁，过 1min 后，用氯化锌溶液做助焊剂，用 300W 电烙铁或火烙铁进行锡焊，焊补完后把残余的氯化锌溶液清洗干净。

（4）锡铝焊接法。找一些碎铝片和锡块，按 2.5 : 5.5 的比例（即 2.5 份铝，5.5 份锡），加热熔化铸成 1.5～2mm 粗的铝锡焊条。把蒸发器漏孔周围用刀刮干净，然后用 300W 电烙铁将焊条熔化，可在焊接部位下面用酒精灯加温，直到漏孔都被焊料填满，再用锡条（不含松香和焊油）进行搪锡，使其表面光滑。

（5）用环氧树脂粉摩擦焊接法。用一块废印刷线路板，用三氯化铁除去敷铜层，然后将环氧树脂板锉成粉末，用 80 目铜丝网过筛，与松香粉混合，各占 50%，再在漏孔的周围放一些配对的焊剂，用 300W 电烙铁与锡条在漏孔处用力摩擦，即可将漏孔处焊牢。

4.5 过滤器的结构与修理

4.5.1 过滤器功用与分类

在制冷系统中，不可避免地存有少量的水分和机械加工或磨损的杂质，过滤器的功用是滤去从冷凝器中排出的液体制冷剂中的水分和杂物，避免管道堵塞。它安装于冷凝器（或储液器）与毛细管（或膨胀阀）之间的输液管路上。常见过滤装置如图 4.38 所示。

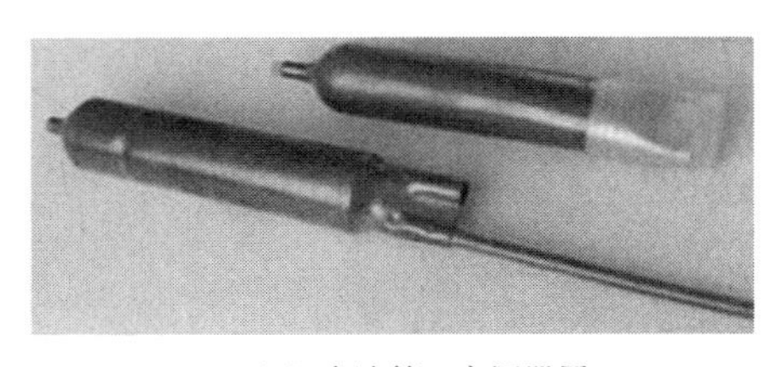

（a）电冰箱、空调器用

（b）冷库用

图 4.38 常见过滤装置

4.5.2　过滤器的主要结构

电冰箱、空调器用的过滤器结构比较简单，主要由过滤网、多孔滤体、分子筛和铜管体四部分组成，如图 4.39 所示。它是用一段管径较大的铜管，在进出口两端安装具有过滤功能的铜丝过滤网，其中间装有干燥剂（分子筛）。分子筛是一种人造泡佛石，呈小状的白色颗粒。它以分子直径来表示其空间晶体的大小。

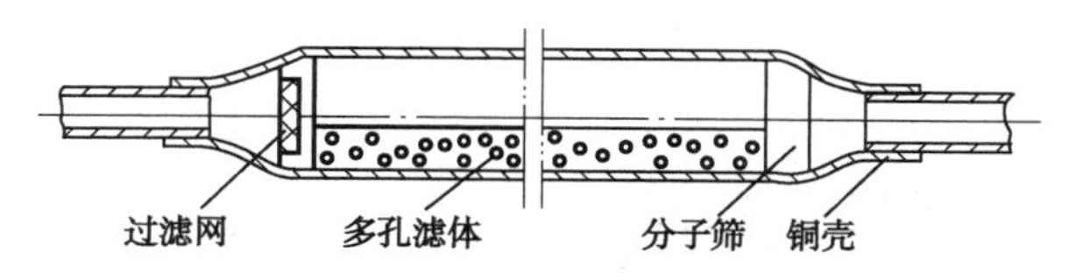

图 4.39　电冰箱、空调器用过滤装置的结构

4.5.3　过滤器的故障与检修

电冰箱、空调器所用的过滤器常见故障是滤网堵塞或干燥剂失效，一旦发生故障，通常是更换新件。

知能拓展——过滤器的检修实例

〖案例一〗　一台华日牌 BCD-185 型电冰箱使用一年多后不制冷

经检查，发现该电冰箱的排气管、冷凝器不热，蒸发器不冷，说明制冷系统非堵即漏。割开压缩机工艺管，有大量气流喷出，说明制冷剂没有泄漏；接上修理阀，充氮气（0.3MPa），然后关闭修理阀，启动压缩机，修理阀上的真空压力呈负压，停机后，表压力并不回升，说明的确发生堵塞。

适当增大氮气的压力吹除制冷系统内的脏物，更换上新的干燥过滤器后，经检漏、抽真空、充制冷剂等后，电冰箱制冷恢复正常。

〖案例二〗　一台容声牌 BCD-170 型电冰箱干燥过滤器刚换上不久，出现电冰箱制冷效果不好，压缩机运转不停

用手摸冷凝器，上热下冷，干燥过滤器也很冷，且与之连接的毛细管有一小段凝露，这是干燥过滤器或干燥过滤器与毛细管连接段堵塞的特有现象。

经烤化干燥过滤器，发现毛细管插入干燥过滤器的深度太深，几乎碰到干燥过滤器的过滤网，使得分子筛颗粒进入毛细管引起了堵塞。更换干燥过滤器重新焊接，再经检漏、抽真空、充制冷剂等工作后，电冰箱制冷恢复正常。

4.6　减压元件的结构与检修

4.6.1　过滤元件的功用与分类

1. 减压元件的功用

减压元件是制冷系统中控制制冷剂流量，最大限度地发挥蒸发器效率的装置。它具有两个功能：一是将高压制冷剂液体节流减压，使制冷剂的压力由冷凝压力降到蒸发压力；二是调节蒸发器的供液量。

2. 减压元件的分类

在制冷设备中减压元件主要有毛细管和膨胀阀，如表 4.32 所示。

表 4.32　减压元件的分类

种　类	示 意 图	说　明
毛细管		广泛应用于家用电冰箱和空调器中
膨胀阀		膨胀阀有手动调节和自动调节两种，空调机组中常用温度式自动膨胀阀

4.6.2　减压元件的结构原理

1. 减压元件的结构

（1）毛细管的结构。毛细管是一段长而细的紫铜管（见图 4.40），作为制冷系统中的减压元件，具有结构紧凑、简单、制造方便、价格便宜、不易发生故障等优点，主要用于制冷工况较稳定和泄漏量小的制冷设备上。

（2）膨胀阀的结构。根据制冷设备不同，膨胀阀有热力膨胀阀和恒压膨胀阀等。热力膨胀阀是其中应用较普遍的一种，如图 4.41 所示。

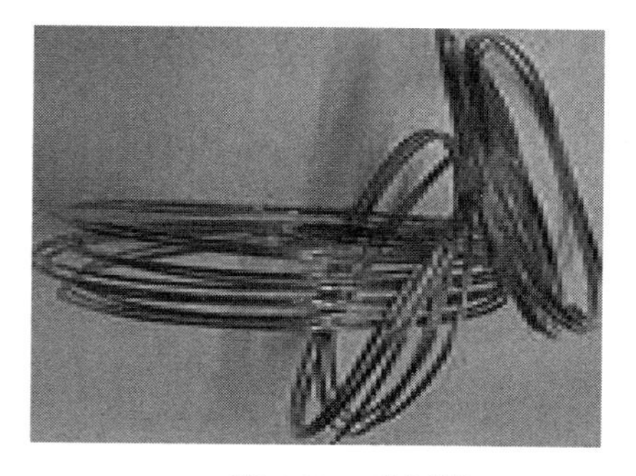

图 4.40　毛细管

图 4.41　热力膨胀阀

感应机构包括感温管（感温包）、毛细管、薄膜片（有的大型膨胀阀用波纹管）、密封盖等组成，装置于阀的上部，并组成一个密封容器，与制冷系统工质互不相通。在密封容器内充有容易汽化的感温剂，形成一个动力室。感温剂可选用与制冷系统内工质相同的，也可以选用不相同的。感温包主要用来探测蒸发器出口的过热度。毛细管和密封盖与感温包连接，起到将压力传递到薄膜片上的作用。薄膜片为 0.1～0.2mm 厚的不锈钢片或合金片，具有弹性变形特性，可产生 2～3mm 的弹性位移，使阀针座间的间隙随之变化，从而实现对制冷剂流量的控制。

阀体部分包括阀体（座）、阀针孔、传动杆、过滤网、传动盘、进出管道、阀针座。传动杆是安装在阀针与薄膜片下的密封之间，且相互顶住，及时传递压力，传动杆的上下移动可以使阀针相应地做上下移动，来控制阀体上的阀针座孔启闭。为了避免使座孔堵塞，在膨胀阀的进液端装有过滤网，过滤网是由铜丝布制成的。

调节装置包括手动调节杆、调节弹簧、调节杆座、填料、阀帽等。调节杆是用来调节膨胀阀的开启过热度，由它来改变弹簧力，调节好后，正常工作情况下就不需要再调节。薄膜片上、下方的力是通过弹簧来平衡的，弹簧力的改变靠调节杆的旋转来实现。为了防止制冷剂的泄漏，调节杆和调节杆座之间的空隙装有密封填料（石棉、橡胶或耐低温橡胶圈、聚四氟乙烯生料带等），用阀帽拧紧压实。

2. 减压元件的工作原理

（1）毛细管的工作原理。毛细管是根据液体流过管子时，由于管壁对流动液体产生阻力，会使流体产生一定的压降，管径越小，管子越长，其阻力就越大，压降也就越火，从而导致流量减小的原理工作的。因此，为了确定制冷设备（如冰箱、空调器）的制冷量，制造厂对每一根毛细管都要做流量测定，在修理时不得随意更换毛细管的规格。

（2）膨胀阀的工作原理。图 4.42 所示是一种热力膨胀阀的工作原理图。从图中可看出，感温包与蒸发器出口是紧密接触的。薄膜上部的开阀的作用力 P 由感温包内感温剂的容压变化产生。薄膜下部的膨胀阀节流后的制冷剂压力 P_0 是通过传动杆和传动片的缝隙传递至薄膜下部，P_0 和弹簧作用力 P_D 的合力是关闭阀座的作用力。在平衡状态下，即 $P=P_0+P_D$ 时，膜片不动，阀针孔的开启度不变，一定数量的制冷剂流入蒸发器。

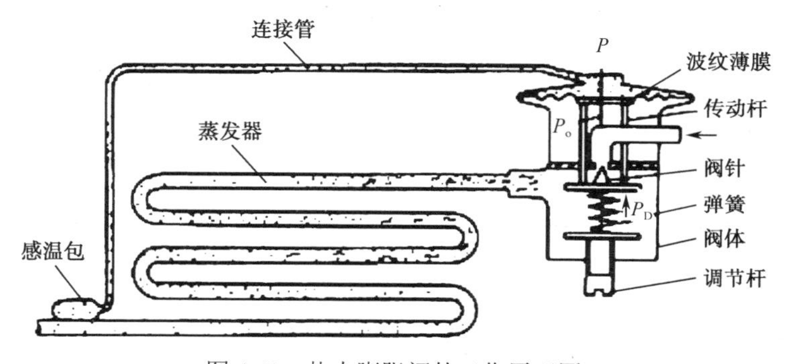

图 4.42　热力膨胀阀的工作原理图

当因为某种原因而导致蒸发器的热负荷增加时，蒸发器出口的制冷剂温度上升（过热度增加），感温包吸热后压力上升。此时膨胀阀开阀的力大于关阀的力，即 $P>(P_0+P_D)$，薄膜被压缩，向下弯曲，阀杆移动，阀针开启，制冷剂流量增大，蒸发温度上升，压缩机的排气量也因压差减小而增加，膨胀阀进入新的平衡状态。

当因为某种原因而导致蒸发器热负荷减小时，蒸发器出口的制冷剂气体温度下降（过热度减小），感温包的压力下降，薄膜片上部的压力减小，此时膨胀阀关阀的力大于开阀的力，即 $P\leqslant(P_0+P_D)$，薄膜向上弯曲，阀头针向关闭方向移动，制冷剂流量减少，使蒸发温度下降，膨胀阀在较小过热度的条件下保持平衡。因而可以看出，热力膨胀阀是根据蒸发器出口处过热度的变化来改变阀针的开度，达到自动调节供给蒸发器的制冷剂液量，以满足制冷装置热负荷变化的需要。

4.6.3 减压元件的故障与检修

减压元件的常见故障、原因与修理方法，如表4.33所示。

表4.33 减压元件的常见故障、原因与修理方法

常见故障	原　因	修理方法
毛细管断裂	人为的碰撞或弯折，造成毛细管断裂，制冷剂泄漏	毛细管断裂后的修理一般采用“套管法”焊接。其方法是：在毛细管的断裂处，用刀形什锦锉刀锉毛细管外圆，并将锉断的毛细管分别套入长为60mm、内径与毛细管外径相同的一段铜管中，然后在套管的两端用焊锡与毛细管焊牢（见图4.43） 图4.43 毛细管的套接 在修理中要注意： （1）套管与毛细管之间不能有缝隙； （2）毛细管两头各插入套管一半的深度； （3）两头的顶面一定要顶紧，避免在焊接过程中焊锡从缝隙中流入毛细管接头处而发生“焊堵”
毛细管的“结蜡”	多发生在使用多年的设备上，因润滑油中的蜡成分析出，逐渐沉积在温度较低的毛细管出口壁上所致，使毛细管内径变小，流阻增大，从而导致制冷性能下降	用高压泵将润滑油加至2MPa，进行清除，也可以用更换毛细管的方法解决
热力膨胀阀工作失常	（1）阀体内被杂物堵塞； （2）膨胀阀调节不当（过大或过小）	（1）折下热力膨胀阀的过滤网，用汽油清洗干净，并用高压气体吹冲阀体，再重新组装； （2）应根据蒸发压力，配合蒸发器的结霜程度去调整阀门的开启大小

知能拓展——减压元件的检修实例

〖案例一〗 一台采用直冷双回路制冷系统流程的航天牌BCD-216型（见图4.44）电冰箱冷藏室不冷

通电试机时，发现运行电流正常，冷凝器温热，有气流声，但冷藏室蒸发器不结霜。检查冷冻室蒸发器进入的第二毛细管有温感和气流声，而冷藏室蒸发器进入的第一毛细管却发凉且无气流声。在排除了冷藏室温度控制继电器故障的可能性后，估计是第一毛细管堵塞。停机后，断开第一毛细管与电磁阀连接处，发现靠电磁阀侧排气无阻，而靠毛细管侧无气体溢出，确定此毛细管堵塞。

将断开的电磁阀侧用手钳压封，断开压缩机工艺管，焊入修炼阀，充入1.0MPa氮气，对第一毛细管进行吹堵，立即有油滴滴下，几分钟后干净白布放于第一毛细管口，不再发现有油滴，气流喷出畅通，吹堵完毕。将毛细管与电磁阀再焊恢复，更换压缩机冷冻油和干燥过滤器，经抽真空、冲注制冷剂，试机观察，冷藏室恢复制冷。

〖案例二〗 一台东宝牌分体式空调器随使用年限的增加，其制冷性能不断地下降

经询问，王大爷家的空调器已经使用10年，是一台老空调器。经修理工运行检查，发现蒸发器温度偏高，冷凝器温度偏低，而又排除了制冷剂微漏和压缩机效率差后，确认是由毛细管“结蜡”所引起的故障。

修理工通过加压（2MPa）冷冻油排除的方法，解决了“结蜡”故障，王大爷家的空调器制冷性能有了大改变，能重新正常启用。

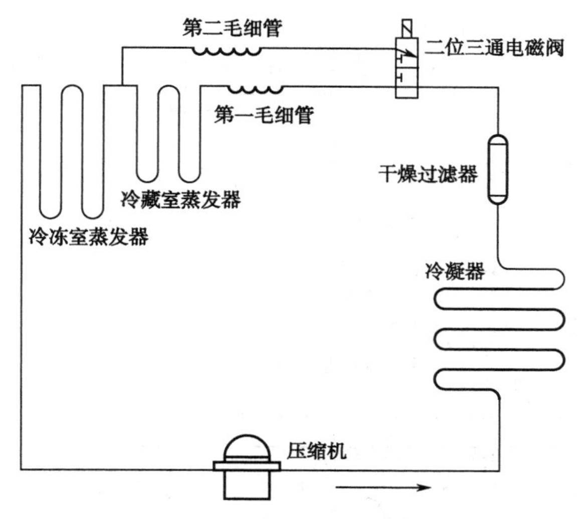

图 4.44　直冷双回路制冷系统流程

提示

毛细管“结蜡”现象多发生在使用多年的空调器。因为 R_{22} 与冷冻油有其共溶性。经过多年的循环，R_{22} 中含有一定比例的冷冻油，油中的蜡组分在低温下容易析出，在制冷循环过程中，蜡组分就要慢慢沉积于温度很低的毛细管出口内壁上，使毛细管内径变小，流阻增大，从而导致制冷性能下降。

对于“结蜡”毛细管的修理，除上述〖案例二〗介绍的方法外，也可以采用更换新毛细管的方法解决之。

4.7　系统常见故障及其处理框图

制冷系统的常见故障有“堵”故障和“漏”故障，即毛细管“冰堵”、毛细管或干燥过滤器“脏堵”和制冷剂泄漏等。现以电冰箱为例，阐述制冷系统的故障现象及造成原因。

4.7.1　冰堵故障及其处理框图

1. 冰堵现象与原因

冰堵的故障现象及造成原因，如表 4.34 所示。

表 4.34　冰堵的故障现象及造成原因

故障现象	造成原因
电冰箱处于工作状态，开始蒸发器结霜正常，能听到制冷剂循环流动声，一段时间后，听不到制冷剂循环流动声，霜层融化，冷凝器不热。直至蒸发器温度回升到 0℃以上，电冰箱恢复正常制冷状态。之后又会发生周期性故障变化的现象	① 对系统抽真空不良； ② 制冷剂不纯，含有水分或空气等

2. 冰堵的排除方法

（1）冰堵的检查方法。用蘸有酒精的棉花球点燃烘烤或用热毛巾敷冰堵常发生部位——

毛细管的出口处。如果过一会儿能听到“嘶嘶”的流动声，则说明电冰箱制冷系统发生了冰堵，经过加热后，冰堵融化了。

（2）故障排除方框图。“冰堵”故障排除方框图，如图 4.45 所示。

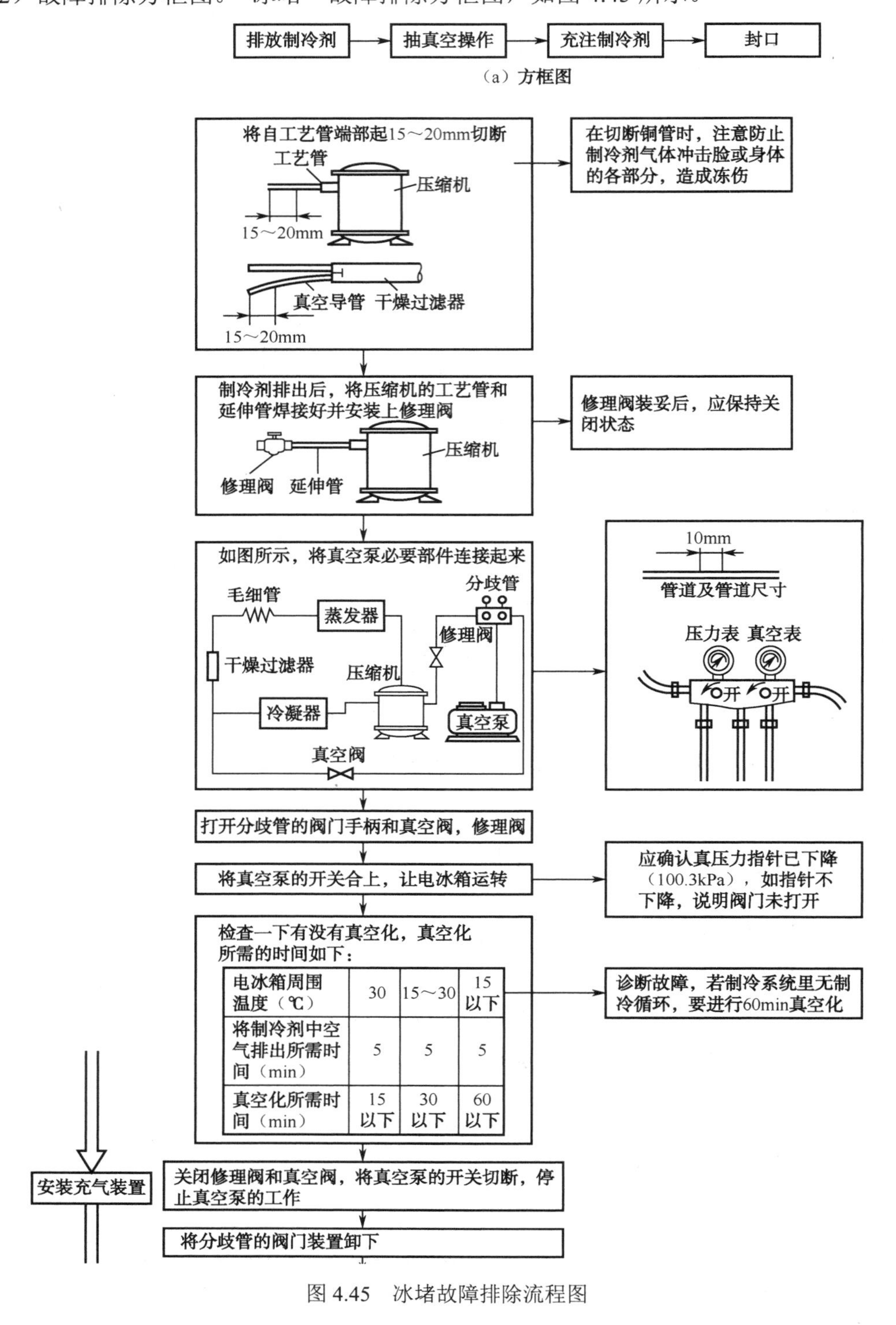

电冰箱周围温度（℃）	30	15～30	15以下
将制冷剂中空气排出所需时间（min）	5	5	5
真空化所需时间（min）	15以下	30以下	60以下

图 4.45　冰堵故障排除流程图

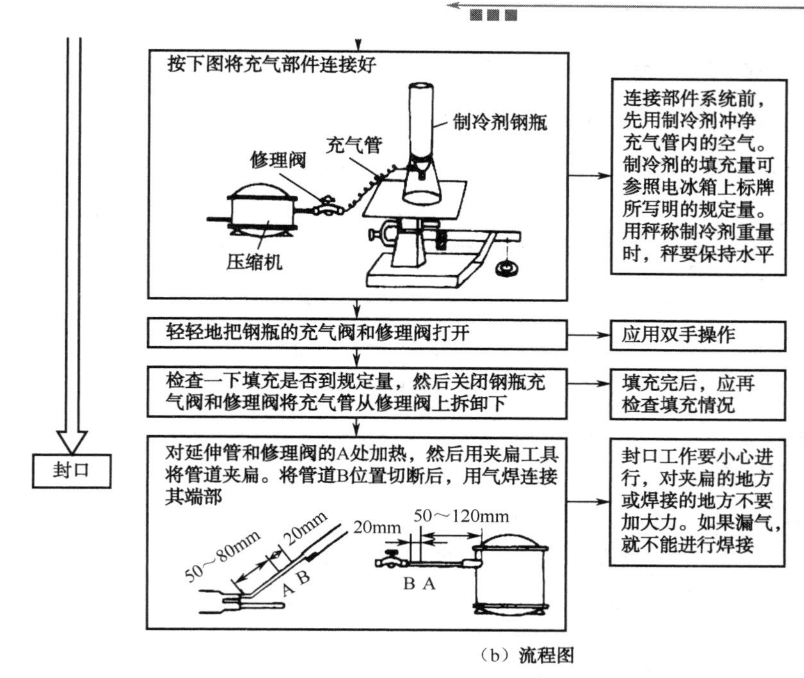

（b）流程图

图 4.45 冰堵故障排除流程图（续）

4.7.2 脏堵故障及其处理框图

1. 脏堵现象与原因

脏堵的故障现象及造成原因，如表 4.35 所示。

表 4.35 脏堵的故障现象及造成原因

故 障 现 象	造成的原因
电冰箱处于工作状态，但蒸发器内无制冷剂的流动声，不结霜，冷凝器也不热	① 装配过程不严格，零件清洗不彻底，使外界杂质进入系统； ② 制冷系统内存在水分、空气和酸性物质，产生化学反应而生成杂质； ③ 冷冻油（压缩机润滑油）或制冷剂质量不符合标准

2. 脏堵的排除方法

（1）脏堵的检查方法。若用点燃酒精棉球烘烤毛细管和干燥过滤器处时，仍听不到制冷剂的循环流动声（即不能使蒸发器重新结霜），则说明电冰箱制冷系统有脏堵。也可以用 $0.6\sim0.8\text{MPa/cm}^2$ 的压缩空气或氮气对系统进行“堵放”，观察喷射在白纸上的气流痕迹，如果有油污杂质痕迹，则说明系统有脏堵现象。

（2）故障排除方框图。“脏堵”故障排除方框图，如图 4.46 所示。

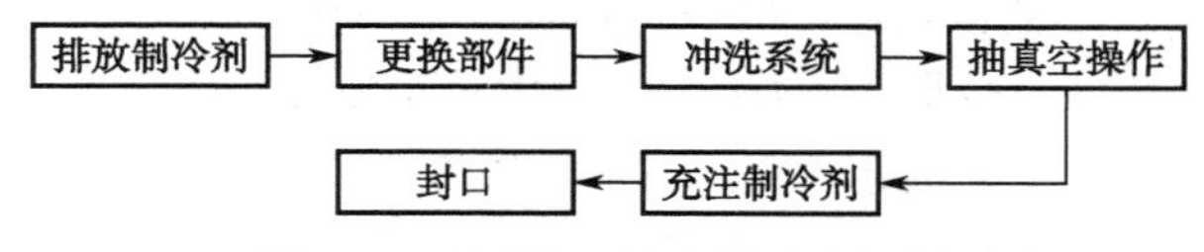

图 4.46 “脏堵”故障排除方框图

在电冰箱修理过程中，可采用 $0.6\sim0.8\text{MPa/cm}^2$ 的压缩空气或氮气反复地吹系统管道的出口，并进行反复“堵、放”操作：开动压缩机，并用手指按住系统管道的出口，待管道内的压力升高后，迅速放开手指，重复“一堵、一放”的动作，利用压缩空气或氮气清洁管道污垢。

4.7.3 泄漏故障及其处理框图

1. 泄漏现象与原因

制冷剂泄漏的故障现象及造成原因，如表 4.36 所示。

表 4.36 泄漏故障现象及造成原因

故 障 现 象	造成的原因
① 严重泄漏：电冰箱不制冷，蒸发器不结霜，耳朵贴近蒸发器听不到制冷剂的流动声，冷凝器不热，压缩机排气管不热； ② 轻微泄漏：电冰箱虽能制冷，但制冷程度达不到要求，压缩机长时间运转不停，蒸发器结霜不全，冷凝器微热	① 焊接质量差（虚焊）； ② 搬运过程中，不慎损伤； ③ 铝蒸发器被腐蚀，有小气孔

2. 泄漏的排除方法

（1）泄漏的检查方法。

（2）故障排除方框图。泄漏故障排除方框图，如图 4.47 所示。

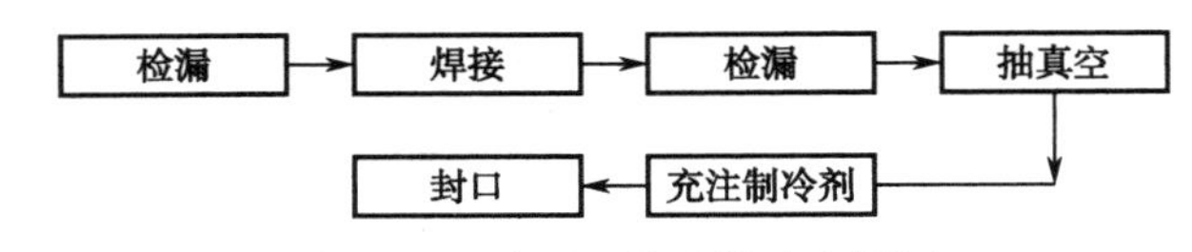

图 4.47 "泄漏"故障排除方框图

1. 填空题

（1）制冷设备的制冷系统主要由__________、__________、__________、__________和等部件组成。

（2）制冷剂在制冷系统内的整个循环可分为：__________、__________、__________和 4 个工作过程。

（3）制冷设备维修工的基本操作工艺有：________、________、________、________、________、________等。

（4）常用的检漏方法有：________、________、________、________和________等几种。

（5）常用的清洗方法有：________、________和________等几种。

（6）向制冷系统充注制冷剂的常用方法有：________、________、________等几种。

2. 选择题

（1）氧气钢瓶的氧气（　　）。

（A）不允许全部用完，至少要留 2.00～5.50MPa 的剩余

（B）不允许全部用完，至少要留 0.02～0.50MPa 的剩余

（C）允许全部用完，但必须充入 2.09～5.50MPa 的氮气

（D）允许全部用完，但必须充入 0.02～0.50MPa 的氮气

（2）乙炔-氧气气焊火焰可分为三类，即（　　）。

（A）碳化焰、中性焰和氧化焰　　（B）碳化焰、混合焰和氧化焰

（C）低温焰、中性焰和氧化焰　　（D）碳化焰、中性焰和低温焰

（3）单极压缩氟利昂制冷系统的循环过程为（　　）4 个过程。

（A）压缩、节流、冷凝和蒸发　　（B）压缩、冷凝、节流和蒸发

（C）压缩、冷凝、蒸发和节流　　（D）压缩、蒸发、节流和冷凝

（4）使用乙炔-氧气气焊设备时，调整焊接用低压气体压力（　　）。

（A）要先开瓶阀再调节减压器手柄，然后调压力

（B）要先调松减压器手柄再开瓶阀，然后调压力

（C）要先调紧减压器手柄再开瓶阀，然后调压力

（D）必须同时打开瓶阀和减压器，然后调整压力

（5）乙炔阀和氧气阀同时开启后，严禁用物体或手堵住焊嘴的出口，以防止（　　）。

（A）乙炔倒流入氧气瓶内　　（B）氧气倒流入乙炔发生器内

（C）乙炔氯化过度　　（D）导气管破裂

（6）选用ϕ6mm 的紫铜管制作喇叭口时，其外径应为（　　）。

（A）9mm　　（B）10mm　　（C）12mm　　（D）14mm

（7）小型制冷装置可充入（　　）进行检漏。

（A）纯净氧气　　（B）普通氧气　　（C）干燥氮气　　（D）压缩空气

3. 问答题

（1）压缩式电冰箱的制冷系统是怎样工作的？

（2）压缩机在制冷系统中起的作用是什么？

（3）冷凝器在制冷系统中起的作用是什么？

（4）毛细管在制冷系统中起的作用是什么？更换时应注意些什么问题？

（5）蒸发器在制冷系统中起的作用是什么？

（6）冷凝器有哪几种结构形式？

（7）如何进行铜管与铜管的焊接？

（8）如何进行毛细管与干燥过滤器的焊接？

（9）如何进行毛细管与蒸发器的焊接？

（10）如何对制冷系统或部件进行清洗操作？

（11）如何向全封闭压缩机制冷系统充注制冷剂？

（12）如何向制冷压缩机内添加冷冻油？

模块五

制冷设备的电气控制系统

电气控制系统是电冰箱、空调器又一重要系统。它的性能直接决定电冰箱、空调器电气控制和安全保护的可靠性。电冰箱常用电器元件一般有压缩电动机、温度控制继电器、启动继电器、热过载保护继电器、定时除霜时间继电器、风扇电动机等。空调器常用电器件除所讲的压缩电动机、温度控制继电器、启动继电器、热过载保护继电器、风扇电动机外，还有旋转式开关、遥控器等。

通过本模块的学习，能认识以上电气元件及其基本控制电路，是掌握制冷设备的电气控制系统不可缺少的知识和技能。

内容提要

- 了解电冰箱、空调器的电器件结构特点
- 能处理电冰箱、空调器一些电器件故障
- 熟悉电冰箱、空调器的电气控制线路

5.1 检测仪表及使用方法

5.1.1 万用表及其使用

万用表是一种应用范围很广的测量仪表，是制冷设备电气检修中最常用的仪表。它可以测量交流或直流电压、直流电流、电阻等，具有用途广泛、操作简单，价格低廉、携带方便等优点，是维修工作中必备的仪表。常见的万用表有指针式万用表和数字式万用表两种，如图 5.1 所示。

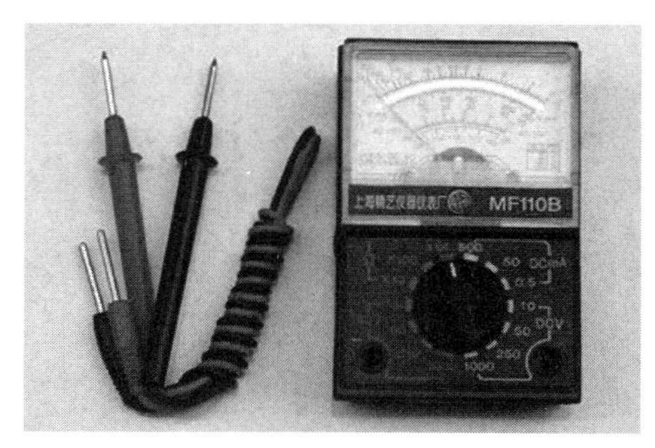

（a）指针式万用表

（b） 数字式万用表

图 5.1　万用表

指针式万用表主要由表壳、表头、机械调零旋钮、欧姆调零旋钮、选择开关（量程选择开关）、表笔插孔和表笔等组成，其使用方法如表 5.1 所示。

表 5.1　万用表的使用

项　　目	示　意　图	说　　明
使用前	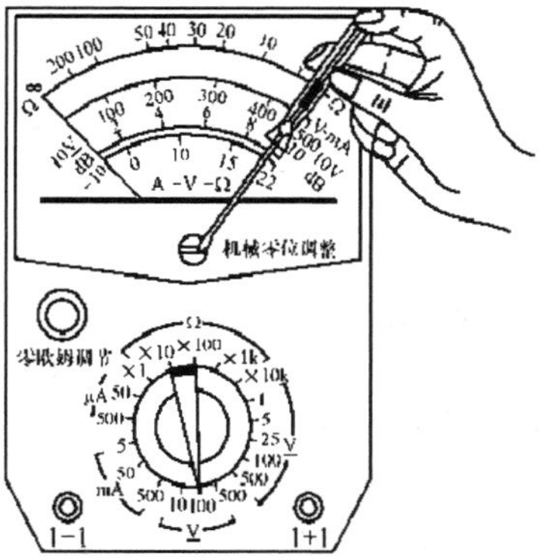	① 万用表应水平放置。 ② 如万用表指针不在“零”位，可以调整调零器，使指针指在“零”位
使用中　测量电压电流	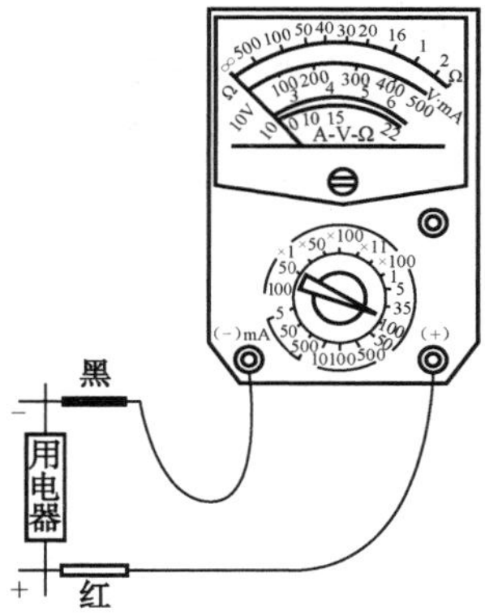 图 a　用万用表测量直流电压 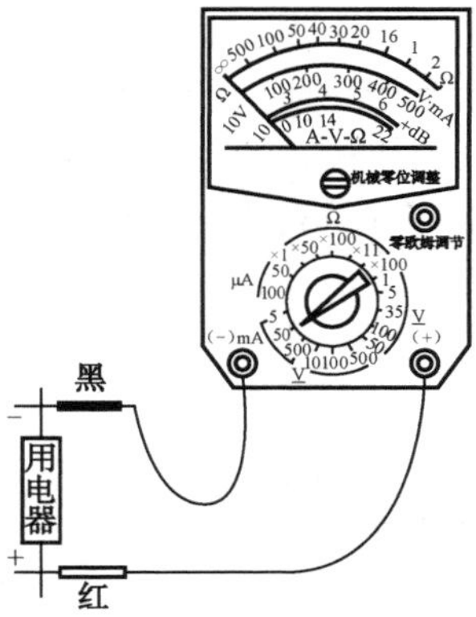 图 b　用万用表测量直流电流	① 红表笔要插入正极（+）插口，黑表笔插入负极（-）。 ② 根据被测电压、电流的大小，把转换开关转至电压、电流挡的适当量程和位置。要注意交流电压与直流电压的区别。 ③ 测量电压时，要将万用表并联在被测量电路的两端（见图 a）。 ④ 测量电流时，要将万用表串联在被测量电路中（见图 b）

续表

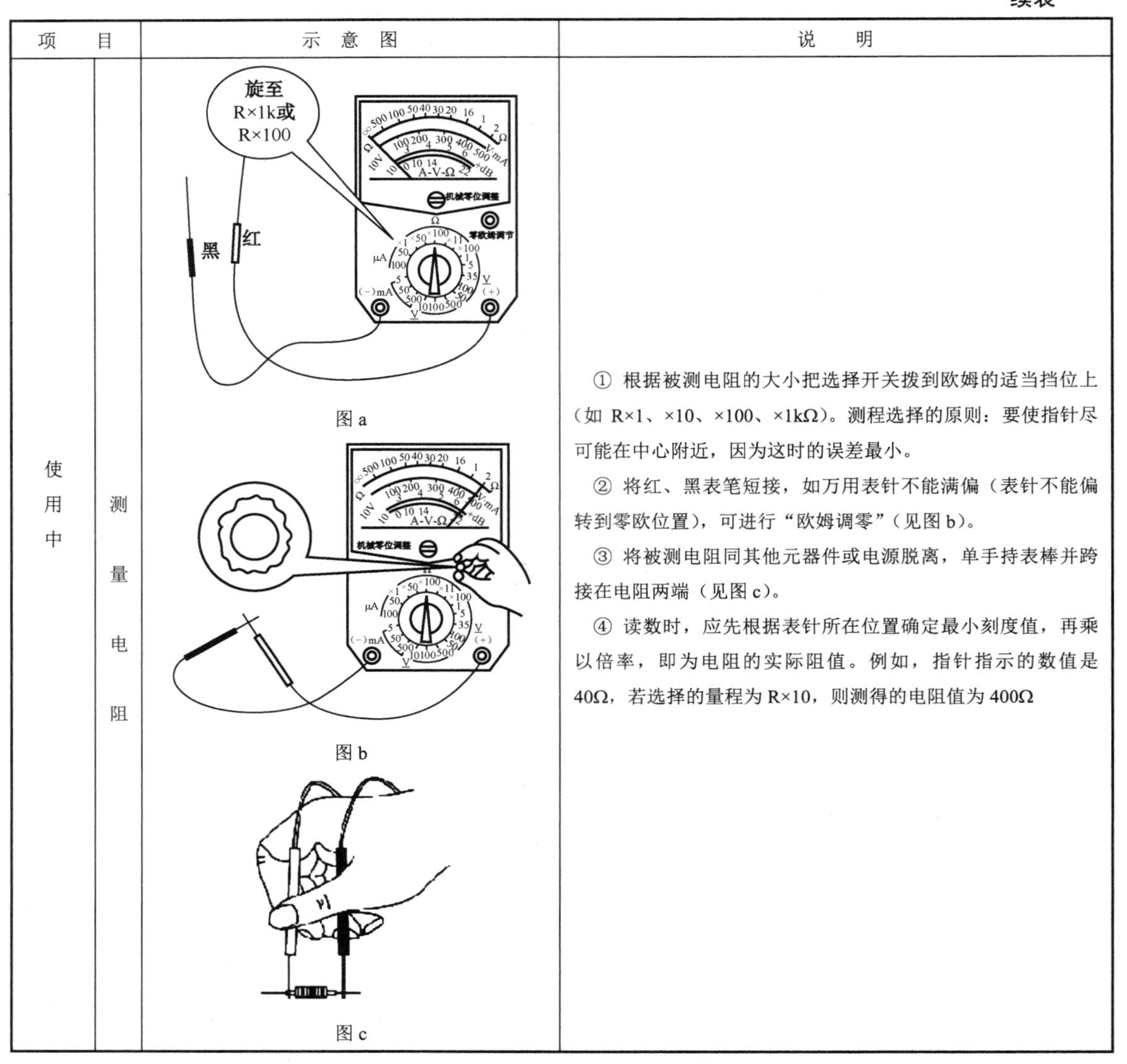

项	目	示意图	说明
使用中	测量电阻	图 a 图 b 图 c	① 根据被测电阻的大小把选择开关拨到欧姆的适当挡位上（如 R×1、×10、×100、×1kΩ）。测程选择的原则：要使指针尽可能在中心附近，因为这时的误差最小。 ② 将红、黑表笔短接，如万用表针不能满偏（表针不能偏转到零欧位置），可进行“欧姆调零”（见图 b）。 ③ 将被测电阻同其他元器件或电源脱离，单手持表棒并跨接在电阻两端（见图 c）。 ④ 读数时，应先根据表针所在位置确定最小刻度值，再乘以倍率，即为电阻的实际阻值。例如，指针指示的数值是 40Ω，若选择的量程为 R×10，则测得的电阻值为 400Ω

数字式万用表主要由表壳、表头（显示器）、电源开关、选择开关（量程选择开关）、蜂鸣器、表笔插孔和表笔等组成，其使用方法与指针式万用表相仿。由于篇幅有限，在此不再赘述。

知能拓展——万用表使用的注意事项

① 万用表在使用时应轻拿轻放，以免影响其精度和使用寿命。

② 注意红、黑标记的表笔安插位置，红表笔要插入正极插孔，黑表笔要插入负极插孔。

③ 选择测量项目和量程时，应将量程选择开关旋到相应的挡位和量程上。禁止在带电测量状态下转换量程选择开关，以免产生电弧损坏开关触点。

④ 万用表不用时，应将量程选择开关拨到“OFF”或交流电压最高挡，防止下次开始测量时不慎烧坏万用表。若长期搁置不用时，还应取出电池（见图 5.2），以防电池电解液渗漏而腐蚀内部线路。

⑤ 平时要保持万用表干燥、清洁，严禁振动和机械冲击。

5.1.2　钳形电流表及其使用

钳形电流表是一种不需要断开电路而能测量电流的电工仪表，因其外形像钳子而得名，俗称卡表。较早生产的钳形电流表只有单一测量电流的功能，近几年生产的多用钳形电流表已与万用表组合在一起，还可以测量电压和电阻等。钳形电流表外形如图 5.3（a）所示，其具体使用方法如表 5.2 所示。

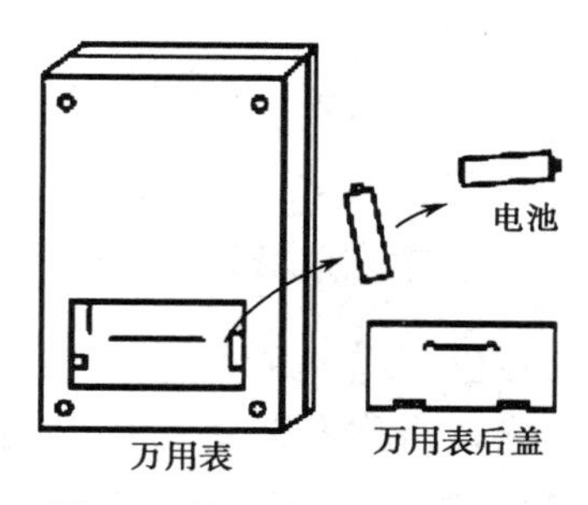

图 5.2　从万用表内取出电池

（a）钳形电流表外形

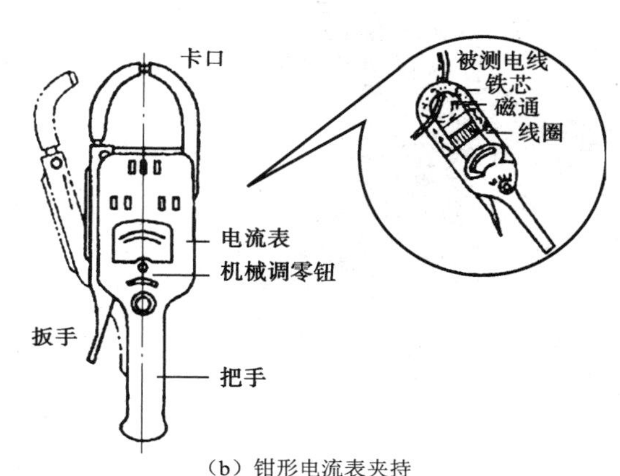

（b）钳形电流表夹持

图 5.3　钳形电流表

表 5.2　钳形电流表测电流的使用方法

步　　骤	使 用 要 领
机械调零	使用前，检查钳形电流表的指针是否指向零位。如发现未指向零位，可用小螺丝刀轻轻旋动机械调零钮，使指针回到零位上
选择量程	测量时，应将量程选择旋钮置于合适位置
测量数值	紧握钳形电流表把手和扳手，按动扳手打开钳口，将被测线路的一根载流电线置于钳口内中心位置，如图 5.3（b）所示；再松开扳手使两钳口表面紧紧贴合，将表放平，然后读数，即测得电流值

知能拓展——钳形电流表使用的注意事项

（1）使用前，应将指针调到零位，测量时应将转换开关旋到合适量程挡位，如果不知被测导线电流大小，应将转换开关旋到量程的最高挡进行测试，然后根据被测量大小把转换开关旋到合适的量程挡。

（2）被测导线必须在钳口的中心位置，钳口应接合良好，无杂质油污。在测量时应无杂声，如有杂声可将钳口重新开合一次，如果杂声仍然存在，可检查钳口结合面上有无油污，如有油污可用汽油擦干净。

（3）被测量导线电流过小（小于 5A 时），如条件许可，可将被测导线绕几圈后套进钳口进行测量，此时钳形电流表读数除以钳口内的导线根数即为实测电流。

（4）在测量导线电流时，不能任意切换量程，另外也不可用钳形电流表测量高压线路，以免造成触电事故，如图 5.4 所示。

（5）测量完毕，退出被测电线。将量程选择旋钮置于高量程挡位置上，以免下次使用时不填而损伤仪表。

图 5.4 钳形电流表的使用

5.1.3 兆欧表及其使用

兆欧表是一种测量电动机、电器件、电缆等设备绝缘性能的仪表，俗称摇表，又称绝缘摇表。兆欧表外形如图 5.5 所示，其具体使用方法如表 5.3 所示。

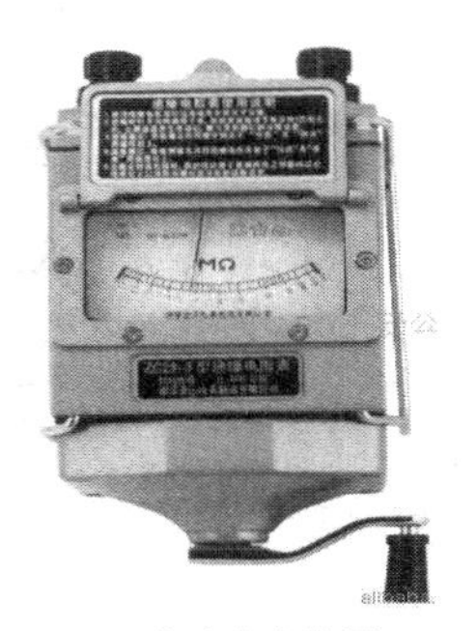

（a）兆欧表实物图

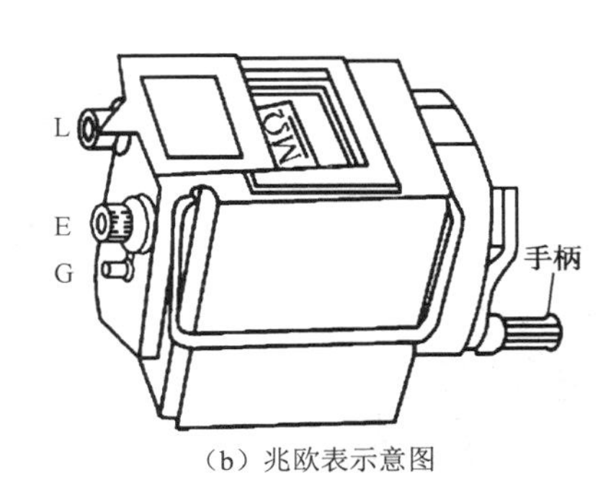

（b）兆欧表示意图

图 5.5 兆欧表

表 5.3 兆欧表的使用方法

步骤		示意图	说明
使用前	放置要求		应放置在平稳的地方，以免在摇动手柄时，因表身抖动和倾斜产生测量误差。 兆欧表上有两个接线柱，一个是线路接线柱（L），另一个是接地柱（E），此外还有一个铜环，称保护环或屏蔽端（G）
	开路试验	120r/min	先将兆欧表的两接线端分开，再摇动手柄。正常时，兆欧表指针应指“∞”

续表

步骤		示意图	说明
使用前	短路试验	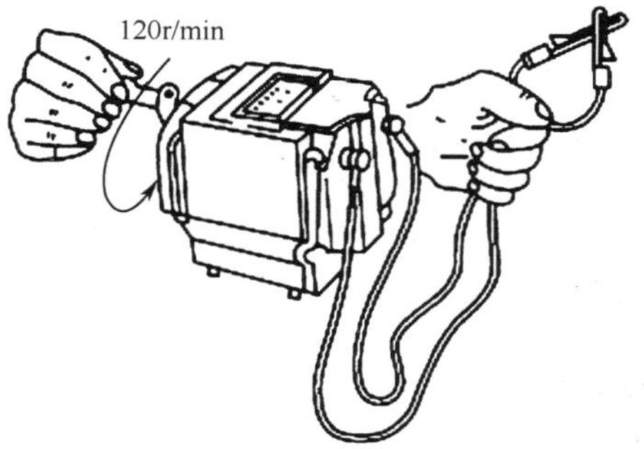 120r/min	先将兆欧表的两接线端接触，再摇动手柄。正常时，兆欧表指针应指“0”
使用中	设备对地绝缘性能	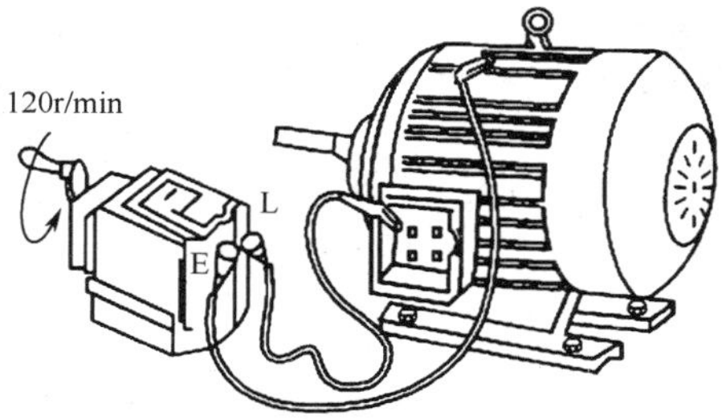 120r/min L E	用单股导线将“L”端和设备（如电动机）的待测部位连接，“E”端接设备外壳
	设备绕组间的绝缘性能	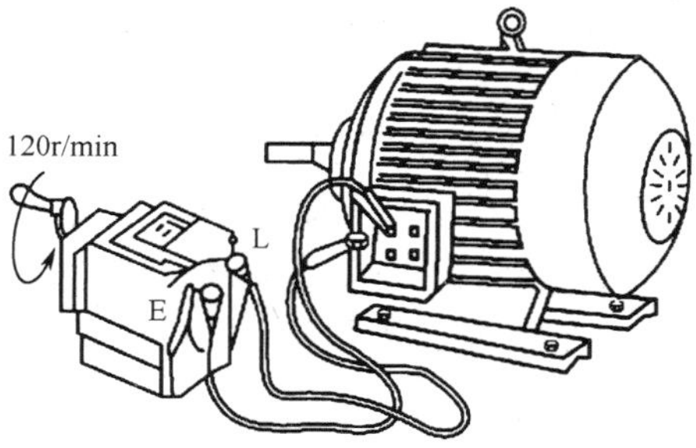 120r/min L E	用单股导线将“L”端和“E”端分别接在电动机两绕组的接线端接
使用后		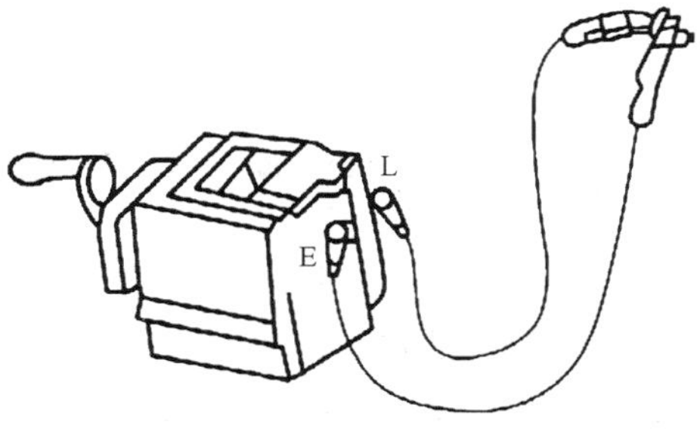 L E	使用后，将“L”、“E”两导线短接，对兆欧表做放电工作，以免发生触电事故

5.2　压缩电动机和风扇电动机的结构与修理

5.2.1　压缩电动机的结构与修理

压缩电动机是电冰箱、空调器的重要部件，是压缩机的动力源。它与压缩机作为一个整体，密封在同一金属机壳体中。压缩电动机的作用是将电能转换为机械能，驱动压缩机的活塞对制冷剂蒸气做压缩功，使制冷剂在系统中得以循环，从而达到制冷的目的。一般家用电冰箱、空调器的全封闭压缩机都使用单相电源，大中型制冷设备上则用三相电源。

1. 单相压缩电动机结构

用于电冰箱、空调器上的单相压缩电动机主要由定子和转子两部分组成，其结构如图5.6所示。

在单相压缩电动机的定子绕组中有启动和运行（工作）2 个绕组，它们在空间位置上相隔 90° 电角度，如图 5.7 所示。

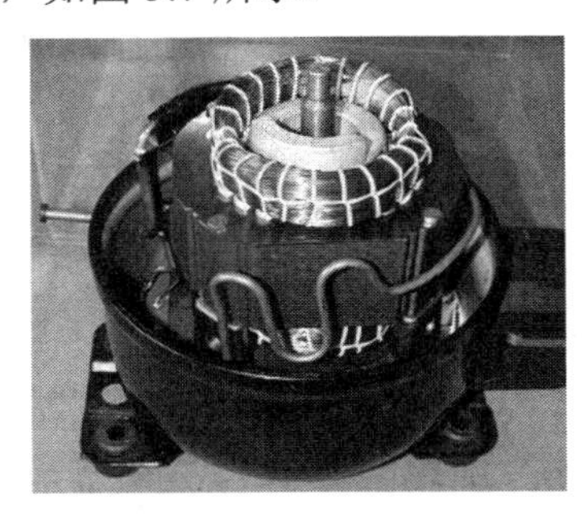

图 5.6 单相压缩电动机的结构

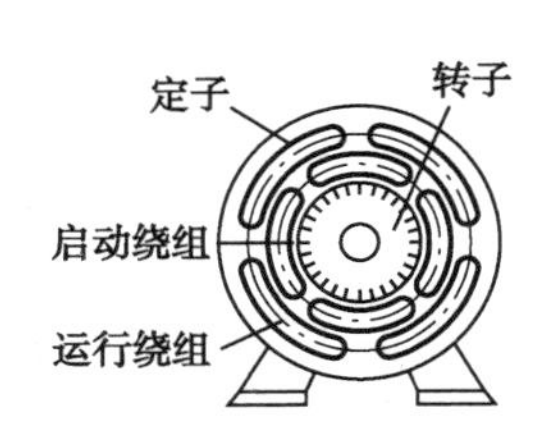

图 5.7 单相压缩电动机的绕组

2. 单相压缩电动机的性能要求

单相压缩电动机的结构虽与一般单相异步电动机的结构基本相同。由于单相压缩电动机封闭在压缩机壳体内，其本身没有机壳和端盖，长期与制冷剂、润滑油接触，又在高压力和高温下工作，因此对压缩电动机有以下特殊要求。

（1）耐腐蚀性。压缩电动机处于制冷剂包围及润滑油浸泡中。由于一般的绝缘漆、纸箔、绕组导线的绝缘漆膜、捆扎线等多为有机高分子材料，而制冷剂本身又具有一定的有机溶剂特性，这些绝缘材料由于在制冷剂、润滑油高温下浸泡，易膨润、脱落或软化，导致绝缘性能遭到破坏，所以压缩机电机的绝缘纸、捆扎线等要采用专用的材料，如聚酯或聚酰氨系列材料和耐氟利昂漆包线。

（2）耐振动及冲击性。压缩电动机会受到启动电流所产生的电磁力、制冷剂进入壳体时的冲击，开机时制冷剂急剧蒸发引起的热冲击，启动和停机时的机械冲击和负荷变动造成的冲击等。机械和电磁力的冲击，会引起压缩电动机绕组绝缘导线间的相互摩擦和相互排斥，破坏绝缘膜，引起短路而烧损电路。故绕组嵌线时要将电磁导线整齐排入，压紧后加槽楔．将绕组两端部的导线捆包并扎紧固定以防松动。

（3）耐高温性。由于压缩电动机被封闭在壳体内，又常处在 70℃以上的环境温度中，易加速绕组绝缘老化，因此一般采用 E 级或 B 级绝缘的耐腐蚀漆包线。

（4）启动性能好。由于压缩电动机在启动瞬间要承受很大的负荷，因此要求其具有较大的启动转矩。又由于压缩电动机启动比较频繁，压缩电动机绕组温度可达 100℃以上，造成绕组的电阻增加，使压缩电动机的启动转矩有所下降。因此，为确保压缩电动机在 180V 电压下也能顺利启动，设计压缩电动机时应充分利用启动绕组作用，将启动转矩倍数（启动转矩与额定转矩之比）由一般电动机的 1.4～2.0 提高到 2.5～3.0。

（5）对电压波动的适应性。由于压缩电动机转矩与供电电压的平方成正比，当电网电压波动幅度较大时，压缩电动机的转矩变化更大。这就对电动机的电压波动性提出了较高要求。全封闭压缩电动机允许供电电源电压波动的范围一般为±10%。

（6）专用引线拄。由于压缩电动机被封闭在机壳体内，供电电源通过机壳时，要用专用的引线柱。引线柱要求能承受压力，具有良好的绝缘性和耐热性，并能与机壳有相似的膨胀系数，不会因温度变化而发生破裂。电极间以及电极与柱壳间耐压为 500V，直流绝缘电阻为 50MΩ以上。接线引柱处不能泄漏。目前，全封闭压缩机用的专用引线柱大多采用高温钠玻璃或烧结陶瓷以及聚四氟乙烯制成，这种专用引线柱如图 5.8 所示。

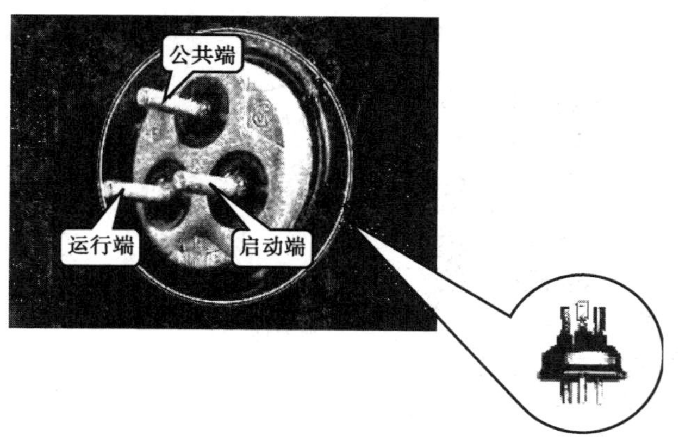

图 5.8　专用引线柱

单相压缩电动机的工作原理，如表 5.4 所示。

表 5.4　单相压缩电动机的工作原理

种　类	示 意 图	工 作 原 理
电容 启动式	工作绕组 ω 启动绕组 K C	电容启动式电动机启动时，启动绕组与电容器相串联接在电路中，这样启动绕组支路中的电流与工作绕组支路中电流在相位上约差 90°，即将单相交流电变为两相交流电，因此，能产生旋转磁场使电动机自行启动。当启动绕组支路在电动机旋转到额定转速的 75%时，在离心开关或者启动继电器作用下，自行从电路上切断，于是电动机正常工作，仅由工作绕组承担。电容启动式电动机的结构，如左图所示。 这类电动机输出功率可达 750W，多用于小冰柜和空调器中
电容 运转式	工作绕组 ω 启动绕组 K C	电容运转式电动机工作方法与电容启动式有区别，即在启动之后，电容器与启动绕组中切断，而是继续参与运行。当运行绕组、启动绕组中通过单相交流电时，启动绕组中的电流在时间上就比运行绕组中的电流超前 90° 相位，这样在时间和空间上都有相同的两个脉动磁场。在定子与转子之间的气隙中产生一个旋转磁场。并且在这个磁场的作用下，电动机的鼠笼式转子的导体中产生感应电流。该电流和旋转磁场相互作用而产生电磁场转矩（启动转矩），使电动机旋转起来。启动运转式电动机的结构，如左图所示。 这类电动机的输出功率大，功率因数高、效率高，体积和噪声都小。在压缩机上可提高整机性能指标。有趋势表明，今后在全封闭压缩机中将被广泛采用

3. 单相压缩电动机的检测

冰箱与空调器用的单相压缩电动机的好坏，是通过压缩机机壳上的 3 个接线端子（接线柱）进行判别。3 个接线端子分别为公用端（C）、运行端（M 或 R）及启动端（S），其 3 个接线端子（接线柱）的判别，如表 5.5 所示。单相压缩电动机常见故障的检测，如表 5.6 所示。

表 5.5 单相压缩电动机绕组的接线端子（接线柱）判别

步　骤	示 意 图	检 修 方 法
第一步 拆卸	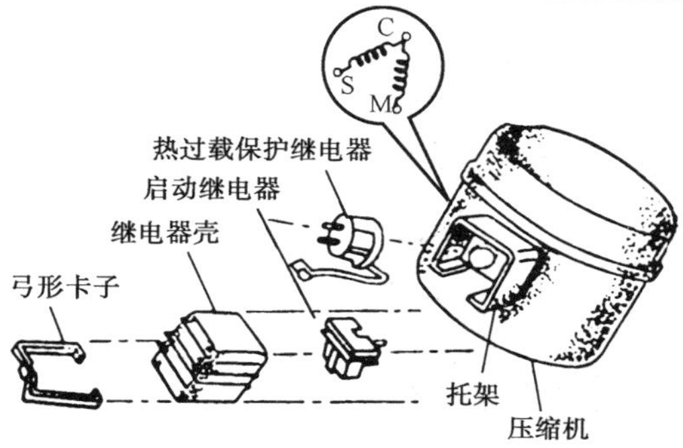 C S M 热过载保护继电器 启动继电器 继电器壳 弓形卡子 托架 压缩机	① 卸下压缩机的弓形卡子和继电器壳。 ② 拔出热过载保护继电器、启动继电器
第二步 调节万用表	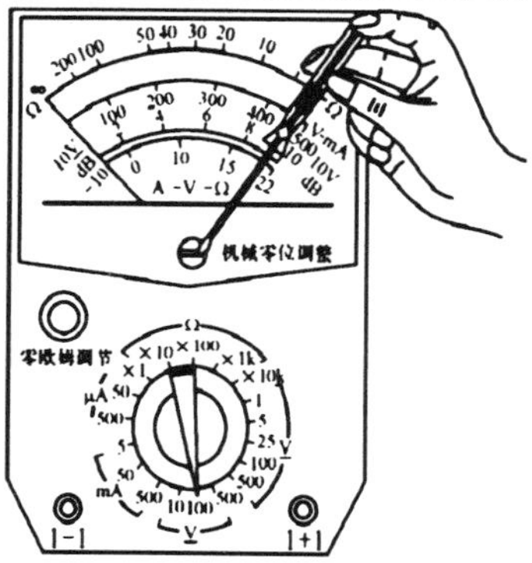 机械零位调整 零欧姆调节	① 用表应水平放置。 ② 如万用表指针不在“零”位，可以调整调零器，使指针指在“零”位
第三步 测量 端子间阻值	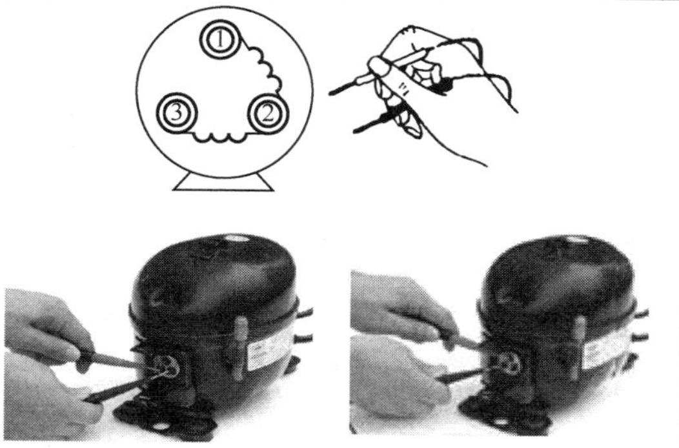 ① ② ③	① 在测量之前分别在每个接线柱附近都标上 1，2，3 的记号。 ② 用万用表电阻挡分别测量压缩电动机的各端子间的阻值，即 R_{1-2}，R_{2-3}，R_{1-3}
第四步 判别 CSM 端子	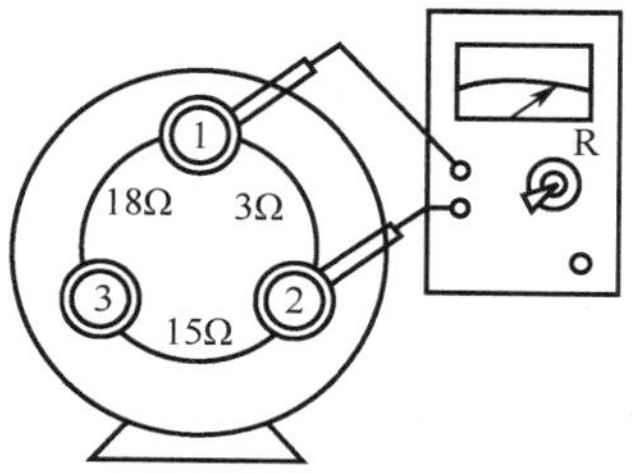 ① ② ③ 18Ω 3Ω 15Ω R	① 若 R_{1-3} 之间的阻值最大，端子 2 为公共端子（C）；剩下的两个端子若 $R_{2-3}>R_{1-2}$，则说明端子 3 为启动端子（S），端子 1 为运行端子（M）。 ② 压缩电动机绕组端子间的阻值应符合：$R_{1-3}=R_{2-3}+R_{1-2}$

续表

步　骤	示　意　图	检　修　方　法
第五步 万用表用后的处理	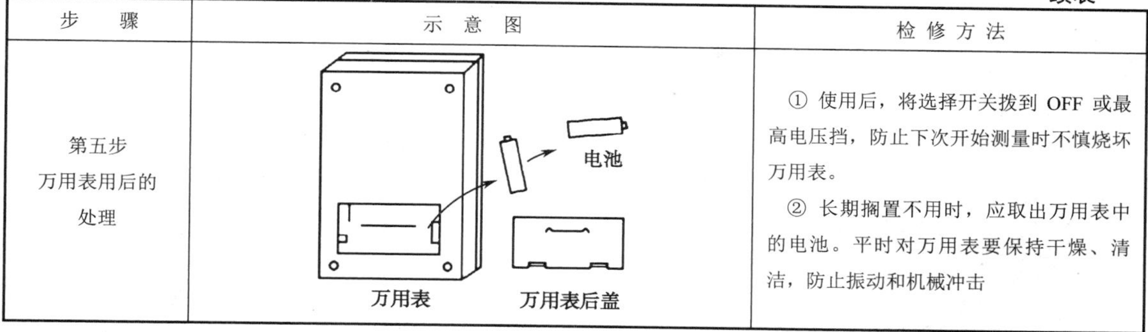	① 使用后，将选择开关拨到 OFF 或最高电压挡，防止下次开始测量时不慎烧坏万用表。 ② 长期搁置不用时，应取出万用表中的电池。平时对万用表要保持干燥、清洁，防止振动和机械冲击

表 5.6　单相压缩电动机常见故障（绕组断路、绕组短路、绕组接地）的检测

步骤	示　意　图	检修方法
第一步 拆卸附件		卸下压缩机的弓形卡子和继电器壳，拔出热过载保护继电器、启动继电器
第二步 绕组 断路检测		将万用表调到 R×1 或 R×10 挡，经“调零”后，用表笔测量绕组任意两个线端之间的电阻值（如左图所示），若电阻值为“∞”值，则表示压缩电动机断线（绕组断路）
第三步 绕组短路		将万用表调到 R×1 或 R×10 挡，经“调零”后，用表笔测量绕组两线端之间的电阻值（如左图所示），若电阻值为“0”或比规定值小得多，则表示压缩电动机绕组短路或线间局部短路
第四步 绕组接地（通地）		将万用表调到 R×1k 或 R×10k 挡，经“调零”后，用表笔测量绕组线端与外壳之间的电阻值，若电阻值等于或趋近于“0”值，则表示压缩电动机绕组接地（通地）

知能拓展——单相压缩电动机检修实例

〖案例一〗 一台西冷 BCD-155 型电冰箱压缩机不转

拆下压缩机的启动保护电器（启动继电器和热过载保护继电器，如图 5.9 所示），从压缩机接线柱上测量压缩电动机绕组值，发现运行和启动绕组阻值无穷大。产生这种情况可能是电动机绕组的接线断开或电动机与机壳内的 3 只接线柱间的引线松脱而引起电动机断路，需进行剖壳修理。

图 5.9 拆启动继电器和过载保护电器

锯开压缩机外壳，查看压缩电动机定子绕组的接线,发现机壳内 3 只接线柱间的引线松脱。找出各自的接线,重新插入相对应的接线柱。经测量阻值与正常值一致后，即可封机壳。

〖案例二〗 一台日立 R-175 型电冰箱压缩机不启动

断电后，拆下压缩机的启动继电器和热过载保护继电器，从压缩机接线柱上测量压缩电动机绕组值，发现启动绕组短路。则应锯开压缩机外壳，查看压缩电动机定子绕组。发现启动绕组的槽外部分被烧断了两匝线，黏结在一起形成短路。用钳子剪断这两匝线，出现 4 个断头，加上启动绕组本身的 2 个线头，共有 6 个头。用万用表找出各自的头和尾，并用相同规格的耐氟漆包线将头尾连接好，并分别做好绝缘处理。用万用表测量启动绕组的直流电阻，阻值与正常值一致后，即可将绕组圈绑扎和封机壳。绑扎时应注意：各接头分开，不与其他导线相碰。

5.2.2 风扇电动机的结构与修理

1. 风扇电动机的特点

（1）风扇电动机的结构

用于电冰箱和空调器上的风扇电动机有罩极式和电容式之分，它们都是单相异步电动机，其主要结构有定子和转子 2 部分组成。如图 5.10 所示，是电冰箱用风扇电动机和窗式空调器的风扇电动机。

（a）电冰箱用风扇电动机

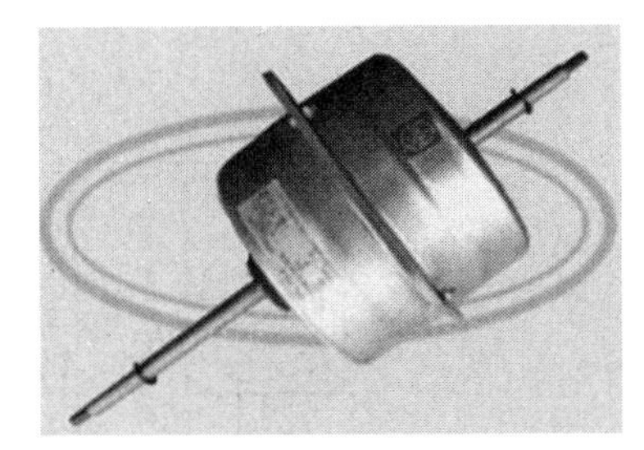

（b）窗式空调器用风扇电动机

图 5.10 风扇电动机

对风扇电动机的要求是噪声低、振动小、运转平稳、效率高、重量轻、体积小和转速调节方便灵敏等。电冰箱和分体式空调器的风扇电动机采用单出轴电动机，即由一台单出轴电动机带动；窗式空调器的风扇电动机采用双出轴式，即一台电动机带动 2 个风扇，一端安装离心风扇，另一端安装轴流风扇。

（2）风扇电动机的工作原理

① 罩极式风扇电动机的工作原理。当定子绕组接通 220V 的交流电压后，线圈中就有电流 i，在定子铁芯中产生主磁通Φ，其中一部分Φ通过短路环而产生感应电流。该感应电流的磁通使得穿过短路环的那部分磁通在相位上滞后主磁通中一个角度。由此，两个磁场就构成了一个旋转磁场的效应，旋转磁场的方向由未罩部分向罩极方向转动，如图 5.11 所示。

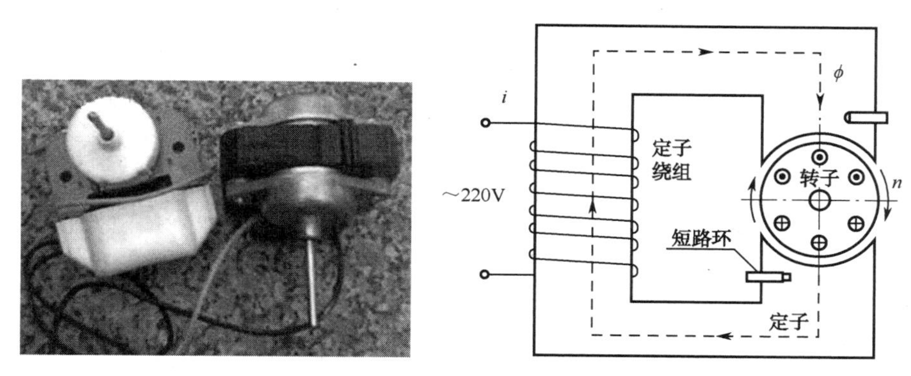

图 5.11　罩极式风扇电动机的工作原理图

罩极式风扇电动机转速可以通过改变定子绕组的匝数、改变罩极部分的面积或改变磁极对数来设定。电冰箱用罩极式风扇电动机为单速电机，一般在 2500r/min 左右，功率约为 8W。

② 电容式风扇电动机的工作原理。电容式风扇电动机的工作原理如表 5.4 所示。电容式风扇电动机转速是通过改变定子绕组的抽头位置设定的，如图 5.12 所示。

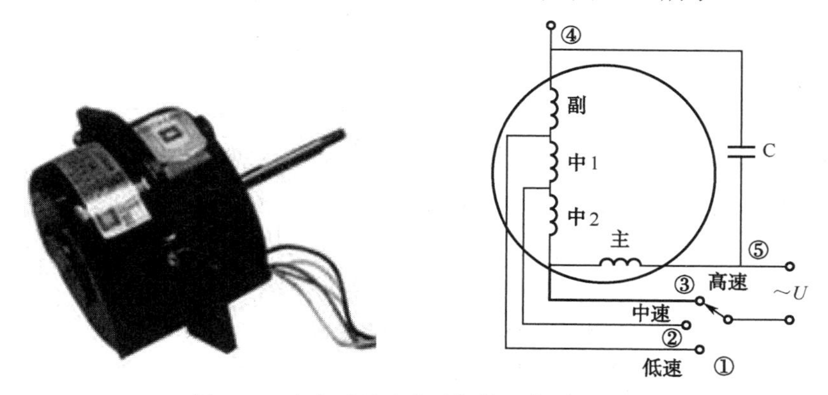

图 5.12　电容式风扇电动机的工作原理图

图中风扇电动机的电容器 C 串接于启动绕组，和运行绕组并接。检查电容器，应拆下连接于线路中的被测电容器，用万用 R×100 或 R×1kΩ挡测量电容器是否正常。正常时，万用表表笔一接通电容器，表指针立即右摆，后又返回无穷大，若将电容器两脚短接放电后再测，又会重复以上测量情况。当电容器内部断路时，万用表指针指示的电阻值读数为“∞”；当电容器击穿时，万用表指针指示的电阻值读数为“0”。

2. 风扇电动机的故障维修

风扇电动机发生故障，会产生噪声，甚至烧毁风扇电动机。因此，发生这类故障时应及时处理，如表 5.7 所示。

表 5.7　风扇电动机常见故障现象的维修（处理）方法

故 障 现 象	处 理 方 法
风扇电动机转子与轴松动	如果风扇电动机转子与轴松动，但并不严重可用锤将轴敲出 10mm（注意敲打时要防止轴弯曲变形），再用锉刀在敲出部分加工出 2 个约 3mm 深的对称扁瓣，如图 5.13 所示。然后，用同样的方法将轴的另一端也加工出 2 个约 3mm 深的扁瓣，将轴复位后把环氧树脂灌入扁瓣空隙内，静止放置一段时间固化即可。 3mm 新加工的扁瓣 转子 转轴 敲出10mm 图 5.13　转轴松动的修理 如果风扇电动机转子与轴松动严重，则应更换新轴
转轴弯曲变形	可用一只 4 分表在校直仪上对轴校验，用锤逐点敲击变形处，边校边试，反复进行，力求转轴的径向跳动量控制在 1～4 丝之间即可。如果转轴弯曲变形严重，则应更换新轴
风扇电动机轴承损坏（如内外钢圈产生裂纹、滚珠碎裂等）	应更换同一规格的轴承。安装轴承时，应先在轴承内圈涂上少许润滑油，再用锤敲击内径稍大于转轴的钢管，将轴承平滑地套进轴颈原位即可
风扇电动机绕组烧毁	重新绕制绕组
风扇电动机运行电容器损坏	更换同型号的新电容器

知能拓展——风扇电动机维修实例

〖案例一〗　一台 KC-20 型窗式空调器在运行时出现不正常的振动和噪声

空调器在运行时出现不正常的振动和噪声，大多是由安装不正确或空调器本身的故障所造成的。

拆下空调器，抽出底板进行通电试运行，发现风扇电动机的风扇碰到导风圈。重新调整风扇电动机的安装垫片后，故障排除。

〖案例二〗　一台 KFR-26GW/CY 型分体挂壁式空调器室内机时有微弱噪声

用户反映该空调器室内机时有微弱噪声。维修工第一次上门检查，发现室内机右侧的贯流风扇电动机在低速挡运转时有微弱（非连续性）的噪声。维修工将室内贯流风扇电动机的紧固螺丝向左移动了 1mm 左右，重新拧紧后试机，噪声消失，恢复正常。

5.3　温度控制继电器的结构与修理

5.3.1　温度控制继电器的结构与原理

1. 温度控制继电器的结构

温度控制继电器（简称温控器）是制冷设备电气控制系统中的重要部件。它是利用感温元件，将温度的变化转换成电气接触点切换变化，达到控制电路的通与断，使制冷设备的温度保持在选定的范围内。

在电冰箱中，温度控制器件有感压式（即机械式）温度控制继电器，电子式温度控制器等。在电冰箱、空调器中，使用最广泛的是感压式温度控制继电器。常见温度控制继电器，如表 5.8 所示。

表 5.8　常见的温度控制继电器

种　类	示 意 图	说　明
普通型（WPF 型）	旋柄　凸轮　L　C　感温管	WPF 型普通型温控继电器适用于双温双控直冷式电冰箱及多门间冷式电冰箱。 其外形结构特点：有可调温的旋柄，电气上有两个引出线端子。在线路中温控触点 L-C 与压缩电动机 My 串接
按钮半自动化霜型（WSF 型）	化霜按键　L　C	WSF 型按钮式半自动化霜型温控继电器适用于直冷式单门冰箱。 其外形结构特点：在外形上多了一个化霜按键，即在 WPF 型的结构基础上增加了一个化霜结构
定温复位型（WDF 型）	H　L　C	WDF 型定温复位型温控继电器适用于双门双温直冷式冰箱。 其外形结构特点：有 H、L、C 三个引出端，H-L 为手动强制开关，L-C 为温控开关
感温风门型温度控制器	调节钮轴　风门　感温管	感温风门型温度控制继电器适用于间冷式双门双温电冰箱。 其特点：没有电气部分，即没有触头，不接入电路，是利用感温剂压力随温度而变化的特性，通过转换部件带动并改变风门开闭的角度，控制冷藏室的冷风量，以控制冷藏室的温度
电子式（热敏电阻）		电子式温控器是一个具有负温度系数电阻特性的热敏电阻器件。 其特点：当箱内发生微小的温度变化（约 2℃左右）时，放在冰箱箱内适当位置上的热敏电阻值就会发生相应的变化，利用平衡电桥的原理，使半导体三极管的基极电流发生变化，再经过放大，带动控制压缩机开停的继电器，实现对冰箱箱内温度的控制

续表

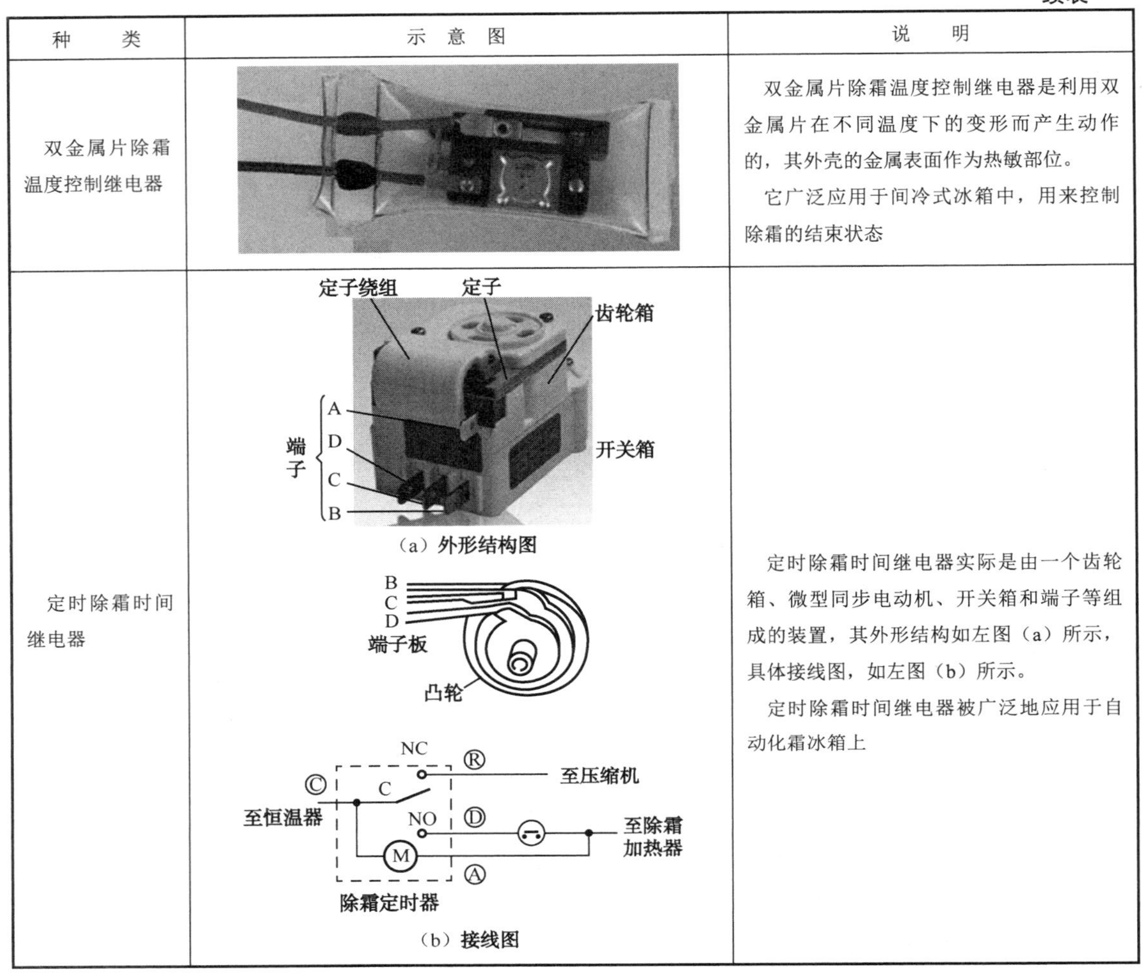

种　　类	示　意　图	说　　明
双金属片除霜温度控制继电器		双金属片除霜温度控制继电器是利用双金属片在不同温度下的变形而产生动作的，其外壳的金属表面作为热敏部位。 它广泛应用于间冷式冰箱中，用来控制除霜的结束状态
定时除霜时间继电器	（a）外形结构图 （b）接线图	定时除霜时间继电器实际是由一个齿轮箱、微型同步电动机、开关箱和端子等组成的装置，其外形结构如左图（a）所示，具体接线图，如左图（b）所示。 定时除霜时间继电器被广泛地应用于自动化霜冰箱上

2. 温度控制继电器的原理

电冰箱温度控制继电器的感温管尾部置于测温部件上，紧贴在蒸发器表面。图 5.14 所示压缩机处于停机状态，这时蒸发器的温度随着时间的延长而逐渐升高，感温管尾部的温度也

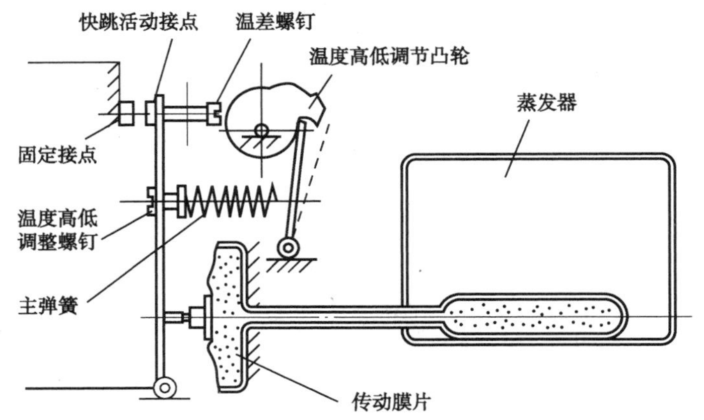

图 5.14　温度控制继电器的工作原理

随之升高，管内感温剂膨胀，压力增大，使感温腔前端的传动膜片向左移动。当压力增大到一定数值时，传动膜片顶开快跳活动触点，使其与固定触点闭合，接通压缩机电源。压缩机运转制冷后，蒸发器表面温度开始下降，感温管内感温剂的温度和压力也随之下降，使传动膜片向右移动。当温度降到一定值时，快跳活动触点与固定触点分离，电源被切断，压缩机停止运转，蒸发器的表面温度又逐渐回升。这样，不断控制压缩机的开、停，使电冰箱内温度保持在一定的温差范围内。

知能拓展——温度控制继电器的“长尾巴”

温度控制继电器后面都有一根“长尾巴”，如图 5.15 所示。这根“长尾巴”，就是温度控制继电器的感温管。它的安装位置是不能随意更换的。

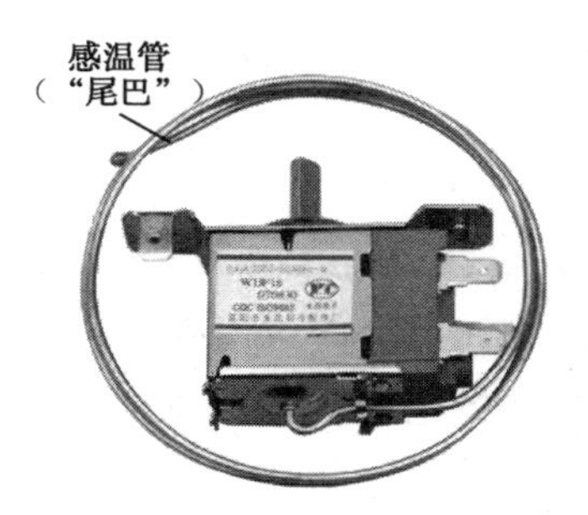

图 5.15　温控器的“长尾巴”

厂家对温度控制继电器后面“长尾巴”位置的选定，是根据温度控制继电器的不同类型与制冷设备的制冷特性，经试验后确定的。“长尾巴”位置的选定，应满足下列要求：

（1）保证“长尾巴”（感温管）末端约 15cm 长度夹在蒸发器上或靠近蒸发器处。“长尾巴”与蒸发器之间应可靠的接触，有良好的热量传导。

（2）保证被夹的 15cm 的“长尾巴”末端，处于系统温度控制的最低部位。以保证温度控制继电器正常感温、正常工作。

（3）“长尾巴”末端所感应的温度能满足温度控制器的动作特性温度，帮助温度控制继电器能最佳控制制冷设备的运行。

在使用中，要注意“长尾巴”断裂或脱落。如“长尾巴”断裂，则其内部封装的感温剂漏出，温度控制继电器就损坏了，完全失去控温作用。如“长尾巴”从夹子中脱落，挂在冷藏箱中，则达不到温度控制继电器停机的特性温度。温度控制继电器的触点处于闭合状态，造成设备（电冰箱）常走不停。

提示

温度控制继电器后面的“长尾巴”虽然又细又长，但它对电冰箱的正常工作有着关键性的作用，在使用中不可粗心大意。

5.3.2　温度控制继电器的检修

电冰箱常用的温度控制继电器为感温压力式，其感温端安装在近蒸发器出口处。旋钮逆时针旋到底为关断状态，顺时针旋到底为常通状态，中间约 225° 转角为从热点到冷点平滑的温度调节区域。如 K-16 普通型温度控制继电器，热点一般为−13℃，中点为−18℃，冷点为−23℃，其相对应的冷藏室温度一般为（5±1）℃左右。各点开机与停机的设定温差ΔT=6℃，即停机后温度升高 6℃便重复开机。

温度控制继电继电器在使用时，常见的故障有触点粘连、机械动作失灵、感温管漏气。其判断和修理，如表 5.9 所示。

单门和双门直冷式电冰箱的温度控制继电器均装在冷藏室的一侧。如果冷藏室的温度低于 0℃压缩机仍不停，或高于 10℃压缩机仍不启动，一般来说是温度控制继电器出现了故障。如果温度ΔT<6℃，则压缩机开停频繁；如果温度ΔT>6℃，则会产生温度波动过大。可对温差调节螺钉进行调整修正。温度控制继电器串联在压缩机主回路中，如果把温度控制继电器输出接点断开，压缩机仍不停机，可判断为外部接线短路。如果把温度控制继电器输出接点闭合，压缩机仍不开机，可判断为外部接线断开或压缩机、过载保护继电器、启动继电器有故障。

表 5.9 温度控制继电器常见故障现象、判断方法和修理（处理）办法

故障现象	判断方法	修理或处理办法
触点粘连	只要将温度控制继电器的温度调节旋钮从“停”点到“冷”点反复转动数次。如仍不能停机，说明触点粘连，不能断开	用小螺丝刀轻轻撬温度控制继电器金属外壳两侧，接点绝缘座板即可取下，用小刀将接点撬开，然后，用细砂皮和金钢砂皮将接点表面打磨光亮即可
机械动作失灵	反复旋转温度调节钮，可以短时间恢复，但过一会儿又出现同样现象	更换新的同类型的温度控制继电器
感温管漏气	在室温条件下测量两个接线端子的“通”、“断”情况，正常的应为通路，如是断路则说明感温管内感温剂泄漏	对这种故障，由于充注感温剂的工艺比较复杂，一般的修理单位没有条件，只能更换同类型的温度控制继电器

目前多数单门电冰箱在温度控制继电器旋钮中间装有半自动除霜按钮（即 WSF 型温度控制继电器），当箱内温度大于 5℃时，按下中间除霜按钮能自动弹出。当箱内温度小于 5℃时，按下中间除霜按钮即停机化霜，待箱内温度回升到大于 5℃时，中间除霜按钮自动弹出复位，压缩机启动运转。在检修中如不符合上述情况，可判断为温度控制继电器半自动除霜部分有故障。

双门间冷式电冰箱的温度控制继电器装在冷冻室内，冷藏室的温度由风门调节器控制，上下温度匹配较好，且能分别进行调节。但压缩机的开停仍由冷冻室的温度控制继电器控制。

知能拓展——电子温度控制器维修实例

近年来生产的新型电冰箱，不少使用了电子式温度控制器。它与感温压力式温度控制继电器相比，虽然成本较高，但工作更稳定，控制温度更准确，使用寿命也更长。目前，家用电冰箱中，日本东芝系列、华菱系列等都采用了电子温度控制器。

〖案例一〗 一台东芝 GR 系列电冰箱冷藏室照明灯亮，压缩机不工作

拔下电冰箱电源插头，用万用表 R×1k 挡检测压缩机 3 个绕组阻值，在正常范围内。再接通电冰箱电源，用万用表的交流挡测量电子控制板继电器的两根电源输入线，无电压，可见压缩机不工作的原因是没有得到工作电压。参考图 5.16，顺着供电线路检查，发现保护元件 TNT801 内部熔断器烧断，两只抗干扰二极管其中一只被击穿，所以压缩机不工作。

TNT801 是一个由两只二极管和一只 1.5A 熔断器组成的组件。一般维修店无此配件，可以根据该组件在电路中的作用，用两只二极管 2CP23 和一只 1.5A 熔断器焊接好，试车后电冰箱恢复正常工作。

〖案例二〗 一台华菱 BCD-320 间冷式电冰箱化霜结束后，有时不能自动开机

这是一台使用计算机温度控制电路板的四门豪华型电冰箱，其电路板如图 5.17 所示。由于它能正常制冷，可判断微电脑芯片 IC1 正常，故障可能出在温度控制电路板上。重点检查温度传感信号通道，用万用表检测 RP11 及 R05-R07 电阻正常，在测量 LM324 各引脚电压时，发现它的 7 脚虚焊，造成输入到 IC1 的感温信号不准，所以有时不能自动开机。重新焊接后试机观察，故障排除。

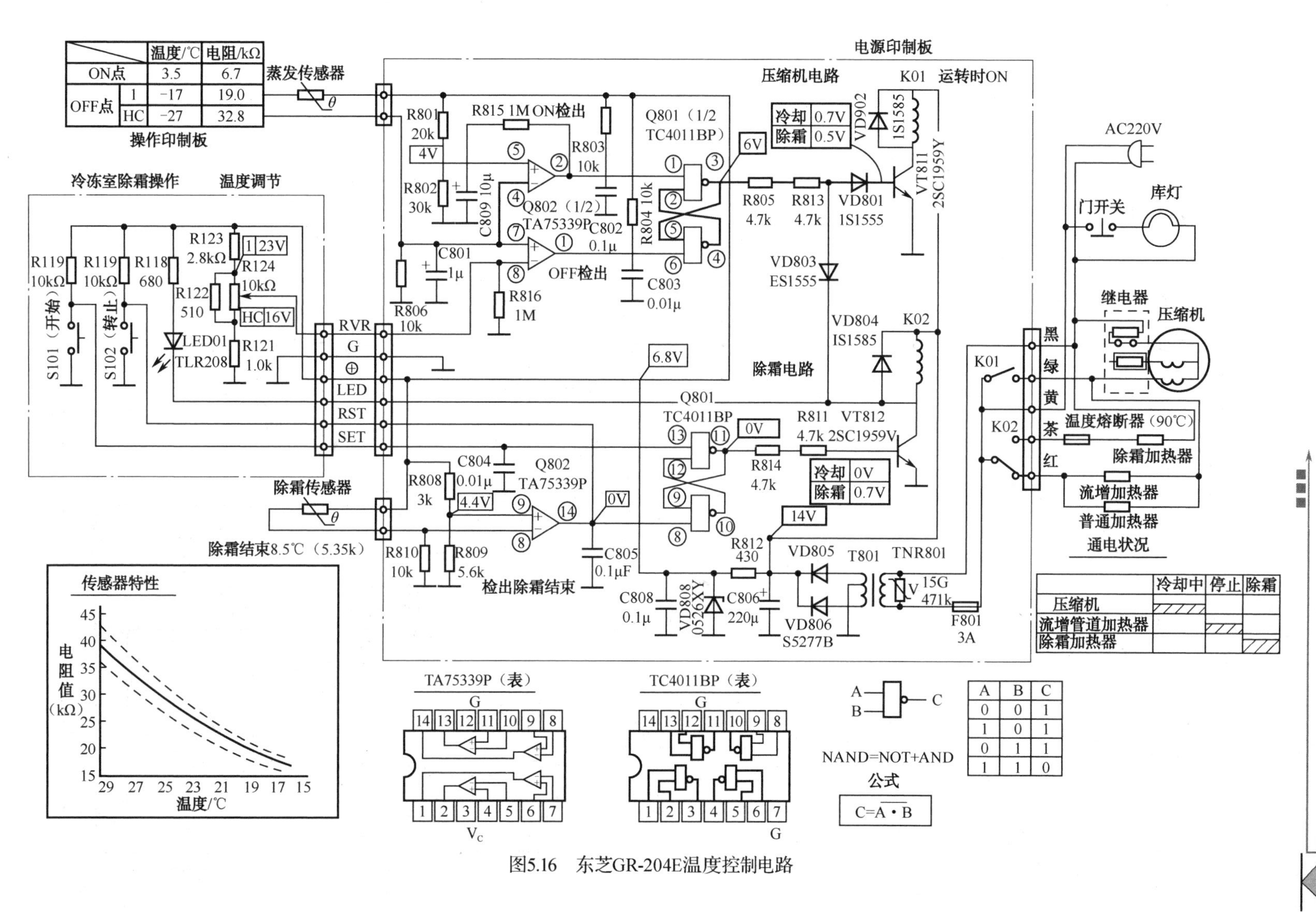

A	B	C
0	0	1
1	0	1
0	1	1
1	1	0

图5.16　东芝GR-204E温度控制电路

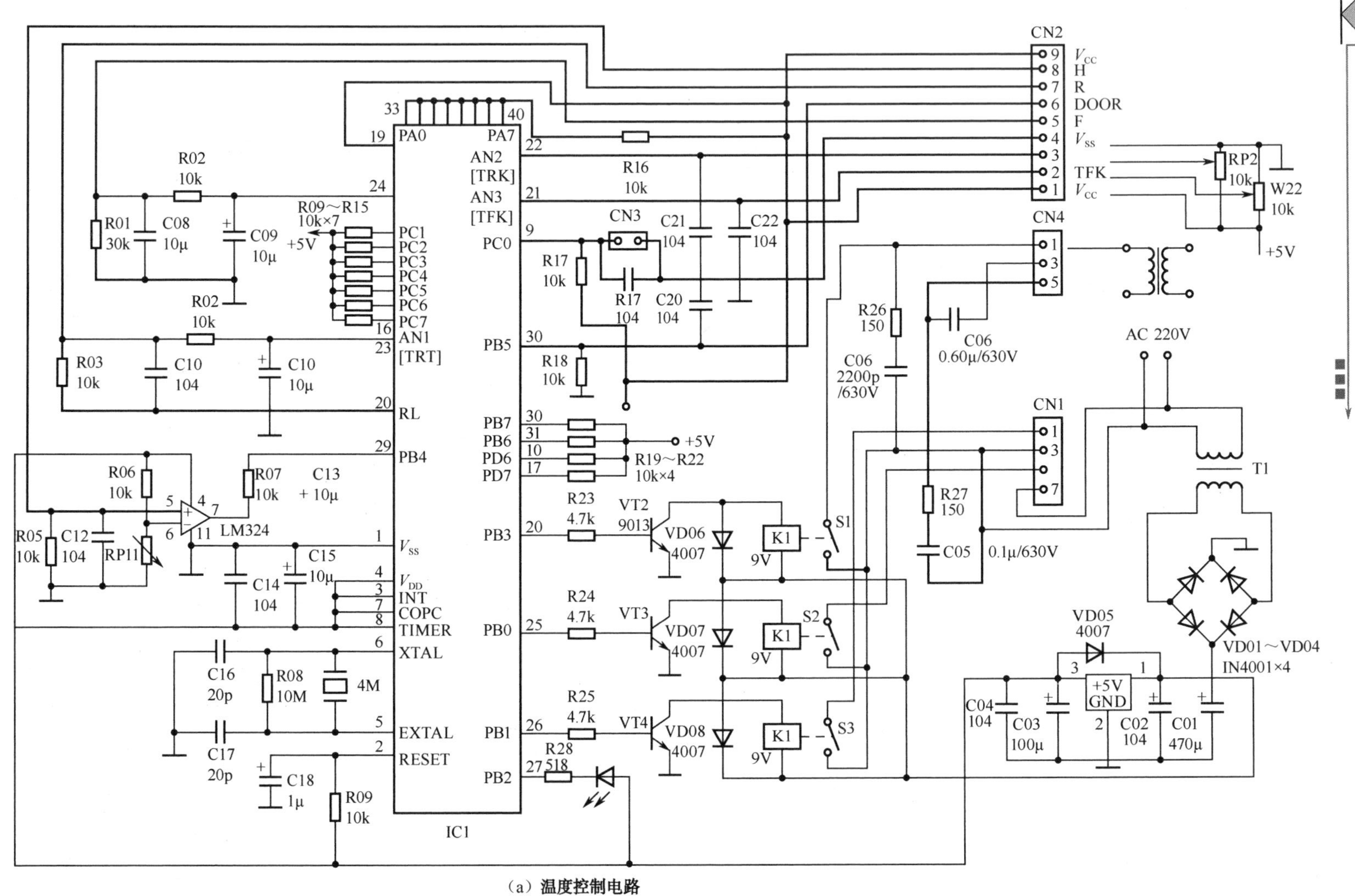
CN2
V_{CC}
H
R
DOOR
F
V_{SS}
TFK
V_{CC}
RP2
10k
W22
10k
+5V
CN4
CN3
CN1
AC 220V
T1
PA0
PA7
AN2
[TRK]
AN3
[TFK]
PC0
PB5
PB7
PB6
PD6
PD7
PB3
PB0
PB1
PB2
IC1
PC1
PC2
PC3
PC4
PC5
PC6
PC7
AN1
[TRT]
RL
PB4
V_{SS}
V_{DD}
INT
COPC
TIMER
XTAL
EXTAL
RESET
R01
30k
C08
10μ
R02
10k
C09
10μ
R02
10k
R09～R15
10k×7
+5V
R03
10k
C10
104
C10
10μ
R06
10k
R07
10k
C13
+ 10μ
LM324
R05
10k
C12
104
RP11
C14
104
C15
10μ
C16
20p
R08
10M
4M
C17
20p
C18
1μ
R09
10k
R16
10k
R17
10k
R17
104
C21
104
C20
104
C22
104
R18
10k
R19～R22
10k×4
+5V
R23
4.7k
R24
4.7k
R25
4.7k
R28
518
VT2
9013
VT3
VT4
VD06
4007
VD07
4007
VD08
4007
K1
9V
S1
S2
S3
R26
150
C06
2200p
/630V
C06
0.60μ/630V
R27
150
C05
0.1μ/630V
VD05
4007
+5V
GND
C04
104
C03
100μ
C02
104
C01
470μ
VD01～VD04
IN4001×4

（a）温度控制电路

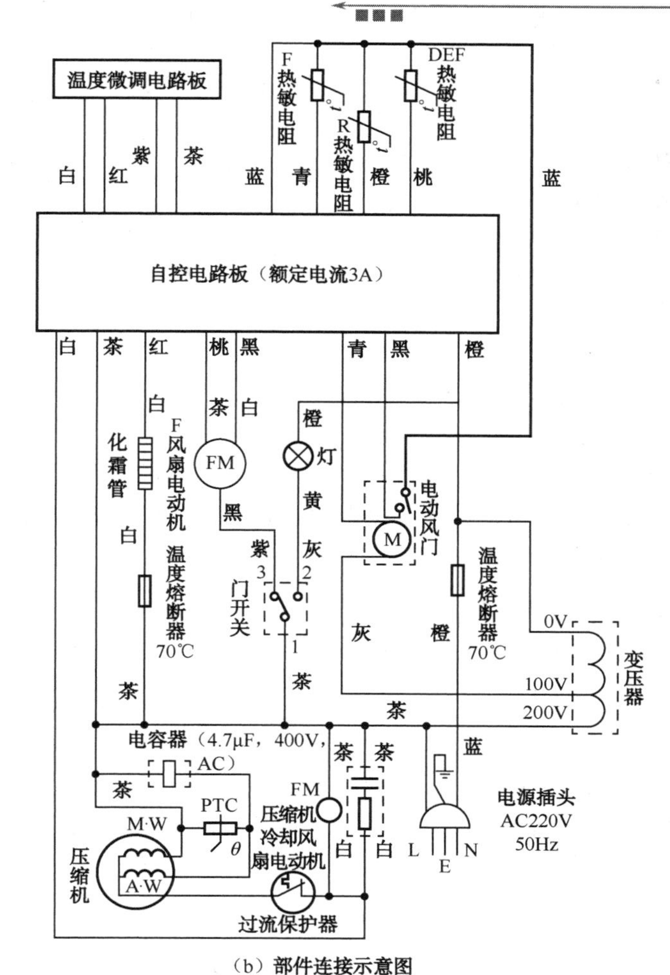

（b）部件连接示意图

图 5.17　华菱 BCD-320 电冰箱温度控制电路

5.4　启动保护装置的结构与修理

5.4.1　启动保护装置的结构与原理

启动保护装置由启动继电器和热过载保护继电器组成，它是压缩电动机实现自动启动和过电流过温升保护的专用器件，常一起安装在压缩机外壳上。

电冰箱、空调器常用的启动保护装置有重锤式启动继电器、PTC 式启动继电器和热过载保护继电器等。

1. 重锤式启动继电器

（1）重锤式启动继电器结构特点。重锤式启动继电器是一种结构紧凑、体积小、可靠性好的启动继电器。重锤式启动继电器（见图 5.18）主要由电流线圈、电触点、衔铁和绝缘壳体等组成。

（2）重锤式启动继电器工作原理。启动继电器的线圈和压缩机电动机的运行绕组串联在一起，如图 5.19 所示。在压缩机电动机接通电源的瞬间，由于只有运行绕组接入，电动机无法启动，此时有较大的启动电流。该电流值超过了继电器的吸合电流“A”点，衔铁被吸上，衔

（a）实物图

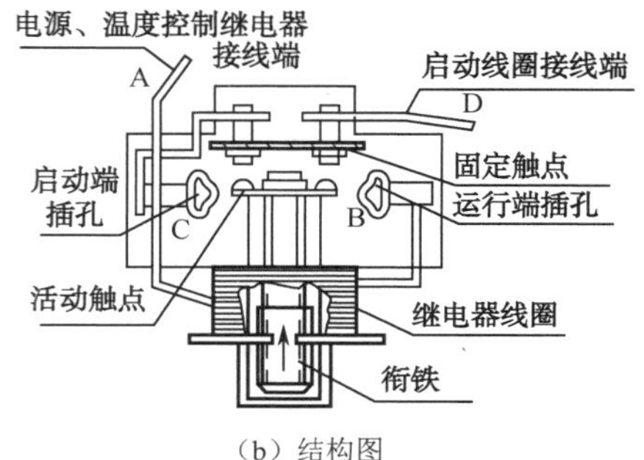

（b）结构图

图 5.18　重锤式启动继电器

铁带动动触点向上运动与静触点闭合，接通启动绕组电源，在定子中产生旋转磁场，使转子转动。而运行绕组中的电流随着电动机转速的升高而下降，当电动机转速（约 1s）达到额定转速的 80%时，运行绕组中的电流下降到继电器的释放电流值“B”点以下，继电器线圈产生的电磁吸力无法吸住衔铁，在自身重力的作用下，衔铁下落使触点断开，从电路中断开启动绕组。此时，启动继电器线圈中虽然通过额定电流，但不足以吸动衔铁。图 5.20 所示为通过启动继电器线圈的电流变化曲线。表 5.10 列出了重锤式启动继电器的技术参数。

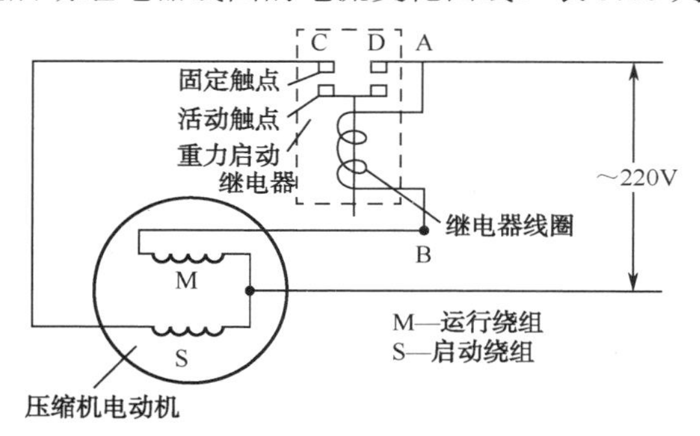

图 5.19　重锤式启动继电器接线图

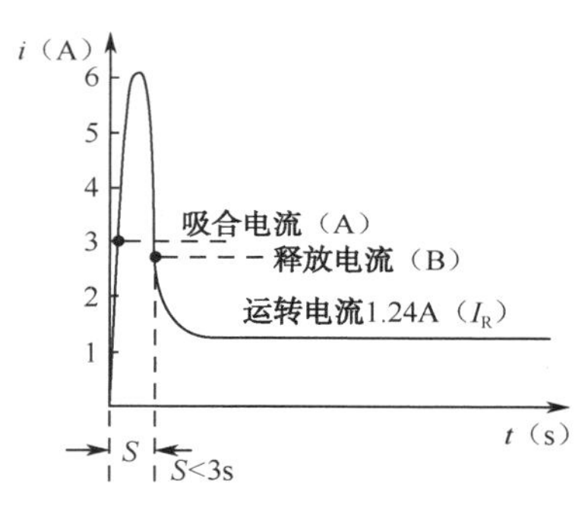

图 5.20　压缩机启动电流状态

表 5.10　重锤式启动继电器的技术参数

压缩机功率（W）	电压（V）	型　　号	最大吸合电流（A）	最小释放电流（A）
62	220	9660B042098	2.13	1.82
91	220	9660B042106	2.43	2.07
125	220	9660B042111	3	2.56
150	220	9660B042115	3.5	2.95
180	220	9660B042129	5.15	4.85
245	220	9660B042145	7	5.9

2. PTC 启动器

（1）PTC 启动器结构特点。近年来，大量的压缩机电动机采用 PTC（正温度系数）热敏电阻代替电磁式的启动继电器，具有结构简单、工作可靠、无触点、寿命长等优点，如图 5.21 所示。它是以钛酸钡掺和微量的稀土元素经陶瓷工艺制成的一种半导体晶体，其电阻－温度关系曲线，如图 5.22 所示。

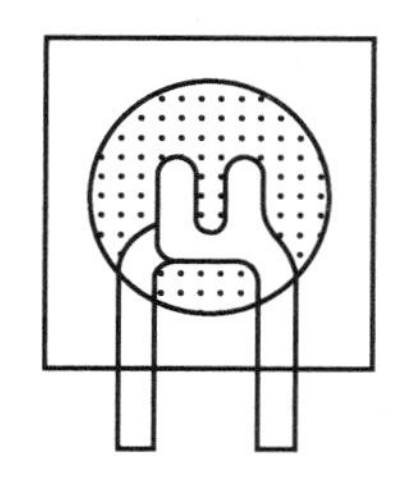
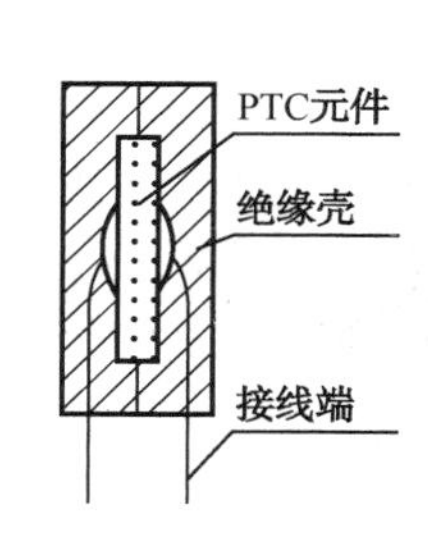

图 5.21 PTC 启动继电器外形、特性曲线

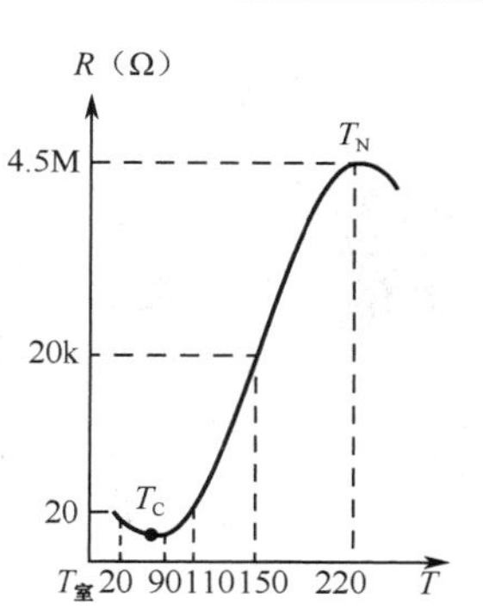

图 5.22 PTC 启动器的电阻－温度关系曲线

该曲线有如下两个特点：

① 在室温（$T_室$）和居里点（T_C）之间，器件的电阻值变化平缓；在 90℃附近时，其阻值出现最低值 R_{min}，而在 100℃附近时，器件的阻值与室温时的阻值基本相等。可见在 $T_室$到 T_C 温度范围内，PTC 元件呈低阻导通状态，即相当于器件呈“通”的状态。

② 在居里点（T_C）以上，其阻值随温度的升高增大极快。在温度升到 150℃时，阻值可达 20kΩ左右，即相当于器件“关”的状态。

由于 PTC 元件的电阻值不仅随温度的变化而变化，而且具有开关特性，故称其为开关型 PTC 元件。上述开关型 PTC 元件的电阻温度特性正好满足单相电动机启动的要求。

（2）PTC 启动器工作原理。PTC 启动器是与电动机的启动绕组串联后再与运行绕组并联接入电路的，如图 5.23 所示。在电路接通的一瞬间，由于 PTC 启动器刚刚通过电流，产生的热量很少，温度较低，电阻很小，处于导通状态，因此启动与运行绕组同时接入电路，定子中产生旋转磁场，电动机启动旋转，经过 1～5s 后，电流的热效应使 PTC 启动器温度迅速升高，以致使其阻值大大升高，当温度超过 100℃后，PTC 元件呈高阻状态。这时，流过 PTC 启动器的电流恰好起到维持高阻温度即维持启动绕组开路的作用，使压缩机电动机完成了启动过程。在压缩机停车后，PTC 启动器断电，开始冷却，当温度降至居里点以下时，恢复低阻状态，从而为下一次启动做好准备。

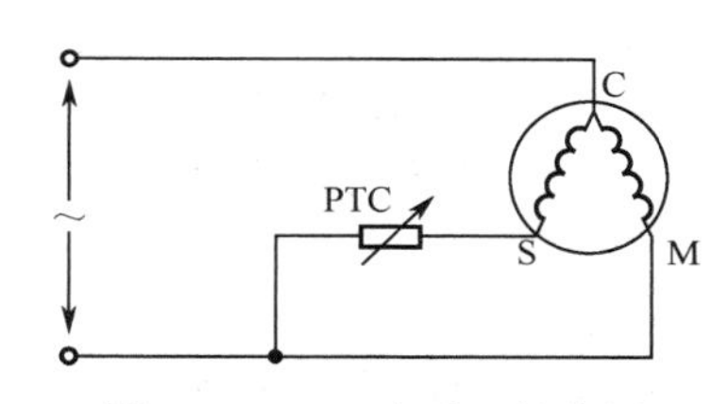

图 5.23 PTC 启动器接线图

提示

由于 PTC 启动器的热惯性，在压缩机每次启动后，必须间隔 2～3min 后才能再次启动。

3. 热过载保护继电器

（1）热过载保护继电器（简称热保器）结构特点。目前电冰箱、空调器压缩机中使用最多的是一种碟形过载保护器，它具有过电流及过热保护双重功能。常安装在压缩机接线盒内，开口紧贴在压缩机外壳上，其外形、内部结构如图 5.24 所示。

（2）热过载保护继电器的工作原理。当电源电压过低、制冷系统脏堵、制冷剂过多或压缩电动机绕组断路、漏电而导致电流过大时，电热丝发热量增大，碟形双金属片受热向上弯曲翻转，其触点断开将电源切断，以达到保护压缩电动机的目的。同样，当压缩电动机运转时间过长、负荷过大而导致压缩机壳温过热时，双金属片也会因受热弯曲变形而切断电源，起到保护作用。而断电后机壳温度下降，双金属片冷却复位，触点闭合又将电源接通，压缩电动机重新启动运转。它的基本接线如图 5.25 所示。

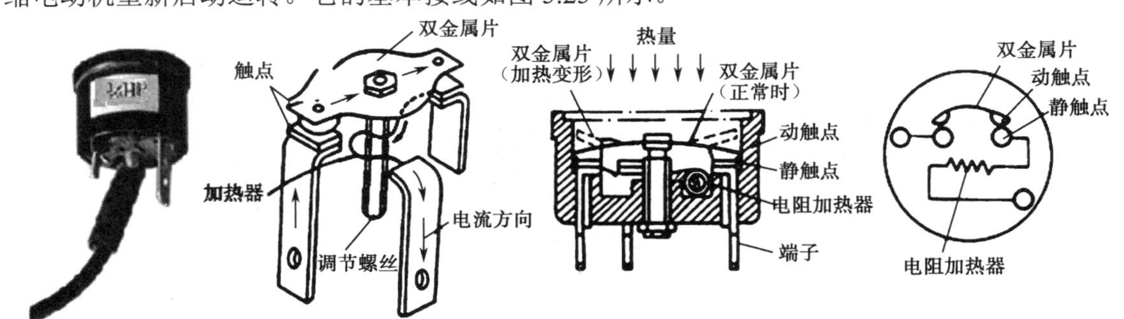

图 5.24 热过载保护继电器

4. 埋置式温度保护器

（1）埋置式温度保护器结构特点。埋置式温度保护器是制冷设备中的又一种机内埋置式温度保护器。它能在压缩机过载时自动切断电路。机内埋置式温度保护器主要由触点和双金属片组成，它的结构如图 5.26 所示。内埋式温度保护器常用于制冷量 450W 以上的空调器中，其优点是感受温度敏捷（能直接感受到绕组的温升），缺点是，出现故障后，因它封焊在压缩电动机内，更换困难。

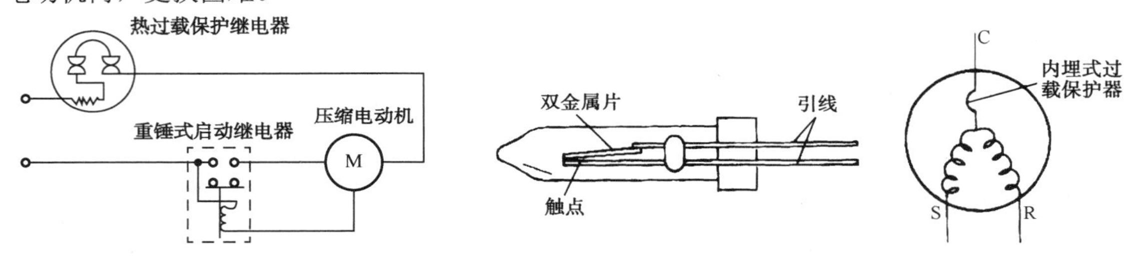

图 5.25 热过载保护继电器接线图

图 5.26 埋置式温度保护器

（2）埋置式温度保护器的工作原理。埋置式温度保护器的触点通过引出线串接在压缩电动机电路中，当压缩电动机异常运行绕组的温度升高时，双金属片感受到温度而变形，使触点断开，切断电路，压缩电动机停止运行。当绕组温度下降后，双金属片恢复原状，触点闭合，压缩电动机开始运转工作。

此外，还有风扇电动机过热保护器和热继电器等。风扇电动机过热保护器是一种空调器中常使用的温度保护器（见图 5.27）。当风扇电动机堵转、过流、过热时，温度保护器断开电路起到保护作用。其工作原理与埋置式温度保护器相似。热继电器是一种用于大中型制冷与空调设备，对三相电动机起热过载保护的装置（见图 5.28），是利用电流热效应动作的。其工作原理与电冰箱、空调器用的过电流、过温升保护继电器相似。

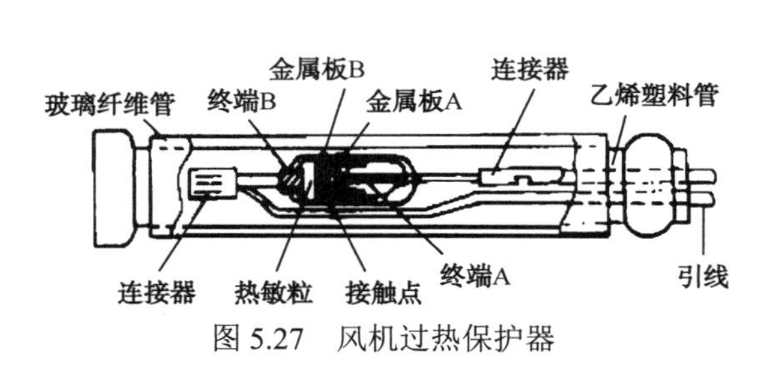

图 5.27 风机过热保护器

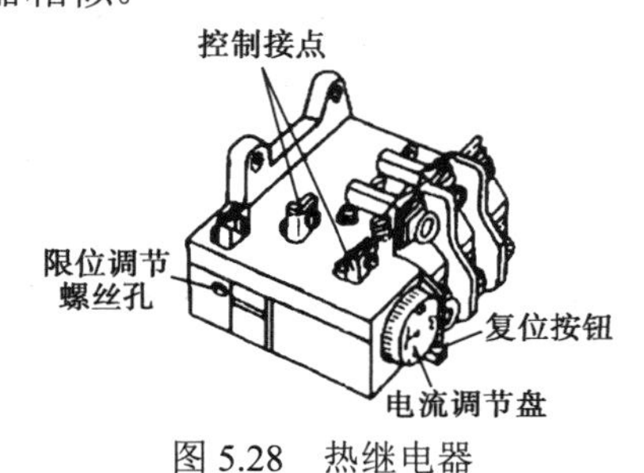

图 5.28 热继电器

5.4.2　启动保护装置故障检修

1. 启动保护装置常见的故障

启动保护装置常见的故障有触点烧蚀、粘连，电阻丝烧断和 PTC 元件破裂失效。其判断方法和修理办法，如表 5.11 所示。

表 5.11　启动保护装置常见故障的现象、判断方法和修理（处理）办法

故障现象		判断方法	处理或修理方法
启动装置	触点粘连	用万用表电阻挡 R×1 挡检查，如表针在“0”Ω，则表示触点粘连	用细砂纸将其上下触点打光修平，然后进行试验，经调整后再使用。或者更换新件（同规格）
	电阻丝（镍铬丝）烧断	用万用表电阻挡 R×1 挡检查，如表针在“∞”，则表示电阻丝（镍铬丝）烧断	更换新件（同规格）
保护装置	热过载保护继电器的电阻丝烧断	用万用表 R×1 挡检查，如表针指在“∞”，则表示电阻（镍铬丝）烧断	一般情况，更换新的热过载保护继电器（同规格）。如果一时买不到相同规格的热过载保护继电器，也可以用已报废的热过载保护继电器部分完好的镍铬丝，将其拆下，接到已烧电阻丝的热过载保护继电器上。或者参照烧毁镍铬丝的直径和长度自行绕制

2. 启动保护装置的检测

（1）重锤式启动继电器检测。检测重锤式启动继电器时，要分别检测线圈的阻值和触点的接触阻值。先检测线圈的阻值，如图 5.29（a）所示，将万用表的两表笔接线圈的两端，正常时线圈的阻值较小；再检测触点的接触阻值，如图 5.29（b）所示，将万用表的两表笔接在触点处，触点间的阻值应为无穷大，触点处于常开状态。

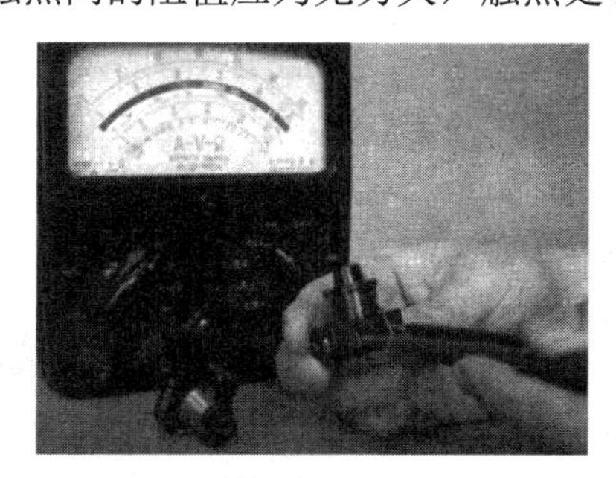

（a）检测线圈的阻值

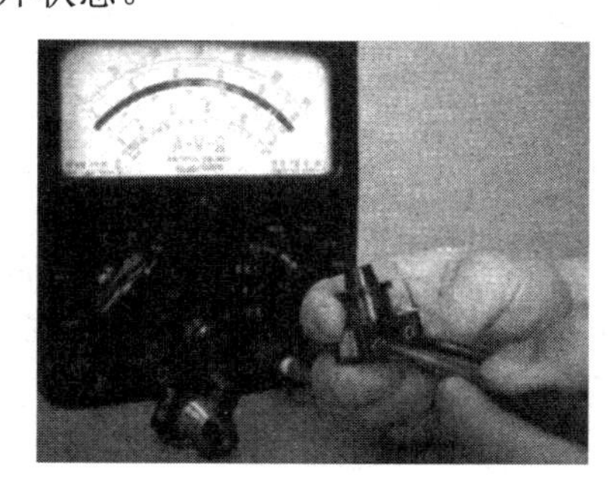

（b）检测触点的接触阻值

图 5.29　重锤式启动继电器的检测

（2）PTC 启动器的检测（见图 5.30）。将万用表的两表笔分别接在两个接点处，在常温下 PTC 启动器的阻值一般在 15～40Ω之间。如果测得该 PTC 启动继电器的阻值为 20Ω左右，则说明 PTC 启动器正常；如果测得的阻值与标准范围相差很大，则说明 PTC 启动继电器损坏，需要更换新的 PTC 启动继电器。

（3）热过载保护继电器的检测。用万用表检测热过载保护继电器（见图 5.31），其阻值为 1Ω左右。如果阻值过大，甚至达到无穷大，就说明热过载保护继电器内部有断路现象，已经损坏，不能使用，需要更换新件。

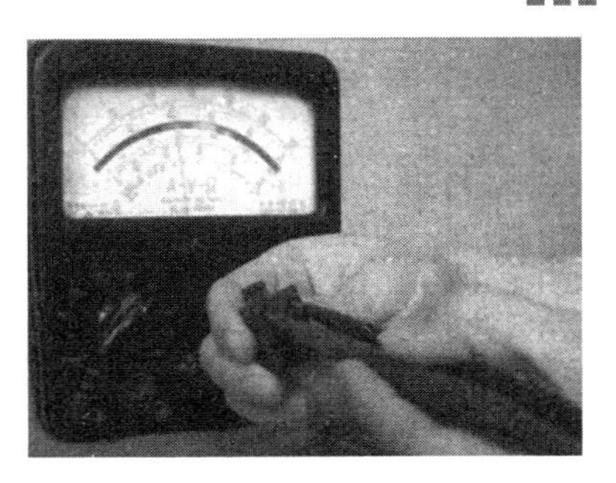

图 5.30　PTC 启动器的检测

图 5.31　热过载保护继电器的检测

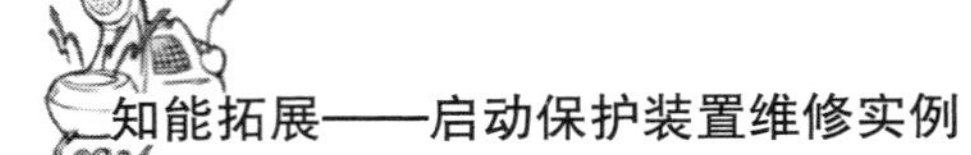

知能拓展——启动保护装置维修实例

〖案例一〗　一台采用重锤式启动继电器启动的 BCD-185 型电冰箱，出现不启动、只听到断续的“咔嚓”声音

电冰箱出现不启动、只听到断续的“咔嚓”声音可能原因有压缩机卡主死、电动机绕组烧坏、热过载保护继电器短路、启动继电器失灵、温度控制继电器损坏等。

检查时，先让电冰箱通电，用钳形电流表测量压缩机启动电流和工作电流。如测得的启动电流较大，压缩机却能启动运行，可排除热过载保护继电器损坏；用万用表电阻挡测量压缩电动机 3 个接线柱之间的电阻值，启动绕组和运行绕组的阻值正常，绕组与机壳之间的绝缘电阻值也大于 2MΩ，可排除压缩电动机绕组有问题的可能性。

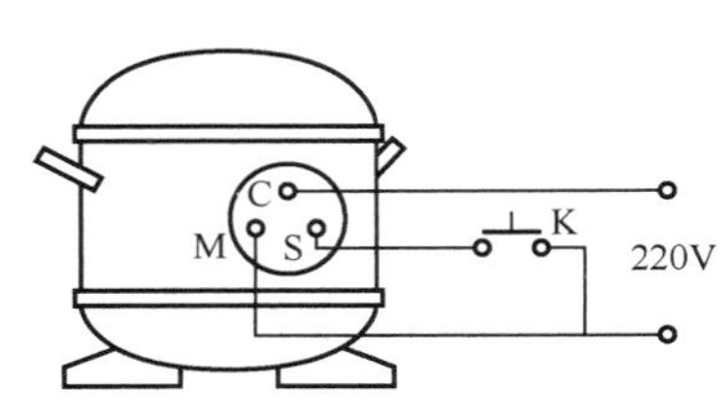

图 5.32　人工启动接线图

采用人工启动的方法（见图 5.32）强制压缩机启动运转，压缩机顺利启动运转，运转电流在 1A 左右，而且电冰箱开始制冷，说明压缩机本身没有毛病。而是启动继电器发生了故障。

维修方法：用手摇动重锤式启动继电器时感觉其中的衔铁运动有些受阻，将其拆下，倒出衔铁和动触点，发现衔铁受阻是因为启动继电器的骨架上有毛刺。用小刀将毛刺剔除后，装入衔铁和动触点，并重新装回压缩机上试车，电冰箱恢复正常工作。

〖案例二〗　一台 BCD155 型电冰箱通电后，压缩机不工作

通电后,打开电冰箱门，照明灯亮，说明电源正常。但是压缩机不工作，而且也听不到压缩机的“嗡嗡”声。用万用表测得温度控制继电器的插脚导通。断电后，取下 PTC 启动继电器和热过载保护继电器，让压缩机强制启动，压缩机可以启动，说明是 PTC 启动继电器或热过载保护继电器的蝶形双金属片断路。用万用表测量热过载保护继电器两引脚间的直流电阻（见图 5.33），所测得的值为无穷大，确定热过载保护继电器损坏。

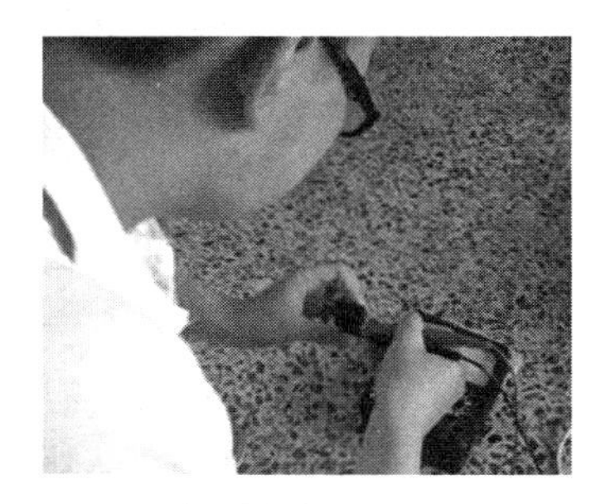

图 5.33　对热过载保护继电器进行测量

更换一个同规格的热过载保护继电器后，试机，压缩机启动恢复正常。

5.5　电加热器的结构与修理

5.5.1　电加热器的结构与原理

在电冰箱中，为满足不同的使用要求，采用了各种类型的电加热器。大致有化霜和除露加热器、防冻加热器、温度补偿加热器等几种，如表 5.12 所示。它们都是利用电流热效应工作的。

表 5.12　电加热器的结构

种　　类	示 意 图	说　　明
化霜和除露加热器		对直冷式电冰箱冷冻室的化霜，是把化霜加热器粘贴在蒸发器表面上；对间冷式电冰箱，是按翅片管式蒸发器的尺寸、形状、弯曲成型的加热器卡装在蒸发器上。除露加热器在老式电冰箱上用得较多，目前已不再采用，由高温高压制冷剂防露管代替
防冻加热器		它是将塑料外皮加热线粘贴在待加热部位，如间冷式双门双温电冰箱中的蒸发器接水盘、化霜排水盘的外表面和风扇叶孔等部位
空调器用加热器	（a）裸线加热器　（b）电热管加热器	空调器用加热器有裸线式加热器（一般用于小型空调器）和电热管式加热器（常用于中型或大型落地柜式空调器）

此外，还有温度补偿加热器和 PTC 加热元件。温度补偿加热器，实际是一段塑料外皮加热线紧贴在温度控制器的感温管上，以保证冷冻室和冷藏室之间温度很好匹配。PTC 加热元件，实际是由许多 PTC 单片与金属电极板组合而成的。要改变它的加热量，只需改变组装的 PTC 单片数目即可。

5.5.2　电加热器故障检查与处理

电加热器故障排除，如表 5.13 所示。为了便于选用 KDR 系列和 GYQ 系列电热管规格，特列表 5.14 供参考。

表 5.13　电加热器的常见故障

故障原因	检查方法	处理方法
发热部件烧断，造成电加热器不工作	用万用表对控制电加热器的转换开关进行检查，看其触点有无磨损、粘连、端子脱落，或修理后接线错误。如果经检查，转换开关是好的，可检查电阻丝是否烧断、丝间短路或绝缘损坏。用万用表检查时，如果电阻值无穷大，即为断路，若电阻值很小，即为短路	对化霜加热器、防冻加热器的电阻丝烧断，由于它们都是被发泡在箱体内，因此损坏后一般不能修理。对于补偿电加热器、裸线式加热器或电热管式加热管烧断，则可调换相同规格的电阻丝

表 5.14 KDR 系列和 GYQ 系列电热丝（管）规格

KDR 系列电热丝规格						GYQ 系列电热管规格					
型 号	电压（V）	功率（W）	A	B	C	型 号	电压（V）	功率（W）	A	B	C
KDR-2000A 型	220	2000	199	27	48	GYQ6-36/0.25	36	0.25	260	120	70
KDR-1200B 型	220	1200	270	28	50	GYQ6-55/0.25	55	0.25	260	120	70
KDR-2000B 型	220	2000	270	28	50	GYQ5-220/0.8	220	0.8	1260	860	200
DKR-2500D 型	220	2500	408	34	90	GYQ5-220/0.9	220	0.9	1560	960	300
KDR-3000 型	220	3000	408	34	90	GYQ5-220/1.1	220	1.1	1860	1160	350

知能拓展——化霜电路故障维修实例

〖实例一〗 一台间冷式全自动化霜电冰箱，有时制冷正常，有时制冷不正常，甚至降温困难，压缩机长时间运转不停。若将冰箱停用几天，再用时又正常

电冰箱有时制冷正常，有时制冷不正常，甚至降温困难，压缩机长时间运转不停。若将冰箱停用几天，再用时又正常了。这是由于化霜电路出现了问题，使蒸发器不能正常除霜，当蒸发器表面霜层越积越厚，阻挡了冷气循环流动，降低了蒸发器的吸热效能，从而造成冰箱降温困难和压缩机的长时间运转。

排除方法：用万用表检查化霜时间继电器电动机的直流电阻值为 8 kΩ左右（阻值正常），再通电作进一步的检查：能听到电动机走动的声音，说明电动机能工作；在化霜计时器工作正常情况下，检查化霜温控器（在环境温度为+13℃时，此温控器应断开）也没有问题，则检查化霜加热器排水加热器，发现加热器电热丝损坏，更换新品后，回复正常工作。

〖实例二〗 一台东芝 GR-204E 型电冰箱化霜指示灯不亮、加热丝不热

东芝 GR-204E 型电冰箱采用电子式温度控制继电器，其中的化霜电路如图 5.34 所示。6.8V 的电压经电阻 R808 和 R809 分压后，为 Q802 的 9 脚提供 4.4V 的化霜基准电压。冷冻室温度传感器是一个负温度系数热敏电阻。未化霜之前，由于冷冻室温度较低，冷冻室温度传感器的阻值很大，R810 上的分压值很小，Q802 的 8 脚电压小于 9 脚电压（4.4V），故其输出端的 14 脚为高电平，送到 Q801 的 13 脚输入低电平，则输出端 11 脚输出高电平，使三极管 VT812 导通，集电极为低电平，发光二极管 LED01 发亮，作为化霜工作指示灯。

通电后测得 Q802 的 8 脚为 6.8V，9 脚为 4.4V，14 脚为 0V，可见 8 脚电压大于 9 脚电压，输出端 14 脚为低电平。化霜按键 S101 按下再释放时，Q801 的输出端 11 脚仍为低电平，不会使三极管 VT812 导通。将冷冻室传感器取下，测得其阻值为 17kΩ左右，将它握在手中，其阻值迅速降低，说明传感器正常；再将 R810 焊下，测得其阻值为无穷大，说明该电阻断路。

更换一只 10kΩ、1/8W 的电阻，将冷冻室温度传感器接好，通电试机，该故障排除。

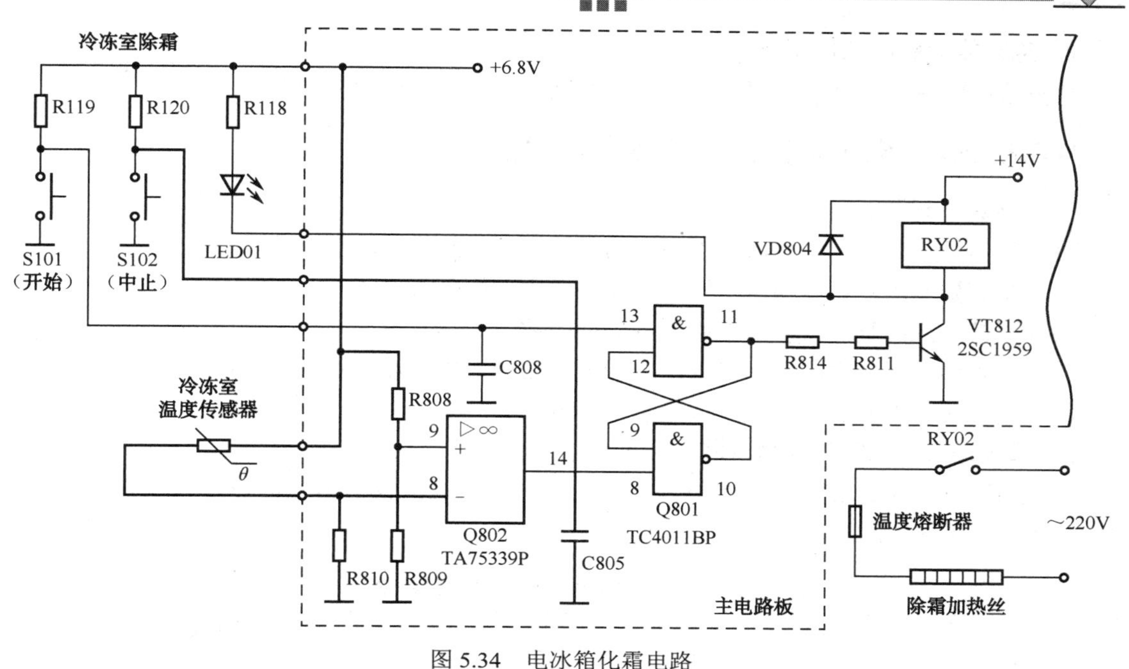

图 5.34　电冰箱化霜电路

5.6　电磁换向阀的结构和故障排除

5.6.1　电磁换向阀的结构与修理

1. 电磁换向阀的结构

电磁换向阀是热泵型空调器中的关键部件，用于改变制冷剂流向，实现制冷、制热模式的转变。它由电磁阀与四通阀组成，主体是四通阀。电磁阀的作用是控制四通阀，使制冷剂流向改变，其结构如图 5.35 所示。电磁阀主要由阀芯 A 和 B、弹簧 1 和 2、衔铁及电磁线圈组成。阀芯 A 和 B 以及衔铁连成一体，并一起移动。

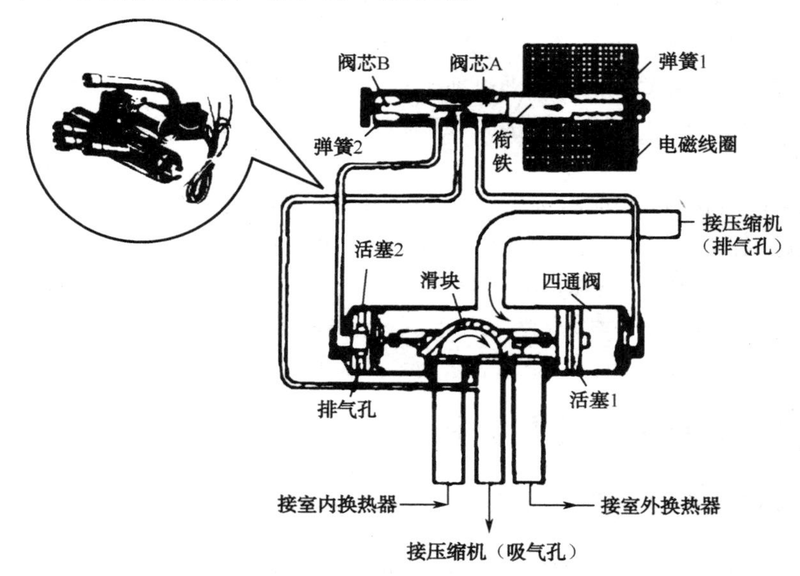

图 5.35　电磁换向阀的结构

2. 电磁换向阀的工作原理

电磁换向阀在热泵型空调器工作（制冷与制热）原理，如图3.20所示。

5.6.2 电磁换向阀的使用与常见故障排除

1. 电磁换向阀的使用

（1）阀体要垂直于管道，阀体上所示的箭头方向与制冷剂流向一致。

（2）安装要牢固，不能随着接管的振动而发生共振。

（3）更换电磁阀时，必须与原阀型号规格一致。

（4）电磁阀的工作电压，一定要与电源电压相同，电压波动不得超过额定值的±10%。

（5）电磁阀不得安装在有溅水或滴水的地方。

2. 电磁换向阀的常见故障排除

电磁换向阀结构比较复杂，损坏后一般进行调换。在此仅对常见故障及排除方法作一简述，如表5.15所示。

表5.15 电磁换向阀常见故障及排除

常 见 故 障	处理或修理方法
电磁头的吸力线圈受潮，霉断，烧坏	重新绕制、更换吸力线圈
衔铁腐蚀或附着污物，使通电后电磁阀芯不能正常吸合	清洗阀芯、除锈，严重时更换
衔铁被弹簧卡住，断电后阀门不能复位关闭	更换弹簧
短路环断裂，通电后有“嗒嗒”跳动声	进行修复或更换电磁换向阀

知能拓展——电磁换向阀故障维修实例

〖实例一〗 一台KFR-34GW分体挂壁式空调器夏天制冷效果良好，但冬天制热时处于待机状态，而且通过按强制运行开关试机仍制冷

该空调器能制冷正常，说明制冷剂量基本正常。开制热模式运行时，仔细检查室外机，发现室外机工作正常，但室内机风扇电动机不转动，处于待机状态。10min后室内侧换热器表面冰冷，室外侧换热器表面温热，故判断电磁四通阀没有工作。检查电磁换向阀供电电源220V正常，线圈电阻也符合要求，故判定电磁换向阀阀芯被卡，使制冷、制热切换时不能更换制冷剂流动方向。经更换电磁换向阀及抽真空、加制冷剂后空调器恢复正常。

〖实例二〗 一台KFR-120LW/ESD分体立柜式空调器制热正常，但是制冷时吹热风

由于空调器制热正常，可判定故障出现在电磁换向阀或电气控制系统。开机检查，听到有电磁换向阀的吸合声，拔掉电磁换向阀的一根电源线后，制冷立即恢复正常，由此判定电磁换向阀制冷时有电压，故障出现在室外机的主控制板上，经检查发现控制电磁换向阀的继电器触点粘连，更换继电器后，空调器工作恢复正常。

5.7 电气控制线路及其分析

5.7.1 电冰箱的电气控制线路

电冰箱的控制线路一般由压缩机的启动和保护控制；门灯照明控制以电加热的形式控制。

1. 直冷式单门电冰箱控制线路

直冷式单门电冰箱的控制线路一般由压缩电动机的启动、保护控制和门灯照明控制两个回路组成。它们之间的连接关系是并联的。整机电路除上述两回路外无其他附设电气装置。

（1）具有过电流保护装置的电路原理图如图 5.36 所示。

（2）具有热升保护的电路原理图如图 5.37 所示。

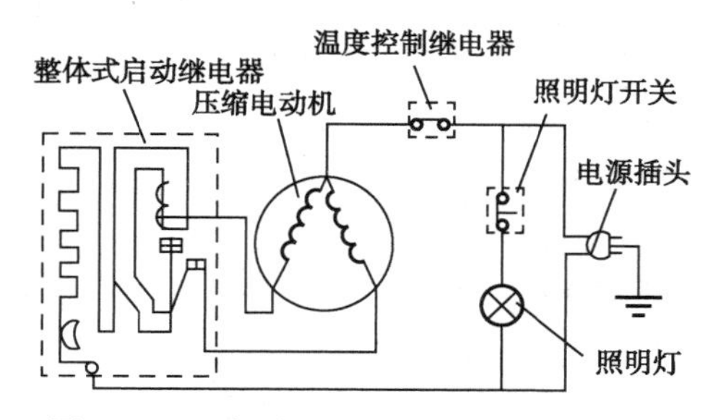

图 5.36　具有过电流保护装置的原理图

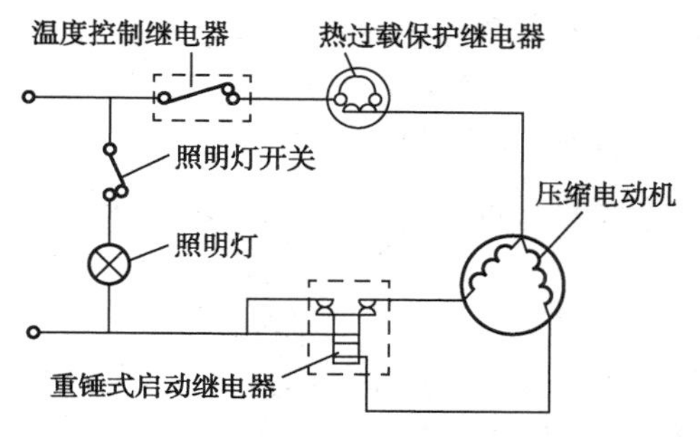

图 5.37　具有热过载保护的电路原理图

（3）带启动电容器的热过载保护电路原理如图 5.38 所示。

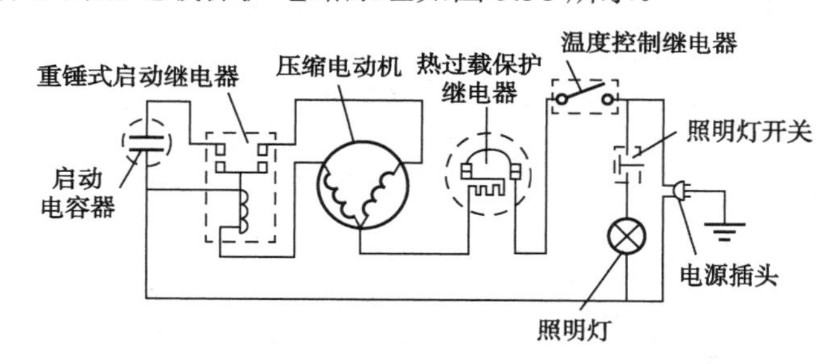

图 5.38　带启动电容器的热过载保护电路原理图

注：启动电容器多用于压缩机电动机的功率在 100W 以上的电路中。

2. 直冷式双门电冰箱的控制线路

直冷式双门电冰箱的控制线路是在直冷式单门电冰箱控制线路的基础上增加了化霜功能或冬用低温补偿作用的装置，使电冰箱的功能更趋于完善。

（1）具有半自动化霜功能的电路原理图如图 5.39 所示。

（2）具有冬用温度补偿作用的电路原理图如图 5.40 所示。

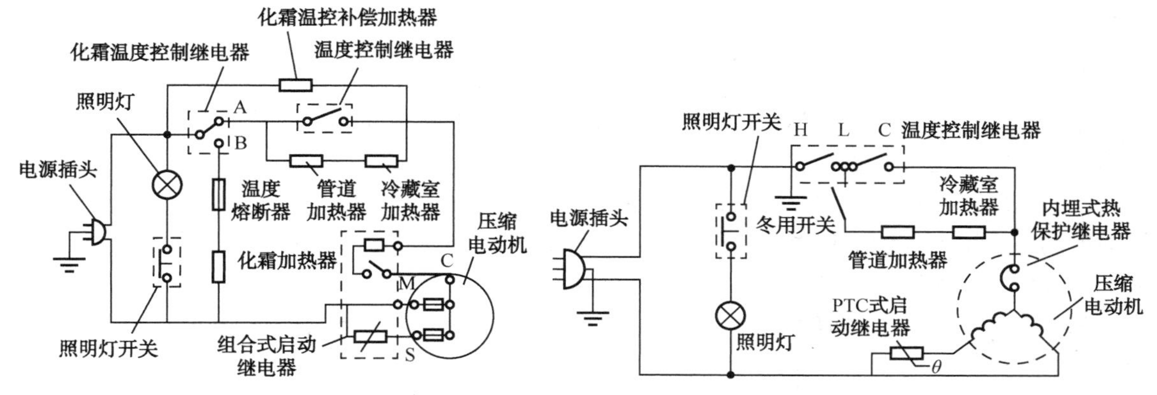

图 5.39　具有半自动化霜功能的电路原理图　　图 5.40　具有冬用温度补偿作用的电路原理图

该电路除了单门直冷式电冰箱的压缩电动机、启动继电器、热过载保护器、温度控制继电器、门灯和门灯开关外，还装有防止箱内过冷和冷藏室蒸发器化霜不完全的两组电加热器和冬用开关（又称节电开关）等。

电冰箱内的温度控制继电器多采用 K-22A 型“定温复位”型，有 3 个接线端子（图 5.40 中 L、H、C）。如果将温度控制继电器旋钮置于 OFF（断开）位置，端子 L、H 之间触点断开，压缩机和加热器都无电流通过，处于不工作状态，但箱内照明灯回路仍工作，当箱门打开时，照明灯就亮。如将温度控制继电器旋钮拨离 OFF 位置，端子 L、H 压缩电动机开始工作，制冷循环开始。当箱内温度降到预定值时，温度控制继电器端子 H、C 间触点断开，但加热器组成的回路仍然通过电流，使加热器工作。这两组加热器只有在压缩机停车时才通电工作。这是因为端子 H、C 闭合时，H、C 之间电阻值极小，与其并联的加热器电阻为 4032Ω，这样电流直接通过温度控制器流到压缩电动机上，所以压缩机工作时加热器不工作。当箱内温度达到要求时，端子 H、C 间触点断开，两组加热器和压缩电动机串联在一个电路中，压缩电动机的电阻仅为十几欧姆，与加热器的电阻值分别相差 30 倍和 160 倍，因此加在压缩电动机上的电压仅为 1～2V，这样小的电压，压缩电动机既不工作，也不会发热，所以加热器工作时，压缩机停转。电冰箱在夏季或气温较高时，无须电加热器对箱内进行低温补偿就能正常工作，因此为了节约电能，常在加热器回路上串联一只冬用开关（即冬季或气温较低时合上开关；夏季或气温较高时，分断开关），又称节能开关。对于直冷式双门电冰箱一般都有上述功能相似的加热器，所不同的是加热器的数量和功率各有差异。

3. 无霜汽化电冰箱控制线路

双门双温无霜汽化工电冰箱控制线路图如图 5.41 所示。

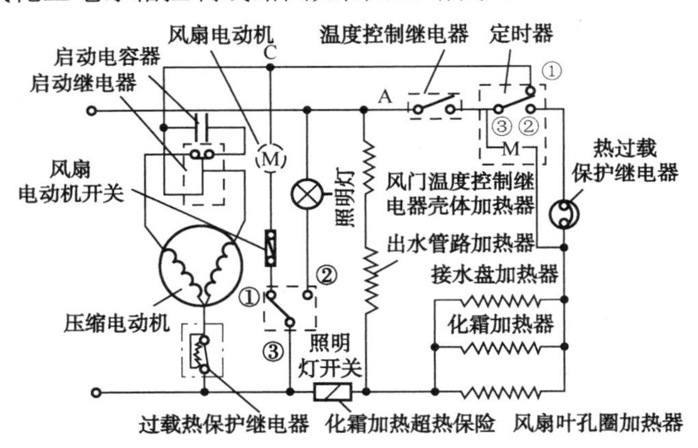

图 5.41 双门双温无霜汽化式电冰箱控制电路原理图

双门双温无霜汽化式电冰箱控制线路比较复杂。其电路主要包括压缩机供电电路、箱内照明电路、自动化霜电路和其他电路。分析如下：

（1）压缩机供电电路。压缩机的供电电路包括启动继电器、过电流过温升保护继电器、压缩电动机、温度控制继电器和定时器。当温度控制继电器触点接通以及定时器的触点③与①接通（即不在化霜时间内）时，压缩机电动机工作。压缩机电动机的供电通路是：电源上端→A→温度控制器→定时器的触点③和①→C 点→启动继电器→压缩机电动→压缩机过电流、过热保护继电器→电源下端。

（2）箱内照明电路。箱内照明电路是供存取食物时照明之用。当电冰箱的箱门打开后，门灯开关的触点②与③接通，这时电源与照明灯构成回路，门灯亮。当箱门关闭后，门灯开关的触点①与③接通，②与③触点断开，箱内照明灯不亮。

（3）自动化霜电路。自动化霜电路包括温度控制继电器、定时器、双金属温度控制继电器、化霜加热器和化霜加热超热保险等。温度控制继电器的触点通断受冷冻室温度的控制。例如，我们将温度控制继电器开关放在使用电冰箱的冷冻室温度为-12℃时，当冷冻室温度高于-12℃时，触点接通，低于-12℃时，触点断开。定时器与电路由时钟电动机和触点组成，时钟电动机与压缩机是同步工作的，当压缩机开动 8h 左右时，定时器的触点倒向下方，使③与②触点接通，开始化霜。此时，时钟电动机短路不工作（此时压缩机也不工作）。随着化霜过程的进行，箱内温度逐步开始回升，当温度上升到一定值时，双金属温度控制继电器触点断开，化霜结束，同时使时钟电动机开始工作，定时器触点倒向上方，使③与①接通，压缩机又开始工作，时钟电动机重新开始累计时间，达 8h 后，又重复上述过程。自动化霜的回路是这样的：电源上端→A 点→温度控制继电器→定时器的触点③和②→双金属温度控制继电器→化霜加热超热保险→电源下端。化霜加热器两端加上 220V 交流电源，开始工作，因散发热量而化霜。为了防止电路故障后化霜加热器仍一直处于工作状态而不断加热，加设了 65℃熔断的化霜加热超热保险。

（4）风扇电动机的供电电路。风扇工作与制冷系统工作是同步的，也就是说，在压缩机工作的同时风扇也工作。风扇电动机的供电通路为：电源上端→A 点→温度控制继电器→定时器触点③和①→风扇电动机→门灯开关的触点①和③→B 点→电源下端。

（5）其他电路。为了防止温感风门温度控制继电器壳体、底面出水管，风扇的叶孔圈等部件因冻结而影响工作，可在这些部件附近放置电加热器（电热丝），以达到防冻目的。

5.7.2　空调器的电气控制线路

空调器的控制线路一般有压缩电动机的启动和保护控制；风扇电动机的启动和保护控制；温度和时间的控制；各种附设装置（如电加热、电加湿等）的控制。

1. 空调器的基本控制线路之一

最简单的空调器的控制线路一般由一台压缩机电动机和风扇电动机组成，如图 5.42 所示。

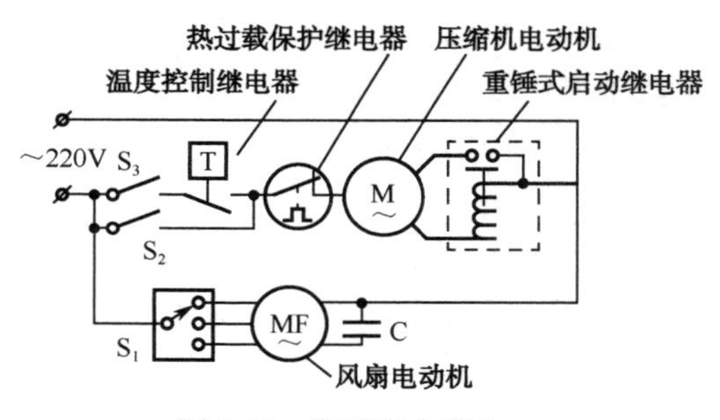

图 5.42　空调器电路之一

图 5.42 中压缩机电动机为电阻分相式单相异步电动机，重锤式电流启动器作为启动元件。启动器的电流线圈串接在压缩机电动机运行绕组上，常闭触点串接在压缩机电动机的启动绕组上。压缩机电动机的工作和过载、过流保护由温度继电器和过流过热保护器控制。S_2 和 S_3 是压缩机电动机的电源开关。当 S_2 接通时，温度继电器被短路，此时压缩机电动机的工作与温度继电器调定的温度值无关。风扇电动机是多速电容运转式单相异步电动机，接有运行电容器 C，S_1 是电扇调速开关，可对电扇进行高速、中速或低速工作的选择。

2. 空调器基本控制电路之二

图 5.43 所示电路，是采用双值单相异步电动机作为压缩机动力源。在双值单相异点电动

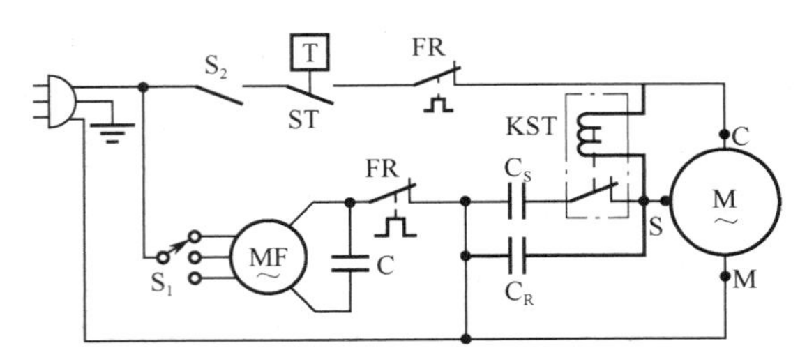

图 5.43　空调器电路之二

机的启动绕组上接有两只电容器，一只电容器 C_R 为运转电容器，另一只 C_S 为启动电容器。电压式启动继电器 KST 为启动元件。启动器的线圈与压缩机电动机 M 的启动绕组相连，启动电容器经启动继电器的常闭触点与压缩机电动机的启动绕组相联。当压缩机电动机刚接通电源时，启动绕组两端电压很低，常闭触点闭合。C_S 接在电路中，随着电动机转速提高，启动绕组两端感应电压逐渐增大，直到电动机接近额定转速，启动继电器动作常闭触点分离，使 C_S 的电路切断，电动机启动结束，进入正常运行。

电路中的其他部件与前面介绍的基本相同。

3. KCD-25 空调器电路

KCD-25 空调器是一种典型的电热型窗式空调器，夏季制冷，冬季用电加热供热，其电路如图 5.44 所示。

压缩机电动机（M）采用电容运转式单相异步电动机，且串有过电流过温升控制的过载保护继电器（FR_1）。温度的高低由温度继电器（ST）控制。

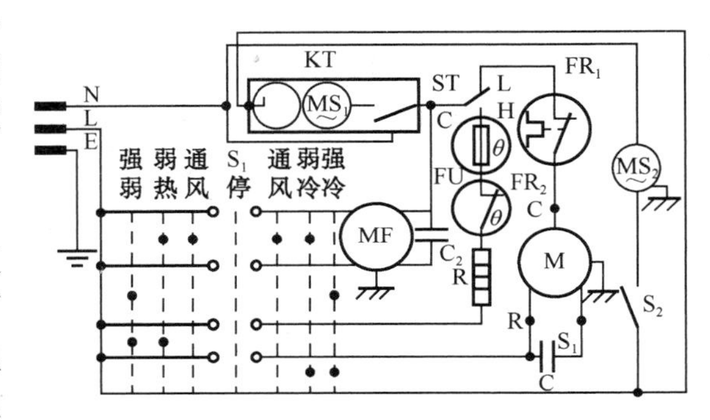

图 5.44　KCD-25 空调器电路

需要制热时，将电加热器（R）接通。在电加热器电路中接有两只保护元件：可复性保护器（FR_2）和一次性熔断器（FU）。可复性保护器实质上是温度继电器。当它的温度达到 35℃时，保护器的常闭触点断开，电路切断，停止加热。待温度下降，保护器的常闭触点断开，电路切断，停止加热。待温度下降，保护器的常闭触点自动复位，加热器又通电发热。若温度继续上升，超过一次性熔断器所能承受的温度时，熔断器即被烧断，电路切断。熔断器被烧毁后，需更换新熔断器。

空调器中所用的风扇电动机（MF）是双速电容运转式单相异点电动机。空调器工作状态有停止、通风、弱冷、强冷、弱热、强弱六种，它由选择开关（S_1）选定。

空调器中还装有定时器（KT），可在 12h 内任意调定。选定时间一到，空调器除调向机（MS_2）外，全部停止工作。如把定时器旋在“连续”位置，则空调器长期工作，不会停机。

电路中的调向机是单相同步电动机。其作用是使空调器的纵向导风片左右摆，以达到不断改变送风方向的目的。MS_2 的工作是由开关 S_2 控制。S_2 在“停”位时，MS_2 不转，导风片不动，送风方向不变。

4. 分体式冷风型空调器电路

图 5.45 所示是分体式房间空调器的电气原理图。

它分室内和室外两部分。室内部分有风扇电动机（MF_1）、调节风向电动机（MS），指示灯及有关控制开关。室外部分有压缩机电动机（M）和风扇电动机（MF_2）等。其工作过程如下：当合上电源开关（S_1），室内风扇电动机（MF_1）通电动转。与此同时，接触器（KM）

的线圈获得电流，其触点闭合，室外风扇电动机（MF_2）和压缩机电动机（M）开始动转，进入制冷状态。

5. 热泵冷风型空调器电路

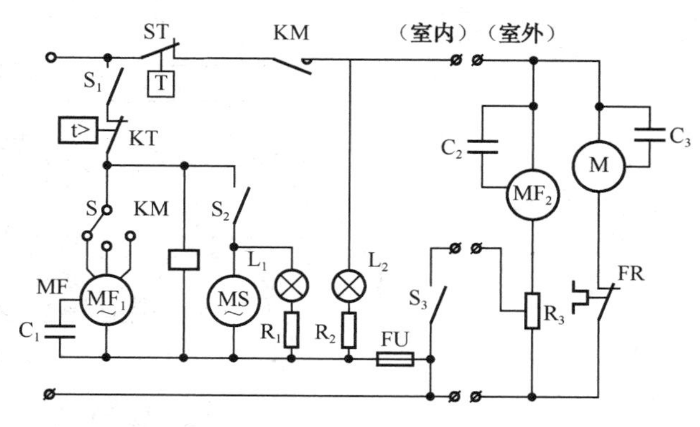

图 5.45　分体式房间空调器电路

图 5.46 所示是带有化霜装置的热泵冷风型空调器的电路原理图。整个空调器装有选择开关（S_1）、风扇机电动机（MF）、压缩机电动机（M），温度控制继电器（ST）、冷热开关（S_2）以及电磁阀（Y_V）和化霜器（S_C）。

S_1 开关控制压缩机电动机电源和风扇电动机的高、中、低速动转，压缩机运转后空调器送出是冷风还是热风，由 S_2 控制。

制冷时，空调器送出的是冷风，电路状态如图 5.46 所示。此时电磁换向阀电路不通，制冷剂经室内吸热后流向室外散热，使室内温度下降。室内侧的热交换器起蒸发器作用，室外侧热交换器起冷凝器作用。当室温下降到预定值，温度控制继电器动作触点（1～3）分断，压缩机电动机电源切断，空调器停止制冷。

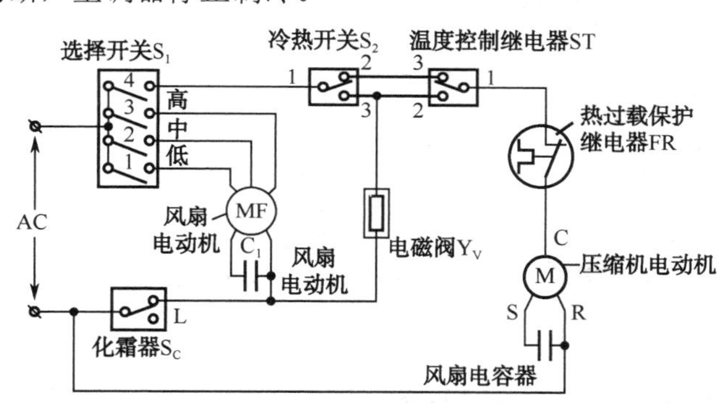

图 5.46　热泵冷风型空调器电路

制热时，拧动 S_2（1～3）接通电磁换向阀的电磁线圈通电，引起铁芯和滑阀动作，从而改变制冷剂的流向，实现室内制热。当室内温度上升到预定值时，温度控制继电器动作触点（1～2）跳开，压缩机电动机停止运行，空调器停止制热。

化霜器的工作原理如下：在制热过程中，若室外空气温度较低（一般在 0～5℃以下），室外侧的蒸发器就会结霜，影响热量交换，降低制热效率。化霜器是利用感温管来感温，感温包安装在室外侧热交换器的侧面铜管上，感受铜管及周围环境温度达到 0℃时，化霜器（S_C）动作，切断电磁换向阀电源。电磁阀换向，使空调器变成制冷循环，这样，室外热交换器表面的霜就会被高温制冷剂蒸气融化。同时，风扇电动机电源也被切断，风扇停止转动，防止向室内送冷风。除霜后，温度上升，除霜器动作恢复原来状态，空调器又变制热状态。

知能拓展——空调器控制系统故障检修流程图

分体壁挂式空调器压缩机不运转、室内风扇不运转、完全不制冷、冷量不足和不制热故障检修流程图，分别如图 5.47（a）、（b）、（c）、（d）和（e）所示。

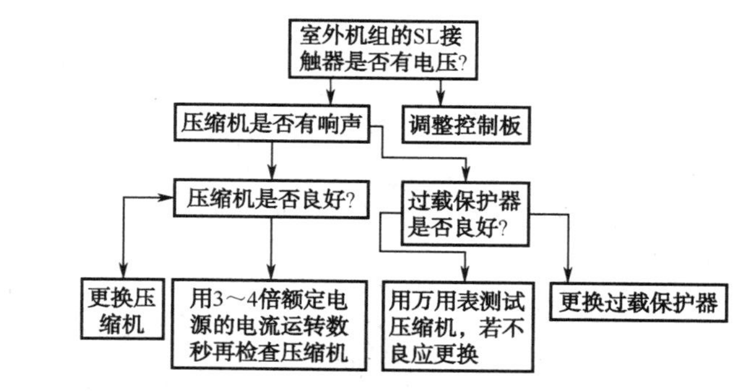

（a）压缩机不运转故障检修流程图

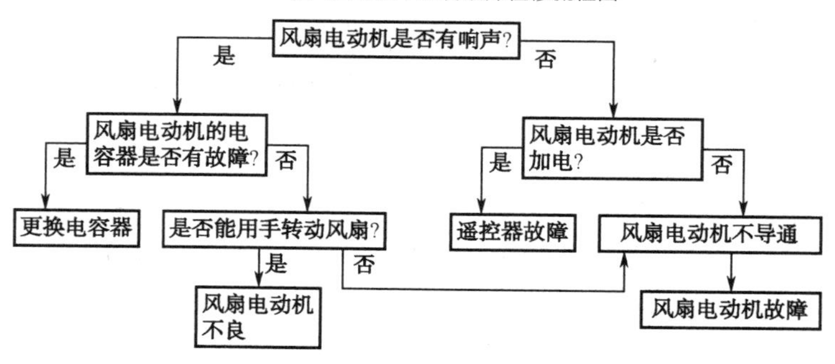

（b）室内风扇不运转故障检修流程图

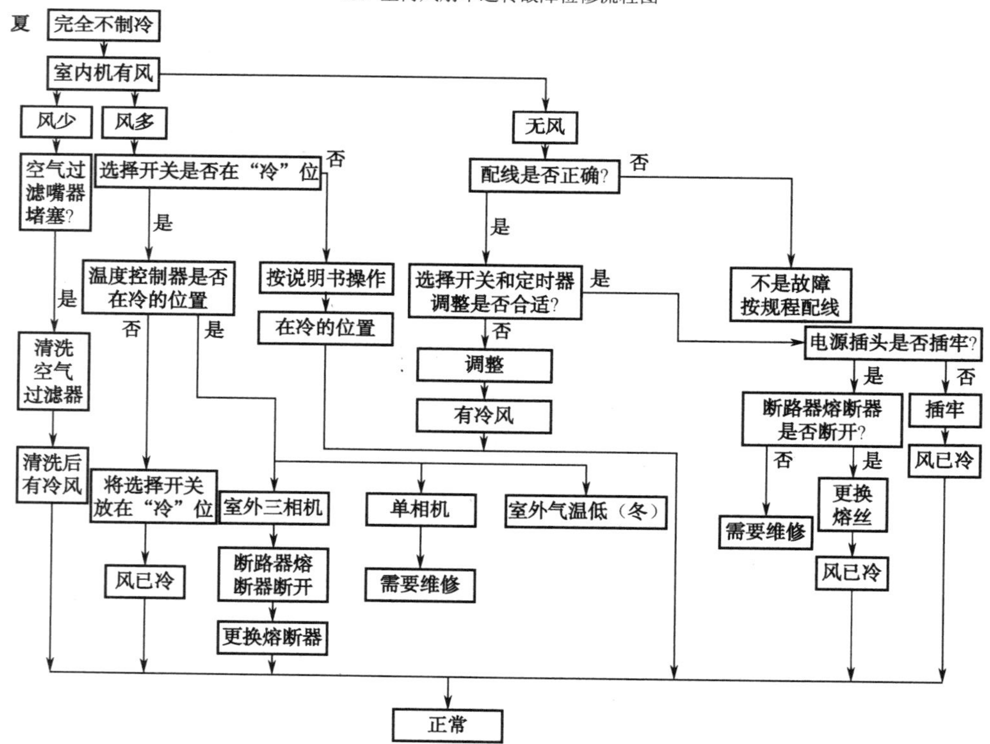

（c）完全不制冷故障检修流程图

图 5.47　分体壁挂式空调器控制系统故障检修流程图

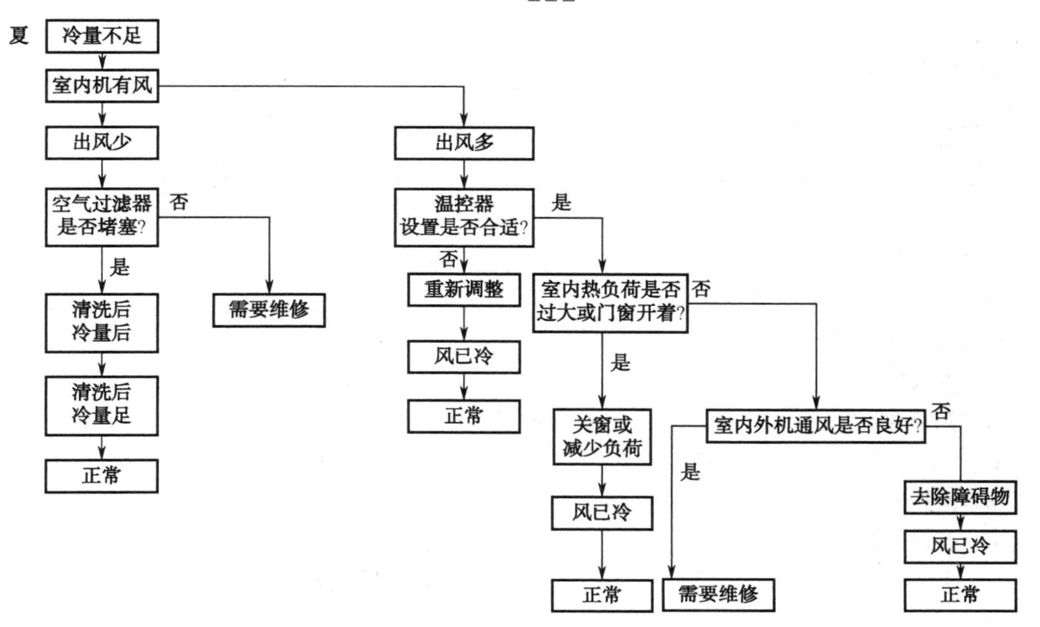

（d）冷量不足故障检修流程图

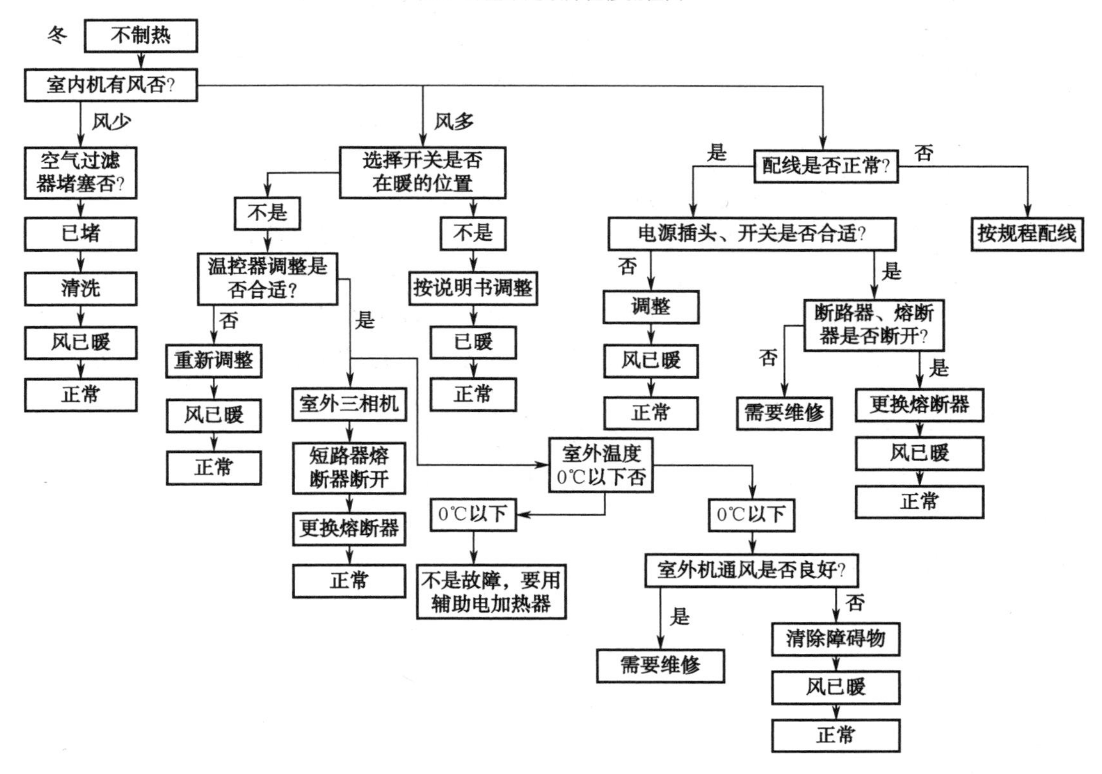

（e）不制热故障检修流程图

图 5.47　分体壁挂式空调器控制系统故障检修流程图（续）

思考与练习

1. 填空题

（1）万用表是一种应用范围很广的测量仪表，是制冷设备电气检修中最常用的工具。它可以测量______、_______、____等。

（2）钳形电流表是一种____专用仪表。

（3）兆欧表，又称绝缘摇表，是一种测量______________________________的仪表。

（4）制冷与空调设备的电气控制电路一般有：_________________________等电路。

2. 选择题

（1）家用电冰箱、空调器的绝缘电阻值应在（　　）。

（A）0.5MΩ以上　（B）1MΩ以上　（C）1.5MΩ以上　（D）2MΩ以上

（2）全封闭压缩机由（　　）两部分组成。

（A）机体与曲轴　（B）活塞与阀板组

（C）活塞与气缸　（D）压缩机与压缩电动机

（3）（　　）动作不会使制冷压缩机停止运转。

（A）热力膨胀阀　（B）压力继电器

（C）温度控制继电器　（D）过热保护继电器

（4）单相异步电动机采用电阻分相式启动的特点是（　　）。

（A）启动转矩小而启动电流大　（B）启动转矩大而启动电流大

（C）启动转矩小而启动电流小　（D）启动转矩小而启动电流大

（5）单相异步电动机采用电容启动方式的特点是（　　）。

（A）启动电流较大，启动转矩较小　（B）启动电流较小，启动转矩较大

（C）启动电流较大，启动转矩较大　（D）启动电流较小，启动转矩较小

（6）全封闭制冷压缩机用蝶形热过载保护继电器，其保护参数是（　　）。

（A）电流与湿度　（B）电抗与湿度　（C）电流与温度　（D）电压与温度

3. 问答题

（1）如何判断压缩机电动机的断路、短路和碰壳通地？

（2）什么是重锤式启动继电器，它是如何工作的？

（3）什么是热过载保护继电器，它是如何工作的？

（4）什么是温度控制继电器？它有什么作用？

模块六

空调器的通风系统

通风系统即空气循环系统，是空调的又一个重要系统。一台空调器配备合理的通风系统，才能获得清醒、舒适的空气。空调器的通风系统主要包括室内空气循环、室外空气循环和新风循环 3 个系统，常见部件有风扇、风门（调节风阀）、风道和空气过滤器（网）等。

通过本模块的学习，了解通风系统的基本组成，熟悉通风系统各部件的结构原理，能进行通风系统的安装和常见故障的维修。

内容提要

- 通风系统的组成与工作过程
- 风扇的结构与原理
- 风道与空气过滤器（网）
- 通风系统的常见故障及排除

6.1 通风循环系统的组成与工作过程

6.1.1 通风循环系统的作用

通风循环系统的作用是强制空气对流通风，促使空调器的制冷或制热后的空气在房间内流动，以达到房间各处均匀降温或升温的目的。空调房间的空气在空调器的作用下，沿着机组面板经风栅的回风口、空气过滤器（网）、换热器的净化和热交换，将冷却或加热后的空气由出风口吹入室内。窗式空调器通风循环系统示意图，如图 6.1 所示。

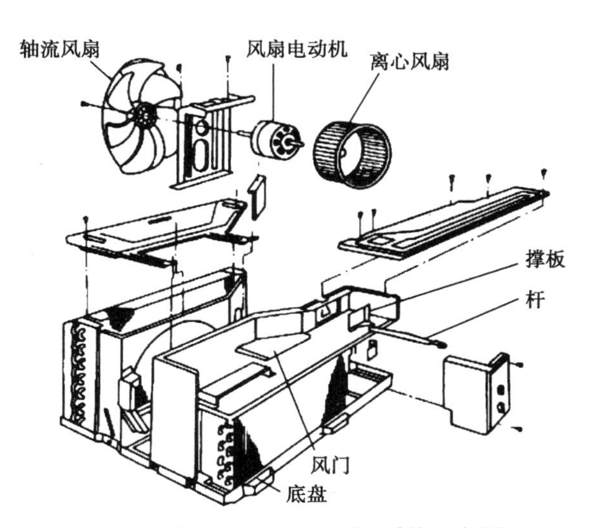

图 6.1　窗式空调器通风循环系统示意图

6.1.2 通风循环系统的组成

空调器的通风循环系统（以窗式空调器的通风循环系统为例），主要由室内空气循环、室外空气循环和新风循环 3 部分组成，各部分的工作情况如下。

（1）室内空气循环。在离心风扇的作用下，室内空气从空调器的室内侧进风口吸入，通过空气过滤网净化后，进入换热器（蒸发器）进行热交换，冷却后的空气再经风道、出风格栅回到室内。

（2）室外空气循环。在轴流风扇的作用下，室外空气从空调器室外箱体两侧的百叶窗吸入，然后经轴流风扇进入换热器（冷凝器），带走冷凝器散发出来的热量。

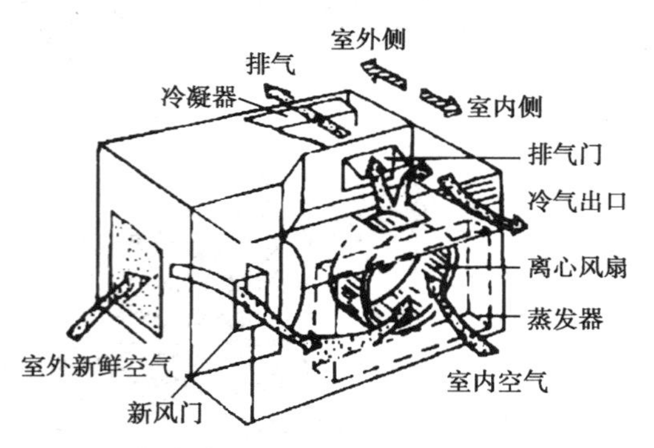

图 6.2　窗式空调器新风循环示意图

（3）新风循环。新风循环主要由新风门和混浊空气排出门组成。新风门设置在空调器吸风侧，可通过控制面板上的旋钮或滑杆来控制其开、关。当空调器运行时，打开新风门，室外新鲜空气从新风门吸入，与室内经热交换后的循环空气混合，后送至室内。排风门设置在空调器排风侧，用于排除室内混浊空气。窗式空调器的新风循环示意图，如图 6.2 所示

目前，我国空调器的新风门，由于设计结构需要，常有两种形式，如图 6.3 所示。

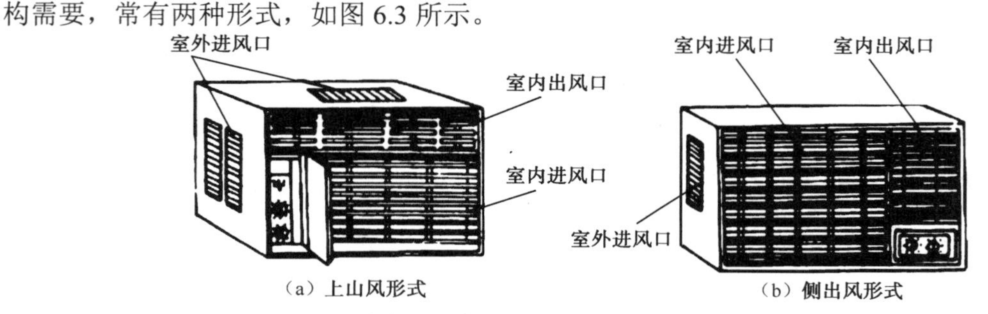

（a）上山风形式　　（b）侧出风形式

图 6.3　窗式空调器新风门的两种形式

知能拓展——新型空气净化技术

现代空调器在空气净化技术方面已经有了质的突破，除空气过滤网、防霉过滤网、活性碳除味等技术外，还采用表 6.1 所示新技术。

表 6.1　新型空气净化技术

新　技　术	说　　明
除臭过滤器	除臭过滤器选用新化学吸附型净化材料，能有效地脱除空气中含有的一氧化碳、二氧化碳、氨气、有机酸等各种异臭味，同时具有高效杀菌的功能。除臭效果是传统活性炭的 100 倍
静电空气滤清器	静电空气滤清器的滤芯是经过特殊静电处理的纤维网，能有效地将空气中悬浮的尘埃、花粉微粒进行吸附。锯齿波纹的外形使过滤吸附的表面积增大 50%以上
再生触媒技术	再生触媒是利用具有多孔特性的载体物质吸附空气中的异味及有害气体，并在紫外线作用下使吸附的有害气体与空气中的氧气发生化学反应，将有害气体分解后脱离载体，达到清新室内空气的目的
冷触媒技术	冷触媒在常温下能直接分解甲醛等有害化学物质和异味气体，并且具有抗菌功能，效果突出
等离子空气净化技术	等离子空气净化技术是利用强力集尘板对微尘进行强力吸附，以离子中和的方式，彻底消除空调房间空气中各种微粒、有害气体，达到保持室内空气清新、维护用户的身体健康

6.2　风扇的结构与原理

空调器的风扇根据作用与安装位置的不同，分为贯流式、轴流式与离心式 3 种。

贯流式风扇应用于分体挂壁式空调器的室内机组；轴流式风扇应用于窗式空调器的室外鼓风及柜机、挂壁式分体机的室外机组；离心式用于窗式空调器及柜式空调器的室内鼓风。

6.2.1　贯流式风扇的结构与工作原理

1. 贯流式风扇结构

贯流式风扇由风扇电动机、风扇、轴承等组成，其结构如图 6.4 所示。贯流式风扇的叶轮较大，转速亦较大，叶轮上的叶片为奇数，叶片间距不等，这种设计有利于降低室内机组的噪声。

2. 贯流式风扇的工作原理

贯流式风扇的工作原理，如图 6.5 所示。随着风扇旋转，贯流风扇的风道内形成了偏离风机轴心的气体旋涡，在进风口形成低气压区，吸入空气，空气经滤网由前面板及顶部进风口流过蒸发器进入贯流风扇；在风道出口区形成高气压区，排出气体，将冷风送入空调房间。

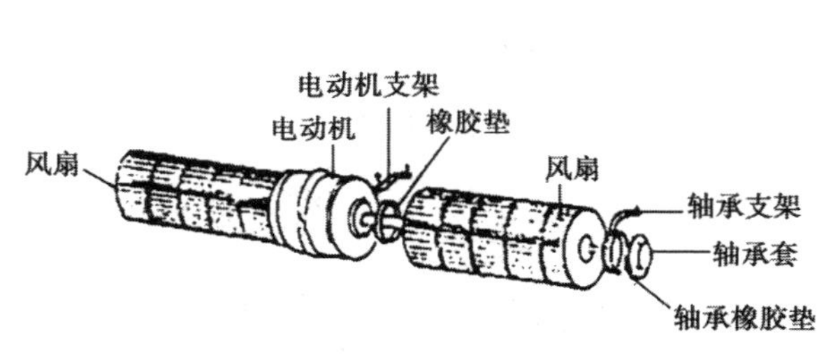

图 6.4　贯流式风扇结构

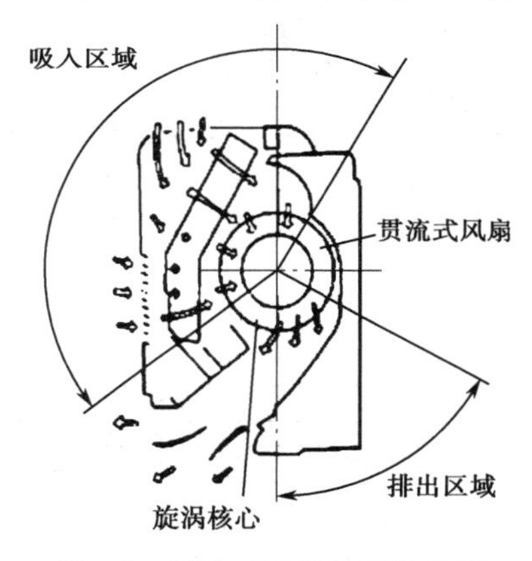

图 6.5　贯流式风扇的工作原理

6.2.2　轴流式风扇的结构与工作原理

1. 轴流式风扇结构

空调器的轴流式风扇具有较简单，叶片数一般为 4～8 片，且带有轮圈，而且具有风量大、压头低的特点，其结构主要由叶轮和轮圈两部分组成，如图 6.6 所示。

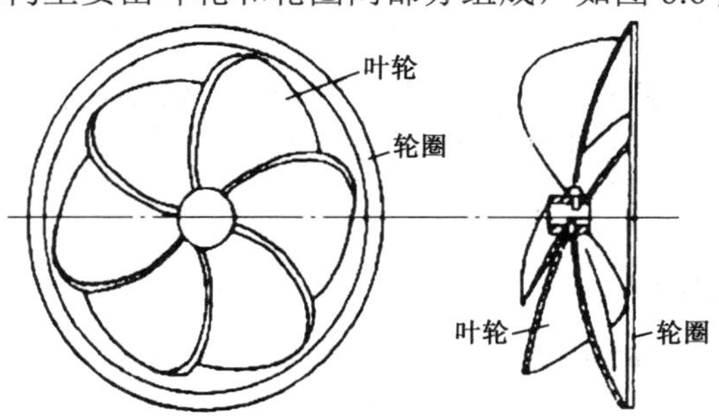

图 6.6　轴流风扇的工作原理

2. 轴流式风扇的工作原理

轴流式风扇的工作原理，如图 6.7 所示。在电动机的带动下，轴流式风扇叶轮做旋转运动，风扇进风侧压力降低，出风侧压力升高，形成一个压力差。在这个压力差的作用下，空气沿着叶轮轴向流动，将其前侧的冷凝器中散发出的热量送到室外。

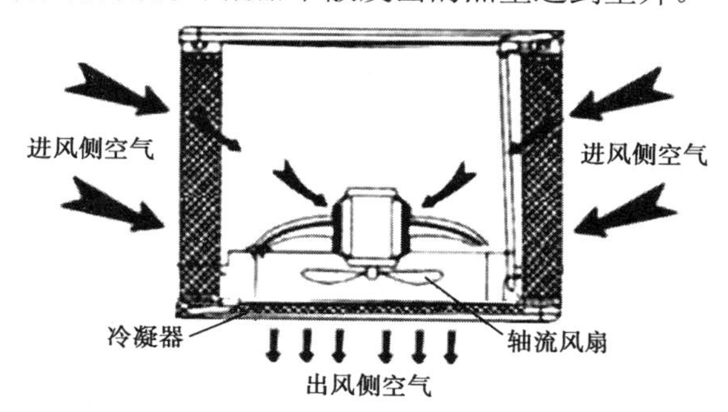

图 6.7 轴流风扇的工作原理

6.2.3 离心式风扇的结构与工作原理

1. 离心式风扇结构

空调器的离心式风扇具有紧凑、风量大、噪声低、尺寸小，而且具有随转速下降，风扇噪声明显降低的特点。其结构主要由叶轮、螺旋形机壳（亦称蜗壳）、轴、轴承和机座等组成，如图 6.8 所示。

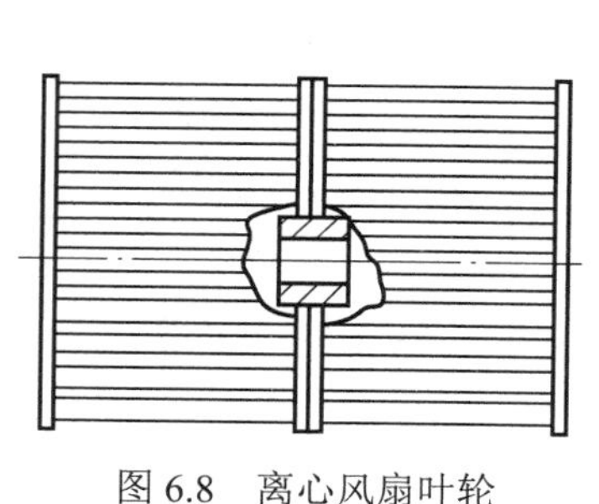

图 6.8 离心风扇叶轮

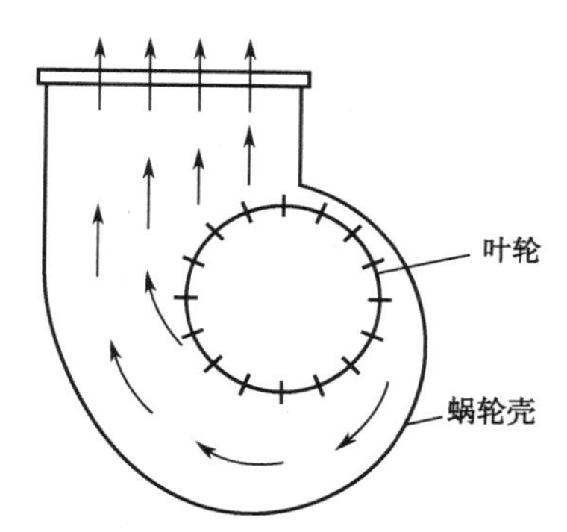

图 6.9 离心式风扇工作示意图

2. 离心式风扇的工作原理

离心式风扇的工作原理是：在风扇电动机的带动下，叶轮在螺旋形机壳中做旋转运动。叶轮之间吸入的气体，在离心力作用下，被抛向叶轮的周围，加大了气体流动速度，提高了气体的动能，又在蜗壳中减速增压，经风扇出口送出。与此同时，叶轮中心形成低压，吸入空气，周而复始地使空气吸入和排出。图 6.9 所示是空调器离心式风扇工作示意图。

知能拓展——扇子的作用

为什么人用扇子扇风（见图 6.10）的时候，会感到凉快？原来直接贴在我们脸上的那层空气变热以后，就成了一层看不到的罩在我们脸上的热空气面罩，它使脸部“发热”，因为它延缓了我们脸上的热进一步消失。如果围绕着我们的空气不流动，那么贴在我们脸上的这层热空气只能十分缓慢地被比较重的、没有变热的空气挤向上面。当我们用扇子扇走热空气的时候，就加速了周围空气的流动，使我们脸部老是跟一份没有变热的新空气接触，所以我们觉得凉快。

可见，人扇扇子的时候，它是不断地在从人的脸部赶走热空气，用没有变热的空气来代替。等到不热的空气又变热了的时候，另外一份不热的空气又来代替，如此重复……。

扇子能加速空气的流动，使人感到凉快；同样，空调器在制冷时，利用风扇电动机带动扇子（扇叶）加速了室内空气的流动，使整个房间里的温度很快均匀地降低；电冰箱内的扇子（扇叶）也起到了同样的作用。这就是“扇子”在空调器、电冰箱的应用。

图 6.10　老人用扇子纳凉

6.3　风门风道与空气过滤器

6.3.1　风门与风道

1. 风门

风门又称调节风阀，分送风门、回风门和新风门。送风门和回风门，主要作用是调节空调系统中的风量和风压，以使系统风量、风压达到平衡。中小型空调器的送、回风门采用双层或单层百叶式，直接在空调器面板上做出，并在上面装有手动调节装置和摇风装置。送风量的大小，送风的风向，可通过调整百叶的角度和开度来掌握。摇风装置可利用摇风机带动连杆系统推动百叶来回摆动。摇风电动机多为 30 极的微型电动机，转速仅为 5rad/min（转/分），功率也只为 3～5W。为了改善空调房间的空气品质，补充新鲜空气，通常在空调器上都设有新风门，或混浊空气排出门。打开新风门时，就可吸入约 15%室内循环空气量的新风。一般情况下，空调器新风门应该紧闭，否则会使室内冷气外逸，室外热气大量进入，致使室温降不下来。何时开启新风门，视室内空气状况而定。通常每小时开启 1～2 次，以室内空气感到新鲜为准。图 6.11 所示是一款采用超省电智能变频压缩机调节 3 个旋转风门的空调器。

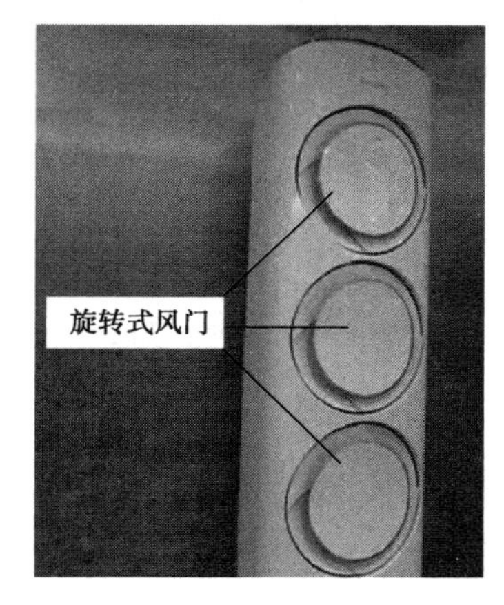

图 6.11　新款空调器的风门

提示

据资料介绍，门窗紧闭的 $10m^2$ 的房间，3 人在室内看书，3h 后二氧化碳量增加 3 倍，细菌量增加 2 倍，氨浓度增加 2 倍，灰尘数增加 9 倍。因此，正确使用新风门尤为重要。

2. 风道

风道是空调通风系统不可缺少的组成，有合理风道才能有一定的出风量。一般来说，通风系统的风道可分室内空气循环风道和室外空气冷却风道两部分。风道由塑料板、薄钢板或薄铝板制作构成。图 6.12 所示为窗式空调器的风道示意图。图 6.13 所示为分体挂壁式空调器室内机组的风道示意图。

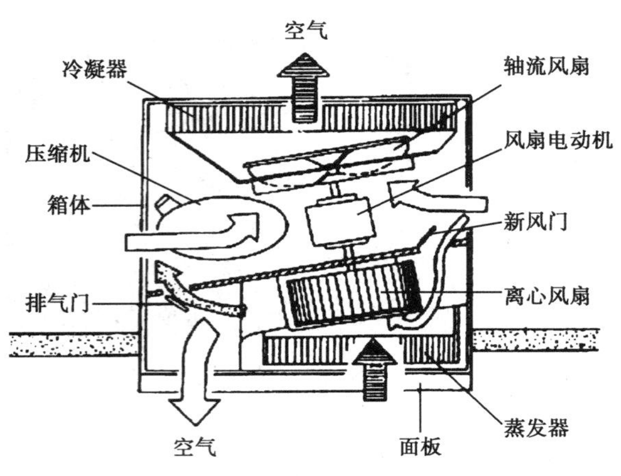

图 6.12　窗式空调器的风道

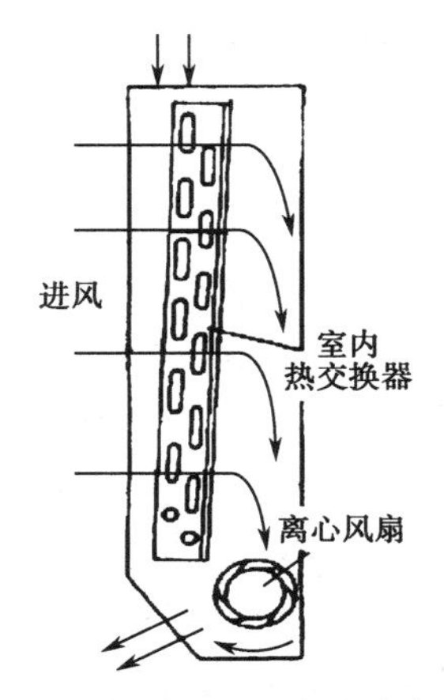

图 6.13　分体挂壁式空调器室内机组的风道

风道和风门在制作、安装时，应注意严闭。风道与风门不能有漏气、松脱、锈蚀、开关过紧或过松等现象。如发现以上故障，应及时修理或更换。

6.3.2　空气过滤器

空气过滤器（网）是空调器空气净化处理的重要设备，它是利用空气流经过滤器（网）时的多次曲折运动，其中的灰尘由于撞击、扩散、静电、筛滤、表面吸附等作用而被捕集的原理，达到净化的目的。

在空调系统中，根据净化所能达到的含尘浓度（颗粒浓度、重量浓度等）制定出的清洁度标准有三个等级，即“清洁、净化、超净”。空气净化处理的过滤器，有低效、中效和高效三种。通常采用低效过滤器作一级过滤，经它过滤的空气可达到一般清洁标准。低效和中效过滤器一起使用，可使空气达到净化标准；低、中和高效过滤器一起使用，即可达到超净标准。目前，我国空调系统中使用的过滤器（网）主要有如下几种：

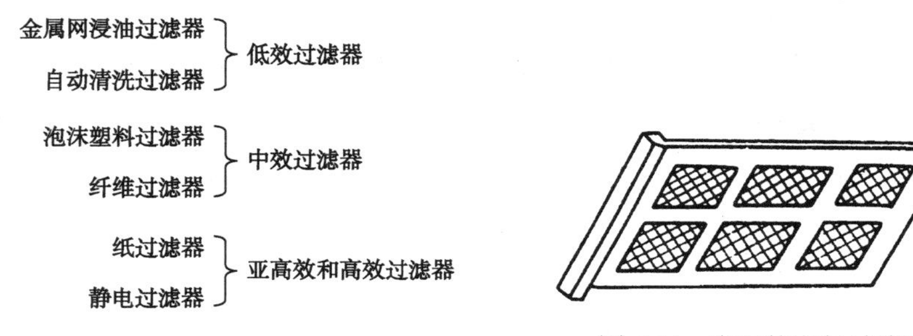

图 6.14　常见的空气过滤网

在空调器中，主要使用干式纤维过滤器和聚氨酯泡沫塑料过滤器将空气中的灰尘阻留在过滤网上，达到净化目的。常见的空气过滤器（网）如图 6.14 所示。

空调器的空气过滤器（网）积尘过厚时，应及时清洗，否则造成过滤器阻塞，风量减小，制冷或制热的效果降低。如污秽加重，可造成空调器功能故障或损坏。为使空调器通风系统气流通畅，空气过滤器（网）至少应一个月清洗一次。在灰尘多的环境下，清洗次数需更多。

目前，国外有些空调器上装有空气过滤器阻塞指示装置。空调器运行一段时间后，若用户忘记清洗过滤器，则蜂鸣器及指示灯会发出信号，提醒人们前去清洗。

知能拓展——空气过滤网的清洗

为使空调器通风系统气流通畅，要重视对它的清洗工作。对空气过滤网进行定期清洗，如图 6.15 所示。

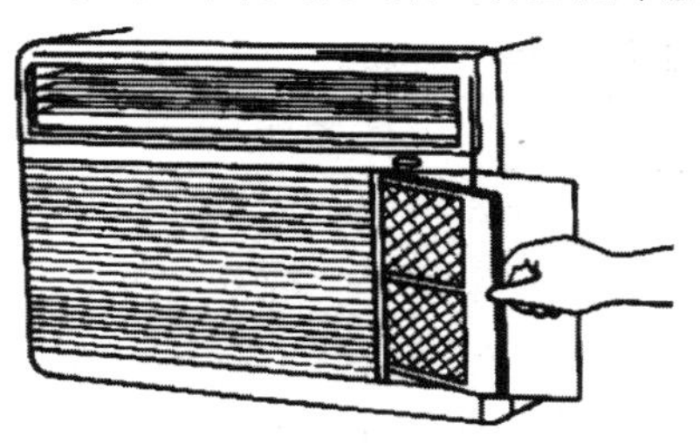

（a）窗式空调器上的空气过滤网

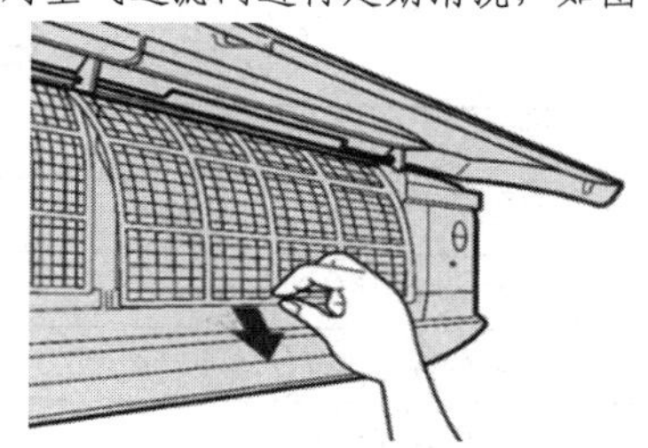

（b）分体式空调器上的空气过滤网

（c）用清水清洗空气过滤网

图 6.15　空气过滤网的清洗

提示

在清洗空气过滤网时，不能用汽油、挥发油、酸类和高于 40℃的热水及硬刷清洗。清洗完毕，应置于阴凉通风处晾干，不要放在日光下暴晒或用火烘烤。

6.4　通风循环系统的故障检修

6.4.1　通风系统的常见故障

通风循环系统的常见故障如图 6.16 所示。

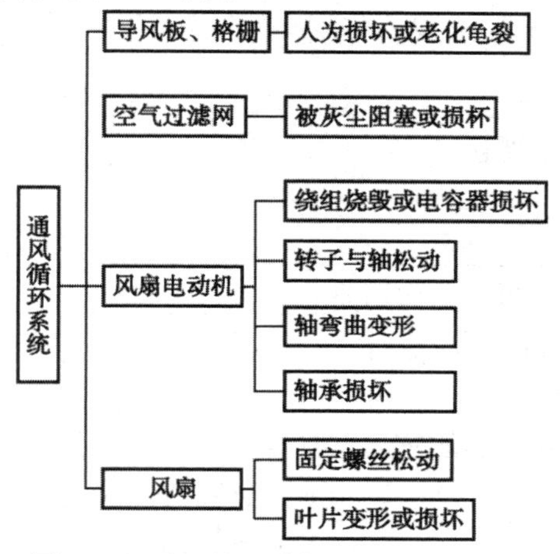

图 6.16　通风循环系统常见故障方框图

6.4.2 通风系统的故障排除

通风系统发生故障，会产生噪声，甚至损坏风扇或烧毁风扇电动机。因此，发生这类故障时应及时调整或处理，如表 6.2 所示。

表 6.2 通风系统常见故障的维修（处理）方法

故 障 情 况	处 理 方 法
空气过滤网、蒸发器灰尘过多	清洗空气过滤网、蒸发器
导风板损坏	更换损坏的导风板
风扇的固定螺丝松动	应及时调整风扇的位置，拧紧固定螺丝
叶轮损坏或变形	更换或重新调整，以保证其动平衡
风扇电动机绕组烧毁	重新绕制或更换新风扇电动机
轴承损坏	更换新轴承

知能拓展——通风循环系统故障维修实例

〖案例一〗 一台 KFR-75LW 分体立柜式空调器室内风量小，高中低挡风速变化不大

该空调器安装在美容店内，拆开回风板，发现空气过滤网结满头发和灰尘，清洗后开机试运行故障依旧，但观察到室内风机高、中、低挡转速变化明显，故判定室内风扇电动机无故障，怀疑是蒸发器表面灰尘过多，影响风量。经检查发现蒸发器表面有许多胶糊状的物体粘在蒸发器上，原因是美容店用发胶时被风扇电动机将雾状的发胶吸入，粘在蒸发器背面，导致出风量减少。清理发胶并向用户解释后使用正确。

〖案例二〗 一台 KFR-33GW/CY 分体挂壁式空调器的换气风扇电动机不工作

该新空调器试机时，换气风扇电动机就不工作。遥控器的型号为 R11HG/C，在按遥控器上换气键时，遥控器液晶显示板显示自动-中风-高风，在按风速键时显示经济运行状态，说明该遥控器发射不出换气指令，怀疑是遥控器主 CPU 引脚电位不对。打开遥控器发现内部有一长约 2cm 的废电子元件引脚，其他电路焊接良好。

清除引脚废料，遥控器状态依旧。仔细观察发现遥控器电池电压不足，更换两节新电池后，遥控器功能恢复，换气风扇电动机正常转动。

思考与练习

1. 填空题

（1）空调器的通风系统主要由________、________、________、________、________等组成。

（2）空调器的风扇有：________、________与________三种。

（3）风门又称调节风阀，其主要作用是____________________________。

（4）空气过滤网积尘过厚时，应进行________工作。

2. 选择题

（1）感温风门温度控制继电器的感温部件应装在（　　）。

（A）蒸发器初端　　（B）蒸发器末端

（C）风道出风口内　　（D）风道出风口外

（2）不能控制间冷式电冰箱风扇电动机启停的部件是（　　）。

（A）门灯开关　　（B）照明灯

（C）温度控制继电器　　（D）化霜控制继电器

（3）离心式风扇具有（　　）特点。

（A）结构紧凑、尺寸小、风量大，而且对风扇安装方便

（B）结构紧凑、转速快、风量大，而且对风扇安装方便

（C）结构紧凑、风量大、噪声低，而且随转速下降，风扇噪声明显降低

（D）结构紧凑、风量大、噪声低、而且随转速上升，风扇噪声明显降低

（4）摇风电动机多为（　　）极的微型电动机。

（A）10　　（B）20　　（C）30　　（D）40

（5）空气过滤器（网）至少（　　）应清洗一次。

（A）1 个月　　（B）2 个月　　（C）3 个月　　（D）4 个月

3. 问答题

（1）简述轴流式风扇的工作原理。

（2）简述离心式风扇的工作原理。

（3）新风系统在空调器中有什么作用？

（4）简述空气过滤网净化空气的原理。

模块七

制冷设备的选用与维护

正确选用与维护电冰箱、空调器是提高设备工作效能、延长使用寿命的重要保证。

通过本模块学习，了解对电冰箱、空调器的选购方法，能正确使用和维护电冰箱、空调器。

内容提要

- 电冰箱的选购、放置、使用与维护
- 空调器的选购、安装、使用与维护

7.1 电冰箱的选购、放置、使用与维护

7.1.1 电冰箱的选购

电冰箱是一种价格较贵的家用电器，人们在购买时都非常慎重，总希望能买到一台外观美观大方、容积适宜、附件齐备耐用、使用方便、性能好且稳定安全可靠、耗电量低、保修期长、修理服务周到方便的产品。电冰箱选购分 7 步走。

1. 选择想要的机型

（1）冷却方式。家用冰箱按冷却方式来分可分为间冷式和直冷式两种。直冷冰箱噪声小耗电量低，但易结霜，间冷冰箱也称无霜冰箱，耗电量和噪声相对较大，但不易结霜且保鲜性能好。目前国内冰箱市场以直冷式为主，您可根据自己的喜好加以选择。

（2）温控方式。目前冰箱的温控方式大致有计算机温控、电子温控和机械温控 3 种。计算机温控方式温度控制最为精确，但成本较高；机械温控误差较大，但成本低廉；电子温控方式位居其中。用户可根据自身预算进行选择。

2. 确定冰箱的大小

在中国 180～220L 容积电冰箱是主流。不过 240L 以上大电冰箱的销售增速很快。您可根据家中厨房大小、家庭常住人口数量、生活习惯以及经济条件确定电冰箱的容积规格。

3. 挑选信誉良好的品牌

知名品牌经受住了市场的考验，在品质、服务等方面都提供了更为有力的保障。电冰箱市场的集中度相对较高。总体来讲，主流品牌产品质量都比较可靠，如果您想选择国产品牌，可在获得中国名牌称号的电冰箱品牌中选择。

4. 留意能效水平

能效标志（如图 7.1 所示）方便从众多电冰箱中认出“节能明星”。用户只要看清标志右侧箭头上标注的产品等级就可做出判断。能效标志共分为 5 级。1 级电冰箱最节能，5 级电冰

箱最耗能。因此只有1级和2级电冰箱才是节能电冰箱。目前，500L以上的大电冰箱还没有严格要求粘贴能效标识，不过用户可以通过说明书和铭牌上的能耗值，选择较为节能的产品。

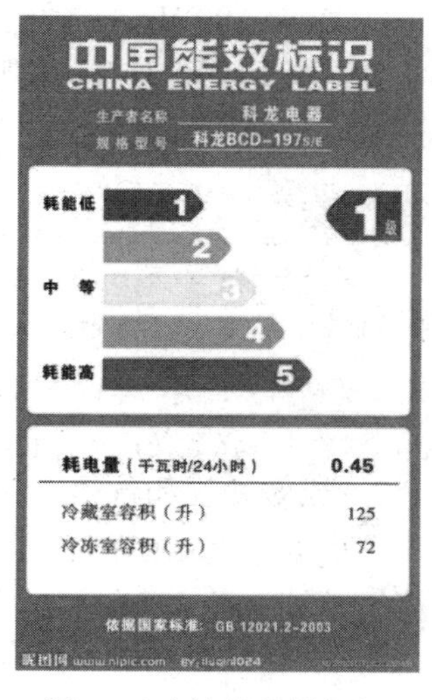

图 7.1　电冰箱能效标识

5. 留意冰箱铭牌和型号上的产品信息

电冰箱铭牌和型号上其实有丰富的产品信息。我们关心的耗电量、冷冻能力、制冷剂、气候类型、有效容积、使用的电源及安全防护等都有标注。

（1）电冰箱的气候类型。气候类型不合适会影响冰箱的性能和寿命。家用电冰箱按气候类型分为四类，如表7.1所示），即亚温带型（SN）、温带型（N）、亚热带型（ST）、热带型（T）。目前，我国市场上销售的电冰箱多数为温带型（N），基本符合我国大部分地区的气温状况。但近年来随着全球气温的变暖，我国夏季气温在升高。就气候趋势来看夏季气温似乎有变暖之势。所以既科学又稳妥的选择是选用亚热带型（ST）电冰箱为好。

表 7.1　家用电冰箱气候类型

气候类型	代　　号	适用环境温度
亚温带型	SN	10～32℃
温带型	N	16～32℃
亚热带型	ST	18～38℃
热带型	T	18～43℃

（2）电冰箱的星级。按我国GB4706·13—86标准对电冰箱星级规定，电冰箱的星级是指冰箱内冷冻食品储藏室或冷冻室的温度高低,它共分为四级，如表7.2所示。

表 7.2　电冰箱的星级

级　　别	星　　号	冷冻室温度（℃）	冷冻室储藏期
一星	*	<-6	7天
二星	**	<-12	1个月
三星	***	<-18	3个月
四星	****	<-24	6～8个月

（3）电冰箱的型号。看似简单的电冰箱型号中包含了丰富的信息，如图7.2所示。

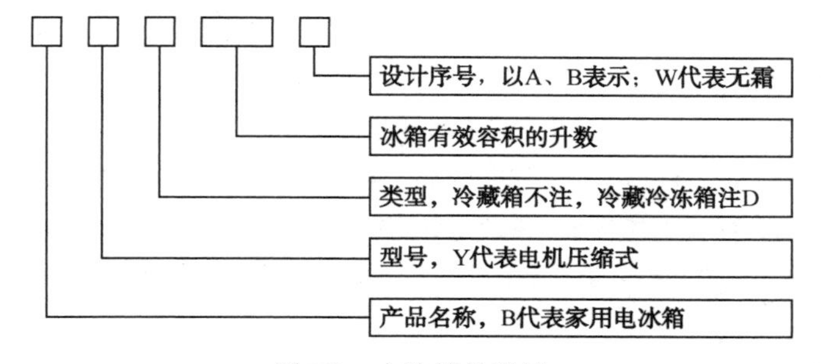

图 7.2　电冰箱的型号

以 BCD-190W / H 为例，B 表示电冰箱；C 表示冷藏；D 表示冷冻；190 表示有效容积（L）；W 表示无霜 H 表示制冷剂为 R_{134a}。环保冰箱代号用“HC”、“H”、“HM”表示，其中“HC”表示制冷剂为 R_{600a}；“H”表示制冷剂为 R_{134a}“HM”表示制冷为 R_{401A}。

提示

这里特别解释一下制冷剂和安全防护。目前“无氟”冰箱采用的制冷剂有三种，R_{600a}、R_{134a} 和 R_{401A}。如果看见制冷剂是 R_{12} 表明这不是环保冰箱，一定是 2007 年以前生产的老产品。按国家标准规定，家用冰箱属 I 类电器。I 类电器的防触电保护不仅依靠基本绝缘，而且还必须有接地。这表示不可擅自更换电源插头和电源软线，必须使用确有接地端的三孔专用插座。

6. 比较外观和价格

可根据家庭厨房的整体装饰风格和喜好选择电冰箱的外观。而价格的选择肯定与购置电冰箱的预算有关。不过一定要记住一分钱一分货，选择性价比最好的、最适合自己的电冰箱。

7. 根据自身生活习惯和需要关注的细节

或许用户会觉得这是个小问题，但是好的电冰箱细节设计也非常贴心，会令人方便。细节的选择很个性化，包括冷藏室和冷冻室的大小，是否需要左右开门，是否需要脚轮，是否需要制冷盒，搁板和饮料架设计是否合意，各个温区温度调节范围等。

知能拓展——电冰箱购买时的检查

1. 电冰箱的直观检查

在电冰箱的型式和容量确定后，可按下列顺序进行直观检查：

（1）箱体外观应表面平整、漆层明亮，无划痕和漆膜脱落。

（2）各种电镀件应有光泽且无划痕，同时，也不应有表面起泡、破裂的现象。塑料件表面应平整光滑、色泽均匀，不应有裂痕、气泡、明显缩孔和变形等缺陷。铭牌和一切标志应齐全。

（3）冷凝器、压缩机安装牢固，不可有松动现象。高、低压铜管和压缩机顶部充灌制冷剂的工艺铜管不能与其他装置相碰。

（4）箱门闭合时应与箱体平行，无松动、倾斜现象。拉开箱门时，开启力大小适中；闭合箱门时，不能有反弹现象。

（5）门封磁条平整，具有较强的磁吸力。在闭合时，箱门与箱体门框贴合紧密。

（6）箱内附件（接水盘、化霜水接水盒、可调节高低位置的搁架、果菜盒、蛋架、瓶栏杆和冰盒等）完好齐全。搁架出入灵活、放置牢固。

（7）箱内胆和门内胆表面光洁、无划痕。尤其要注意箱内胆口边与箱外壳口边接缝处是否有缝隙。若有划痕、裂口和缝隙，都表明质量不佳。

2. 电冰箱的运行检查

要了解电冰箱的运行性能，必须弄清电冰箱正常使用时有关部件的工作状态。

（1）启动性能的检查。开、停机 3 次，每次 3min。各次启动应正常，无自动停机现象。

（2）制冷性能的检查。将温度控制继电器旋钮置于中点，关门运行 30min 左右后，打开箱门观察蒸发器等的结霜情况。如果上下左右四壁表面全部结霜，用手指沾水接触内壁时均有冻黏的感觉，则表明该电冰箱的制冷性能良好。

（3）制冷系统内残留空气量的检查。若制冷系统内残留空气过多，冷凝压力将升高，耗电量也随之增大，而且会产生腐蚀作用，影响使用寿命。判断残留空气是否过多的方法如下：开机 20min 左右后，用手摸冷凝器，若冷凝器上部较热，下部温热，即属于正常；如果上部很热，下部不热，则表明系统内残留空气过多。

（4）系统内残留水分的检查。将温度控制继电器旋钮置于强冷点，开机运行 2～3h 后，如触摸冷凝器无热的感觉，且蒸发器的霜层全部霜化，则是冰堵的表现。若不出现冰堵现象，即为正常。

（5）温控性能的检查。将温度控制继电器的旋钮置于中点位置，启动电冰箱 1～2h 后，若冰箱能自动停机，并经过一段时间又能自动开机工作，则表明温度控制继电器性能良好。

（6）制冷剂充灌量的检查。在电冰箱运行工作时，观察冰箱背后低压吸气管出口处的结霜情况。当周围环境温度在 25～30℃时，应无挂霜情况。如果低压吸气管出现挂霜现象，则说明制冷剂充灌过量。

（7）门封严密性的检查。关闭箱门后，门与箱门框间不应有缝隙。如果用厚 0.08mm、宽 50mm、长 800mm 的纸片夹持门与箱门框间各处，都应不会使纸片滑落，若用手拉纸片感觉到阻力相同，即为严密性良好。

（8）振动噪声的检查。在冰箱运行时，用手摸触电冰箱上部，无明显的振动感即为正常。

7.1.2　电冰箱的放置、使用和保养

电冰箱的放置和使用，与电能消耗、使用寿命甚至对人身的安全均有直接关系。因此在使用前必须认真阅读电冰箱的使用说明书，熟悉情况，按照说明书要求放置和使用。

1. 电冰箱放置的要求

（1）电源要求。家用电冰箱的基本参数中对电源电压的要求是：单相 50Hz（赫兹）交流 220V。因此使用前要先核对电源电压是否和电冰箱标定的电压相符，否则要加装调节稳压装置。200L 以下的电冰箱电源线的截面积应不小于 0.75mm^2，电度表容量为 2～3A（应视其他电器的容量大小而定），熔断器为 3A。使用中不要和消耗功率大的电气设备安装在同一回路中，以免影响电冰箱电动机的启动性能，从而避免发生绕组绝缘的损坏。

家用电冰箱的电源输入部分需用 3 孔插座。外壳的金属部分应安装接地保护线，特别在比较潮湿处更应妥善接地。如用 2 孔插座，可从压缩机附近的接地螺钉处引出一根地线接地。应注意：不要在电源输入端装拉线开关，作冰箱开关用。因为此触点处电弧较大，易损坏触点，从而会影响电冰箱正常工作。

（2）电冰箱的放置要求

① 电冰箱的放置房间（环境）应干燥且通风良好。为保证电冰箱充分散热，在其周围需留有一定的空间，如图 7.3 所示。若散热不好，会影响电冰箱的制冷效果，增加电耗。

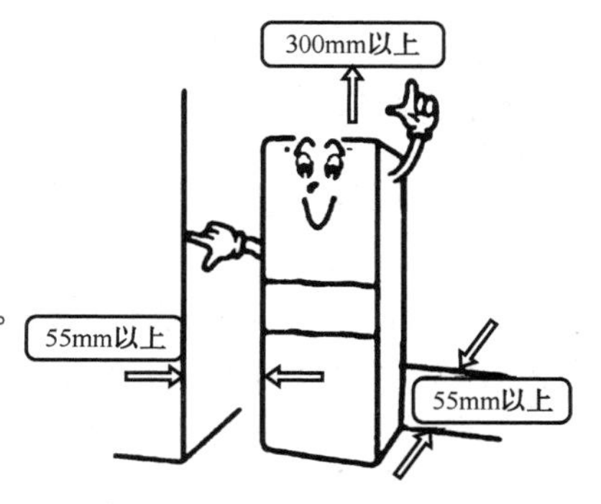

图 7.3　电冰箱摆放位置有学问

② 电冰箱要选择远离热源，避免阳光直晒的地方放置。若受到热源或阳光直晒影响，会导致电冰箱制冷效果的降低，电耗的增加，据测定：电冰箱周围温度增加 10℃时，耗电量约增加 40%。

③ 电冰箱的放置要竖直平稳，且底部离地面有一定高度。一般电冰箱底部离地面 20～30mm。在铺有地毯的房间内放置电冰箱时，尤其要注意底部的高度。若遇到地面高低不平时，可用木片将地面铺垫平整，再将电冰箱搁置在上面。

2. 电冰箱使用中的安全

为了确保安全地使用电冰箱，必须注意以下几点：

（1）接通或断开电冰箱电源时，应手持电源插头插入或拔离电源 3 孔插座。在插入时，要用力插紧，使插头与插孔接触良好；拔离时，不可手拉塑料电线，如图 7.4 所示，以防插头内接线松动或芯线连接处断裂。

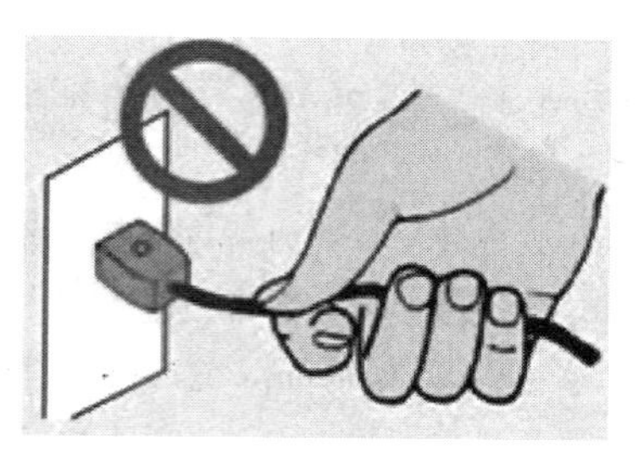

图 7.4 不安全操作

（2）若在使用过程中发生突然断电，要将电源插头拔离或将温度控制继电器旋钮调节至停的位置。不能在短时间（小于 3min）内恢复通电，以免影响使用寿命。

（3）在使用装有接地装置的电冰箱时，若人体触及箱体金属部分（部件）有麻电感觉，应立即停止使用，检查原因，切不可带电继续使用。

（4）电冰箱放置环境应保持干燥，其背面切忌溅入水滴，以免影响电气绝缘性能并引起金属件的锈蚀。电冰箱内严禁存放易挥发、易燃烧的气体、液体和强碱、强酸等有腐蚀性的物品。

（5）要定期拭去电冰箱冷凝器、干燥过滤器、蒸发器等的灰尘。除霜时，不要用改锥和锋利物撬凿，以免撬伤蒸发器表面。

（6）电冰箱不能作空气调节器用；通电使用时，不可用塑料罩将冰箱罩住；制作冰块时不能使用热水；冷凝器不能作烘晾衣服用。

3. 电冰箱霜层的处理

霜是热的不良导体（即阻热物质）。如果蒸发器表面结霜过厚，就会影响电冰箱的传热效率，延长压缩机的工作时间。这不仅会增加耗电量，而且容易使食品变质，甚至影响压缩机的使用寿命。因此，电冰箱最好能及时化霜。一般，当霜层厚度大于 5mm 时，就应进行化霜处理。

电冰箱的化霜方式通常有 3 种，即人工化霜、半自动化霜和自动化霜。

（1）人工化霜。将电冰箱电源线拔离电源插头，或将温度控制继电器旋钮调节到“停”的位置上，然后将冰盒和冷藏冷冻的食品取出。打开箱门，待冰霜融化后，再使用硬塑料或木片进行铲除。如急需化霜，可在冰箱切除电源的情况下，在箱内放入温水一盆，关上箱门约过 0.5h 后，一般即可化霜完毕。放回冰盒或冷藏冷冻食品，冰箱即可通电使用。

（2）半自动化霜。将温度控制继电器的除霜按钮按下，使制冷压缩机停止运转。然后，关好箱门，待蒸发器表面凝结的霜全部融化后（此时蒸发器表面温度约 6℃左右，箱内温度约 10℃左右），除霜按钮自动跳起，制冷压缩机恢复运转，温度控制继电器又恢复对箱内温度的控制。这种除霜方法，大多数用在直冷式单门电冰箱上，其优点是结构简单，可靠实用。

（3）自动化霜。自动化霜又称定时化霜。除霜时，除霜装置无须人工启动，除霜后无须人工操作即可恢复其正常运行并排除化霜水。其优点是便捷，缺点是耗电较多。自动化霜主要用于间冷式电冰箱，其除霜过程是强制的。

4. 电冰箱停用与搬运

（1）电冰箱停用前的准备

电冰箱因故暂停使用时，应先将电源插头拔离插座或把温度控制继电器的旋钮调节到

“停止”的位置上。然后，取出箱内所有的冷藏、冷冻食品，清除蒸发器表面霜层，倒去积水盒的霜水，用软布擦净、擦干箱内各部位和附件。最后开箱门，置电冰箱于干燥、通风和清洁的室内。

提示

电冰箱停用存放时不宜用塑料袋封罩，以免潮气锈蚀金属部件。

（2）电冰箱搬运时的注意事项

电冰箱的外表尺寸虽大，但重量较轻（一般为 30～40kg）。搬运时应从底部抬起，轻搬轻放（见图 7.5），而且最好加外包装纸箱，用麻绳或塑料绳捆扎，利用外包装纸箱的提手、包扎带（绳）等搬运。切不可抓门把柄或背后的冷凝器安装支架，并注意不要碰伤箱体、门和其他部件。

利用汽车和其他车辆搬运电冰箱时，电冰箱应竖直放置，不可将它倾斜或倒转。搬上、搬下电冰箱时，要从冰箱的底部抬起。运输途中，要避开大坡度和砂石多的道路，减少颠簸和振动，以免损坏机件。

另外，搬家前应先拔出电源插头，并取出所有冷藏、冷冻食品，使箱内的霜熔化，清理冰箱内部并抹擦干净。固定一切可移动的部件，或将其取出分别包好，以免丢失。

图 7.5　搬运电冰箱

5. 电冰箱使用中的细节

（1）善待电冰箱。新买的电冰箱刚进家不要立即开机，则容易产生油路故障。接通电源后，您要仔细听压缩机在启动和运行时的声音是否正常，是否有管路互相碰击的声音。若有异常应立即切断电源，并与专业的修理人员联系。如果使用中的电冰箱因为意外（如停电）停机，则必须在停机 5min 以上才能再开机，否则容易烧坏压缩电动机。在使用中要注意表 7.3 所示细节。

表 7.3　电冰箱使用中的细节

内　容	示 意 图	说　明
温度选取		季节变化记得调节温度。冰箱在使用过程中，其工作时间和耗电量受环境温度影响很大，因此需要我们在不同的季节要选择不同的挡位使用，这样既节能又减少压缩机磨损延长冰箱使用寿命。夏季环境温度高时应定在弱挡 2～3 挡使用，冬季一般挡位要定到 4 挡以上
存放细节		冰箱使用上讲究其实很多，如果不注意则会不利于我们的健康。食物不可生熟混放在一起以保持卫生；要把食物放在器皿里放入冰箱，以免冻结在蒸发器上，不便取出；鲜鱼肉要用塑料袋封装后，在冷冻室储藏蔬菜、水果要把外表面水分擦干再放入冷藏室，以 0～10℃储存为宜；不要把瓶装液体饮料放进冷冻室，以免冻裂包装瓶。应放在冷藏箱内或门搁架上，家用冰箱不宜同时储藏化学药品；中药材放置在冰箱时，一定要严格密封，否则会破坏药性

续表

内　容	示　意　图	说　　明
保存时间		冰箱并不是保险箱。如果食物存放在冰箱中，时间过长会变质和腐烂。一般来说，冷藏箱只能保鲜，长时间储存食品则应放在冷冻室。但冷冻室的食品也有一定的存放时间，不同冷冻能力的冰箱，食物存放的时间不同，请按照说明书的使用期限存放
定期清洁	一般3个月左右就需要彻底将冰箱内部清理与清洁一次。	清洁对于您和冰箱的健康都很重要。一般 1 个月左右就需要彻底将冰箱内部清理和清洁一次。清洁时要先切断电源，用软布蘸上清水或食品洗洁剂，轻轻擦洗，然后用清水将洗洁剂拭去。为防止损害箱外涂复层和箱内塑料零件请，勿用洗衣粉、去污粉、滑石粉、碱性洗涤剂、开水、刷子等清洗冰箱。清洁完毕，将电源插头牢牢插好，检查温度控制器是否设定在正确位置

（2）妙用电冰箱。电冰箱除了作为冷藏冷冻食品外，还有其他一些妙用，如表 7.4 所示。

表 7.4　电冰箱的妙用

物　　件	效　　果
真丝衣服	真丝衣服一般难以烫平，但是，如将喷水的真丝衣服装进尼龙袋，置于冰箱冷藏室内，过一会儿再取出来，效果就很好，且不损衣服
粘有口香糖胶的衣服	将粘有口香糖胶的衣服放入冰箱冷藏室内，口香糖胶会被冻硬，就很容易刮除
干电池	被冻过的干电池，使用寿命会延长
香水	香水放入冰箱，香味能保持更持久些

（3）呵护储存物

① 保鲜膜的使用。保鲜膜是一种特殊的高分子材料，具有自黏性，并有较高的透氧、透二氧化碳的性能。可以维持生鲜食品一定程度的呼吸作用，使肉类中的血红素、蔬菜中的叶绿素得到适量氧气从而色彩新鲜，如图 7.6 所示。

图 7.6　保鲜膜

据有关资料介绍：保鲜膜的透氧量每平方米 24h 内可达到 20000mL，是普通塑料袋的 20～30 倍。由于生鲜食品在保鲜膜所包裹的小小环境中，可以呼吸一阵子，这就起了保鲜膜作用。

② 注意食物的存放。不宜放置在电冰箱中的食物，如表 7.5 所示。

表 7.5　不宜放置在电冰箱中的食物

食　　物	示　意　图	理　　由
香　蕉		香蕉放在冰箱内（特别在 12℃以下的地方存放），会使香蕉发黑腐烂

续表

食　物	示 意 图	理　由
鲜荔枝		将鲜荔枝放在冰箱内特别在 0℃环境中存放一天，即会使其表皮变黑、果肉变味
西红柿		西红柿经低温冷冻后，肉质呈水泡状，显得软烂；或出现散裂现象，表面有黑斑、煮不熟，无鲜味，严重的则酸败腐烂
火　腿		火腿如放入冰箱低温储存，其中的水分就会结冰，脂肪析出，火腿肉结块或松散，肉质变味，极易腐败
巧克力		巧克力在冰箱中冷存后，一旦取出，在室温条件下即会在其表面结出一层白霜，极易发霉变质，失去原味

知能拓展——电冰箱为什么不能当空调用

打开电冰箱门就有冷气流出，如果我们将电冰箱门一直打开着，能不能如空调器那样，使室温下降呢？事实证明，电冰箱无法替代空调器的工作。这是什么原因呢？

就两者的制冷原理来说是完全一样的。问题在于它们的排热方式不同。要弄清这个道理，就必须从一些基本原理谈起。

热能和其他形式的能量一样，既不会无缘无故地产生，也不会莫名其妙地消失。热能只能从一个地方转移到另一个地方。就空调器来说，通过制冷剂的形态变化。蒸发器吸收室内的热量，然后又由冷凝器将这些热量向室外排出，所以空调器的冷凝器都是要与室外大气相通的。分体式空调器的冷凝器就安置在放到室外的那一部分中。窗式空调器的冷凝器也位于穿出窗外的后半部。由此看来，空调器实质上是一只热量转送器。它一方面把冷风向里吹，另一方面又把热浪向外传。

由于电冰箱热交换装置（器）与空调器的热交换装置（器）所处的位置不同，它的蒸发器和冷凝器都在室内。因而，如果我们将电冰箱门一直打开（见图 7.7），那么造成的情况是蒸发器向室内吸收热量，而冷凝器却同时向室内排出热量，这样怎么会使室温下降呢？

图 7.7　电冰箱同时向室内吸收和排出热量

7.2　空调器的选购、安装、使用与维护

7.2.1　空调器的选购

1. 空调器的选购

空调器的选购，一般是在使用条件——空调房间大小、室内情况、温度要求等基本确定的前提下选用。

（1）空调房间热负荷的分析与估算。现实生活中空调房间的温度变化是由各种因素引起的。如室外通过墙、门、窗、天花板、地面导入的热量；门窗开启引起换气导入的热量；太阳辐射传入的热量；人体散发的热量和湿量；室内各类设备、用具、工作时发出的热量和湿量等。因此，具体分析计算较复杂，涉及面很广。对于一般的居住条件，并不要求十分精确的计算，可以根据经验数字估算或用简化计算求得。这里只介绍一种粗略的估算方法：

如果空调房间的围护结构符合一般标准，房间高度在 2.8～3m，室内无发热设备（如煤气灶、热水器等），每 $10m^2$ 面积不超过 3 个人，那么在要求室内温度约 27℃，相对湿度在 50%～70%时，可按每平方米面积配制 140～200W 的制冷能力来选用适当的空调器。例如：全室面积为 $16m^2$，则空调制冷能力应在 $140W×16m^2$～$200W×16m^2$，即 2500～3200W，可考虑购买制冷能力为 2500W 或 3500W 的空调器。

（2）空调器的选型。空调器的选型，可根据各类空调器的特点、环境条件与冷却介质来决定。一般从以下几个方面来考虑。

① 按房间所需冷负荷大小来定空调器型式。冷负荷在 6.96kW（6000kcal/h）以下的，一般可选用窗式空调器或分离式空调器，而冷负荷在 6.96～23.2kW（6000～20000 kcal/h）之间，可选用立柜式分体式空调器。

② 水源充足而供水方便，冷负荷较大，可选用立柜式水冷却空调器，对供水有困难的场合（包括供水水压低于 107.8kPa 的场合），可选用空气冷却式空调器，如窗式、分体式等。

③ 高层建筑而又有阳台的房间，选用分体式空调器最有利。一般房间宜选用窗式空调器。

④ 对室内要求幽静的房间，选用分体式空调器为佳。因为它的压缩机和冷凝器可安装在室外，这样能减轻室内噪声。

⑤ 当地气温高，延续时间长，宜选用水冷式空调器，当地气温不甚高，宜选用空气冷却式空调器。

⑥ 供水紧张而又不宜安装空冷式空调器时，可选用水冷式空调器，并用冷却塔供给冷凝水，以使用循环水。

⑦ 空调器是一种高档的家用商品，其款式较多，因此，在选型时，用户在考虑安装和摆放方便的前提下，还要注意与室内装饰相协调。

（3）空调器的规格的确定。空调器的型式选好后，接着就确定其具体规格，也就是确定空调器的制冷量。

由于我国幅员辽阔，各地气候相差悬殊，用户要求不一，加之建筑物的朝向、室内人员状况、房间的层次、保温状况等对负荷的影响，因此一般生产厂家常在空调器产品说明书上印有“本空调器适用空调房间容积或面积”的一栏目，供用户选购时参考。

2. 空调器选购时的检查

空调器的型号、规格确定后，接着就进行选购。选购时注意以下几点。

（1）造型美观，表面质量好。房间空调器安置在房间里，既调节空气，又是室内陈设的一部分，所以选购空调器时应注意造型美观大方，喷漆、电镀等质量高。

（2）注意蒸发器、冷凝器的制造质量。蒸发器、冷凝器是制冷系统的两大部件。它们的质量好坏，既反映了工厂制造工艺水平的高低，又直接影响空调器的制冷量。可以从下列几方面来衡量蒸发器、冷凝器的质量：

① 肋片排列要求整齐，间隙要均匀，无“倒坍”等现象。

② 肋片的翻边无裂纹。

③ 肋片和铜管的涨接要牢固，无松动现象发生。否则，蒸发器、冷凝器的换热效率会大大下降。

（3）检查空调器运行情况。对于新购置的空调器，要开机检查，主要注意以下几点。

① 压缩机启动、运行正常，振动小，噪声低；离心风扇、轴流风扇运行正常，无异常的声响，高、低速分明，噪声小。

② 恒温控制器能正常工作。

③ 热泵型空调器的电磁换向阀能正常换向。

④ 单相空调器进行降压启动试验，以便空调器在低电压下能正常运行。

⑤ 空调器运行情况良好，开机不久，即有冷（热）风吹出，无制冷系统“漏”、“堵”现象出现。

（4）选择单位功率制冷量高的空调器。单位功率制冷量高的空调器产生同等冷量所消耗的电能较少，这对用户是有利的。所以，用户在选购时应注意 K 值的大小。

（5）选择噪声低的空调器。噪声是一种社会公害，噪声大会使人感到烦恼和疲劳，影响身心健康。特别是家用小型空调器，由于睡眠休息时常开低冷挡，所以要选择低冷时噪声低的空调器。

（6）空调器的重量宜轻。当前空调器正向轻量化发展，重量轻的空调器，不仅便于搬运，且易于安装、维修。近年来，国外窗式空调器的重量逐年降低，空调器每千克重量制冷量在

0.0812kW（70kcal/h）以上，且体积也大大缩小。我国空调器的单位重量制冷量，一般都在0.0464～0.0638kW（40～55kcal/h）的范围内。

知能拓展——空调器的机型特点

选购空调器时，应了解表7.6所示机型特点，并根据自己的实际需求选定。

表7.6 空调器的机型特点

机 型	示 意 图	说 明
窗式空调器		安装方便，价格便宜，适合小房间。在选购时应注意其静音设计。现在，除了传统的窗式空调器外，还有新颖的款式，比如专为儿童设计的面板儿童机，带有语言提示，既活泼又实用安全，也是不错的选择
壁挂式空调器		壁挂式空调器深受大家欢迎，技术也在不断地改进。在选购时应注意比较各品牌的区别，以确保制热效果。如果有电辅热加热功能，就能保证在超低温环境下（≤℃）也能制热
立柜式空调器		在选购时应注意是否有负离子发放功能，因为这样能清新空气，保证健康。目前立柜式空调送风的最远距离可达到15m，加上广角送风，可兼顾更大的面积
一拖多空调器		比多买几台分体式空调器经济，所以很多家庭会选用它。在选购时应注意是否冷热量自动均匀分配，避免不同房间的冷热不均。而具有大小之分的一拖多空调，可按房间大小分配使用，大房间使用大空调，小房间使用小空调，更省电、更经济

7.2.2　空调器的安装

1. 空调器安装前的准备工作

安装人员在安装前应做好以下各项准备工作。

（1）打开包装箱，仔细检查空调器在搬运过程中有无损坏或遗失配件，如发现问题应及时与经销商或厂方联系。

（2）仔细阅读产品说明书及有关注意事项，了解待装空调器的功能、使用方法、安装要求及安装方法。

（3）根据所购空调器的额定输入功率、输入电流和堵转电流来选择合适的电源电压、电源线、熔断器（空气开关）、插座、漏电保护器等。

（4）电源与配线。空调器必须用专线供电。配线时一般按铜芯线每平方毫米 6A 计算，并妥善考虑工作时的过载电流，将导线的截面积适当放大一些。例如，KFR-25GW 型空调器，其电源线一般应选用截面积为 $2mm^2$ 以上的多股铜芯线。若电源线过细，在空调器工作时会因电流过大发热严重，甚至发生事故。电源线的规格和有效长度，参见表 7.7。

表 7.7　电源线的规格和有效长度

电源线规格（铜芯） \ 电源线限长（m） \ 制冷量（W）	1400～2640	2640～3810	3810～4690	4690～7030
ϕ1.6mm	7.6	6.1	—	—
ϕ2mm	12.2	9.1	7.6	6.1
ϕ2.6mm	19.8	15.2	12.2	9.1
ϕ3.2mm	30.5	24.4	16.8	13.7
ϕ14mm	55	41	32	23.8

知能拓展——空调器安装中的问题

（1）为什么空调器要用独立的电源插座？

空调器的耗电量比较大，在使用过程中，为了保证安全，应该使用独立的单相三孔电源插座（见图 7.8）。因为这种插座其中一孔是接地的，如果万一发生漏电，电流能短路入地，从而确保人身安全。有条件的话，最好使用带熔断器的独立电源插座。如果在一个电源插座上使用多种家用电器，再插上空调器，那么，当空调器频繁启动工作时，由于其启动电流很大（为正常工作的 3～5 倍），将会严重地影响接在同一电源插座上其他家用电器的正常工作，如电视机会出现图像不稳、抖动、不同步等，音响会出现噪声、交流声等毛病。所以，空调器不

图 7.8　使用独立插座

能与其他电器合用一个电源插座。

（2）三极电源插头的一只接地极为什么总比另外两只电极长？

图 7.9　接地极总比导电极长

在设计电源插头时，为了考虑使用者的安全，有意将接地极设计得比电极长几个毫米（见图 7.9）。这样，可使插头在插入电源插座时，接地极先接触插座内的接地线；拔出电源插座时，导电极先与电源插座内的导电端分离，再脱开接地极。这样的措施可保证在插入电源插座时，总是先有保护接地，再接通电源；反之，在脱离电源插座时，总是先脱离导电极，再断开接地极。如果有金属外壳的家用电器万一绝缘损坏而使整个外壳带电，这时就会形成接地短路电流，从而烧毁配电板上的熔断器，起到保护作用。

（3）空调器安装中对电源线和接地保护线有哪些要求？

为了空调器的安全运行，安装空调器时对电源线和接地保护线都有具有要求。

① 电源线要使用专用动力线。目前，空调器的产品大多数为三相电源，工作电流较大，电源线要使用专用动力线，不能使用照明线，否则大电流会使电源线过热烧毁，甚至引起火灾。若有多台空调器并联运行时，更要配以足够截面积的电源线，同时还要注意电路上三相负载的平衡问题。

② 接地保护线必须可靠接地，如图 7.10 所示。目前，新建楼房一般都安装公共接地线，或由供电部门专设“保护接零”线。这种楼房的用户，只要把空调器电源线的三芯插头直接插进三芯插座即可。老式建筑物一般没有安装接地线，必须自己安装接地线。住在一楼的用户，可采用 40mm×4mm 的扁钢或 50mm×50mm 的角钢，埋入地下深 1m 左右，用接地线引入室内，装接三芯插座即可。如住高楼，可利用自来水的金属管，作为安全接地保护。从自来水管上引出的接地线，要用接线卡子与水管卡牢，以保证良好的导电。而排水管、暖气管和煤气管绝对不允许做接地线用。接地保护装置示意图，如图 7.11 所示。

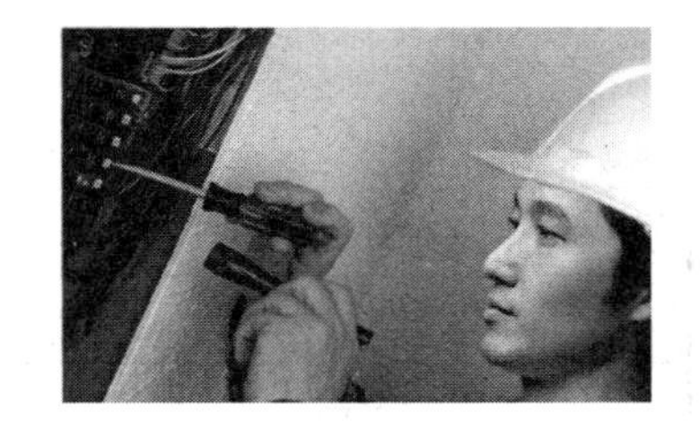
图 7.10　接地电阻要符合要求

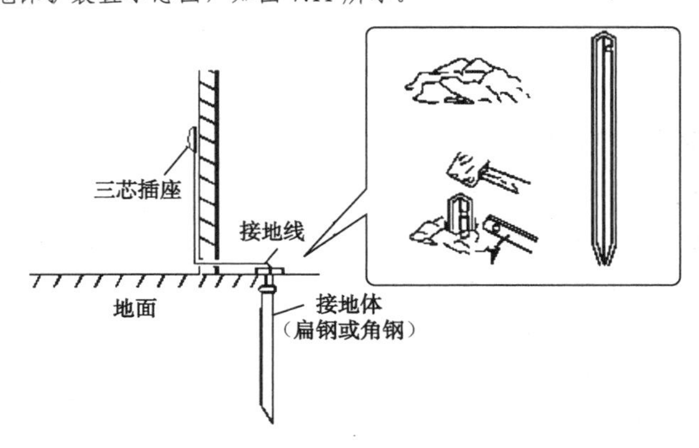

图 7.11　接地保护装置

2. 窗式空调器的安装

窗式空调器安装前应准备好安装工具，其具体安装步骤，如表 7.8 所示。

表 7.8 窗式空调器的安装步骤

步骤	示意图	说明
第一步 开墙孔	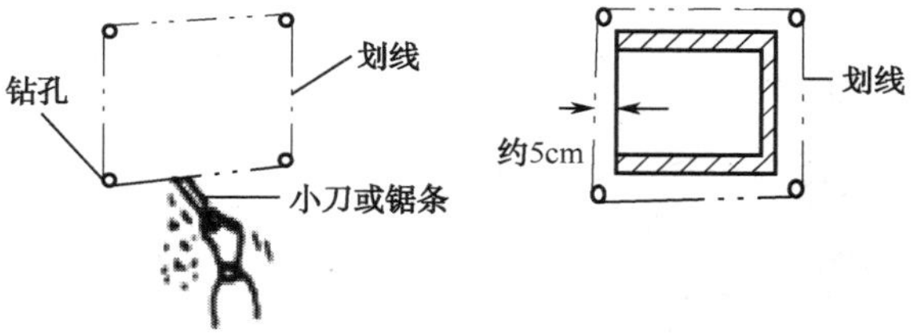 钻孔 划线 小刀或锯条 约5cm 划线	根据待安装的空调器，决定孔的大小。(孔的大小在空调器的“安装说明书”中有说明 开孔，别碰伤墙面孔加工范围以外处，如左图所示
第二步 安装 支撑架	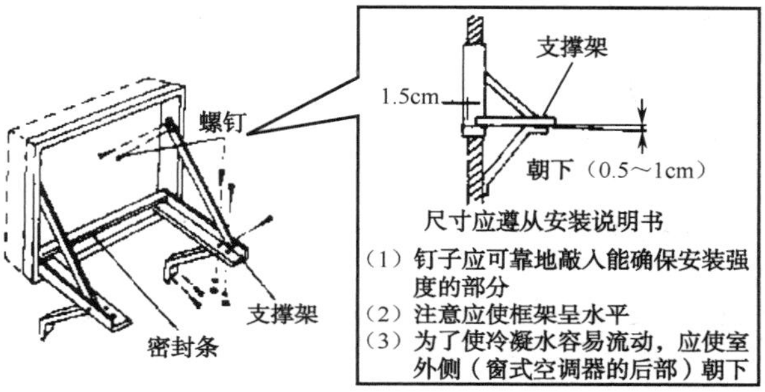 螺钉 支撑架 密封条 1.5cm 支撑架 朝下（0.5～1cm） 尺寸应遵从安装说明书 （1）钉子应可靠地敲入能确保安装强度的部分 （2）注意应使框架呈水平 （3）为了使冷凝水容易流动，应使室外侧（窗式空调器的后部）朝下	装妥安装支撑架，为使冷凝水容易排出室外侧，窗式空调器应略向外倾斜
第三步 装设 机壳	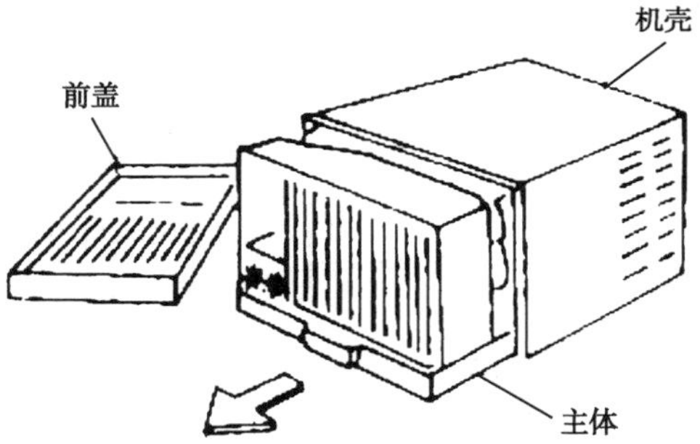 机壳 前盖 主体 （a）抽出主体 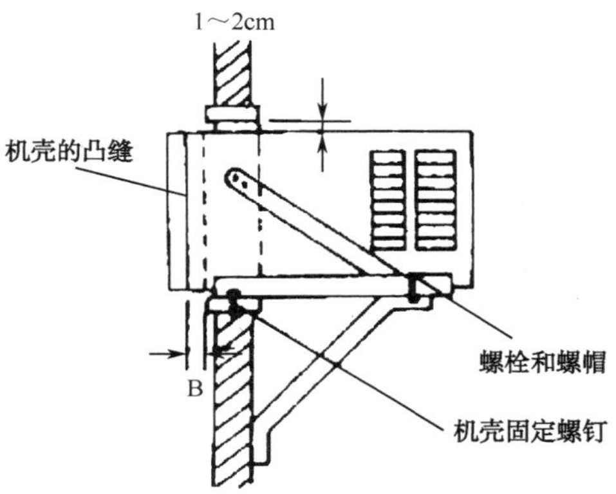 1～2cm 机壳的凸缝 螺栓和螺帽 B 机壳固定螺钉 （a）固定机壳与安装零件	① 卸除窗式空调器的前盖，将主体从机壳中拍出，如左（b）图所示。 ② 使用螺钉和螺栓固定机壳的低面和安装用的零件（框、支撑架等），如左（b）图所示

续表

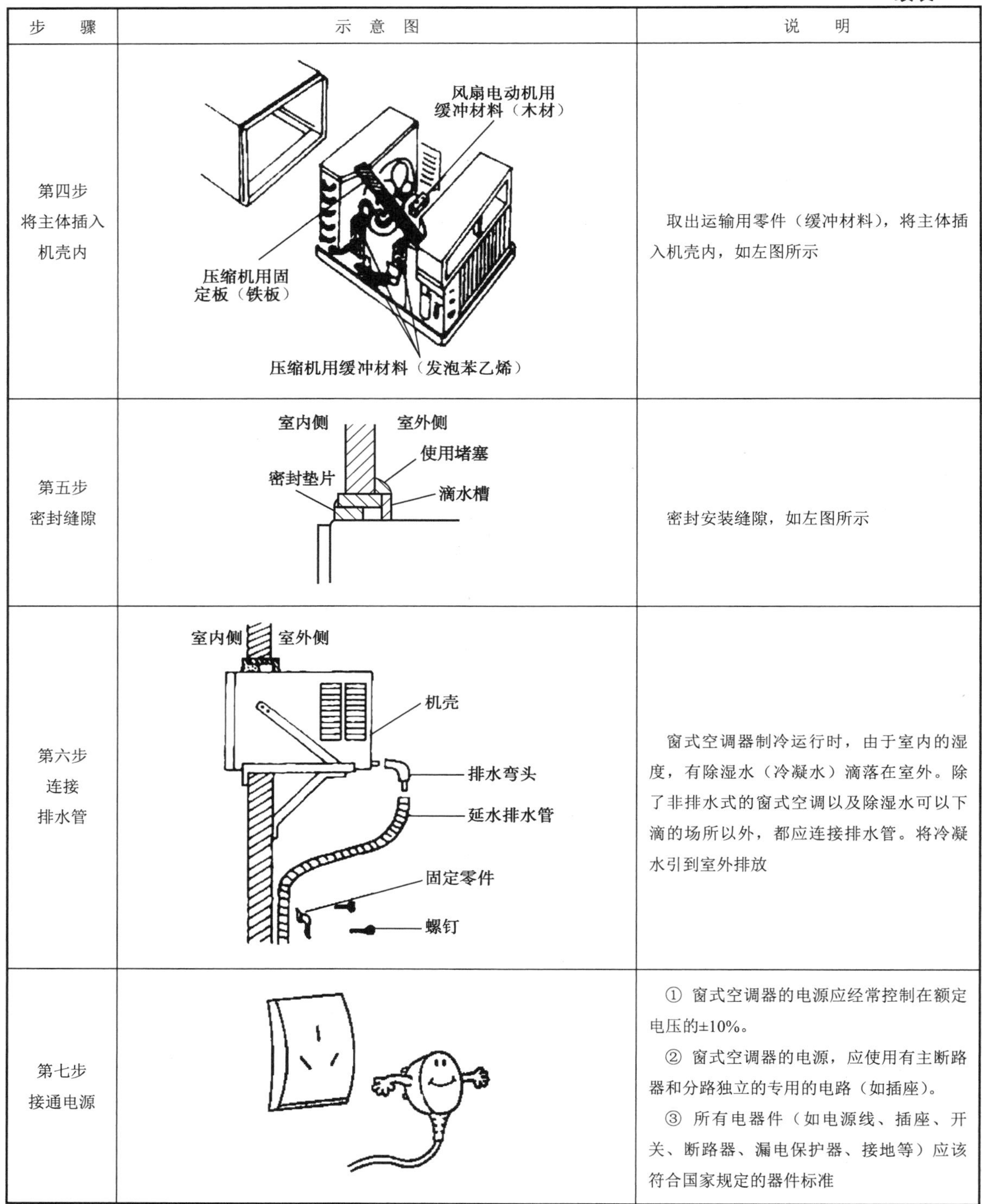

步　　骤	示　意　图	说　　明
第四步 将主体插入 机壳内	风扇电动机用缓冲材料（木材） 压缩机用固定板（铁板） 压缩机用缓冲材料（发泡苯乙烯）	取出运输用零件（缓冲材料），将主体插入机壳内，如左图所示
第五步 密封缝隙	室内侧 室外侧 使用堵塞 密封垫片 滴水槽	密封安装缝隙，如左图所示
第六步 连接 排水管	室内侧 室外侧 机壳 排水弯头 延水排水管 固定零件 螺钉	窗式空调器制冷运行时，由于室内的湿度，有除湿水（冷凝水）滴落在室外。除了非排水式的窗式空调以及除湿水可以下滴的场所以外，都应连接排水管。将冷凝水引到室外排放
第七步 接通电源		① 窗式空调器的电源应经常控制在额定电压的±10%。 ② 窗式空调器的电源，应使用有主断路器和分路独立的专用的电路（如插座）。 ③ 所有电器件（如电源线、插座、开关、断路器、漏电保护器、接地等）应该符合国家规定的器件标准

3. 分体壁挂式空调器的安装

分体壁挂式空调器的安装步骤，如表7.9所示。

表 7.9　分体壁挂式空调器的安装步骤

步　骤	示 意 图	说　明
第一步 装配安装用挂板和室外机支撑架	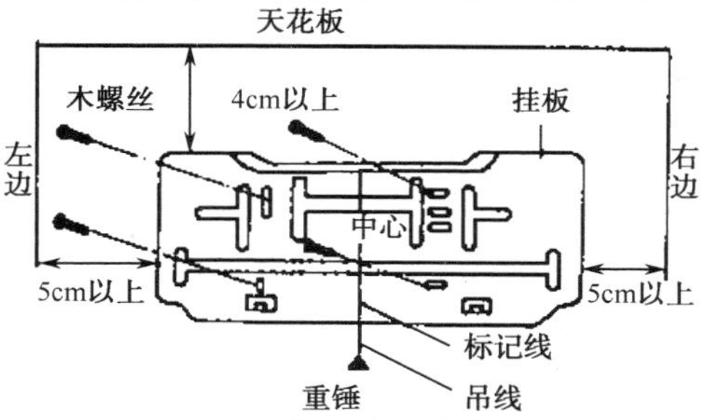 （a）室内机组挂板安装 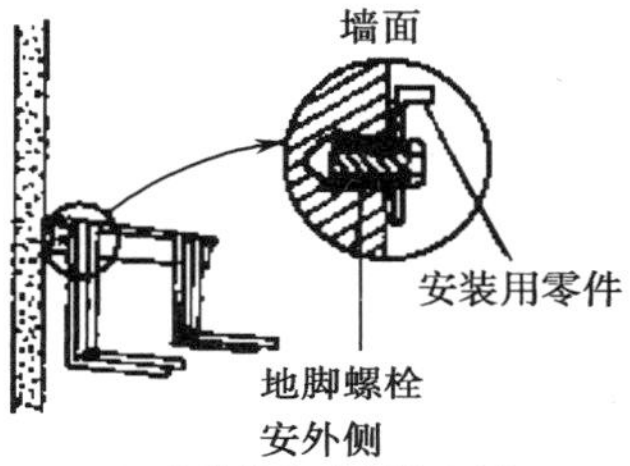 （b）室外机组支撑架固定	先考虑墙面的强度，后进行针对性的施工，如左图所示
第二步 墙上开孔	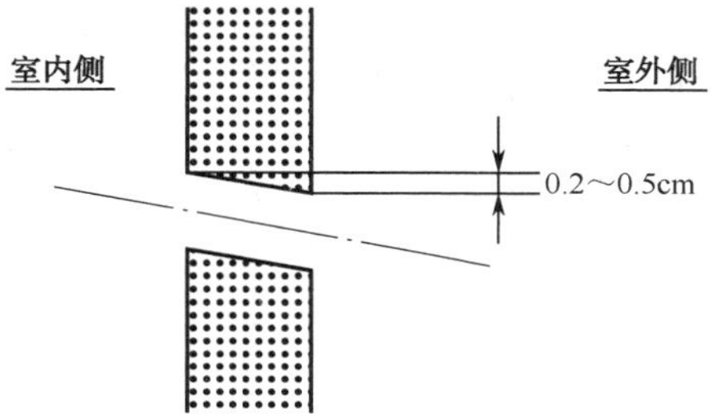	根据包装与商品中的“安装说明书”，进行开孔。墙孔在室外侧应略微向下（0.2～0.5cm）开孔，如左图所示
第三步 装保护管	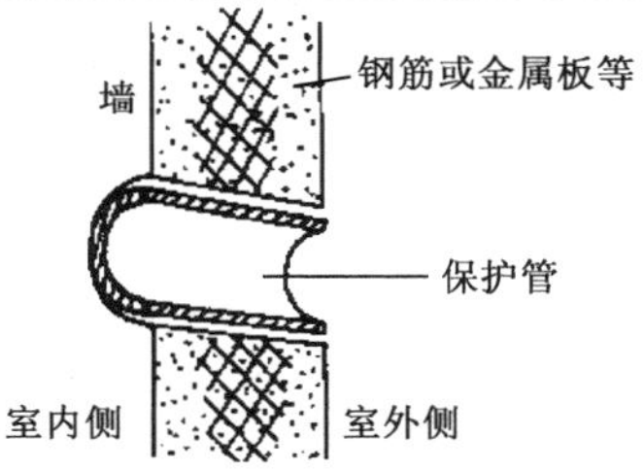	装配保护管，如左图所示
第四步 安装 室内机组	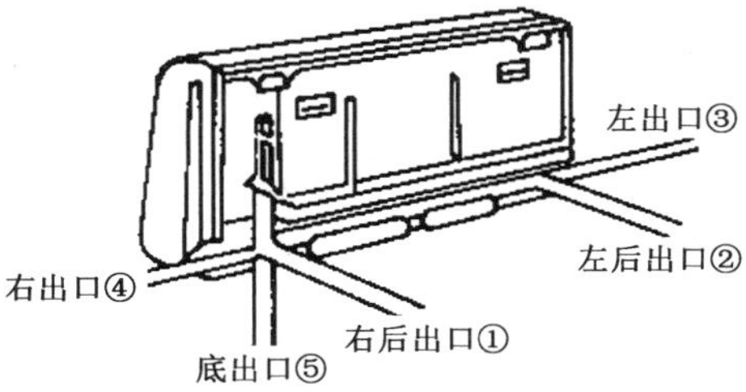	壁挂式空调器室内机组的连接管道可引出的位置，如左图所示。 若按③或④方式连接，则要用钢锯在面板上开一条管槽；若按⑤方式连接，则要在面板底部薄板上开一条管槽。当管道从室内机组背后①或②方式引出时，可用乙烯树脂胶带将制冷管道、排水管、电缆线一起固定好后引出

续表

步　骤	示　意　图	说　明
第五步 连接管的 捆扎、整形	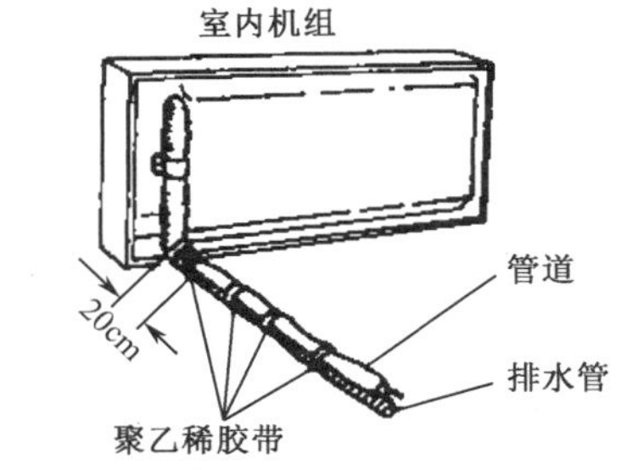 室内机组 管道 排水管 20cm 聚乙稀胶带	在操作中，一定要注意不能反复弯折管道，以防管道弯扁、折断等造成损坏，如左图所示
第六步 装挂 室内机组		将室内机组可靠地装挂在安装板的钩子上，如左图所示
第七步 安装室外机组	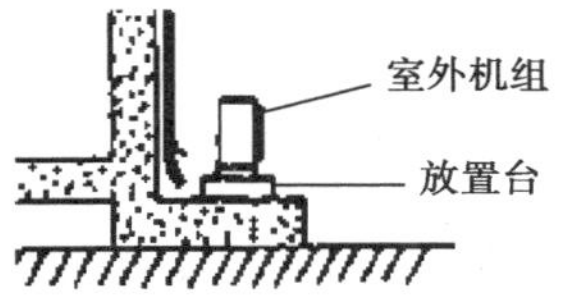 室外机组 放置台	室外机组要稳固地安装在混凝土物件上或墙面上，如左图所示。 若有振动时，应垫上保护性的橡胶垫
第八步 制冷管道的连接	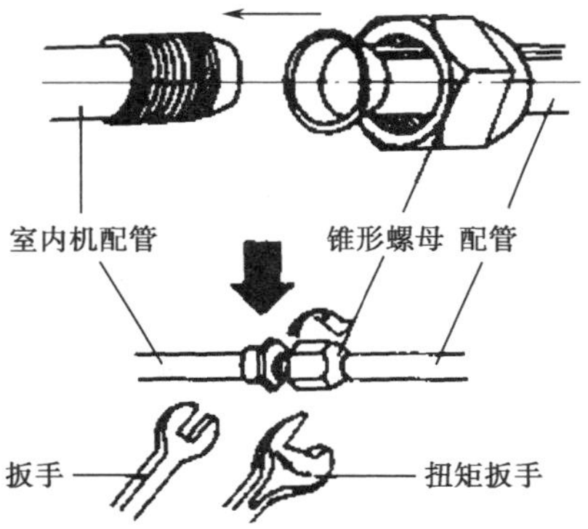 室内机配管 锥形螺母　配管 扳手 扭矩扳手	将室内机高、低压引出管接头处的螺帽取下，将喇叭口中心与接头中心对准，用手指用力拧紧锥形螺母，最后用扭矩扳手拧紧锥形螺母，如左图所示。 管道连接时，应注意喇叭口表面上不能有损伤和污物
第九步 电缆线的连接	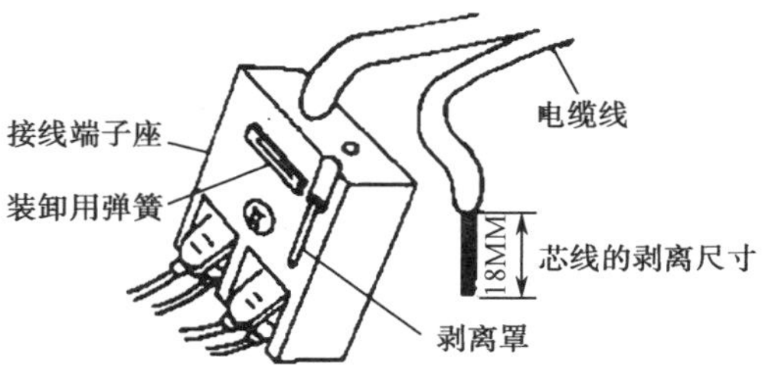 接线端子座 装卸用弹簧 电缆线 18MM 芯线的剥离尺寸 剥离罩	根据机型的不同略有差异，应按照同时包装的“安装说明书”中所规定的要求进行连接，别搞错。 某种机型的电缆线的连接示意图，如左图所示

续表

步 骤	示 意 图	说 明
第十步 排除空气与检漏	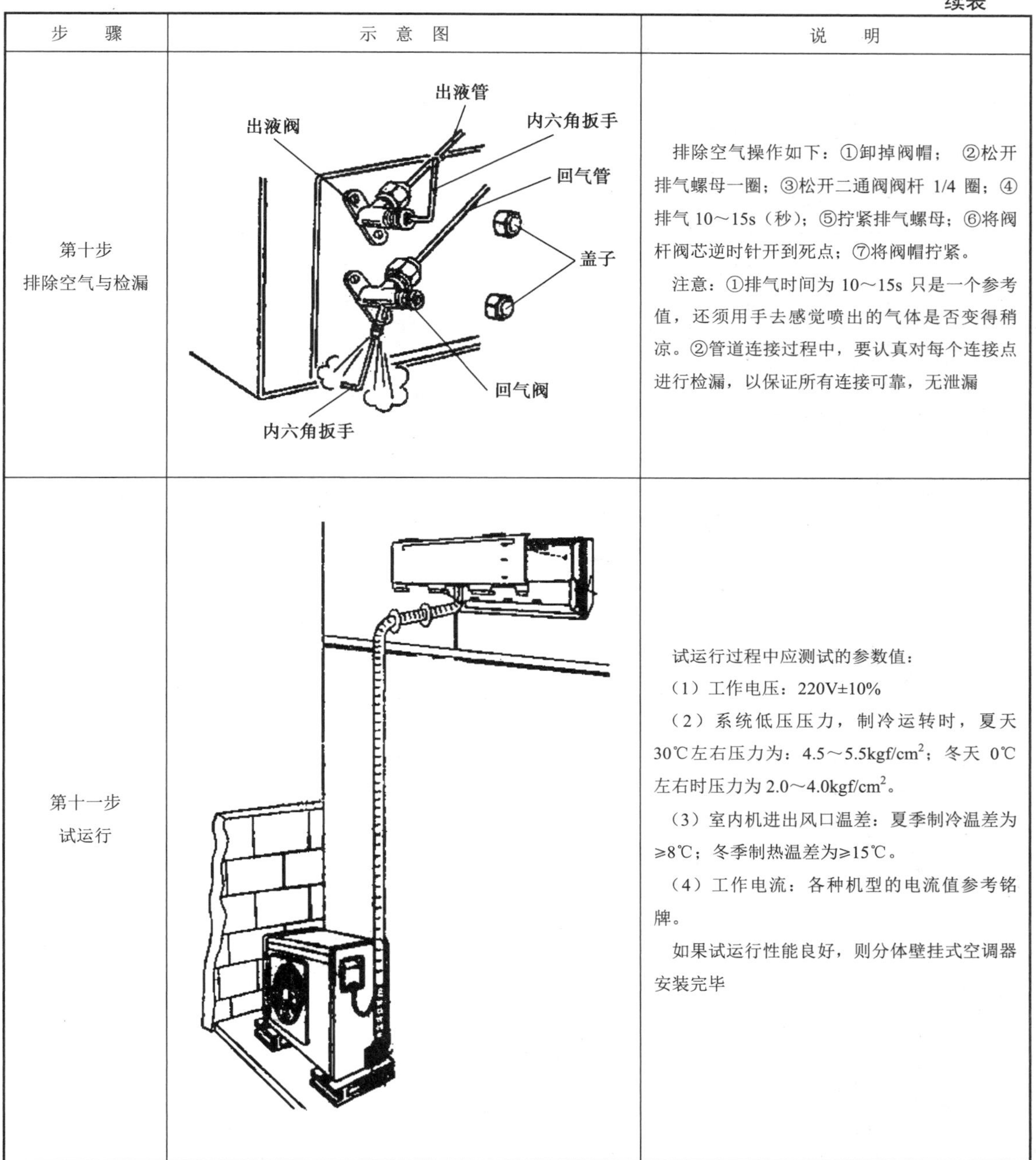	排除空气操作如下：①卸掉阀帽；②松开排气螺母一圈；③松开二通阀阀杆 1/4 圈；④排气 10～15s（秒）；⑤拧紧排气螺母；⑥将阀杆阀芯逆时针开到死点；⑦将阀帽拧紧。 注意：①排气时间为 10～15s 只是一个参考值，还须用手去感觉喷出的气体是否变得稍凉。②管道连接过程中，要认真对每个连接点进行检漏，以保证所有连接可靠，无泄漏
第十一步 试运行		试运行过程中应测试的参数值： （1）工作电压：220V±10% （2）系统低压压力，制冷运转时，夏天 30℃左右压力为：4.5～5.5kgf/cm^2；冬天 0℃左右时压力为 2.0～4.0kgf/cm^2。 （3）室内机进出风口温差：夏季制冷温差为≥8℃；冬季制热温差为≥15℃。 （4）工作电流：各种机型的电流值参考铭牌。 如果试运行性能良好，则分体壁挂式空调器安装完毕

4．分体立柜式空调器的安装

分体立柜式空调器的制冷量较大，室内外机组的体积与重量也较大，因此在安装时要充分考虑其安全性。其安装方法基本与分体壁挂式相同。不同的是：①立柜式空调器的室内机组需安装防倒装置，如图 7.12 所示；②立柜式室外机组安装基础的承重能力要比壁挂式室外机组安装基础高，如图 7.13 所示。防倒装置具体安装方法，如表 7.10 所示。

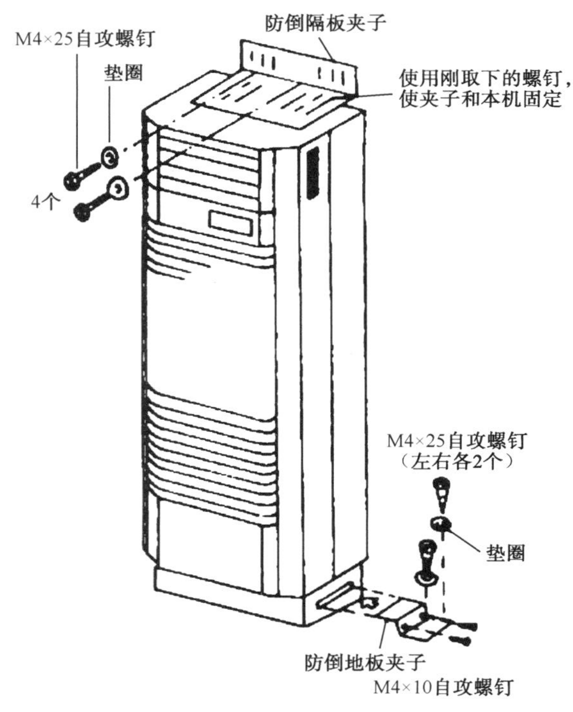

图 7.12 室内机组防倒装置示意图

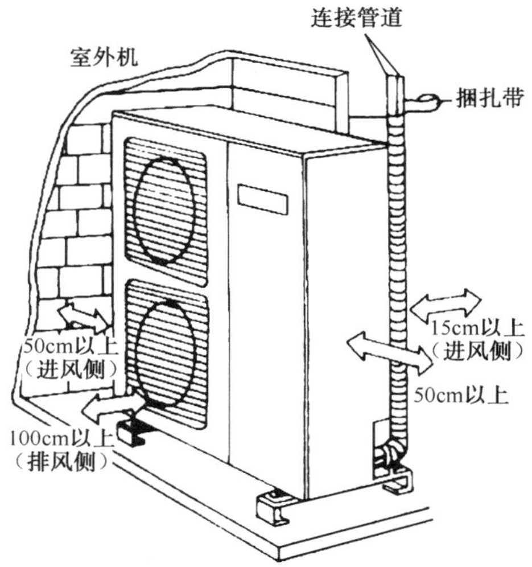

图 7.13 室外机组安装基础示意图

表 7.10 防倒装置具体安装方法

夹子点向上		夹子点向下		首先将夹子附在墙上，然后如图所示旋入螺钉，以便夹子能够上下滑动
夹子短侧朝墙壁	夹子长侧朝墙壁	夹子短侧朝墙壁	夹子长侧朝墙壁	
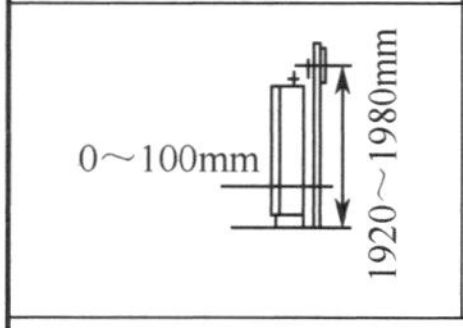 0～100mm 1920～1980mm	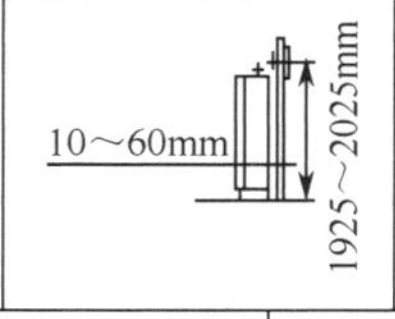 10～60mm 1925～2025mm	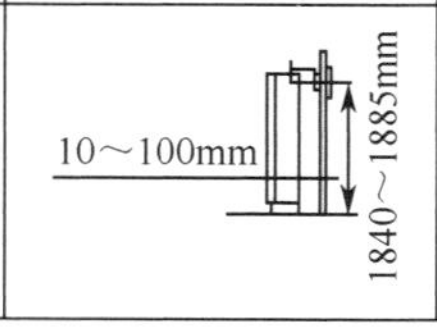 10～100mm 1840～1885mm	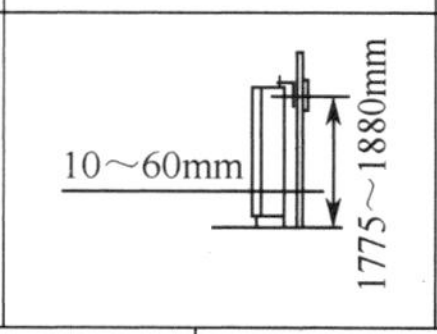 10～60mm 1775～1880mm	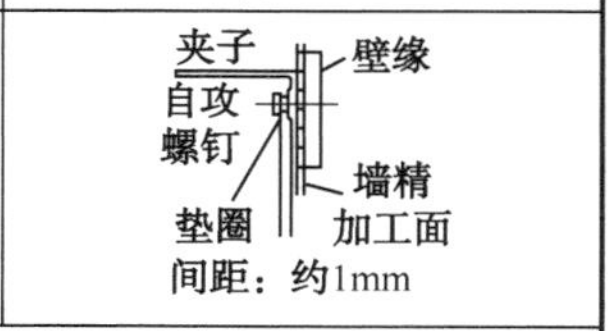 夹子 壁缘 自攻螺钉 墙精加工面 垫圈 间距：约1mm
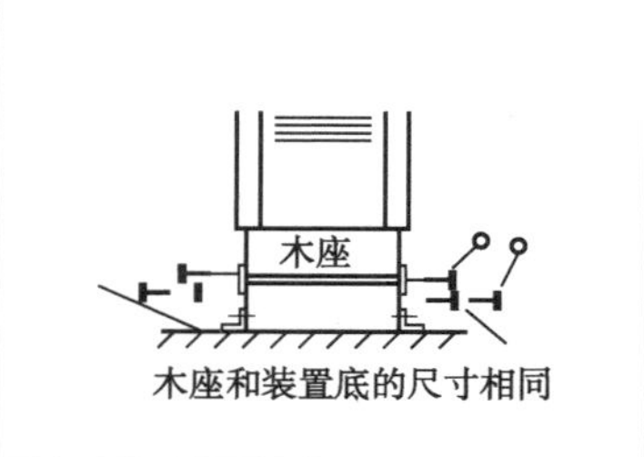 木座 木座和装置底的尺寸相同	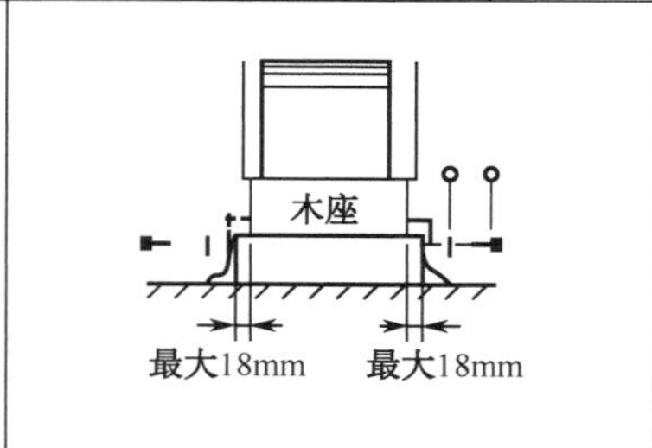 木座 最大18mm 最大18mm	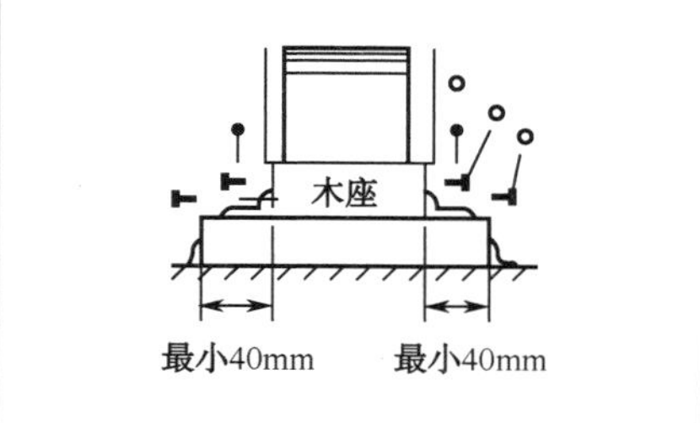 木座 最小40mm 最小40mm		

5. 分体一拖二空调器的安装

分体一拖二空调器是由一台室外机和两台室内机及红外遥控器组成，它是一种具有独立区域控制能力并适用于家庭的空调系统。现以分体一拖二（KFR-23GX2W）挂壁式空调器为例介绍其安装方法（与分体挂壁式空调器、立柜式空调器相同部分请参照上述内容）。

KFR-23GX2W 分体挂壁式空调器外观如图 7.14 所示，由于两台室内机完全相同，故图中只画出一台室内机，另一台室内机与室外机的接口在图中画出。

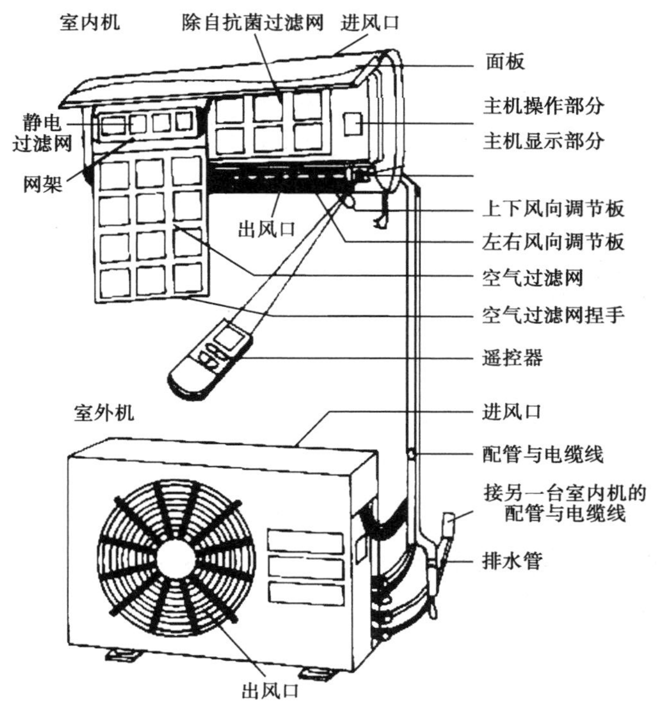

图 7.14　一拖二分体空调器外观图

（1）安装位置的选择。一拖二分体挂壁式空调器的安装位置选择与分体一拖一挂壁式空调器相似，图 7.15 所示为室内、室外机安装位置图。

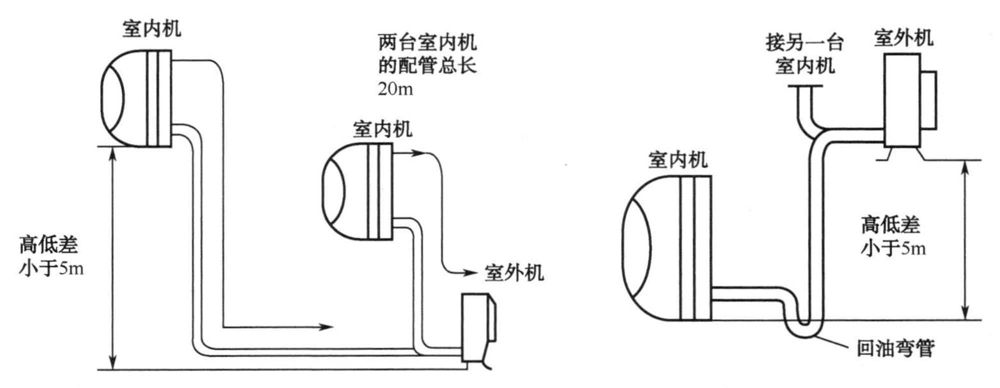

图 7.15　室内、室外机安装位置图

选择安装位置时应当注意

① 两台室内机的配管长度差应小于 3m。

② 两台室内机的高度应小于 3m。

③ 室内外机配管总长的最大长度为 20m，超过 10m 时，每超过 1m 需补充 40g 制冷剂。

④ 室内机和室外机允许高差应小于 5m，若室外机的位置高于室内机时，连接管道进入室内机前要设置回油弯管。

（2）室内、室外机的安装。室内、室外机安装时应注意：

① 电源连接只需要与任意一台室内机相连即可；

② 必须将同编号的信号线和连接管（A 或 B）接入同一台室内机，否则将造成空调器无法正常工作。

（3）空气排除。在室内机和室外机连接好后，要将室内机和配管内的空气排除，一般先排除一台，再排除另一台，每台室内机的空气排除程序相同，具体排气程序如下。

① 将空调器接通电源，使室外机电磁阀打开。

② 延时 10min 后，卸掉室外机上 A 机或 B 机截止阀上的阀帽和三通阀的多用口排气螺母。

③ 用内六角扳手逆时针打开二通截止阀阀芯 1/2～1/4 圈（开启 45°～90°位置），10s 左右后再顺时针关闭，用肥皂水对接口检漏。

④ 再次逆时针打开二通截止阀阀芯 1/4 圈（开启 90°位置），顶压截止三通阀的排气顶针排气，一般开 3s、停 3s 共 3 次。

⑤ 将两个截止阀的阀杆逆时针拧到最大位置后，将所有阀帽拧紧。

⑥ 另一台室内机的排气方法与前一台相同。

（4）其他安装操作与分体壁挂式空调器相同。

7.2.3 空调器的使用和保养

1. 空调器的使用

（1）使用时应注意使用电压的范围。按国家有关规定，使用电压的范围为空调器铭牌电压的±10%以内，即在 198～242V。超过这一范围应停止使用或采取稳压措施将电压稳定在这个范围内。否则，会影响机器的使用寿命或造成空调器故障。

（2）制冷时应注意切忌频繁变动控制开关改变空调器的工作方式。停机后需重新开机时，必须间隔 3min 以上。

目前，市场上销售的窗式空调器的控制面板上一般都装有两个旋钮或三个旋钮。有的还有风门滑块等，如图 7.16 所示。

窗式空调器控制面板上的旋钮和风门滑块，具体操作方法如下。

① 控制选择开关。窗式空调器一般皆为五挡旋转式开关，顺时针或逆时针均可分挡转动，工作方式有“弱风”、“强风”、“弱冷”、“强冷”。制热的空调器一般为七挡开关，还有“弱热”、“强热”方式。“弱风”或“强风”乃表示风扇电动机转速快慢所带来的出风量大小；一般在夏季，未睡觉前可开“强冷”挡，此时风量大，制冷效果强；睡觉时可开“弱冷”挡，室温不会太低，且风声亦小一点。

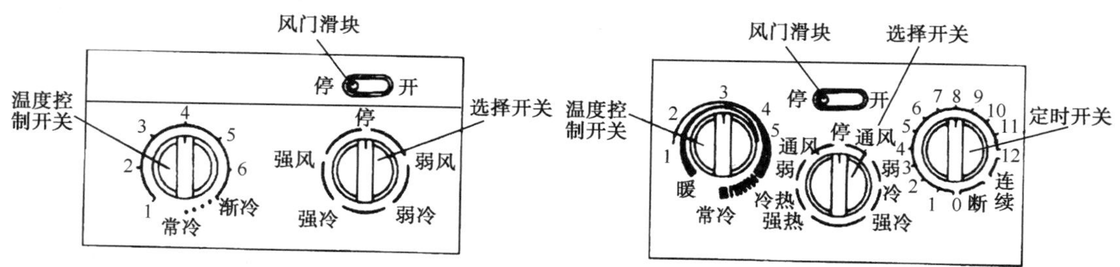

图 7.16 控制面板示意图

② 温度控制开关。

一般温控开关的控制范围都在 15～27℃，考虑到家用空调主要是夏季室内降温用，根据大多数消费者的意见在未睡觉前（如会客、写作、看书、看电视等）室温最好为 27～30℃，而睡觉时最好为 30～32℃。有些厂用空调器的温控范围设定在 18～36℃。其对应的刻度“1～6”，再至“渐冷”是表示温度从高到底。即刻度数字越小，控制温度越高，数字越大，控制温度越低，在实际使用中，一般先将旋钮调节到“渐冷”的位置，开机工作，当房间温度达到你所需要（即使你感到舒适）时，慢慢地逆时针转动温控旋钮。直到听到压缩机停止运转的声音时即停下。这时压缩机不工作，风机照常运行。经过一段时间后，室内温度会逐渐上升，超过温控开关的控制温度（一般在你选择的室温±2℃左右）时，温控器就会自动接通压缩机使之运转，开始制冷降温。空调器的制冷系统就是这样周而复始的循环，达到自动控制温度的目的。杭州东宝空调器上的温控器，根据不同消费者的需要，还设定有“常冷”点，当你需要连续制冷时，可将温控旋钮转到“常冷”挡，此刻压缩机连续运转。

制热操作时的过程也是如此，只是温控开关的旋转方向应相反。

③ 定时器。

能够按用户要求自动定时运转。最大自控定时为 14h。若需定时，可将此旋钮从“0”～“14”顺时针旋转，但最好不要在 0～2 之间定时。

④ 风门滑块。

拨到“开”位置时，风门打开，排除房间内的混浊空气；拨到“关”位置时，风门关闭，维持和使房间空气达到更冷状态。

（3）出风方向的选择。

调节空调器面板上的出风格栅，横片可调节上、下出风，竖片可调节左、右出风，但横片应尽量避免向下，这会使温控器误动作，造成压缩机频繁启动、停止。空调器出风方向的调整，如图 7.17 所示。

图 7.17　出风方向的调整

（4）挂壁式空调器的工作方式及使用。

① 工作方式。

挂壁式空调器采用遥控装置或线控装置，其运转显示器显示的运转状态有经济运转方式、制冷运转方式、抽湿运转方式和循环送风运转方式。各运转方式的具体含义如下。

a．经济运转方式。

在开始运转时，空调器自动检测室内温度，如室温比标准温度高 2℃以上，则风速自动切换到高速挡；如室温处于标准温度至 27℃之间，则风速自动切换到中速挡；如室温低于标准温度，则风速自动切换到低速挡。

b．制冷运转方式。

制冷温度控制范围为 15～30℃，风速分为高、中、低三挡，可随意选择。

c．抽湿运转方式。

空调器自觉记忆开始抽湿运转时的室内温度，在制冷运转到使室内温度降低 2℃时，压缩机便进行开 4min，停 6min 的循环运转抽湿。在抽湿运转时，室内风扇自动切换到低速挡，以防止室内温度下降太低。

d．循环送风运转方式。

该方式工作中，压缩机停止运转，室内轴流风扇电动机仍在工作，从而使室内空气循环流动，当房间用加热器加热时，配合本方式运转，可有效提高室内温度的均匀性。

② 使用。

现以某公司生产的 KF－20W 分体挂壁式空调器为例说明。

a．遥控器各部分功能和名称，如图 7.18 所示。

- 运转显示器：显示运转状态。
- 开关键：按下此键空调开始或停止运转。

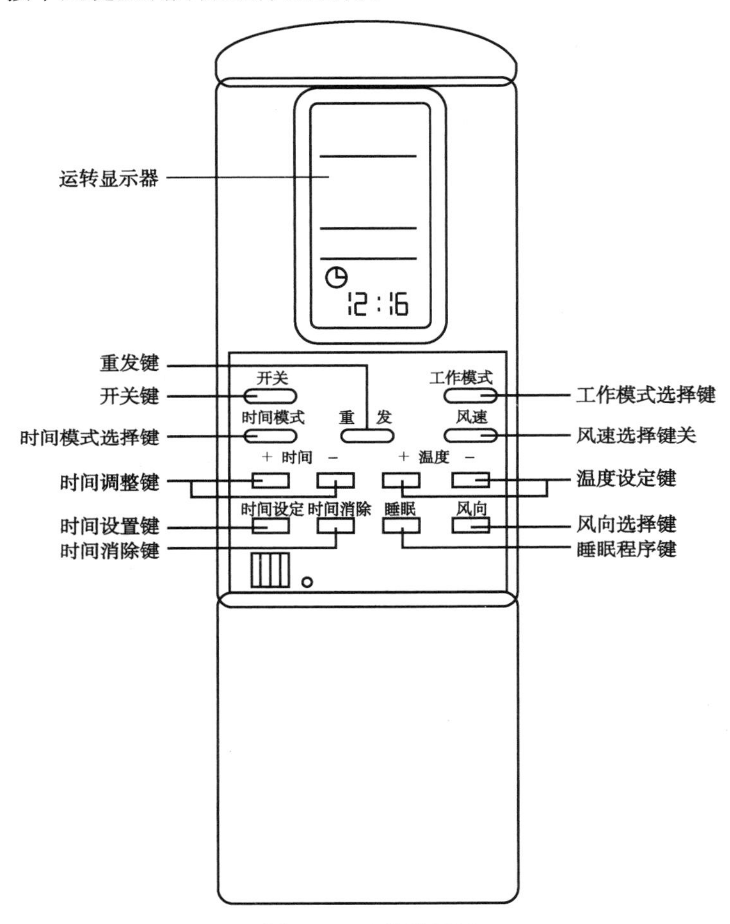

图 7.18 遥控器面板

- 工作模式选择键：用于选择运转方式的种类；经济运转方式；制冷运转方式；送风运转方式；抽湿运转方式。
- 风速选择键：用于四挡速度中选择。
- 温度设定键：用于调节室内温度。
- 风向选择键：用于垂直方向的风向选择。
- 睡眠程序键：执行或取消睡眠程序。
- 时间模式选择键：用于选择时钟和定时开、关机模式。

● 时间调整键：在时钟模式下，可调整、校准定时时钟，调节间隔为1min。

在定时模式下，可设定定时开、关机的时间，初始时间为12：00，调节间隔为30min。

● 时间设置键：将设定的时钟及定时开、关机时间传给主控微机。

● 时间消除键：可消除设定的定时开、关机时间；修改设定的定时开、关机时间，必须先按此键。

● 重发键：将遥控器设定的运转指令再次发给空调器的接收系统。

b．符号含义

● 遥控器运转显示器上符号的含义，如图7.19所示。

● 接收面板上指示灯的含义：

ϕ绿色指示灯：运行指示灯。插上电源插头，按一下开关键此灯即亮。

Ξ黄色指示灯：睡眠指示灯。睡眠程序时，此灯亮。

▼红色指示灯：过欠电压指示灯。过欠电压时此灯亮。

∂橙色指标灯：抽湿运转指示灯。抽湿运转方式时，此灯亮。

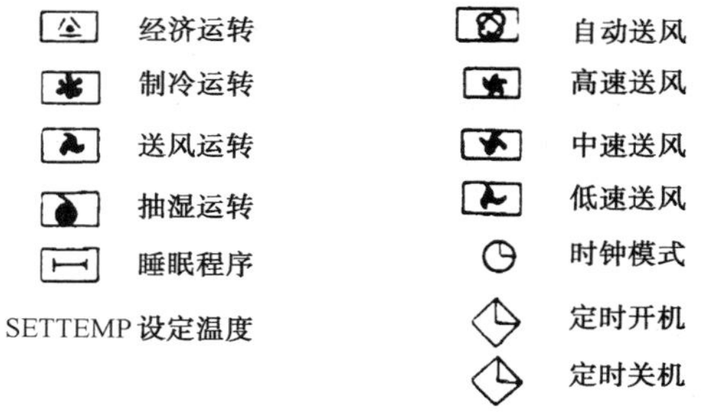

经济运转　自动送风
制冷运转　高速送风
送风运转　中速送风
抽湿运转　低速送风
睡眠程序　时钟模式
SETTEMP 设定温度　定时开机
定时关机

图7.19　遥控器显示器上符号的含义

c．运转模式的含义。

经济运转模式：在开始运转时，空调器检测室内温度，如室温>26℃，则自动进入制冷运转方式，否则，进入送风运转方式。风速为自动挡。采用此运转方式，空调器便进入自动控制状态。

抽湿运转方式：空调器开、停各10min，并交替进行。工作时，室内机组风扇自动被切换到低速挡。采用此运转方式可达到抽湿的目的，而室内温度不会下降太低。

送风运转方式：室外机组不工作，室内机组风扇工作。当房间用加热器加热时，采用本运转方式可提高加热效率和温度的均匀性。

睡眠程序：此程序只在制冷运转方式或经济运转方式中进入制冷运转状况下执行。此程序执行时，空调器先制冷到设定的温度（经济运转方式时为26℃），1h后将设定温度自动升高1℃，再1h后，再高1℃，然后一直运转下去。

自动风速挡：在制冷运转方式时，当 $t_{室}-t_{设}>5$℃时，风速为高速挡；当2℃< $t_{室}-t_{设}\leq 5$℃时，风速为中速挡；当 $t_{室}-t_{设}\leq 2$℃时，风速为低速挡。在送风运转方式时，当 $t_{室}\geq 24$℃时，风速为高速挡，当20℃< $t_{室}$ <24℃时，风速为中速挡；当 $t_{室}\leq 20$℃时，风速为低速挡。

其中：$t_{室}$为室内温度；

$t_{设}$为设定温度，经济运转方式时为26℃。

d．遥控器使用的准备和注意事项。

● 把室内机的电源插头插入交流电源插座，打开面板将主电源开关置于“1”位置，室内机发出一声短促的“嘟”声，表示空调器已处于准备工作状态。

● 拆下遥控器后面电池盖，按照正确的正极和负极装上两节5号干电池（若长时间不使用空调器，应从遥控器中取出干电池）。

● 在操作时，把遥控器对准室内机组的接收面板。

● 能接收遥控器信号的最大距离为7m。

● 在遥控器和接收面板之间应无障碍物。

● 不要碰撞和投掷遥控器。

● 不要把遥控器放在阳光直射的地方，或加热装置和其他热源附近，也不要让遥控器受潮。

e．运转方式的具体操作。

● 制冷运转方式。

按下工作模式选择键，选择制冷运转方式，每按一次，运转显示器上的运转方式按图7.20箭头方向依次变换。

设定温度：按下室内温度设定+键或-键，温度可在18～30℃以1℃为一挡进度设定。

设定风扇速度：按下风速选择键，可在自动、高、中、低四挡风速中任意选择风速。

● 抽湿运转方式。

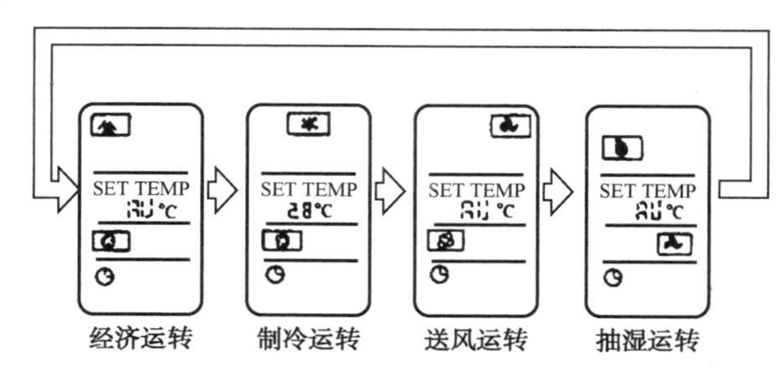

图7.20　制冷运转方式的选择

按下工作模式选择键，选择抽湿运转方式，风速被自动切换到低速挡，接收面板上橙色灯亮。温度设定键、风速选择键和睡眠程序键操作无效。

● 送风运转方式。

按下工作模式选择键，选择送风运转方式。按下风速选择键，选择理想的风扇速度。温度设定键和睡眠程序操作无效。

● 经济运转方式。

按下工作模式键，选择经济运转方式，风速自动被切换到自动挡。温度设定键和风速选择键操作无效。

f．睡眠程序。

按下睡眠程序键，在运转显示器上出现☰，风速自动切换到自动挡，接收面板上黄色指示灯亮，这表示已开始进入睡眠运行，再按一下便取消。风速选择键和温度设定键操作无效。

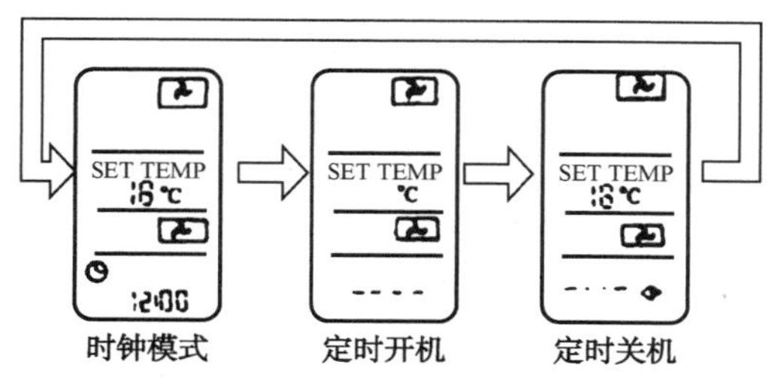

图7.21　定时控制的设定

g．定时控制模式选定。

● 按下时间模式选择键，选择定时开或关，每按一下，运转显示器上按图7.21顺序循环。

● 按下时间设置键，12:00闪烁，再按时间调整+键或-键，时间以30min为单位变化，按住不动可连续变化，确定所需时间，再按一下时间设定键，则定时设定完毕。若修改，设定的开、关机时间，应先按时间清除键，再重新对时间设定键操作便可。

h．时钟设定

按下时间模式选择键，选择时钟模式，按下时间设定键，则时钟数码闪烁，再按时间调整＋键或－键，时间以 1min 为单位变化，按住不动可连续变化，确定所需的实时时间，再按一下时间设定键，则时钟设定完毕。时钟可直接设定，时间清除键无效。

i．气流方向调节

为了使室内冷气均匀或让冷气朝某一方向运动，可以通过调节气流方向来实现。上下控制——按下遥控器的风向选择键，风门自动打开并上、下摆动，选择合适的角度，再按一下风向选择键，风门便可定位；左右控制——用手向左或向右移动摆叶，可以在水平方向上左/右改变气流方向，如图 7.22 所示。

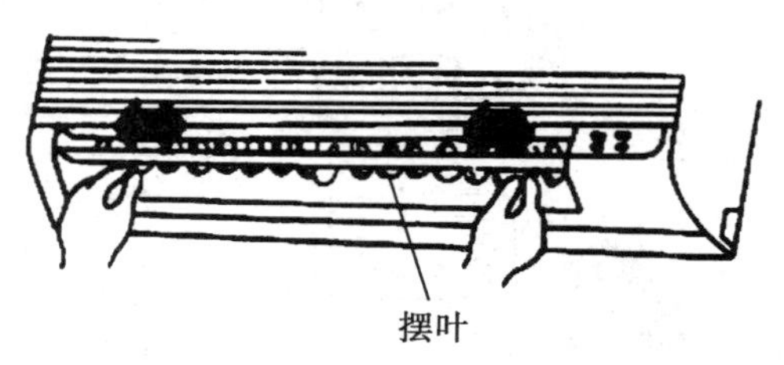

图 7.22　气流的左右方向调节

j．强制运转

当遥控器遗失或损坏时，可打开室内机组面板，按一下强制按钮，则空调器自动进入经济运转方式。

2. 空调器使用中的注意事项

在使用空调器时应注意下列情况，如表 7.11 所示。

表 7.11　空调器使用中的注意事项

示　意　图	说　　明
开/关	不能采用“拔”或“插”插头的方法作为启动或停止空调器
不能!	不能随意改动原机电缆线或插头，做到空调器使用专用线
不能！　要紧密接触!	绝不能用金属线作为临时熔断器，同时插头与插座接触应紧密

续表

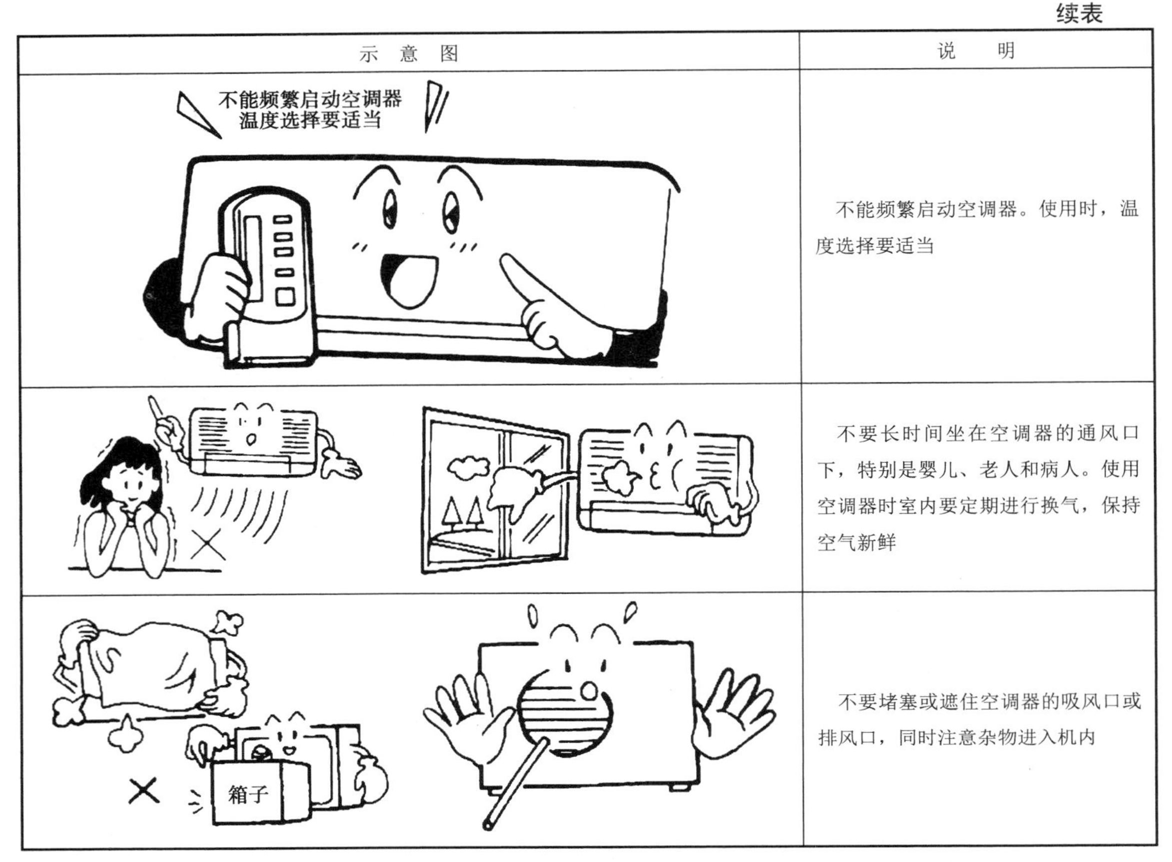

示　意　图	说　　明
	不能频繁启动空调器。使用时，温度选择要适当
	不要长时间坐在空调器的通风口下，特别是婴儿、老人和病人。使用空调器时室内要定期进行换气，保持空气新鲜
	不要堵塞或遮住空调器的吸风口或排风口，同时注意杂物进入机内

3. 空调器的保养

（1）投入使用前应彻底清扫、检查：每年夏季使用前，应彻底清扫和检查。先拔下电源插头，再卸下面板和挡片，用力拉出机座，用软毛刷或吸尘器进行彻底清扫，如图 7.23 所示。特别是冷凝器和蒸发器上的灰尘、纸屑等杂物。必须清扫干净。注意清扫时不要碰坏机内器件，保持散热肋片的整齐排列。清扫完毕后，仔细检查电气线路的所有接线有无松动和脱落，一经发现即应采取相应措施。经检查一切正常后，方可把机座装入外壳，通电试机，经过 1～2h 的观察，如无异常情况，才能投入使用。

图 7.23　空调器的清扫

（2）定期清洗空气过滤器网：为使气流畅通，空气过滤网至少一个月应清洗一次。

（3）清洁面板和机壳：经常用软布抹去面板和机壳上的灰尘及脏物，如污染太多，可用软布加肥皂水或不超过 45℃的温水洗净，再用软布擦干。

（4）长期停用前，对内部进行干燥。空调器长期停用前，对内部进行干燥的方法是：

把主控开关旋到通风的位置，让风扇运转 3～4h，把内部的水分吹干，然后关掉风机，拔下电源插头，用布块将室外部分包扎好，防止灰尘、杂质的侵入，室内部分也用布遮盖，以防室内灰尘侵入机内，这样下年使用时可减少清洗工作。

知能拓展——空调器使用中的节能措施

如何降低空调器的耗电量，是每个空调器用户所关心的问题。在使用中，可采取以下措施：

（1）制冷运行时房间温度不要设定得太低。夏季，室温只要调到比环境温度降低 3～5℃即可，不要使房间温度降得太多。因为室温降得太低就需要增加制冷量，压缩机工作时间增长，造成不必要的电耗。此外，室内外温差太大，对人体健康也不利。一般室温在 26～28℃较为适宜。

（2）制热运行时房间温度不要设定得太高。冬季，不必使房间温度升得太高，因为室温升高是靠电耗增大来实现的。室内、外温差相差太大，同样对人体健康也不利。

（3）改善窗门缝隙的密封性。窗门缝隙会泄漏室内的热气和冷气，增加空调器的工作电耗，因此在安装空调器的房间应密封窗门的缝隙。一般可以选用软质泡沫条封贴。

（4）减少墙、窗、屋顶的辐射热。墙，窗、屋顶的辐射热要靠空调器的制冷量来相抵。因此减少辐射热，就可以降低空调器的电耗。减少辐射热的办法较多，可根据房间的环境，采取不同的措施。如在顶楼的，可在屋顶增加一层隔热通风板；墙上、门窗上可以涂上一层白色反光层，或贴上一层反光板、薄膜；也可以做成帘子、遮栅形式外挂一层反光层，阻挡阳光直射屋顶、墙、窗。

（5）使用中注意冷量损耗。使用空调器时，注意不要无故损耗冷量。如阳光直射房间时，应及时把窗帘拉上；无故不开启照明灯等发热元件；人进出房间时，尽量减少开门幅度、开门时间，及时关好门，如图 7.24 所示。

（6）必要时才开新风门。空调器制冷、制热等运行时，只有当室内空气混浊时才开启空调器的新风门。当新风门开启一定时间后应及时关闭。新风门开着时，有一定量的冷气或热气漏到室外，会增加电耗。

（7）合理使用定时器。做到适时使用空调器，在该开机的时候自动开机，该关机的时候自动关机，达到节电的目的。如在晚间时，通过合理设置定时器时间，可以在一定时间之后自动关闭空调器，或在起床前一定时间自动开启空调器。

图 7.24　避免阳光直射、及时关好门

（8）合理选用风扇速度。风扇速度的高低直接与制冷或制热的速度快慢有关。在不影响舒适感的情况下，尽量提高风扇速度，可尽快降低或升高室温，从而可节省电耗。

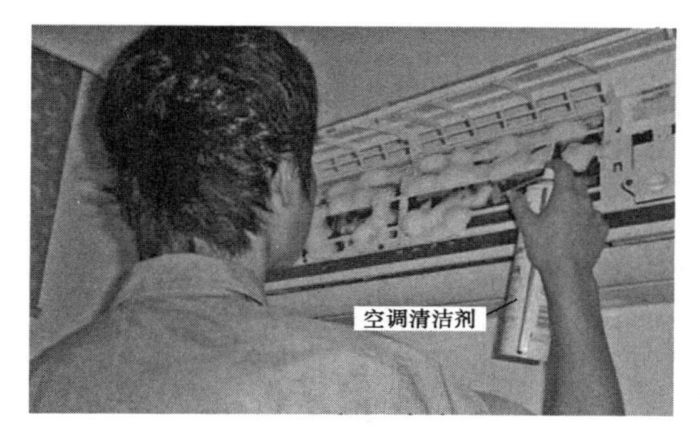

图 7.25　维修人员用空调清洁剂对空气过滤网进行清洗

（9）经常清洗空气过滤网。空气过滤网过脏会造成空调器通风不良，制冷、制热慢，耗电大。经统计，未清洁的空气过滤网（过脏的空气过滤网）与清洁后的空气过滤网（干净的空气过滤网）相比较，其电耗将增加 10%～20%。因此，必须重视对空气过滤网的清洗工作。对空气过滤网的清洗，可以拆下空气过滤网用清水进行清洗，也可以采用空调清洁剂进行清洗，如图 7.25 所示。

思考与练习

1. 填空题

（1）电冰箱的放置要求：____________，__________，__________，___________。

（2）为确保电冰箱的正常工作，发挥其最大效益，必须重视______和_______两环节的工作。

（3）空调器使用时，应忌频繁启动。停机后需重新开机时，必须间隔______min 以上。

（4）只有重视日常维护保养工作，才能保证空调器的________________________。

2. 选择题

（1）对直冷式电冰箱而言，冰箱不启动时，不需要检查的项目之一是（　　）。

（A）外部电路　　（B）制冷压缩机

（C）温度控制继电器　　（D）自动化霜控制继电器

（2）家用电冰箱稳定运行后，制冷压缩机吸气管（　　）。

（A）应结霜或结露　　（B）不应结霜或结露

（C）应结霜，夏季必须结露　　（D）不结霜但夏季必须结露

（3）冬季，当家用电冰箱制冷压缩机连续运转 1～2h 后，用手去摸它的外壳应（　　）。

（A）结露　　（B）结霜　　（C）较热　　（D）烫手

（4）制冷压缩机的（　　）将会产生振动。

（A）地脚螺丝松动　　（B）排气压力过低　　（C）温度过高　　（D）温度过低

（5）为了增加辐射热，物体表面应（　　）。

（A）洁白光滑　　（B）光滑平整　　（C）灰暗反光　　（D）黑暗粗糙

3. 问答题

（1）如何选购电冰箱？

（2）如何正确使用电冰箱？

（3）电冰箱在使用中，如何采取节电措施？

（4）电冰箱能否当作空调器使用？为什么？

（5）空调器在选购前应考虑什么？

（6）空调器安装应注意哪些问题？

（7）怎样正确使用和维护空调器？

模块八

制冷设备常见故障分析与处理

电冰箱、空调器常见故障分析与处理是电冰箱、空调器维修的一个重要环节，一般常用“看、听、摸、测”的方法来判断发生故障的部位。

通过本模块的学习，熟悉电冰箱、空调器常见故障现象，会对电冰箱、空调器常见故障进行分析与快速处理给以帮助。

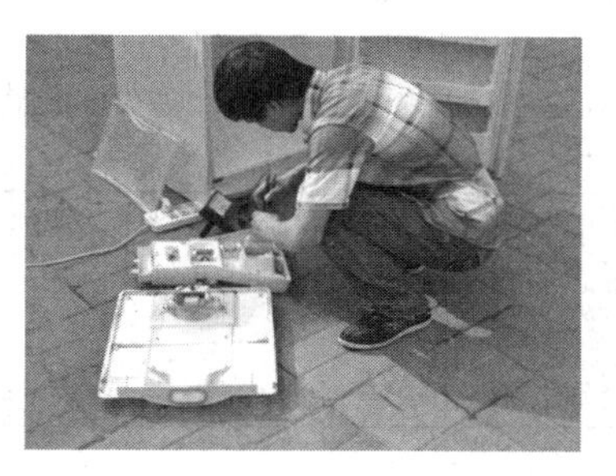

内容提要

- 电冰箱故障分析的基本方法
- 常见故障及维修实例
- 空调器常见故障及维修实例

8.1 故障分析的基本方法

电冰箱、空调器常见故障分析方法基本相同，即“一看、二听、三摸、四测”，最后根据综合分析后选用合适的方法给予修复。电冰箱、空调器常见故障基本检查方法，如表 8.1 所示。

表 8.1 常见故障基本检查方法

方　　法	说　　明
看	观察电冰箱或空调器外形是否无损，部件有无损坏、松脱，管道有无断裂，接线有无断开以及热交换器结霜、挂霜情况。例如： （1）电冰箱在正常工作状态下，能看到蒸发器表面有霜且霜层均匀、厚实，如果发现蒸发器无霜或上部结霜、下部无霜，或结霜不均匀等，都说明电冰箱制冷系统工作不正常；若出现周期性结霜情况，说明制冷系统中含有水分，可能“冰堵”；若电冰箱工作很长一段时间，蒸发器不结霜，说明制冷系统可能“泄漏”； （2）同样看正常工作情况下的空调器，蒸发器盘管及其翅片凝露会有均匀的凝露现象，如果蒸发器某部分盘管不凝露或凝露少，甚至温度较高，可能是制冷管道阻塞或混入空气；若发现空调器制冷管道的接头处出现油渍，则表明这个地方很可能有制冷剂泄漏

续表

方　　法	说　　明
听	听电冰箱或空调器运行中各种声音，区分运行的正常声响和故障噪声，即震动是否过大，电动机有无异常杂音，压缩机运行声音是否正常等。例如： （1）听电冰箱运行中出现的各种噪声，如全封闭机组出现“嗡嗡”的声响是电动机不能正常启动的过负荷声音；继电器内发出“嗒嗒”的启动是接点不能正常跳开的声响；“嘶嘶”或“嗒嗒”声，是压缩机内高压引出管断裂发出的高压气流或吊簧断裂后发出的声响；开启式压缩机正常运转时，“啪啪”声是压缩机飞轮键槽配合松动后的撞击声，“啪啪”声是皮带损坏后的折击声。 （2）同样听空调器运行中出现的各种噪声，若风扇发出“嚓嚓”声响是叶片触碰他物的撞击声等
摸	摸电冰箱或空调器有关部位，感受其冷热、震颤等情况，有助于判断故障的性质和部位。例如： （1）触摸正常运行时的电冰箱压缩机，温度不会升高太多，一般不超过 70℃，如运行一段时间后，手摸感觉烫手，则压缩机温升太高；摸冷凝器的温度，其上部温度较高，下部温度较低，说明制冷剂在循环。若冷凝器不发热，则说明制冷剂渗漏了。 （2）同样触摸正常运行情况下的空调器，如干燥过滤器表面温度很低出现且凝露，则说明干燥过滤器可能堵塞；若在运行中压缩机排气管不热甚至发凉，可能是制冷剂快漏光了
测	为准确判断故障性质和部位，常用仪器和仪表来检测电冰箱、空调器的性能、参数和状态。例如： （1）用万用表、兆欧表和钳形电流表测量电流、电压、各元件及电动机线圈电阻、运行电流及对地绝缘电阻是否符合要求。 （2）用电子检漏仪等检查制冷系统有无泄漏

知能拓展——修理后应检测的项目

电冰箱、空调器修理后的检测项目主要有安全性能、制冷性能和启动性能等几项。现以电冰箱为例，其修理后具体检测的内容如下：

1. 安全性能检查

（1）绝缘电阻，要求不小于 2MΩ；

（2）检查接地电阻，要求不大于 0.1Ω；

（3）检查泄漏电流，要求不大于 1.5mA；

（4）进行耐压试验，用交流电压 1500V 历时 1min 不出现闪络、击穿现象。

2. 制冷性能检查

（1）电冰箱开机 5～10min，摸冷凝器温度应比环境温度高 10～15℃，上、下有明显温差，干燥过滤器微热；

（2）开机 30min 左右，蒸发器表面有均匀而薄的霜；

（3）开机 2～3h 不发生冰、脏堵；

（4）电冰箱内温度能够达到设定标准，压缩机开、停机正常。

3. 启动性能

在电压 187～242V 内正常启动、停止。温度控制继电器能正常压缩机开、停。

4. 符合国家标准要求，即振动小、噪声低。

5. 门封及箱体隔热性能良好等。

8.2 电冰箱常见故障及维修实例

8.2.1 电冰箱故障速查表及排除方法

电冰箱的常见故障及排除方法，如表 8.2 所示。

表 8.2 电冰箱常见故障速查表及排除方法

故障现象	故障原因	排除方法
电冰箱通电后不运转	（1）无电； （2）热保护继电器的双金属片触点跳开后不能复位； （3）热保护继电器的电阻丝损坏； （4）温度控制继电器失效，其触点不闭合或接触不良，启动继电器接点被永久磁铁吸住不能复位； （5）电动机绕组短路，烧坏或内部断路	（1）检查熔断器是否熔断，插头接触是否良好及接线有无松脱； （2）双金属片失效，应进行更换。如果是调节螺钉位置不当，可将螺钉调到适当位置，或用螺丝刀逆时针调整调节螺钉，扩大温度控制范围，使截止温度降低； （3）更换； （4）更换或修理切断电源，调整启动继电器接点； （5）更换电动机或重绕电动机绕组
打开电冰箱门有难闻的异臭味	（1）电冰箱内不清洁； （2）食品存放日期过长，食品腐烂、变质； （3）电冰箱初使用时，有似塑料的气味	（1）定期清洗电冰箱内部； （2）应及时食用，不要把变质食品放入电冰箱内； （3）电冰箱内放一些除臭剂，使用一段时间后会自行消除异味
电冰箱表面结霜	（1）电冰箱放置在过于潮湿地方； （2）隔热层不均匀（即“发泡”质量不好； （3）间冷式电冰箱冷冻室门封电热丝损坏	（1）改变安放地方，降低周围环境湿度； （2）寻找隔热层质量差的故障点，重新进行“发泡”处理或在故障点加填隔热材料； （3）更换电热丝
蒸发器结霜不全	（1）制冷剂部分泄漏； （2）轻微脏堵； （3）天冷时，温度控制继电器调在“弱冷点”	（1）寻找漏点，经补漏后重新添加制冷剂； （2）排脏堵方法，参见模块五所述； （3）冬天应把温度控制继电器调节在“中间点”位置
蒸发器结霜过快、过厚或冻成冰块	（1）储存食品的水分未擦干、未密封包装； （2）门封不严或开门次数过多、时间过长	（1）食品洗净后，应晾干或擦干后再放入，最好使用食品包装袋； （2）修理门封条或更换门封条；减少开门次数并缩短开门时间
电冰箱照明灯长照或不亮	（1）灯开关损坏； （2）灯泡与灯座接触不良； （3）灯开关移位或“轧煞”或触点烧蚀、粘连； （4）电路断或线接头松脱	（1）检修灯开关或更换； （2）修复灯座或更换； （3）重新调节到正确的位置并紧固。如“轧煞”或触点烧蚀、粘连，应进行修复或更换新件； （4）修复电路部分
电冰箱噪声过大	（1）电冰箱放置不平； （2）电冰箱放置在楼上时，有时使楼下住户感到噪声很大，一般是由于建筑结构造成； （3）负荷过大； （4）冰箱箱体、附件、散热片以及管路松脱颤动； （5）电冰箱的背或侧面紧靠墙壁，通过墙壁传播了压缩机的振动	（1）调整底部的调整螺钉或垫以木片、橡胶等，使电冰箱保持水平位置； （2）调换位置，选择一个噪声最小的地方放置； （3）测量电流并安装压力表，检查压力是否正常，判断有无过负荷现象； （4）紧固各松脱部件； （5）移动电冰箱，使电冰箱离开墙壁 10cm 以上

续表

故障现象	故障原因	排除方法
压缩机“嗡嗡”作响，热保护继电器反复跳开	（1）电源电压过低； （2）启动继电器失灵； （3）压缩机“轧煞”或“卡缸”； （4）制冷系统内加注的制冷剂过量，造成压力过高，负荷过重	（1）安装调压器，使电压稳定在额定值，或停止使用，等电源电压正常后再使用； （2）调整启动继电器或更换新件； （3）开壳修理或更换新压缩机； （4）放掉一部分制冷剂
电冰箱内不冷或不够冷	（1）温度控制继电器调整不当或感温管位置不恰当； （2）箱内食品放置过多，影响冷空气对流，使温度不能降低； （3）箱门密封条损坏，密封不严，使热空气侵入，出现“跑冷”故障； （4）蒸发器结霜过厚，直接影响制冷效果； （5）冷凝器外表面太脏，使冷凝器中高压高温制冷剂气体不能和外界空气充分热交换； （6）系统中有泄漏，蒸发器全部或局部不结霜，吸气管不冷或不够冷或毛细管冰堵； （7）压缩机本身效能降低； （8）制冷剂加注过量，电动机的电流也比平常大； （9）系统内积存过多空气，压缩机顶部和冷凝器盘管表面温度均比正常值高	（1）顺时针旋转温度控制继电器的旋转钮，观察是否降温。如果温度不下降，首先检查温度控制继电器是否失效，然后再看感温管位置是否不当，若不当应并加以处理； （2）调整箱内食品的摆放并取出一部分，保证箱内空气通畅； （3）修整密封条，使箱内密封严密； （4）按模块八“电冰箱霜层的处理”方法进行； （5）彻底清除冷凝器表面的污垢； （6）寻找漏点并加以修复，再按所要求的数量重新充注制冷剂； （7）检查压缩机吸、排气阀片是否破裂或不严，修理或更换相应的零件； （8）放出多余制冷剂； （9）排除系统内的空气
电冰箱漏电、麻手	（1）电冰箱未接接地线或接地线断落； （2）电气系统器件受潮，使绝缘性能下降； （3）压缩机接线或接线端子周围有油污、灰尘，使绝缘性能下降	（1）按规定接好接地线； （2）逐项检查，对问题严重的器件应更换新件； （3）清除油污、灰尘并擦干接线或接线端子
蒸发器不结霜	（1）制冷剂严重泄漏； （2）压缩机高、低压阀片损坏； （3）压缩机高压缓冲管（S管）断裂； （4）制冷系统发生脏堵	（1）寻找制冷系统的泄漏点，进行补焊后，重新加注制冷剂； （2）开壳检修或者更换压缩机； （3）开壳检修，更换新的高压缓冲管； （4）参见模块五，清除系统内的污垢
箱内温度过低	（1）温度控制继电器调节不当，箱中温度已经过低，而且压缩机仍然运转； （2）温度控制继电器的感温管放置位置不当，感温管感知温度与蒸发器的温度不一致，虽然箱内温度已经很低，但压缩机仍然运转	（1）将温度控制继电器的旋钮向逆时针转动，提高控制的温度，或用螺丝刀调整温度调节螺钉沿顺时针方向旋动，缩小温度控制范围，使截止温度升高； （2）把温度控制继电器的感温管位置作适当调整，并且加以紧固
压缩机长时间运转（≥15min）	（1）温度控制继电器失灵或调节不当，感温管放置位置不正确； （2）冷凝器表面太脏或通风散热不良； （3）制冷剂不足，弄清楚是由于泄漏原因还是毛细管堵塞所造成； （4）箱内存放食品过多或存放了高热食品	（1）检修温度控制继电器并调节旋钮到适当位置；把感温管移到正确位置并加以紧固； （2）清除冷凝器表面积灰，将电冰箱放置在远离热源和空气对流较好的地方； （3）如属泄漏，查明漏点，彻底修复，然后加足制冷剂；如是毛细管堵塞造成，应对系统进行抽真空或过滤； （4）如存放食品过多，应适当进行调整；如存放高热食品，应移出高热食品，放在电冰箱外面冷却，温度降到室温后，再放进冰箱中

提示

◎“美好时代”——技工时代，有利于扭转社会上长期存在的对蓝领工人的偏见，真正让“工人伟大、劳动光荣”的观念深入人心。

知能拓展——电冰箱常见的假性故障

电冰箱在正常工作时，会出现以下假性故障现象。

（1）正常发热，如表 8.0 所示。

表 8.3　电冰箱正常发热

示　意　图	说　　明
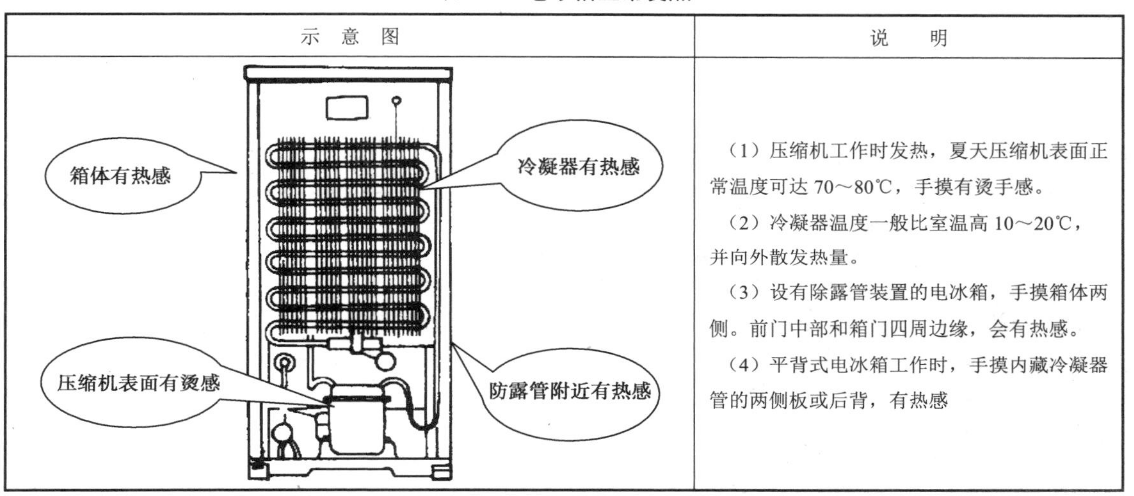	（1）压缩机工作时发热，夏天压缩机表面正常温度可达 70～80℃，手摸有烫手感。 （2）冷凝器温度一般比室温高 10～20℃，并向外散发热量。 （3）设有除露管装置的电冰箱，手摸箱体两侧。前门中部和箱门四周边缘，会有热感。 （4）平背式电冰箱工作时，手摸内藏冷凝器管的两侧板或后背，有热感

（2）正常声响，如表 8.4 所示。

表 8.4　电冰箱正常声响

示　意　图	说　　明
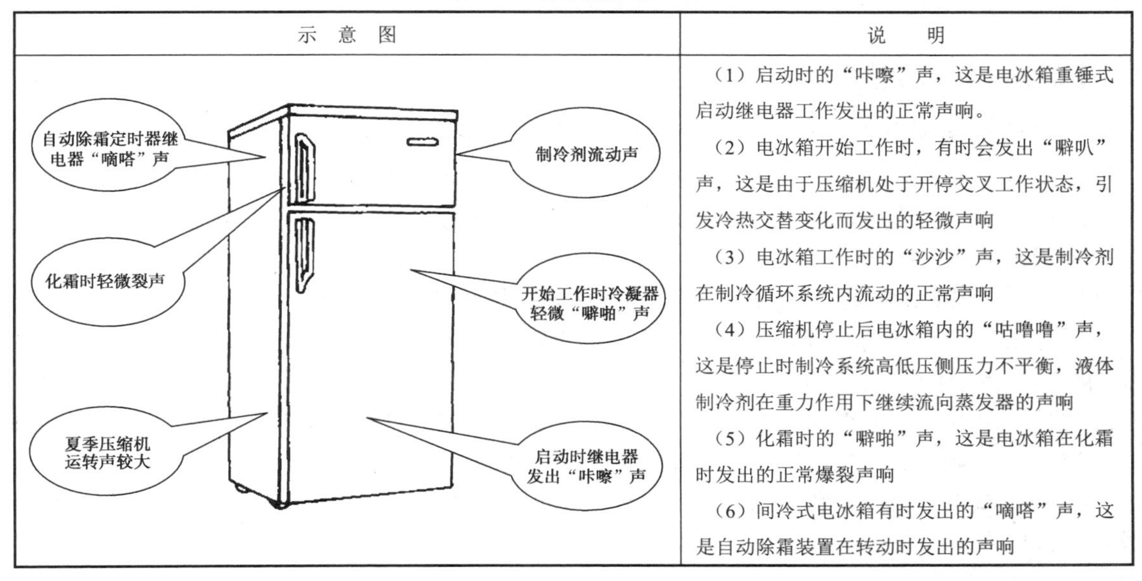	（1）启动时的“咔嚓”声，这是电冰箱重锤式启动继电器工作发出的正常声响。 （2）电冰箱开始工作时，有时会发出“噼叭”声，这是由于压缩机处于开停交叉工作状态，引发冷热交替变化而发出的轻微声响 （3）电冰箱工作时的“沙沙”声，这是制冷剂在制冷循环系统内流动的正常声响 （4）压缩机停止后电冰箱内的“咕噜噜”声，这是停止时制冷系统高低压侧压力不平衡，液体制冷剂在重力作用下继续流向蒸发器的声响 （5）化霜时的“噼啪”声，这是电冰箱在化霜时发出的正常爆裂声响 （6）间冷式电冰箱有时发出的“嘀嗒”声，这是自动除霜装置在转动时发出的声响

（3）表面凝露，如表 8.5 所示。

表 8.5 电冰箱表面出现少许凝露

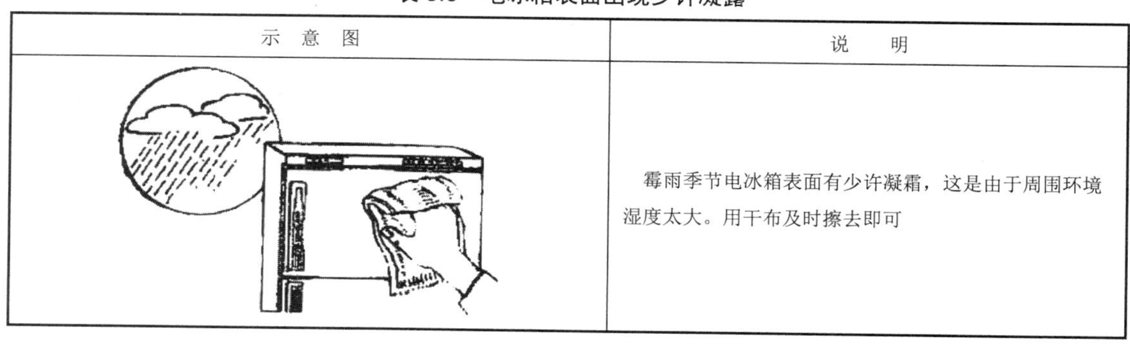

示 意 图	说 明
	霉雨季节电冰箱表面有少许凝霜，这是由于周围环境湿度太大。用干布及时擦去即可

（4）启动次数较多，如表 8.6 所示。

表 8.6 电冰箱非故障性的启动次数增多

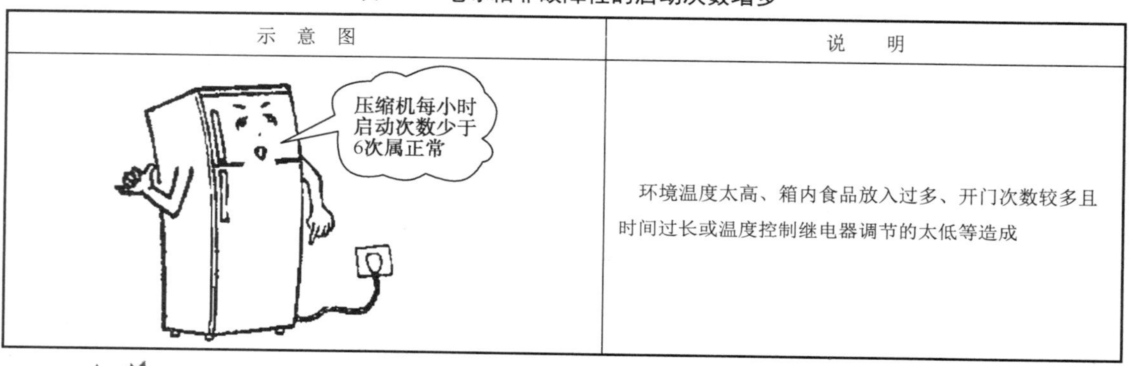

示 意 图	说 明
	环境温度太高、箱内食品放入过多、开门次数较多且时间过长或温度控制继电器调节的太低等造成

提示

◎ 面对新时代的要求和挑战，我们应该在学校学好技能和专业知识的同时，还应积极参加校外实践活动，努力提高自己的综合素养。

8.2.2 电冰箱的维修实例

1. 新购置电冰箱在使用时，压缩机长时间运转，不停止工作

经检查，电冰箱的温度控制继电器完好，蒸发器霜冻很厚，手摸冷凝器表面，有点烫手，再查看电冰箱周围环境，发现电冰箱紧靠高温墙壁。搬运电冰箱位置，使其远离热源，且电冰箱后背距离墙壁在 10cm 以上。左右边也应留有适当的空隙，以保证通风散热效率。

2. 用水洗刷电冰箱内胆，擦干后使用，压缩机运转了一下就不工作

用万用表检查发现，电源电压、熔断器、电源接线、压缩机电动机都正常，再拆下温度控制继电器的引线，用启动继电器直接启动，压缩机能启动运转，这说明温度控制继电器有故障。拆下温度控制继电器罩壳，发现温度控制继电器接线柱烧黑，接线烧断。用细砂纸将温度控制继电器接线柱擦亮，重新将接线接好，再接通电源，电冰箱恢复了正常工作。

上述故障要引起使用者注意，用水冲洗内胆后，虽经过擦干处理，但根本无法擦干在温度控制继电器罩壳内的水分，因水分未干会造成短路打火，引起温度控制继电器接线烧断。因此，清洗电冰箱时严禁用水冲刷。清洗内胆时要用拧干的海绵或湿布洗刷。

3．电冰箱运转正常，但开门时照明灯不亮或关门时灯不熄

经检查，电冰箱运转正常，这说明制冷系统无故障。

（1）开门时灯不亮的原因主要有以下几种。

① 照明灯丝断，更换一只新灯泡。

② 灯泡与灯座接触不良，修理灯座将灯座上的铜片往外拨一点，使灯泡装上时，灯头与灯座铜头铜片接触。

③ 门灯开关失灵，修理门灯开关。

（2）关门时灯不熄的原因主要有以下几种。

① 门灯开关触点粘连，更换新门灯开关。

② 用手指按灯开关后能排除故障，说明门灯开关塑料按键未到位。可将门灯开关略往前移或用丙酮粘上一小块 ABS 板，使电冰箱门关上时，正好压按住门灯开关的塑料按键上。

电冰箱能制冷但箱内门灯故障部位如图 8.1 所示。

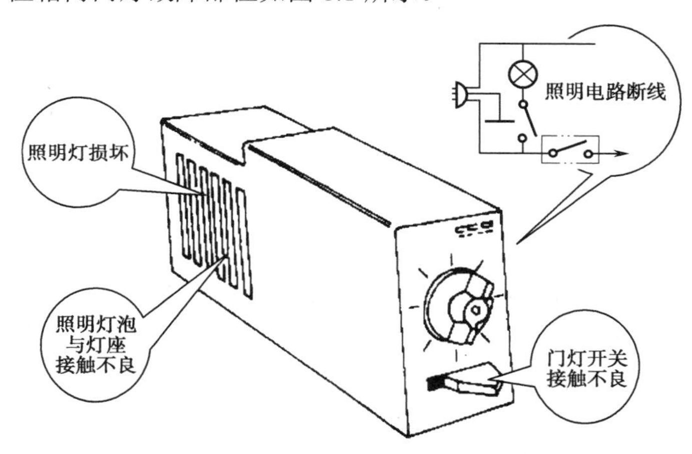

图 8.1　电冰箱能制冷但箱内门灯故障部位示意图

4．直冷式双门电冰箱，突然长停不启动，拧动温度控制继电器的旋钮到任何位置，均不起作用

经检查，在排除其他可能的电气元件的疑点之后，拆下温度控制继电器，发现其内部零件及调节机构、微动开关等均正常。再用同规格的温度控制继电器替换试验，能使电冰箱压缩机恢复正常工作。这说明是温度控制继电器的感温剂泄漏所致。需对温度控制继电器进行修理或考虑更换同型号规格温度控制继电器。

5．某台 BC-155 型直冷式双门电冰箱，经 3 年正常使用后突然不能制冷。通电运行时，电流正常，但冷凝器不热，箱内气流声甚微，箱温降不下来

根据通电后电流值正常而冷凝器不热，管道气流声甚微、箱温降不下来这一现象，应对电冰箱的制冷系统作重点检查（可参考图 8.2 所示的制冷系统流程图进行）。断开压缩机的工艺管接头，发现排气流正常，但是排气时间偏长，接入转芯三通阀，充入制冷剂运行后，表压力迅速下降且回升缓慢，干燥过滤器和箱门防露管的外露管段均出现凝露现象。

其修理方法是：将凝露严重堵塞部位用微型割刀割开两端，选择一个外径适当的紫铜管套入断开的接头上，重新焊接，检漏合格后，充入制冷剂运行。数分钟后，高压管路发热，证明制冷系统运行正常，堵塞故障已排除。停止压缩机运转后，放掉制冷剂，重新抽真空处理，然后再注入定量的制冷剂，封焊压缩机工艺管接头后，便恢复正常运行。

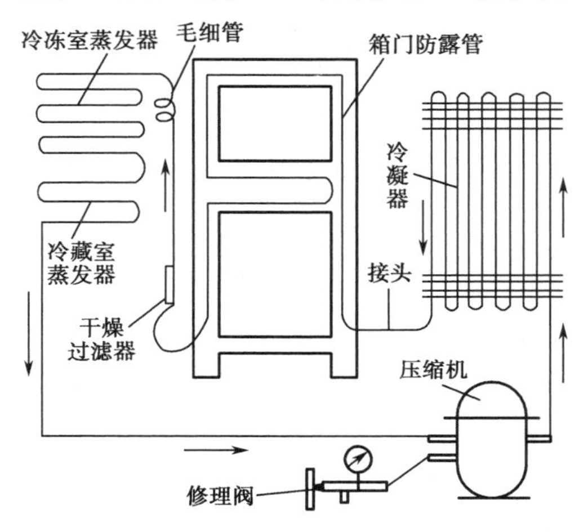

图 8.2　制冷系统流程图

6. 一台 BCD-155W 无霜双门电冰箱，使用一段时间后，出现停机时间短，工作时间延长的故障

经检查，冷冻、冷藏室温度偏高，制冷系统正常，用耳贴近箱体听电冰箱的工作声音，发现风扇电动机不转。分析图 8.3 电路可知，控制风扇电动机运转的不仅有冷冻室门开关，而且还有冷藏室门开关、温度控制继电器和除霜定时器。接着作进一步深入检查。先检查开关，关上冷冻室门，用手揿下冷藏室门开关，风扇电动机运转后，马上有冷风送入冷藏室。关上冷藏室门，揿下冷冻室门开关，风扇电动机不转，由此可以判断冷藏室门开关没有触到冷藏室门的凸缘部件部位，造成风扇电动机部分电路不通。在冷藏室门开关外端顶杆的端部贴粘几层橡皮膏，使开关外端顶杆能被门的凸缘部位顶住后，故障排除。

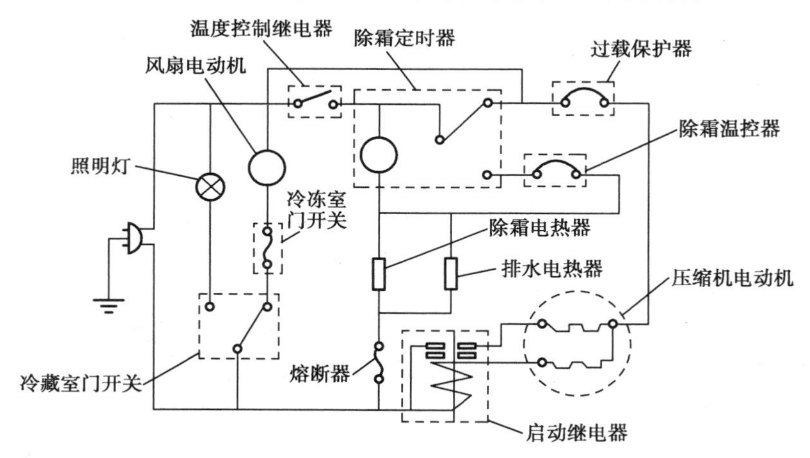

图 8.3　BCD-155W 无霜双门电冰箱电气原理图

7. 华日 BCD-185 型电冰箱冷藏室有异味

上门检查，经询问发现电冰箱冷藏室有一年没有清洗了，因此造成电冰箱冷藏室有异味，其主要原因是未清洗。修理人员提供了一份去除电冰箱异味方法的参照表，如表 8.7 所示，并帮助用户清洗电冰箱后，异味排除。

表 8.7　去除电冰箱异味的方法

方　法	示 意 图	说　明
橘子皮除味法		取新鲜橘子皮 600g，把橘子皮洗净挤干，分散放入电冰箱的冷藏室中，两天后，打开电冰箱，清香扑鼻，异味全无
木炭除味法		把适量木炭碾碎，装入小布袋内，放入电冰箱冷凝室内，除异味效果甚佳
茶叶除味法		将 60g 花茶装在纱布袋中，放入电冰箱冷藏室内，可除去异味。半个月后，将茶叶取出放在阳光下暴晒，可反复使用多次
黄酒除味法		用黄酒一碗，放在电冰箱冷藏室的底部，一般 3 天就可除净异味
柠檬除味法		柠檬切成小片，放在电冰箱冷藏室的各层，效果也佳
食醋除味法		将一些食醋倒入敞口玻璃瓶中，放在电冰箱冷藏室内，除味效果也很好
檀香皂除味法		在电冰箱冷藏室内放半块去掉包装纸的檀香皂，除异味效果也佳。但电冰箱冷藏室内的熟食必须放在加盖的容器中

续表

方　法	示 意 图	说　明
小苏打除味法		取600g小苏打分装在两个敞口玻璃瓶中，放置在电冰箱冷藏室的上下层，异味可除

提示

◎ 电冰箱冷藏室内放置的食物多而杂，常会产生各种各样的异味，因此，要养成电冰箱使用1个月左右就进行一次清洗，这样可以避免箱内的细菌生存，减少箱内漏故障的发生，提高电冰箱的制冷效率和延长使用寿命。

图 8.4　制冷系统处理示图

8. 电冰箱充注制冷剂时，压缩机内有气流声通过，但好长时间蒸发器仍不结霜，冷凝器也不发热

产生这种故障是修理人员对电冰箱制冷系统抽真不净或充注操作不符合要求所致。遇到上述故障时，首先重新充注制冷剂一次，但蒸发器仍不结霜。这样，必须对制冷系统进行清洗、烘干、抽真空，然后再按规范充注。

电冰箱的清洗、抽真空及充注制冷剂等操作工艺详见前面有关章节，在此不在重述。图 8.4 所示是对电冰箱制冷系统进行处理清洗、抽真空及充注制冷剂操作示意图。

9. 海尔 BCD-259DVC 型数字变频电冰箱搬家后，机外壳漏电

上门现场检测，用万用表测量电冰箱的对地阻值，绝缘良好；用验电笔测量用户家中的三孔插座，其地线和零线孔有电，而火线（相线）无电显示。卸下三孔插座螺丝，发现零线和地线在插座内连在一起，并且接入火线，导致火线接的是零线。调整好线路，故障排除。

10. 科龙 BCD-272W/HCP 型变频电冰箱熔断器经常烧断

上门现场检测变压器输入、输出线圈良好，无短路故障；测量电子控制板的滤波电容器，良好，无漏电现象。在检测主控板时，发现主控板上的 4.0MHz 晶振短路。更换晶振后，故障排除。

11. 一台使用多年的双门双温电冰箱门手柄和手柄底座老化破裂

电冰箱门手柄和手柄底座老化破裂后，需购置新件重新换上。箱门手柄及手柄底座的拆卸方法如下：先轻轻地把螺丝刀插入手柄与手柄底座之间，撬开装饰板（见图 8.5（a）），然后旋松并卸下手柄上的两只小螺钉，将手柄跟手柄底板一起拆下。更换手柄新件的操作与拆卸步骤相反。图 8.5（b）所示是手柄组件拆卸的分解图。

12. 电冰箱右侧磁性门封条扭曲

要解决电冰箱右侧磁性门封条扭曲，首先要检查产生磁性门封条扭曲的原因。如果新买或使用半年以内的电冰箱，发现磁性门封条扭曲，可把装饰顶盖拆下，松开固定上合页的3颗紧箱体，然后再把3颗固定螺钉拧紧。接着，松开右下角的下合页的3颗固定螺钉，查看门右下角的磁性门封条是否贴紧箱体，最后用电吹风边吹边调整扭曲的门封条，直至平整。如果电冰箱使用时间较长，磁性门封条已扭曲老化，则应考虑更换新的磁性门封条，如图 8.6 所示。

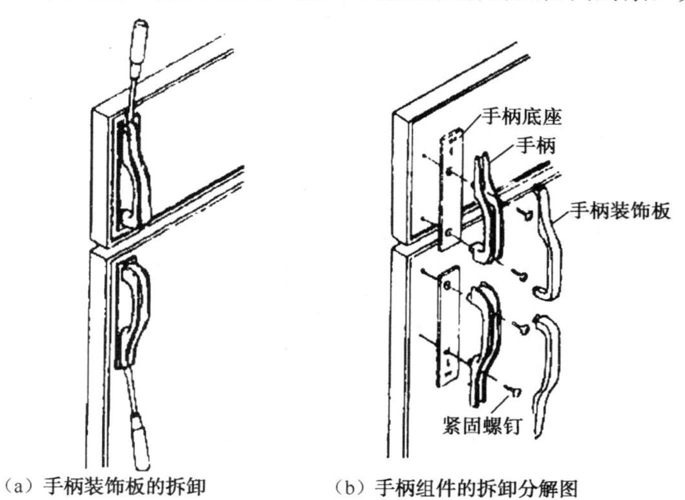

（a）手柄装饰板的拆卸　（b）手柄组件的拆卸分解图

图 8.5　箱门手柄及底座的更换

具体的更换方法：取一根略比原门封长 10mm 的门封条和一根比原门封磁条短 5mm 的门封磁条，将门封条和门封磁条的两端切成 45° 角（注意被切的门封条应比原门封条长 5mm 左右）。把门封磁条塞入门封条的长方形孔内，有磁性的一面应与箱体接触面相对。用加热的薄钢片（温度约 200℃左右）熔切下破裂门封，将新门封 45° 角对齐，经薄钢片加热 3～5s 后，迅速平移合拢，直至冷却再松手。经过熔按后的门封，需要用剪刀仔细整修毛边，门封条焊接角底部要修剪成小圆形，以便装复。

采用这种熔接方法，虽难度比较大，但在无专用熔接夹具时，是一种行之有效的方法。

在安装门封时，应注意不要把搭口处放在箱门最下面。这样，一方面不容易看到搭口；另一方面是因为电冰箱底部温度较高，热量损失相对少一些。然后将熔接修复（或更新）后的门封按原门封一样平直、整齐地套嵌在门内胆四周，接着再把门封杠连同门内胆一起原样放置在箱门上。在某一角先固定 1 颗螺钉（不要拧紧），再在另一角对称位置上固定 1 颗螺钉（同样不要拧紧），接着把所有螺钉都拧上。最后，对称地按图 8.7 所示顺序拧紧所有固定螺钉，并仔细察看、调整，使门封与箱体均匀贴紧。

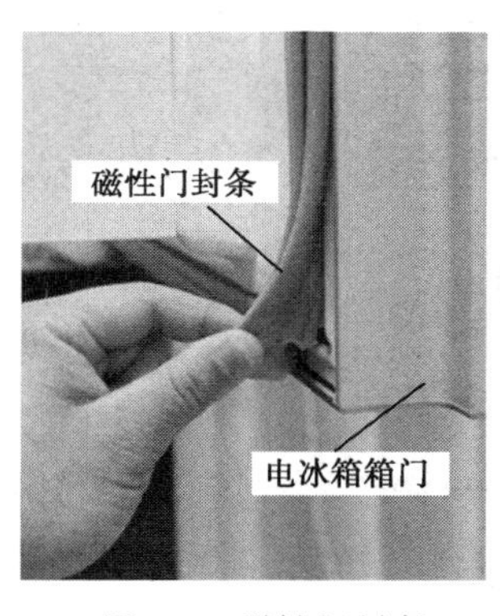

图 8.6　磁性门封条

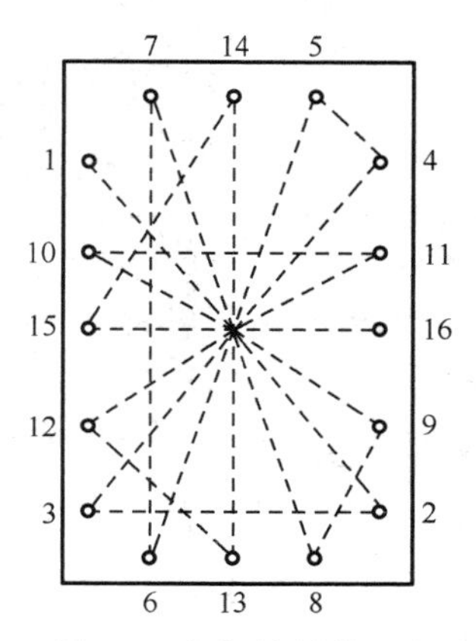

图 8.7　螺钉拧紧的顺序

知能拓展——电冰箱故障检修示图

（1）通电后压缩电动机不启动但有嗡嗡声。通电后压缩电动机不启动但有嗡嗡声，其故障部位的检查如图 8.8 所示，排除方法如表 8.8 所示。

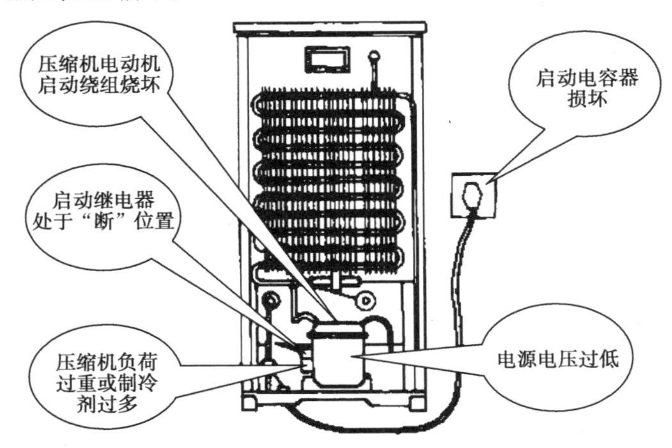

图 8.8　通电后压缩电动机不启动但有嗡嗡声的故障检查部位示意图

表 8.8　通电后压缩机电动机不启动但有嗡嗡声的故障原因及排除方法

故 障 原 因	排 除 方 法
（1）电源电压过低（低于 187V）	（1）待电源电压正常后再使用，或加装稳压器后使用
（2）启动电容器损坏	（2）更换启动电容器
（3）压缩机电动机绕组损坏	（3）更换或修理
（4）启动继电器处于“断”位置或触点接触不良	（4）更换或修理
（5）压缩机负荷过重或制冷剂过多	（5）重新调整或减少制冷剂

（2）电冰箱不制冷。电冰箱不制冷，故障部位的检查如图 8.9 所示，排除方法如表 8.9 所示。

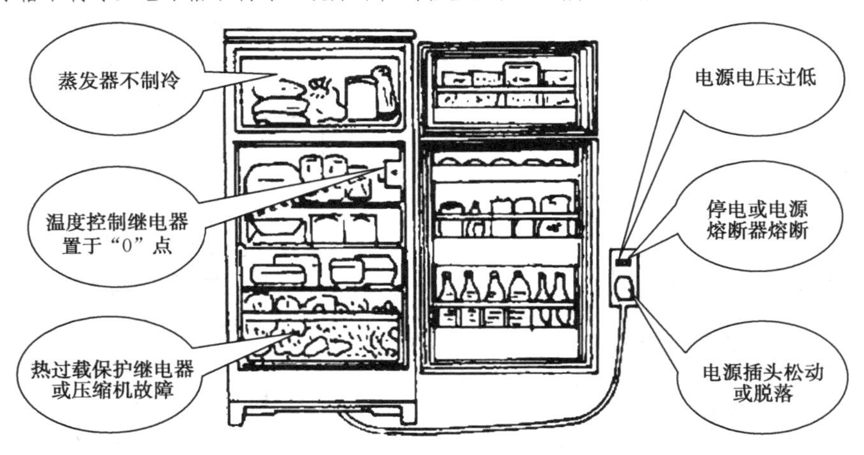

图 8.9　电冰箱不制冷的故障检查部位示意图

表 8.9 电冰箱不制冷的故障原因及排除方法

故障原因	排除方法
（1）电源插头松动和脱落	（1）重新插好电源插头
（2）停电或电源熔断器熔断	（2）等重新来电再使用；如熔断器熔断则应更换同规格的电源熔断器
（3）电源电压过低（低于 187V）	（3）待电源电压正常后再使用，或加装稳压器后使用
（4）温度控制旋钮在“0”或“停”的位置	（4）调节温度控制旋钮，使其处于某一适当的工作位置
（5）过载保护继电器或压缩机故障	（5）更换过载保护继电器或压缩机

（3）电冰箱噪声大。电冰箱噪声大，故障部位的检查如图 8.10 所示，排除方法如表 8.10 所示。

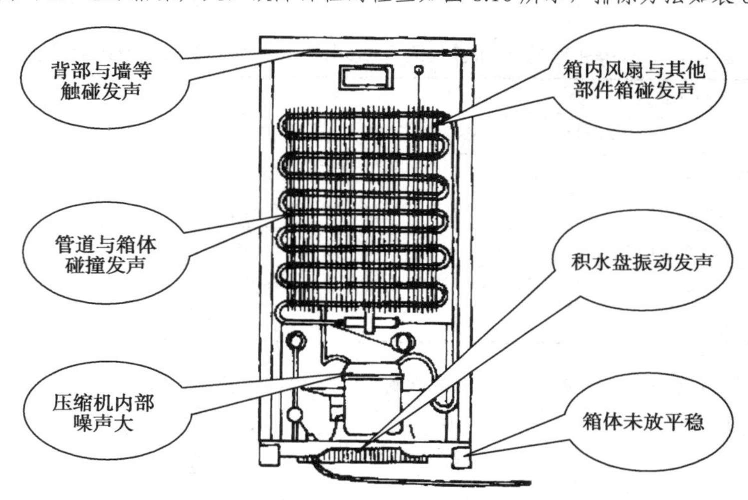

图 8.10 电冰箱噪声大的故障检查部位示意图

表 8.10 电冰箱噪声大的故障原因及排除方法

故障原因	排除方法
（1）箱体未放平稳	（1）重新调整平稳放置
（2）接水盘放置位置不当	（2）重新调整接水盘的放置位置
（3）箱内风扇与其他部件相碰	（3）调整箱内风扇位置
（4）管道与箱体相碰	（4）挪动管道，拧紧固定螺丝
（5）电冰箱的背部与墙等触碰	（5）移动电冰箱的位置
（6）压缩机内部噪声大	（6）更换压缩机

（4）压缩机运行时间过长而停机时间过短。压缩机运行时间过长而停机时间过短，故障部位的检查如图 8.11 所示，排除方法如表 8.11 所示。

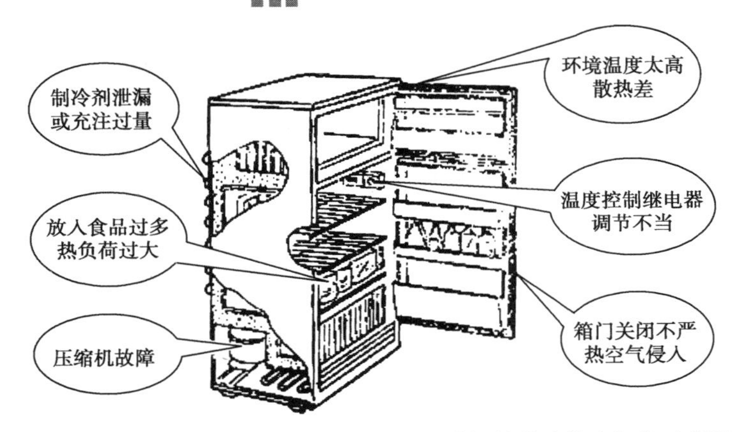

图 8.11　压缩机运行时间过长而停机时间过短的故障检查部位示意图

表 8.11　压缩机运行时间过长而停机时间过短的故障原因及排除方法

故 障 原 因	排 除 方 法
（1）箱门未关严漏入热量多，使压缩机运行时间过长	（1）检查门封，关严箱门
（2）温控器旋钮误调在强冷挡	（2）重新调整温控器旋钮于适当位置
（3）环境温度偏高，散热效果差	（3）改变电冰箱周围散热条件
（4）制冷剂泄漏，使制冷效果变差	（4）检漏补焊
（5）放入食品过多，热负荷过大	（5）调整箱内食品数量
（6）压缩机内部有故障	（6）更换或修理

（5）电冰箱能制冷但箱内门灯不亮。电冰箱能制冷但箱内门灯不亮，故障部位的检查如图 8.12 所示，排除方法如表 8.12 所示。

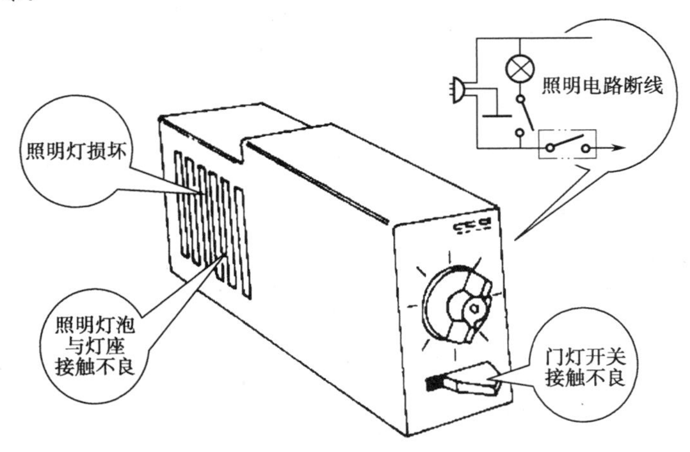

图 8.12　电冰箱能制冷但箱内门灯不亮的故障检查部位示意图

表 8.12　压缩机运行时间过长而停机时间过短的故障原因及排除方法

故 障 原 因	排 除 方 法
（1）门灯开关接触不良	（1）修理或更换
（2）照明电路断路	（2）检查修理，接好断路点
（3）灯泡损坏	（3）更换同规格的灯泡
（4）灯泡与灯座接触不良	（4）将灯泡拧紧

（6）接触电冰箱箱体或箱门有麻电感。接触电冰箱（箱体或箱门）有麻电感，故障部位的检查如图 8.13 所示，排除方法如表 8.13 所示。

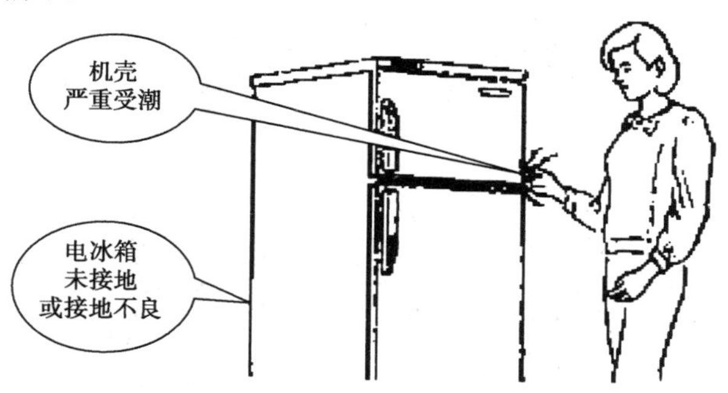

图 8.13　接触电冰箱有麻电感的故障检查部位示意图

表 8.13　接触电冰箱有麻电感的故障原因及排除方法

故障原因	排除方法
（1）电冰箱未接（设）接地线或接地不良	（1）加接接地线，保证电冰箱可靠接地
（2）电冰箱严重受潮，致使电冰箱外壳与电器部件的绝缘性能下降（绝缘电阻≤2MΩ）	（2）擦干或烘干潮湿的电器件

8.3　空调器常见故障及维修实例

8.3.1　空调器故障速查表及排除方法

空调器的常见故障及排除方法，如表 8.14 所示。

表 8.14　空调器常见故障速查表及排除方法

故障现象	故障原因	排除方法
空调器不能启动	（1）电源断电或熔断器熔断	（1）检查电路有无断路、适中更换熔断器
	（2）控制开关失灵	（2）修复或更换控制开关
	（3）电源电压过低或缺相	（3）检查电源电压并采取相应措施
	（4）风扇电动机烧毁	（4）修复或更换风扇电动机
	（5）压缩机或压缩电动机损坏	（5）修复或更换压缩机
	（6）电气元器件损坏或电路接触不良	（6）检查分析电路故障，修理或更换电气元器件
压缩机运转但无冷气	（1）压缩机高低压击穿	（1）检查压缩机高低压，修复或更换压缩机
	（2）制冷剂泄漏	（2）检查制冷系统有无泄漏，修复泄漏点
	（3）制冷系统脏堵或冰堵	（3）对系统进行清洁干燥处理后，重新抽真空、充注制冷剂
	（4）空气过滤网积灰太多	（4）清洗空气过滤网
	（5）风扇电动机转速低	（5）检查电源电压是否太低，电动机是否损坏
	（6）风扇固定螺钉松动	（6）拧紧风扇固定螺钉
空调器工作时压缩机温度升高	（1）制冷剂不足	（1）检查制冷系统是否有泄漏，检查压缩机高低压气密性，修理或调换压缩机

续表

故障现象	故障原因	排除方法
空调器工作时压缩机温度升高	（2）换向阀泄漏	（2）更换换向阀
	（3）制冷系统混入空气	（3）放出空气重新抽真空充注制冷剂
空调器运行但冷气（或热气）不足，室内温度降不下来（或升不上去）	（1）压缩机高低压气密性不好	（1）检查压缩机高低压，修复或更换有关配件
	（2）室内热负荷大，空调器不匹配	（2）更换大容量空调器
	（3）制冷剂不足	（3）按规定充注制冷剂
	（4）电磁换向阀气密性不好	（4）更换电磁换向阀
	（5）温度设定不适当	（5）把温度控制开关调整到适当位置
	（6）空气过滤网脏堵	（6）清洗空气过滤网
	（7）风扇电动机效率降低，转速下降	（7）调整风扇电动机或更换电动机
	（8）电加热器损坏	（8）修复或更换电加热器
	（9）制冷系统堵塞	（9）找出堵塞点并排除阻塞物
	（10）空调器风门未关	（10）关好风门
空调器运行但无热气	（1）电加热器损坏	（1）修理或更换电加热器
	（2）温度熔断器熔断	（2）更换温度熔断器
	（3）温度控制器失控	（3）调整或更换温度控制器
	（4）电磁换向阀线圈损坏	（4）更换电磁换向阀线圈
	（5）电磁换向阀制冷剂泄漏或机械卡死	（5）更换电磁换向阀
	（6）压缩机高低压泄漏或高低压击穿	（6）修理或更换压缩机
	（7）制冷剂泄漏	（7）查找修复泄漏点，重新抽真空充注制冷剂
	（8）空气过滤网脏堵	（8）清洗空气过滤网
	（9）制冷系统脏堵或冰堵	（9）检查制冷系统高低压及蒸发器供液情况是否正常，并对系统进行清洁干燥处理
	（10）温度设定不适当	（10）调整温度控制继电器
转换开关在制冷或制热位置时室内外风扇电动机和压缩机均不工作	（1）电源未接通	（1）接通电源
	（2）转换开关失控	（2）修理或更换转换开关
	（3）温度控制继电器损坏	（3）更换温度控制继电器
	（4）室内外风扇电动机电容器损坏	（4）更换电容器
	（5）室内外风扇电动机绕组损坏	（5）修理或更换风扇电动机
	（6）室内外风扇电动机机械卡死	（6）检查室内外风扇电动机的机械传动部件润滑是否良好，修理或更换电动机
	（7）压缩机电动机定子绕组断路或短路	（7）检查压缩机绕组的电阻，重新绕制电动机绕组或更换电动机
	（8）压缩机机械部件卡死	（8）检查压缩机的启动电流及机械传动性能，修理或更换压缩机
	（9）电气线路故障	（9）修理或更换有关元器件

续表

故 障 现 象	故 障 原 因	排 除 方 法
空调器在制冷或制热运行时压缩机频繁启动	（1）室外机组安装不合理，热交换器通风不好	（1）调整室外机组的放置旋转，保证室外热交换器通风良好
	（2）室外热交换器积灰太厚，影响散热	（2）清除室外热交换器的积灰，改善散热条件
	（3）室外风扇电动机不转	（3）检查室外风扇电动机不转的原因，修理或更换电动机
	（4）室外风扇松动或卡死	（4）调整紧固风扇
	（5）环境温度太高造成制冷系统高压压力过高	（5）改善空调器的工作环境，适当调整压力控制器
	（6）制冷剂充注量过多	（6）放出多余制冷剂
	（7）制冷系统混入空气	（7）放出空气重新抽真空充注制冷剂
	（8）压力控制器失控	（8）修理或更换压力控制器
	（9）压缩机过电流保护器频繁工作	（9）检查压缩机过电流的原因并排除故障
	（10）温度控制继电器失控	（10）修复或更换温度控制继电器
	（11）转换开关接触不良	（11）修复或更换转换开关
	（12）制冷剂不足，压缩机温升过高，保护继电器频繁工作	（12）检查制冷剂不足的原因并排除故障
	（13）电源电压不稳定	（13）稳定电源电压，必要时加稳压电源
压缩机运转电流过大	（1）电源电压偏高	（1）调整电源电压，必要时安装稳压电源
	（2）压缩机绝缘电阻降低	（2）检查制冷系统及冷冻油是否有水分和脏物混入，检查压缩机电动机的对地绝缘是否良好，必要时更换压缩机
	（3）制冷剂太多	（3）放出多余制冷剂
	（4）压缩机机械部分运转不正常	（4）检查压缩机机械润滑部件修复或更换损坏零件，必要时更换压缩机
	（5）空调器热负荷太大	（5）检查空调器的工作环境，检查热交换器工作是否正常，制冷系统是否畅通
	（6）压缩机主线路接触不良	（6）检查压缩机接线是否良好，交流接触器触点是否正常
空调器运行时噪声大	（1）空调器安装时摆放不平整	（1）调整空调器安装位置
	（2）压缩机底脚固定不好	（2）检查压缩机底脚螺钉是否松动
	（3）机件固定螺钉松脱	（3）拧紧机件各固定螺钉
	（4）空调器上放有其他物品	（4）移去物品
风扇电动机不运转	（1）电源断电	（1）检查电源，恢复正常供电
	（2）室内外机组电源控制线未接好	（2）检查室内外机组的连接线是否接错，接触是否良好
	（3）电源电压太低	（3）检查电源线路，加稳压电源
	（4）转换开关失控	（4）修复或更换转换开关
	（5）风扇电动机电容器损坏	（5）更换电容器

续表

故 障 现 象	故 障 原 因	排 除 方 法
风扇电动机不运转	（6）风扇电动机绕组损坏	（6）修复或重绕风扇电动机绕组
	（7）风扇电动机机械部分卡死	（7）检查风扇电动机轴承传动部分，修复或更换风扇电动机
	（8）控制线路故障	（8）检查电气线路及元器件
转换开关在制冷或制热位置时室内风机工作而室外风机不工作或室外风机工作而室内风机不工作	（1）室内外风扇电动机绕组短路或断路	（1）检查室内外风扇电动机的静态电阻值是否正常，修理或更换电动机
	（2）室内外风扇电动机机械卡死	（2）检查室内外风扇电动机的机械润滑部件是否太脏，清洗加油或更换电动机
	（3）室内外风扇电动机电容器老化或损坏	（3）更换电动机电容器
	（4）室内外风扇电动机接线接触不良	（4）检查电动机接线是否松动
风扇电动机运转但压缩机不运转	（1）电源电压太低	（1）检查电源电压并采取相应措施
	（2）线路容量不够	（2）加大线径
	（3）线路接错或线头松动脱落	（3）检查电气线路，找出故障点
	（4）压缩机电容器损坏	（4）更换电容器
	（5）压缩机过电流保护器频繁工作	（5）检查压缩机是否处于过电流、过热工作状态，找出原因排除故障
	（6）温度控制继电器失控	（6）修复或更换温度控制继电器
	（7）元器件损坏	（7）检查压缩机的各元器件，修复或更换有关元件
	（8）压缩机电动机损坏或机械卡死	（8）修复或更换电动机
热泵型空调器冷热交换失控	（1）转换开关失控	（1）修理或更换转换开关
	（2）温度控制继电器失控	（2）修理或更换温度控制继电器
	（3）电磁换向阀线圈损坏	（3）更换电磁换向阀
	（4）电磁换向阀卡死	（4）更换电磁换向阀
	（5）控制线路故障	（5）修复或更换有关元器件
空调器漏电	（1）电路部分受潮或积灰过多	（1）清除空调器内部的灰尘和潮气，并做好安装位置的除尘防潮工作
	（2）接地不良或根本未接地	（2）检查接地装置，确保接地保护线与接地体接触良好
空调器冷凝水往室内流	（1）空调器水平位置不对	（1）调整水平位置，一般窗式空调器应向外下方略倾斜 3°～5°
	（2）接水盘、排水管堵塞或渗漏	（2）清理堵塞物，用防水密封物质堵漏
分体挂壁式空调器的遥控器显示符号不清楚或无显示	（1）干电池耗尽	（1）更换干电池
	（2）干电池正负极装反	（2）重新安装电池
空调器运行时无风或风量不足	（1）空气过滤网脏堵	（1）清洗空气过滤网
	（2）风扇固定螺钉松动	（2）拧紧固定螺钉

续表

故障现象	故障原因	排除方法
空调器运行时无风或风量不足	（3）电气线路故障	（3）检查控制线路
	（4）转换开关损坏	（4）修复或调换转换开关
	（5）风扇电动机效率降低或风扇电动机绕组烧坏	（5）修复或更换风扇电动机
	（6）电容器损坏	（6）更换电容器

知能拓展——空调器常见的假性故障

空调器在正常工作时，会出现以下情况，应与异常现象加以区分：

（1）空调器不工作，如表 8.15 所示。

表 8.15　空调器不工作

示意图	说明
	以下情况会造成空调器不工作： （1）电源断电，电源熔断器断开； （2）将电源开关置于“断”位置； （3）将选择开关置于“断”位置； （4）将控制器置于“ON”位置； （5）遥控装置的电池耗尽； （6）温度控制设定值在制冷时低于室温和制热时高于室温

（2）空调器制冷或制热效果差，如表 8.16 所示。

表 8.16　空调器制冷或制热效果差

示意图	说明
	以下情况会造成空调器制冷或制热效果差： （1）空气过滤器（网）太脏； （2）制冷时，室内人员过多； （3）温度设定不正确； （4）风速挡风量一直置于低速挡； （5）室内、室外进出风口被堵塞； （6）室外机冷凝器太脏； （7）开门次数过多； （8）新风门一直被打开等

（3）空调器制冷时室温低，如表 8.17 所示。

表 8.17　空调器制冷时室温低

示　意　图	说　　明
	以下情况会造成空调器制冷时室温低： （1）温度控制继电器置于高挡位； （2）微电脑控制器温度设定值过低

（4）空调器噪声大，如表 8.18 所示。

表 8.18　空调器噪声大

示　意　图	说　　明
	以下情况会造成空调器噪声大： （1）空调器安装不牢固，紧固件松动； （2）有杂质等触及

（5）空调器开停频繁，如表 8.19 所示。

表 8.19　空调器开停频繁

示　意　图	说　　明
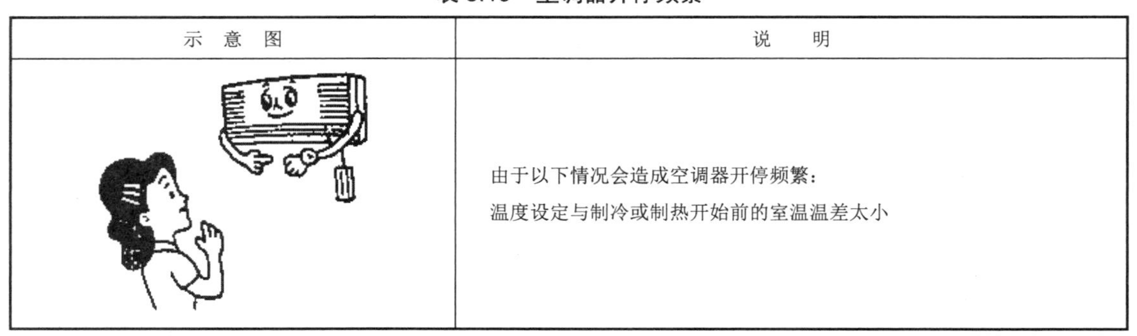	由于以下情况会造成空调器开停频繁： 温度设定与制冷或制热开始前的室温温差太小

（6）空调器有异常气味，如表 8.20 所示。

表 8.20　空调器有异常气味

示　意　图	说　　明
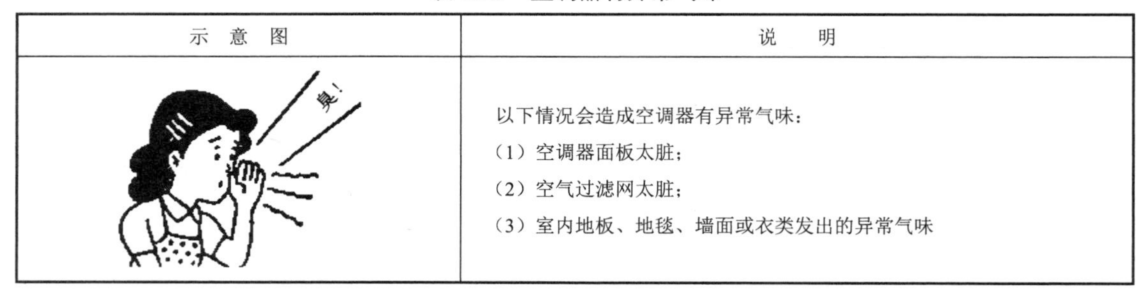	以下情况会造成空调器有异常气味： （1）空调器面板太脏； （2）空气过滤网太脏； （3）室内地板、地毯、墙面或衣类发出的异常气味

（7）空调器漏水，如表 8.21 所示。

表 8.21　空调器漏水

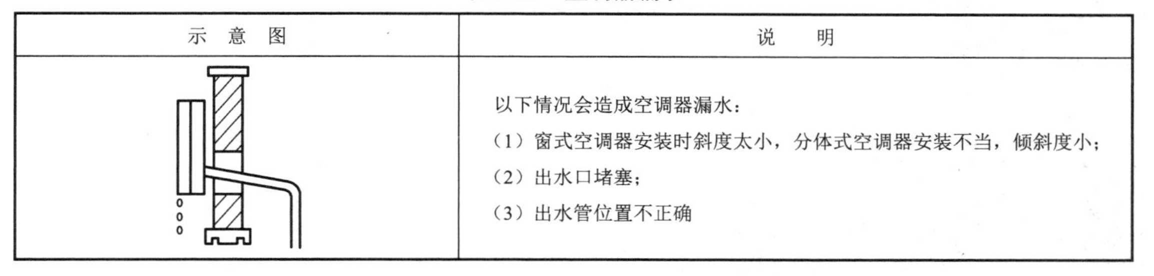

示　意　图	说　　明
	以下情况会造成空调器漏水： （1）窗式空调器安装时斜度太小，分体式空调器安装不当，倾斜度小； （2）出水口堵塞； （3）出水管位置不正确

（8）空调器的显示器不显示，如表 8.22 所示。

表 8.22　空调器显示器不显示

示　意　图	说　　明
	以下情况会造成空调器显示器不显示： （1）遥控器的干电池已耗尽； （2）干电池正负极性安装错误

8.3.2　空调器的维修实例

1. 一台 KC-20 型窗式空调器工作一直正常，突然压缩机不运转，后来就启动不了了

引起压缩机不运转的原因较多，如压缩电动机、电容器、温度控制继电器、主控选择开关等发生故障。一般的检修思路为：电源电压→电源线路→温度控制继电器→主控选择开关→电容器→压缩机，如图 8.14 所示。

经检查电源电压正常，电源线路良好，说明故障不在电源部分。再拆下空调器箱壳，发现压缩机电动机及电容器有点异味，拆下电容器的一只脚，用万用表测量，发现指针在零位，说明电容器已被击穿，因而导致压缩电动机不能启动。更换同型号同规格的电容器后，压缩机恢复正常。

2. 一台 KC-20 型窗式空调器经常停机，且室内温度降不下来

检查电源电压正常，启动后电压、电流也正常，但发现用户把空调器安装在气窗上（见图 8.15），而阳台装有玻璃门窗，故判断是通风散热不良引起热过载保护继电器频繁动作，从而导致空调器经常停机。将空调器安装在窗台上后，空调器运行正常。

图 8.14　逐一检测故障源

图 8.15　注意空调器的安装位置

3. 一台KC-16型窗式空调器使用一段时间后不制冷

经检查空调器的压缩机、风扇电动机均能正常运转，空气过滤网也无积尘，可以排除电气控制系统和空气过滤网堵塞的问题。再拆下面板，用手摸蒸发器感到一点也不冷，进一步仔细查看管道各焊接处，发现蒸发器管路弯头一处有油污，用放大镜观察发现管路弯头处有细纹裂口，因此判断制冷剂已泄漏。用砂皮把开裂部位打光擦净，用银焊补焊，然后对制冷系统重新试压、检漏、抽真空并充注制冷剂，再进行试运行，制冷正常，故障排除。

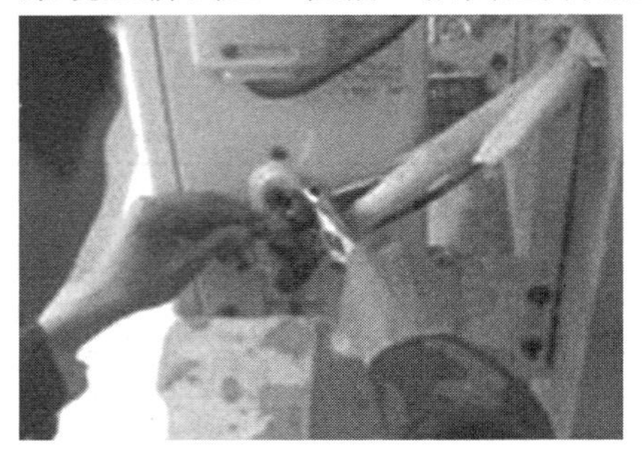

图8.16 对空调器泄漏点的处理

4. 一台分体挂壁式空调器安装后不制冷

经检查电源电压为210V，符合要求，风扇电动机、压缩机均能工作，电流在2.5A左右，但听不到制冷剂在管道内流动的声响，而且过数分钟后室内温度也不下降。根据上述情况初步判断制冷剂泄漏，检查泄漏点时发现室内外机组的4个连接头处螺母均未旋紧，其中有3处的二次密封螺母也未旋紧，用手即可旋出。重新抽真空，充注制冷剂并旋紧各处螺母，空调器正常运行，故障排除。对空调器泄漏点的处理，如图8.16所示。

5. 一台KF-20GW型分体挂壁式空调器突然不制冷

检查后发现室外机组运转正常，但室内机组的风扇电动机不转，打开室内机组面板，发现蒸发器结霜，而在开关机时能听到主控电路板上“嗒嗒”的继电器通断声，说明有电压送到风扇电动机。进一步检查风扇电动机及电容器，发现电容器已无容量，换上电容器后风扇电动机工作正常，空调器制冷也正常。

6. 一台冷风型分体式空调器使用3年一直正常，到第4年夏天通电使用时室内外机组均不工作

根据用户反映，空调器使用3年，工作基本稳定，而且都是夏天使用。冬天则用布包好，防止机内积灰尘。

经检查外部电源线路均正常，用万用表检测空调器内部线路时，发现有断路现象。打开室外机组外壳，发现有一根连接线被老鼠咬断，因而造成断路。重新接好连接线，如图8.17所示，装上外壳，按通电源后空调器工作正常。

图8.17 重新接好连接线

7. 一台KF-26GW型分体挂壁式空调器，每当强风强冷挡运行1h左右，室内机组、室外机组的风扇均不停，但无冷风吹出。关掉电源开关，待第二天重新工作时又正常，运行1h左右又会出现上述情况

这是典型的冰堵故障。由于制冷系统内含有微最的水分，随制冷剂循环到毛细管出口处便结成冰粒，当空调器在弱风弱冷挡运行时，毛细管出口处冰粒还未将管路完全堵塞，室内温度就已达到停机的要求。停机后温度回升，冰粒融化，第二次启动运行又重复上述现象，因而不形成冰堵，当空调器在强风强冷挡运行时，运行时间增加，室内温度更低，毛细管出口处的冰粒逐渐增大，直至堵塞管路造成冰堵。经抽真空、加注制冷剂等操作后，空调器恢复正常工作。

8. 一台 RF12W 型分体立柜式空调器，结霜，制冷量小

经检查发现工作场所灰尘较多，且整个蒸发器已全部结霜，故可排除制冷剂不足的问题，而是蒸发器通风不畅所致。打开蒸发器上盖，发现蒸发器背部已全部堵塞，清洗后制冷正常，故障排除。清洁分体立柜式空调器内部的灰尘，如图 8.18 所示。

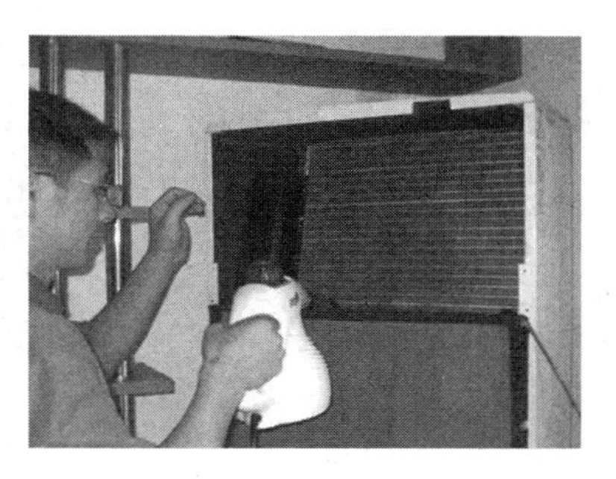

图 8.18　清洁空调器内部灰尘

9. 一台 LFD7W 型方体立柜式空调器工作时发出异常声，且一段时间后即停机

经检查空载电压为 205V，因空调器不能制冷，故先强制制热试运行，结果测得制热时电源电压反为 165V，电降过大，说明电源容量不足。

由于开机后电压降至 165V，使得继电器无法保持吸合，频繁动作最后造成继电器触点烧坏。再检查电源，发现电源零线接触有问题，修复后空调器工作正常。

10. 一台 RF7W 型分体立柜式空调器每天上午开机 3 小时，从中午起就不能制冷，但第二天上午又能制冷

图 8.19　安装空调器遮阳棚

经检查发现电源电压力 180～200V，工作电流为 15A，压缩机低压压力略大于 0.6MPa，而室外机组安装在朝西方位且无遮阳设施。由工作电流偏大，低压压力偏高确定制冷剂加注量偏多，而电压偏低且波动较大以及室外机组受阳光直射也造成工作电流上升。先适当放掉一些制冷剂，使工作电流降为 13.5A 左右，再安装稳压器及遮阳棚后，空调器制冷正常，故障排除。空调器遮阳棚的安装，如图 8.19 所示。

11. 一台海信 KFR-35GW/BP 空调器室外机不工作

接通电源检查，发现只有电源指示灯闪耀，定时、运行指示灯均不亮。这种空调器采用直接变频双转子压缩机。在工作时，将变频器的电子传感器测得的数据，送至计算机芯片后，分析处理后发出指令，控制压缩机在 15～150Hz 范围内运行。若压缩机或功率驱动模块及传感器有故障，则室外机不工作。经检查压缩机及 HTN 模块电阻值均在正常范围，判断故障原因在室内机温度传感器 DTN-7KS106E。拆下传感器，常温（25℃）用万用表测量热敏电阻的阻值为无穷大，而正常应为 58kΩ。更换这只作为传感器的电阻后，故障排除。

12. 一台海信 KFR-35GW/BP 空调器室内机不送风

空调器工作时面板的电源指示灯亮，但没有冷风送出。将室内机电源开关置于“OFF”位置，5s 后蜂鸣器发出 3 次声响，面板指示灯增色亮。由自诊显示得知，故障出在室内风扇电动机上。检查风扇电动机各绕组间的直流电阻值，发现红、蓝引线间的电阻为无穷大（正常应为 6～18kΩ），说明风扇电动机已烧坏。取下风扇电动机，修复后装机。将电源开关拨到“DEMO”位置，清除自诊显示。再将电源开关置于“ON”与“DEMO”的临界位置，板面上运行指示灯无反应，说明诊断内容已清除。试开机运行，故障排除。

知能拓展——空调器故障检修示图

（1）压缩机启动频繁。压缩机启动频繁，故障部位的检查如图 8.20 所示，排除方法如表 8.23 所示。

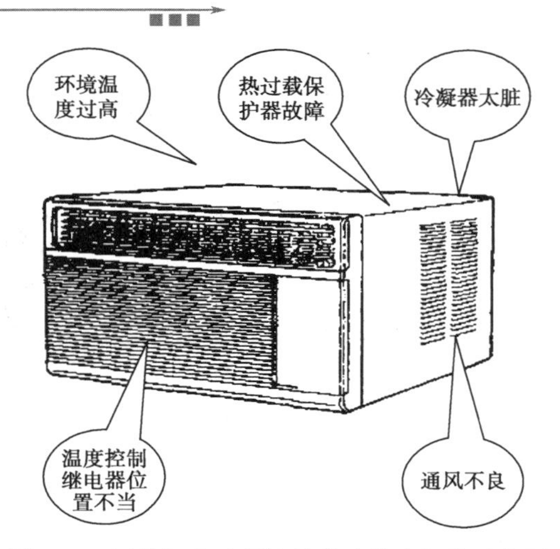

图 8.20　压缩机启动频繁的故障检查部位示意图

表 8.23　压缩机启动频繁的故障原因及排除方法

故 障 原 因	排 除 方 法
（1）环境温度过高	（1）改变工作环境，如加设遮阳板，避免阳光直晒
（2）热保护器故障	（2）更换
（3）冷凝器太脏	（3）清洗冷凝器
（4）通风不良	（4）改变工作环境，如安装在通风良好的地方
（5）温度调节不当	（5）重新调节温度控制继电器的控制位置
（6）温度控制继电器感温位置不当	（6）重新将温控制器感温泡或感温探头的位置放正确

（2）风扇电动机不运行。风扇电动机不运行，故障部位的检查如图 8.21 所示，排除方法如表 8.24 所示。

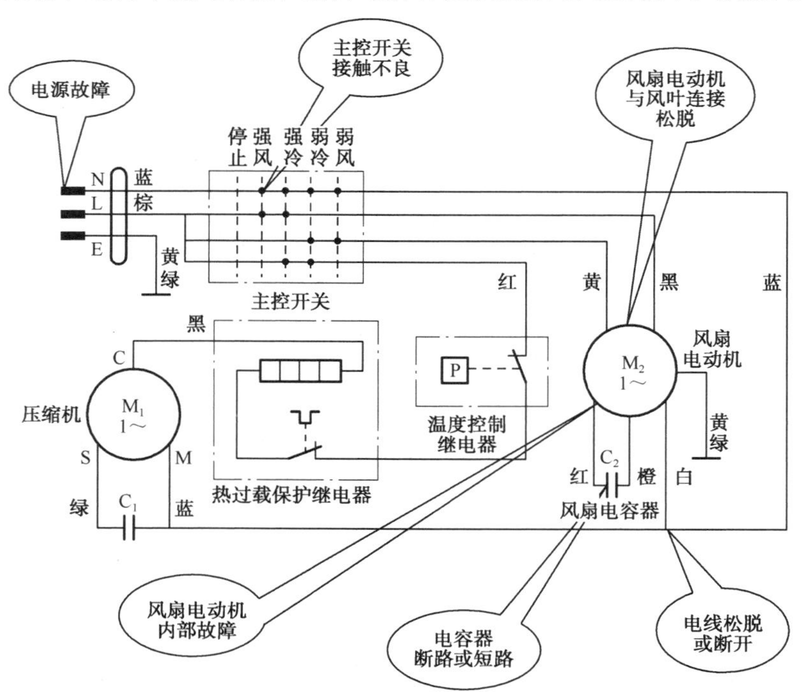

图 8.21　风扇电动机不运行的故障检查部位示意图

表 8.24　风扇电动机不运行的故障原因及排除方法

故 障 原 因	排 除 方 法
（1）电源故障，如电源无电，熔断器熔断，电源开关失灵，电源插头松动等	（1）逐一检查，加以排除
（2）主控开关失灵	（2）修理或更换
（3）电动机因风叶连接松脱	（3）将紧固件重新紧固
（4）电源线松脱或断	（4）检查电源线连接端，有松动的接插件重新插牢
（5）电容器断路或短路	（5）检查电容器，更换同规格的电容器
（6）电动机内部故障	（6）检查修理或更换电动机

（3）空调器噪声大。空调器噪声大，故障部位的检查如图 8.22 所示，排除方法如表 8.25 所示。

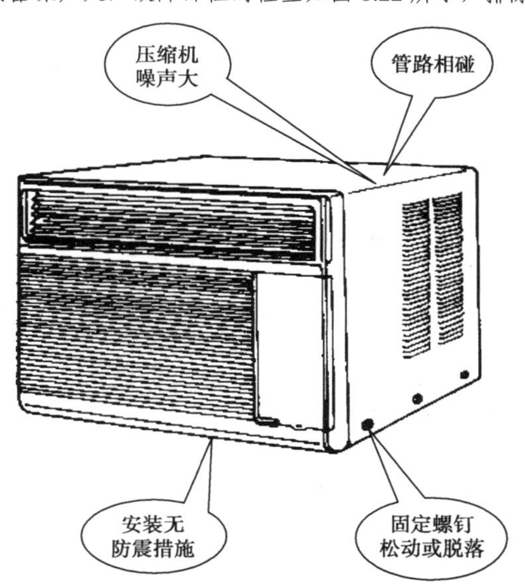

图 8.22　空调器噪声大的故障检查部位示意图

表 8.25　空调器噪声大的故障原因及排除方法

故 障 原 因	排 除 方 法
（1）固定螺钉松动或脱落	（1）检查紧固螺钉，并将松动的螺钉拧紧或补上紧固螺钉
（2）制冷管道相碰	（2）用手适当进行调节
（3）压缩机内部噪声大	（3）更换压缩机
（4）空调器安装无防震措施	（4）用海棉或橡胶板把空调器垫好，放置平稳

（4）空调器制冷时出风口温度不够或根本不冷。空调器制冷时出风口温度不够或根本不冷，故障部位的检查如图 8.23 所示，排除方法如表 8.26 所示。

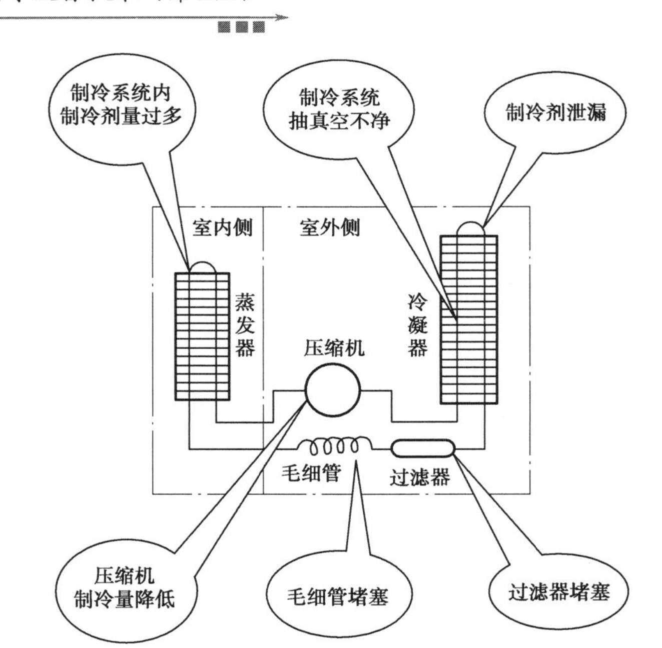

图 8.23　空调器制冷时出风口温度不够或根本不冷检查部位示意图

表 8.26　空调器制冷时出风口温度不够或根本不冷的故障原因及排除方法

故 障 原 因	排 除 方 法
（1）制冷剂泄漏	（1）查出泄漏部位，补漏后，再对系统重新抽真空、加注制冷剂
（2）系统制冷剂加注过量	（2）放出部分制冷剂，直至合格
（3）制冷系统抽真空不净	（3）重新对系统进行抽真空，至符合要求
（4）过滤器堵塞	（4）更换堵塞的过滤器后，再对系统重新抽真空、加注制冷剂
（5）毛细管堵塞	（5）更换堵塞的毛细管后，再对系统重新抽真空、加注制冷剂
（6）压缩机性能差，制冷量降低	（6）更换压缩机后，再对系统重新抽真空、加注制冷剂

思考与练习

1. 填空题

（1）电冰箱、空调器常见故障分析方法是：________、________、________、________，最后根据综合分析后选用合适的方法给予修复。

（2）对电冰箱、空调器修理后的检测项目：________、________、________、________、________、________、________和________等。

（3）电箱箱、空调器的常见故障主要出现在________、________和________上。

2. 选择题

（1）家用电冰箱、空调器的修复原则应以（　　）。

（A）节省开支为基本要求　　（B）运行可靠为基本要求

（C）恢复原貌为基本要求　　（D）全面修复为基本要求

（2）在电冰箱制冷系统运行中，若压缩机过热，则说明（　　）。

（A）冷凝效果好　　（B）制冷剂充注欠量

（C）冷剂充注适量　　（D）冷剂充注过量

（3）夏季电冰箱修复后要进行降温与保温性能测验，在 32℃的箱温下，使冷冻室降到 −5℃，冷藏室降到 10℃，压缩机运转不超过（　　）。

（A）0.5 小时　　（B）1 小时　　（C）2 小时　　（D）3 小时

（4）制冷系统中含有过量空气，会使制冷压缩机的（　　）。

（A）输气系数提高　　（B）输气系数降低

（C）轴功率降低　　（D）机械效率提高

（5）制冷系统中含有过量污物，会使过滤器产生（　　）。

（A）冰堵　　（B）脏堵　　（C）膨胀　　（D）温升

3. 问答题

（1）电冰箱、空调器修理后应检测的项目有哪些？

（2）造成电冰箱长时间工作（不停机）的原因有哪些？

（3）造成空调器运行时噪声大的原因有哪些？

（4）造成空调器冷凝水往室内流的原因有哪些？

（5）造成空调器不能工作的原因有哪些？

（6）简述分体式空调器制冷或制热时的正常工作现象？

模块九

制冷设备维修服务与经营管理

随着人民生活水平的提高，家用电冰箱、空调器的社会拥有量日益增长，其新机种、新品牌也在不断地涌现，这不仅增加了对它们的维修服务任务，而且也对经营人员的素养提出了更高的要求。

通过本模块的学习，了解制冷设备维修服务与经营管理基本知识，为毕业后踏上工作岗位进行制冷设备维修、服务与经营管理奠定基础。

内容提要

- 制冷设备维修服务人员的必备知识
- 制冷设备维修服务的经营管理知识

9.1 制冷设备维修服务人员的必备知识

9.1.1 制冷设备维修服务的工作

1. 维修服务的基本职能

维修服务的任务就是对制冷设备进行售后的使用指导和维护修理，目的是最大限度地维护制冷设备消费者的合法权益，使消费者能够合理、经济、有效、安全地使用设备。

维修服务的基本职能包括：

（1）安全、合理使用设备方面的技术指导。维修人员有义务向设备使用者提供设备用途、性能、结构、规格、使用及安装方法等方面的技术指导，有责任回答使用者有关维护保养、使用方法等方面的咨询。

（2）确认故障原因，提出维修方案。维修人员根据故障现象，确认故障原因。向顾客说明维修内容和范围，提出恰当、合理、准确的维修建议和收费标准，取得顾客的认可。

（3）完备的修理方案。维修人员要根据故障现象，写出翔实的检修报告，并认真修理，保证质量，不留故障隐患。

2. 维修服务的一般程序

（1）维修服务的接待工作

① 确认设备的故障状态。维修时要仔细了解故障的现象，设备的放置场地；了解具体的使用情况。把了解的故障内容和设备的故障状态进行实际验证。

② 确认需要修理的部位。器件的外观和损坏情况，并取得使用者的认同。此外，需留存的维修设备，应将与故障内容无关的附件尽可能请顾客带回。

③ 告知顾客修理费的估价。故障明了时，要把修理费的估价告诉顾客，不经实际修理无法估出确定的费用时，要把修理范围和预算告诉顾客，向顾客提出一个修理费用的幅度范围。

④ 开出修理接收单。当确定可以修理并收留设备后，要开写修理接收单，填写必要的事项，如收取时间、设备品牌、更换部件、修理内容，同时把寄存单的收据交给顾客（用户）。告知顾客修理完成的日期。

（2）维修服务的准备工作

① 整理好修理现场，把需要修理的设备放置在容易操作的位置。

② 检查在维修时需要使用的设备、仪器、工具的完好情况，并分门别类地放在指定的地方。电气工具和高压气体一定要放在安全地方。

③ 准备好维修设备需要的消耗品和材料，以及需要更换的部件。

④ 准备零件箱，用来暂时存放修理时拆卸下来的小零件，以免丢失。

⑤ 准备好需要查阅的技术文件和资料，制定维修方案和步骤，写出检修报告。

（3）维修服务的注意事项

① 为了能够安全、高效率地进行设备维修，维修人员要具有良好的心态，着装要适宜维修操作。

② 维修时必须遵守设备所规定的注意事项。在仔细阅读产品说明书或有关资料后方能实施修理操作。

③ 修理中需要更换新零配件，必须采用原设备指定的产品，尤其在安全上很重要的零件，如保护件、启动器、安全阀门等；一定要采用符合要求的正规产品，零件及其配线必须按原样安装。

④ 修理时需要对原设备进行改动，必须事先征得顾客的允许。

⑤ 修理时必须注意安全用电和防火防爆，严格执行高压气体，易燃易爆物品的操作规程。

⑥ 修理结束后，要按照性能测试要求，对设备进行试机检验，确认无异常后方可认定修理完毕。

（4）修理后的附带业务工作

① 设备修理完成后，要对整套设备进行清洗和打扫。

② 将修理的情况记入修理单或检修报告，包括更换的零配件、消耗品和材料的使用情况、修理后的性能测试结果等。

③ 计算修理费用。包括零件、材料费、外出费、修理费及其他附加费用。

④ 顾客收取修理好的设备时，要向顾客告知修理内容，如修理了送修前没有发现的故障，也应向顾客说明情况，并将使用注意事项或正确使用方法告知顾客。

提示

◎ 随着社会分工越来越细、出现了各种不同的“领”：白领、蓝领、灰领、金领……不管什么领，归根到底不仅要有良好的思想素质、道德素质、纪律素质、人文素质和熟练的专业技能，即符合相应岗位的能力外，还要不断地学习，及时补充新知识和新技术等。

9.1.2 制冷设备维修人员的素养

1. 良好的道德品质

图 9.1 维修人员应有的素养

维修人员首先要具有为民服务的道德品质，要有良好的服务意识，对需检修设备的顾客热情接待，认真听取顾客的陈述，仔细询问设备的故障服务周到。要珍惜顾客的信任和支持，耐心解释和回答顾客提出的疑问，在保证维修质量的前提下，为顾客精打细算，以真诚回报顾客的信任和支持。如图 9.1 所示是维修人员认真地解决顾客（用户）提出的各种问题。

2. 熟悉的维修技术

维修人员应该掌握设备的基础理论和工作原理，了解大多数制冷产品的性能特点，知道如何正确使用和维修，能够根据外在现象查找和判断故障原因，提出维修方案和修理方法。维修人员还要具备熟练的维修技术，了解各种设备易损件和零配件的性能以及它们的替换品，掌握设备修复后的性能测试和维修质量检测技术。

3. 一定的经营管理经验

维修人员，尤其是中级制冷设备维修工要具备一定的经营服务和管理知识，包括人员的管理和配置、维修质量管理、设备安全使用和安全操作知识，以及成本核算、修理费用计算等方面的知识。同时，维修人员经营组织时，应该了解国家的法律法规，用按照工商、税务、物价等部门的有关规定，交纳必要的合理费用，遵纪守法，照章纳税。

提示

◎ 聆听是建立关系的前提，聆听是获得信息的手段。

知能拓展——维修服务人员基本素养的检测（考查）

● 所需条件：在答辩场地进行分组检测（考查）。

● 检测（考查）要点：

（1）根据假设的送修设备，完成“维修服务一般程序”所涉及的内容演示，并要求完成修理单的制作与填写、修理费用和成本的计算、维修现场的准备等操作。

（2）口述过程中，要语言通顺，操作符合规定：

① 良好的道德品质、认真听取顾客的陈述，仔细询问设备的故障，尊重顾客并为顾客着想。

② 熟练的维修技术，精通各种设备的性能、使用和维修方法，以及修复后的性能测试。

③ 一定的经营管理经验，掌握基本的部门管理所需要的管理知识、成本核算，以及人员调配、物资管理等。

④ 紧跟时代发展步伐，不断补充新知识、新技术，丰富维修经验。如图 9.2 所示是对维修服务人员行基本素养的检测。

图 9.2 基本修养的检测

9.1.3　制冷设备维修部必备条件

电冰箱维修中心应配备的专用工具、检测仪表和专用设备，如表 9.1 所示。

表 9.1　电冰箱维修中心应配备的专用工具、检测仪表和专用设备

序　　号	名　　称	规　　格
快速接头	ϕ5～ϕ8mm	抽真空、充注制冷剂用
管接头	ϕ5～ϕ8mm	与快速接头配用
检修阀		抽真空、充注制玲剂用
扩喇叭口工具	ϕ6～ϕ12mm	作喇叭口用
封口钳	ϕ5～ϕ8mm	封工艺管口用
扩管冲头	ϕ5～ϕ10mm	管子扩口用
手动切管刀		切割管子用
手动弯管器		弯制管子用
压力表	0～1.6MPa	用于制冷系统
复合压力表	-0～1MPa	测吸气压力用
真空表	0～-1MPa	测真空度用
玻璃温度计	-30～50℃	测量一般温度用
热敏电阻温度计	-30～100℃	检测各种温度用
万用表	通用型	外修测电阻、电压，直流电流等
电压表	0～250V	测电压用
电流表	5A	测电流用
钳形电流表	0～5A	外修测电流
功率表	500W	测功率用
电度表	5A	测耗电量用
兆欧表	DC/500V	测绝缘电阻用
电桥	惠斯登电桥	精测电动机绕组、电热丝等电阻
卤素检漏仪	Lx-2A 或 HAL-8	检漏用
真空泵	2～4L/s	制冷系统抽真空和干燥抽真空用
干燥箱	1～200L/100℃	零部件储存用
干燥箱	100～2m^3/200℃	零部件干燥用
便携式制冷剂充注器	1～2kg	充注制冷剂用
轻便制冷剂充注器	3～5kg	充注制冷剂用
气焊设备	氧气瓶、乙炔瓶和焊具	焊接用
氮气瓶	50～100L	压力试验和零件吹洗用
制冷剂钢瓶	50～100L	
便携式充注器		装于维修流动车
便携式气焊设备		装于维修流动车
便携式仪表箱		装于维修流动车

续表

序　　号	名　　称	规　　格
系统清洗设备		用于制冷系统及部件清洗用
溶剂蒸馏设备	30kg/h	用于清洗剂回收

9.2　制冷设备维修服务的经营管理知识

9.2.1　组织管理

现代制冷设备产品的发展已使维修部门摆脱了个体的经营方式，各种维修人员的联合和合理配合使维修过程达到事半功倍的效果，而整个修理过程离不开整体维修人员的劳动，这样，修理过程就成为维修人员的互相联系的劳动过程的总和。一个修理部门的经营管理者要合理地安排修理过程中的人员组合，有效地组织修理过程中各个环节之间的配合，使整个修理过程时间最省、耗费最小，效益最高。

（1）要合理地组织维修过程，合理地配备维修人员，加强技术培训和技术考核。要在分工协作的基础上，发挥每个维修人员的技术专长和工作能力，使维修工作时间最省，效率最高，效益最好。

（2）要处理好维修部门内部的各种关系，注意协调上下级之间、新老维修人员之间的关系。安排好维修人员和非维修人员的比例，根据维修任务的需要，及时调整人员配置。

（3）要重视维修人员的人身安全，加强安全意识。要建立健全安全规章制度，并加强检查、管理，切实明确安全责任制。

9.2.2　经营管理

维修活动是一种包括人、财、物、责、权和利的集体活动。要取得良好的经济效益，必须注重经营管理。

管理是一种包括计划、组织、指挥、监督和调节等职能在内的一种活动。这种活动要以科学的理论作指导。对于一个维修部门来说，经营管理就是通过对维修过程所进行的组织、指挥、协调和监督，使整个维修部门的人、财、物得到最佳的配合，从而获得高效率的工作成果。

维修部门的经营管理不同于一般生产部门，必须根据部门的具体情况，采取符合自身特点的方法。

（1）维修部门所从事的经营活动以设备的修理为中心，这就决定了它的管理要以维修质量为中心。因此，维修人员的配置、物资设备的管理，都要围绕质量来计划、组织、协调。

（2）加强维修服务，以服务求信用。维修部门要加强维修市场的竞争力，提高维修信誉，用正当的手段，取得正当的收益。

（3）认真做好物资材料的供应工作。保证维修服务的顺利进行。同时还要认真做好财务支出和成本的控制工作，做到少花钱多办事。

（4）加强管理制度的建设。要建立一系列以责任制为核心的规章制度，如维修人员的技术培训和考核定级制度、维修质量责任制、危险品的安全使用制度、财务人员职责权限制度、消耗品材料的使用保管制度、安全用电、防火防爆制度等。同时，还要加强宣传教育并采取行政措施，使这些规章制度能够得到有效地贯彻执行。

提示

管理是指包括计划、组织、指挥、监督和调节等职能在内的一种活动。这种活动要以科学的理论作指导。

9.2.3 安全管理

安全管理是经营管理的一项重要任务，必须予以高度的重视。安全的含义一是指人身的安全，二是指设备的安全。人身安全是指维修人员在从事设备修理的过程中，要保护自己的安全和健康。同时，经修理后的设备必须保证使用人的安全和健康。设备安全是指维修设备时必须时刻注意安全放置、安全操作、防止有毒液气的泄漏和高压气体的爆炸。

（1）要严格执行国家颁布的有关设备安装使用、高压气体的安全管理和安全用电等方面的法律法规，充分认识安全维修是对维修人员生命和健康负责的要求，把安全管理渗透到维修工作的安全过程和维修工序的各个环节。

（2）安全操作要有制度保证，要根据部门的实际情况和维修内容，制定一系列相应的安全责任制度。如工作环境的安全管理制度、高压气体的放置制度和使用制度、安全用电管理制度、维修操作安全规程、防火防爆制度。安全制度要根据实际内容和操作性质，作出合乎安全要求的条款和规程，做到贯彻执行这些条款，就能达到不出事故。

（3）加强安全维修的宣传教育。要经常运用各种形式讲安全维修，经常提醒维修人员严格执行各项制度和规程，杜绝违章作业。要随时检查不安全隐患，如易燃易爆物品的放置和处理情况、电气设备地点的安全情况、电源开关的闭合情况、工作环境的安全情况、消防器材的配置状态等，警惕事故的发生。另外，对特殊的危险作业，必须由经过训练并考核合格的、经验丰富的维修人员操作操作，严禁无证人员上岗。

（4）在制定维修工艺流程和组织设备维修时，一定要强调安全，要布置、检查和总结安全工作，要掌握维修人员的技术熟悉程度。掌握工作条件、工具设备情况。要针对维修人员的个性、思想情绪、工作表现合理安排工作内容，防止事故发生。

（5）要注意工作环境的安全，注意维修操作过程中的安全防护。外出维修设备时，一定要首先了解工作现场的安全状况，制定出现紧急危险情况时的安全救护措施。维修结束后要对安全内容进行检查。整个维修工作一定要有计划、有分析、有记录，为安全检查提供准确的依据。

提示

◎ 安全是社会永恒的主题，安全与人们的生活和工作息息相关。

◎ 所谓“安全”是指人身的安全和设备的安全。

9.2.4 质量管理

质量管理是维修部门经营管理的核心内容。维修质量是维修部门技术水平、维修部门能力及经营服务的综合反映，也是衡量维修人员管理水平高低的重要标志。

（1）标准性。经修理后的设备要符合原设备规定的性能标准，不能降低档位，不能提高使用要求和附加使用条件。

（2）可靠性。经修理后的设备应具有运行可靠性、耐用性。不能降低使用寿命，不能存在故障隐患，增加返修率。

（3）安全性。经修理后的设备在使用上应保证绝对安全，包括使用人的安全和设备安装的安全，不能存在丝毫的不安全隐患。

维修部门的管理人员一定要高度重视维修质量。要做好以下几方面的工作。

第一，要加强质量管理教育。对维修人员定期进行质量管理的教育和培训，提高维修人的质量意识。

第二，加强维修人员的技术培训和考核定级。通过技术培训和技术考核，使维修人员熟练地掌握维修技术。对维修难度大，技术要求高的设备，要让那些技术能力强、维修经验丰富的维修人员操作，同时鼓励维修人员钻研技术，提高维修水平。

第三，建立一系列确保维修质量的岗位责任制。中大型制冷设备的维修，一般由有各种专长的维修人员共同完成，要根据不同的质量要求，落实岗位，并建立相应的责任制，严格执行操作规程，遵守维修纪律。要建立相应的奖惩制度，对直接责任者要酌情处罚。对弄虚作假，欺瞒用户者，要追究责任。

第四，加强维修质量检测。质量检测包括两方面的内容：一是质量的检查，要根据技术要求，对维修工艺、操作结果进行检查验收；二是设备的性能测试，要根据设备的性能指标，进行开机试运行，测试各种性能是否符合规定指标的要求。

第五，加强质量跟踪和质量反馈。一般来说，设备要规定保修期，要认真负责地做好保修期内的质量跟踪工作。超过保修期后，也要加强用户质量反馈信息的收集和处理工作。

提示

◎ 质量是企业的生命线，是衡量经营管理部门与售后服务人员水平高低的重要标志。

9.2.5 成本核算

维修部门的成本核算与生产部门的成本核算有所不同。维修人员或维修部门通过修理设备取得一定的经济效益。确切地说，是在技术指导下付出劳动的报酬。但是，经济效益不应以控制成本为基础。维修服务的成本核算主要是指向顾客提供的合理的费用支出。

维修服务在核算中所计算的成本应包括：所更换的零件费用、零配件的加工费用、消耗品和材料的费用、仪表或工具的折旧费、外出车船费及其他附加费（特殊支出）。在计算上述成本的支出后，再收取物价部门所规定的总费用一定比例的修理劳务费，这包含故障诊断及修理所需的技术和劳力的代价。

提示

◎ 在一个不断变化的时代中，每个人都必须树立终身学习的观念，学校教育不是一劳永逸的，它只是为每个人的就业奠定了基础。

知能拓展——维修人员安全意识的检测（考查）

● 所需条件：

（1）冰箱或空调器1台；

（2）维修工具与设备全套；

（3）电工仪表各 1 件;

（4）15m^2 以上维修操作的场地。

● 检测（考查）要点:

（1）安全操作的内容很多，包括工作场地的安全、操作时的安全、高压气体放置和使用的安全、电气维修的安全及防火防爆知识等。要求依据这些安全规定，全面地清除不安全因素，纠正现场的错误，并演示出正确的操作方法。如图 9.3 所示是对维修服务人员进行安全操作意识的检测。

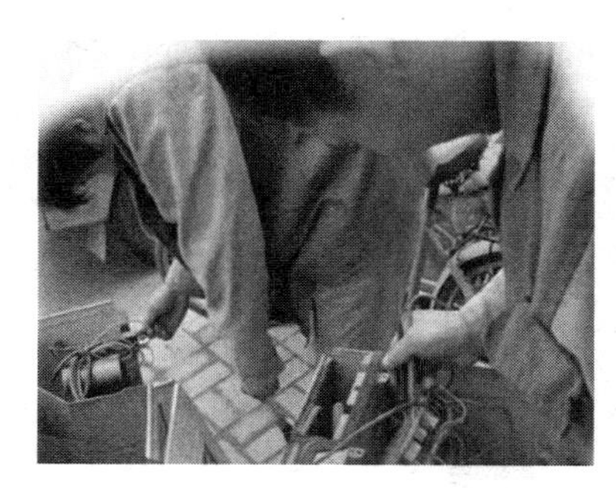

图 9.3　安全操作意识的检测

（2）检测（考查）时，主考人员可预先设置含有不安全因素的工作环境和不安全的设备工具，由主考人员演示不安全的操作方法。根据观察后的结果，整理工作现场，清除不安全因素，并现场展示安全操作方法，解释理由。

思考与练习

1. 填空题

（1）要合理组织维修过程，必须合理地配备________，使维修工作________、________、________。

（2）维修部门通过维修过程所进行的________、________、________和________，使整个维修部门的________、________、________得到最佳的配合。

（3）维修质量的检测包括两个内容，一是________，二是________。

（4）安全的含义包括两个方面内容，一是________，二是________。

2. 选择题

（1）维修人员没有义务向设备使用者提供（　　）。

（A）设备用途、性能、结构、规格、使用及安装方法等方面的技术指导

（B）有责任回答使用者有关维护保养、使用方法等方面的咨询

（C）安全、合理使用设备方面的技术指导

（D）维修人员的个人资料

（2）制冷设备维修人员不好的服务意识有（　　）。

（A）认真听取顾客的陈述

（B）讨厌顾客反复提出的疑问

（C）对需检修设备的顾客热情接待

（D）在保证维修质量的前提下，为顾客精打细算

（3）管理是包括（　　）等职能在内的一种活动。

（A）研究、组织、分派、监督和调节　　（B）研究、操作、指挥、实施和总结

（C）计划、组织、指挥、监督和调节　　（D）计划、操作、指挥、实施和总结

（4）“安全”的含义是指（　　）。

（A）一是人身安全，二是设备安全　　（B）一是自己安全，二是他人安全

（C）一是企业安全，二是个人安全　　（D）一是企业利益，二是个人利益

（5）维修部门经营管理的核心内容是（　　）。

（A）服务态度　　（B）维修质量　　（C）质量检测　　（D）性能测试

3. 简答题

（1）简述维修人员的基本素养？

（2）实际修理操作时应注意哪些事项？

（3）为什么一个维修部门的管理者要具备良好的心理素质呢？

（4）维修部门的经营性质和任务分别是什么？

模块十

电冰箱与空调器基本操作课题

职业技术教育的根本属性是它的实践性，其质量主要体现在学生掌握专业技能技巧的熟练程度上。因此，加强对学生基本技能的训练，在动手实践中磨炼过硬的本领，缩短由学生到劳动者之间的距离，是提高中等职业学校教育水平的一个有效途径。

通过本模块的学习，夯实制冷设备基本操作技能，了解大赛用装置和大赛概况，熟悉大赛试题（任务书）要求。

内容提要

- 制冷设备基本实操课题
- 电冰箱、空调器实训装置介绍
- 全国职业院校技能大赛（中职组）“制冷与空调设备组装与调试”任务书

10.1 电冰箱与空调器基本技能实训课题

10.1.1 铜管的加工和焊接

一、实训目的

图 10.1 基本技能的操练

（1）通过割管、扩管、涨管、弯管和封口，熟悉各种管加工工具的操作方法。

（2）通过气焊练习，掌握气焊正确操作规程和熟悉各种铜管的气焊方法，如图 10.1 所示。

二、实训器材

（1）压缩机，1 台；

（2）修理阀，1 只；

（3）真空压力表（带接管螺母），1 件；

（4）组合胀管器，1 套；

（5）割刀，1 把；

（6）剪刀，1 把；

（7）弯管器，1 把；

（8）毛细管及各种连接铜管，若干；

（9）干燥过滤器，1 支；

（10）封口钳，1 把；

（11）尖嘴钳，1把；

（12）氨气瓶及气焊设备，1套。

三、实训步骤

（1）熟悉气焊设备的使用。观察所用的气焊设备，熟悉操作步骤；熟悉调节焊炬的操作，调试并观察氧化焰、中性焰、碳化焰3种气焊火焰的区别。

（2）铜管的套焊。用割管器割两根长10cm的铜管（$\phi 8$～$\phi 10$），退火、胀管并进行套接。

（3）铜管的扩胀。用割管器割一根长15～20cm的铜管（$\phi 8$），退火后一端扩喇叭，并套入接管螺母，另一端根据压缩机工艺管的情况进行胀管。

（4）将压缩机吸气管用封口钳钳密并焊好。把套有接管螺母的铜管一端套接在工艺管上，并把修理阀、真空压力表与接管螺母连接好。

（5）将修理阀接头与氯气瓶连接，使修理阀处于开启状态。微微开启氮气瓶阀门，当真空压力表上的压力数达到1MPa时，关闭氮气瓶阀门，关闭修理阀门。

（6）用肥皂水溶液涂抹管道接口处，仔细检查有无泄漏，若有泄漏应进行补漏。

（7）毛细管与干燥过滤器的焊接。用剪刀割一段长10cm的毛细管，把毛细管插入干燥过滤器的细口中，插入的长度约为15mm。焊炬点火调节到中性焰，将火焰集中到接口的干燥过滤器一端，当加热到暗红色时，即把银焊条加至接口处，焊条一熔化，立即将焊条和火焰移开。焊接结束后，检查焊接质量。

提示

① 实训过程要注意安全，氧气瓶、石油气瓶的阀门和减压阀一定要旋紧，严防漏气。橡胶管与减压阀、焊炬的连接口应用铁丝扎牢，以防气压升高而使连接口脱离，大量漏气。

② 氧气、石油气的调节要动作缓慢，压力表指示的压力值不要超过工作压力。

③ 焊炬点火时，焊嘴不能对着人体，以防止出现烧伤事故。

④ 在毛细管与干燥过滤器的焊接实训中，最容易出现毛细管阻塞的质量问题，因此必须掌握焊接时间，使熔化焊条的时间尽可能短。

10.1.2 电冰箱制冷系统的检漏、干燥、抽真空及充灌制冷剂

一、实训目的

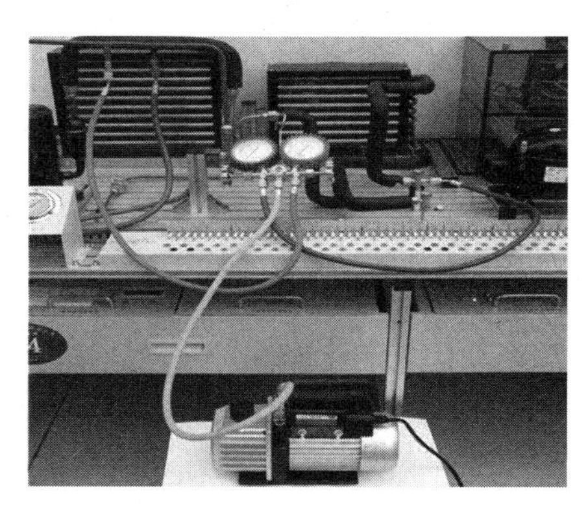

图10.2 抽真空的操练

（1）通过对直冷式电冰箱制冷系统的观察，了解制冷系统的结构组成和各部件的作用。

（2）通过实训，掌握制冷系统的检漏方法。

（3）通过实训，掌握制冷系统干燥、抽真空的操作方法，如图10.2所示。

（4）通过实训，掌握充灌制冷剂的操作方法和制冷系统的检修方法。

二、实训器材

（1）实训装置，1台；

（2）真空泵，1台；

（3）气焊设备，1套；

（4）氮气瓶、R_{600a}钢瓶及橡胶接管，各1套；

（5）三通阀，1 只；

（6）真空压力表，1 只；

（7）卤素检漏灯，1 只；

（8）肥皂水，少许；

（9）白纱布，1 小块；

（10）毛刷，1 支。

三、实训步骤

（1）观察制冷系统。在实训装置中，观察电冰箱的蒸发器、冷凝器、干燥过滤器、毛细管、压缩机、压缩机的吸气管和排气管，并把观察到的情况做好记录。然后给实训装置接通电源，观察实训装置的电冰箱启动及运行情况。运行 15min 后，用手摸制冷系统各部件的温度，静听各部分的声音。

（2）制冷系统检漏。

① 用白纱布接住怀疑泄漏的地方，观察白纱布上是否有油迹，并将肥皂水涂在制冷管道的焊缝等连接处，若有泄漏，会有肥皂泡冒出。

② 把制冷系统演示实验台的三通阀门打开，放掉制冷系统的制冷剂。把氮气瓶橡胶管接到实训装置的三通阀上，打开氮气瓶阀门，充入氮气，使系统内升压至 1.0MPa 的压力。旋紧三通阀和氮气瓶阀门，用肥皂水检查各焊接口有无泄漏现象，再用卤素检漏灯检查。若有漏点，放出气体进行补漏，再充入氮气重新检漏。

（3）制冷系统抽真空。检漏合格后，打开实训装置的三通阀，放出所有氮气，把真空泵与三通阀连接。接通真空泵电源，对系统进行抽真空。当低压真空度在 133Pa 以下并稳定时，关闭三通阀门，切断真空泵电源，拆下连接管，停止抽真空。

（4）充灌制冷剂。将 R_{600a} 钢瓶上的输液管与三通阀连接，但螺母不要拧紧。稍稍开启 R_{600a} 钢瓶阀门，放出一小部分制冷剂，用来排除连接管内的空气；然后马上拧紧连接螺母，关闭 R_{600a} 钢瓶阀门。充灌制冷剂时，将 R_{600a} 钢瓶阀门开启，打开三通阀，制冷剂使进入制冷系统。观察真空压力表的压力（低压压力表的压力），待压力升到规定值时，关闭 R_{600a} 钢瓶阀门。接通实训装置中电冰箱的电源，压缩机运转，低压压力表压力下降。若压力稳定在规定值，则制冷剂充灌量合适；若低压压力高于规定值，则制冷剂过多，应放掉一部分制冷剂；若低压压力低于规定值，则制冷剂过少，应补加制冷剂。充灌完毕，拧紧三通阀门和 R_{600a} 钢瓶阀门，拆下输液管。

提示

① 实训前，应先检查实训装置（电冰箱制冷系统）三通阀初始状态是否关闭，低压真空压力表压力数是否正常，如压力不正常，应从检漏开始。

② 充氮加压检漏时，充入氮气后系统的压力不能太高，否则容易使制冷系统部件损坏。

③ 向制冷系统充灌制冷剂时，应缓慢开启钢瓶阀门，同时注意观察真空压力表的读数，严格控制充灌制冷剂量。

10.1.3　电冰箱电气控制系统的观察

一、实训目的

（1）通过对电冰箱电气控制系统的观察，了解电气控制系统的组成及各元器件的连接情况，掌握直冷式电冰箱的电原理图。

（2）通过实训，进一步理解各电气元件的结构，掌握器件好坏的判断，如图 10.3 所示。

图 10.3　电器件好坏的判断

（3）通过实训，掌握测量启动电流、运行电流、电动机绕组阻值的方法。

二、实训器材

（1）实训装置（电冰箱），1 台；

（2）万用表，1 块；

（3）摇表，1 只；

（4）钳形电流表，1 只；

（5）十字形螺丝刀，1 把；

（6）一字形螺丝刀，1 把；

（7）电冰箱电气控制系统器件，1 套。

三、实训步骤

（1）观察实训装置（电冰箱），了解电冰箱电气控制系统各组成部分及各元器件的连接情况，看懂电冰箱的电路原理图。

（2）打开压缩机接线盒，拆下启动继电器，观察其结构，熟悉其动作原理。用万用表测量电流线圈是否通路，触点通、断是否正常。如果继电器是 PTC 元件，用万用表测量其冷态电阻阻值。

（3）拆下热过载保护继电器，观察其结构，熟悉其动作原理，用万用表测量其是否为通路。

（4）用万用表测量压缩机外壳接线座上 3 根接线柱间的电阻，找出启动绕组、运行绕组和它们的公共接线端。

（5）用摇表测量压缩机 3 个接线端对地的电阻值。

（6）从冰箱冷藏室内拆下温度控制继电器，观察温度控制继电器的型号和结构，用万用表测量常温下各接线柱的电阻值，熟悉其工作原理。

（7）若压缩电动机良好，绝缘电阻符合要求，连接好电路系统，接通电源，用钳形电流表测量启动电流和运行电流。

提示

① 正确使用仪表，注意安全。

② 平时要保持仪表的干燥、清洁，严禁振动和机械冲击。

10.1.4 压缩式电冰箱的拆装与维修

一、实训目的

（1）通过观察和拆装压缩式电冰箱，进一步熟悉电冰箱的整体结构。

（2）通过拆装后对故障的处理，掌握电冰箱常见故障的检修方法，如图 10.4 所示。

图 10.4　电冰箱故障的检修

二、实训器材

（1）实训装置（或电冰箱），1 台；

（2）万用表，1 块；

（3）摇表，1 只；
（4）修理阀（带接管螺母），1 只；
（5）真空压力表，1 只；
（6）组合胀管器，1 套；
（7）氨气瓶，1 小瓶；
（8）制冷剂钢瓶（根据电冰箱所用制冷剂定），1 小瓶；
（9）气焊设备，1 套；
（10）磅秤、割刀，1 套；
（11）剪刀，1 把；
（12）干燥过滤器，1 支；
（13）毛细管，1 段；
（14）各种连接铜管，若干段；
（15）十字形和一字形螺丝刀，各 1 把；
（16）封口钳，1 把；
（17）活动扳手，1 把；
（18）温度计，1 支；
（19）18 号冷冻油（冷冻油的量根据压缩机型号而定），若干；
（20）肥皂水，少许。

三、实训步骤

（1）观察实训所用的实训装置（或电冰箱），熟悉电冰箱的整体结构。

（2）检查启动继电器、热过载保护继电器是否完好，用摇表测量压缩机 3 个接线端对地的电阻值。若压缩电动机良好，绝缘电阻符合要求，则连接好电路系统，接通电源，用钳形电流表测量启动电流和运行电流。

（3）把温度控制继电器旋钮旋至中间位置，观察电冰箱的制冷效果，把观察结果记录下来。

（4）停机后，把电冰箱压缩机工艺管用割管器割开，放出制冷剂。

（5）将压缩机吸气管与蒸发器吸气管焊离（或用割刀割断），将压缩机排气管与冷凝器连接管焊离。

（6）将启动继电器及热过载保护继电器从压缩机接线柱上拔下，用扳手把压缩机紧固螺母拧松，从底座上把压缩机取出，并把压缩机内的冷冻油从工艺管中倒出。

（7）用注射器从压缩机工艺管注入新冷冻油。

（8）把压缩机重新装回冰箱底盘上，拧紧紧固螺母，并把压缩机吸气管与蒸发器吸气管焊接好，把压缩机排气管与冷凝器连接管焊接好，把启动继电器及热过载保护继电器与压缩机连接好。

（9）将工艺管上的修理阀接头与氮气瓶连接，开启修理阀，微微开启氮气瓶阀门，当真空压力表上的压力到达规定时，关闭修理阀门，再关闭氮气瓶阀门。

（10）用肥皂水溶液涂抹管路所有管道连接处（特别是修理阀接头处），检查有无泄漏，若有泄漏则应补漏。

（11）确认无泄漏后，打开修理阀，排出氮气，把真空泵与修理阀接头连接好，对气路系统进行抽真空，真空度达到要求后关闭修理阀，拆下抽空连接管。

（12）把制冷剂钢瓶与修理阀接头用输液管连接好，但连接管与修理阀连接头锁紧螺母不要拧紧，打开制冷剂瓶阀门，排出导管的空气后，再拧紧锁紧螺母。把制冷剂瓶倒置在磅秤上，打开修理阀门，向制冷系统充灌制冷剂，并随时注意磅秤读数和真空压力表的压力，当压力表压力达规定值时停止充灌气。

（13）接通电冰箱电源，使压缩机运转。观察压力表压力，并根据电冰箱的工作情况，判断充灌制冷剂量是否合适，并加以调整。

（14）当制冷剂量合适时，电冰箱可进行试运行。运行 20min 后，用手触摸冷凝器，查看从上至下的温度是否逐渐变化；用手摸蒸发器，观察四壁积霜是否均匀。

（15）把温度控制继电器旋钮旋至中间位置，当电冰箱稳定工作后，测量压缩机开、停机时间。

（16）切断电冰箱电源，打开箱门，当箱内温度与室温相同时，在冷冻室内放置一温度计，把温度控制继电器旋钮旋至急冷（或连续运转）挡，关闭箱门，接通电冰箱电源。2h 后，观察冷冻室温度计的温度读数。

（17）若电冰箱工作正常，则用封口钳把工艺管钳好，并用割刀把修理阀割除，用气焊把工艺管封口焊牢。

提示

① 在操作过程中，一定要注意安全。

② 正确使用工具、仪表。

10.1.5 窗式空调器的拆装与检修

一、实训目的

图 10.5 空调器故障的检修

（1）通过对窗式空调器电路系统的观察与测量，进一步熟悉窗式空调器的电路系统的组成及工作原理。

（2）初步掌握电路元件好坏的判断方法。

（3）通过对窗式空调器制冷系统的拆装与检修，进一步熟悉空调器的整体结构。

（4）通过对制冷系统的充氮检漏、抽真空、充灌制冷剂，熟悉空调器制冷循环及制冷过程。

（5）通过拆装后对故障的处理，掌握空调器常见故障的检修，如图 10.5 所示。

二、实训器材

（1）实训装置（或空调器），1 台；

（2）万用表，1 块；

（3）摇表，1 只；

（4）钳形电流表，1 只；

（5）真空泵，1 台；

（6）真空压力表，1 只；

（7）组合胀管器，1 套；

（8）氮气瓶，1 小瓶；

（9）R_{22} 钢瓶，1 小瓶；

（10）气焊设备，1 套；

（11）磅秤，1 台；

（12）割刀，1 把；

（13）十字形和一字形螺丝刀，各 1 把；

（14）封口钳以及干、湿温度计，各 1 只；

（15）修理阀（带接管螺母），1 件；

（16）各种连接铜管；

（17）肥皂水溶液。

三、实训步骤

（1）观察与测量窗式空调器电路系统。

① 观察实训所用实训装置（或空调器）的外部结构，熟悉各旋钮的作用。

② 拆下空调器面板，旋出外壳上的紧固螺钉，把空调器从底座移出（取下外壳）。

③ 拆下压缩机上的过载保护器，用万用表测量压缩机外壳上 3 根接线柱间的电阻值，找出启动绕组、运行绕组及它们的公共接线端。

④ 用摇表测量任一接线柱对地的电阻值，判断压缩电动机是否良好。

⑤ 观察压缩电动机及风扇电动机的电容器，用万用表测量它们的电容，查看有无损坏。

⑥ 用万用表测量热过载保护继电器是否通路。若保护器完好，则重新装回压缩机外壳接线柱上。

⑦ 把主控开关旋至“关”的位置，恒温控制旋至中间位置，接通电源. 把主控开关分别旋至低风挡、高风挡，最后旋至高冷挡，用钳形电流表测量启动电流和运行电流。

（2）拆装与检修窗式空调器制冷系统。

① 用割刀把蒸发器、冷凝器、压缩机分离。先用割刀割断压缩机排气管，缓慢放出制冷剂，此过程最好在室外通风良好的地方进行。

② 将蒸发器和冷凝器进出口铜管端用胶塞封好，用水把灰尘积垢清除干净（注意不要让水进入蒸发器或冷凝器管道内），用干布把水抹干。

③ 观察空调器压缩机类型，并在工艺管上焊接修理阀。

④ 将干净的蒸发器、冷凝器重新与压缩机焊接好，并将修理阀接头与氮气瓶连接，开启修理阀阀门，微微开启氮气瓶阀门。当真空压力表上的压力达到要求时，关闭修理阀，再关闭氮气瓶阀门。

⑤ 用肥皂水溶液涂抹管路所有管道连接处，检查有无泄漏。若有泄漏应补漏。确认无泄漏后，打开修理阀，放出氮气。将真空泵与修理阀接头连接好。对气路系统进行抽真空。当到达真空度要求时（抽真空时间约 30min）关闭修理阀，拆下抽真空连接管。

⑥ 把 R_{22} 钢瓶倒置，并用输液管与修理阀接头相连，但连接管与修理阀接头的锁紧螺母不要拧紧，打开 R_{22} 钢瓶阀门，排出导管的空气后再拧紧锁紧螺母。打开修理阀阀门，向制冷系统充灌制冷剂，并观察真空压力表读数及磅秤读数。当充灌量符合铭牌上的要求时，停止充灌制冷剂，关闭制冷钢瓶阀门及修理阀门。

⑦ 接通空调器电源，使风机运转送风，再使压缩机运转制冷。此时压力表压力缓慢下降

到 0.2MPa 为宜，冷风出风口应有冷风吹出。运行 15min 左右，用手摸冷凝器，应发热；蒸发器应发凉，并有薄霜或露水析出。根据空调器运行情况判断 R_{22} 充灌量是否合适，不合适则加以调整。

⑧ 当制冷剂量合适时，空调器可进行试运转。把主控开关旋至强冷挡，待运转稳定后把干、湿温度计放在空调器冷风出风口，观察温度计读数。冷风出风口的温度与室温温差应大于 10℃（若室温 32℃，冷风出风口干球温度 22℃为合适）。

⑨ 如上述正常，可关闭电源，停机 10min 后重新开机。用钳形电流表测量启动电流和运行电流，与铭牌上的电流值进行比较，看是否合适。

⑩ 关闭电源，用封口钳把工艺管钳扁，并用割刀把修理阀割开，用气焊把工艺管封口、焊口焊牢。装好外壳、面板和旋钮。

提示

① 拆装与检修的过程中，一定要注意安全。

② 试验窗式空调器制冷正常情况，不但要看它有没有冷风吹出，更要考察它的自动温度控制功能。

10.1.6 分体式空调器的安装

一、实训目的

（1）通过实训掌握分体挂壁式空调器室内、外机组安装，如图 10.6 所示。

图 10.6 分体式空调器的安装

（2）掌握连接管线绝热材料的包扎方法。

（3）掌握用室外机组中制冷剂清洗管道和蒸发器空气排除的方法。

（4）通过试运转，能正确测试空调器性能。

二、实训器材

（1）扳手，1 套；

（2）螺丝刀，1 套；

（3）扩管器，1 件；

（4）绳子与安全带，1 件；

（5）冲击电钻和打孔辅助件，1 付；

（6）室外机支撑架，1 把；

（7）卤素检漏灯，1 只；

（8）分体挂壁式空调器，1 台；

（9）安装用电源线、电器件、水泥钉、胶带、管卡、隔热材料等。

三、实训步骤

在安装前，对空调器室内外机组进行必要的准备（如仔细检查空调器机组损坏或配件遗失情况，阅读产品说明，准备电线与电器件等）工作后，参照模块七（表 7.9）进行分体壁挂式空调器的安装。如图 10.7 所示是分体挂壁式空调器安装示意图，其操作工作：

（1）选定室内机组的安装位置。

（2）用冲击电钻和打孔辅助件开墙孔。

（3）固定安装室内机组用的挂板与室内机组。

（4）安装室外机组支撑架与室外机组。

（5）进行配管整形。

（6）连接配管、排水管和电源线。

（7）对管道系统进行“排空”与“检漏”。

（8）通电试运行。

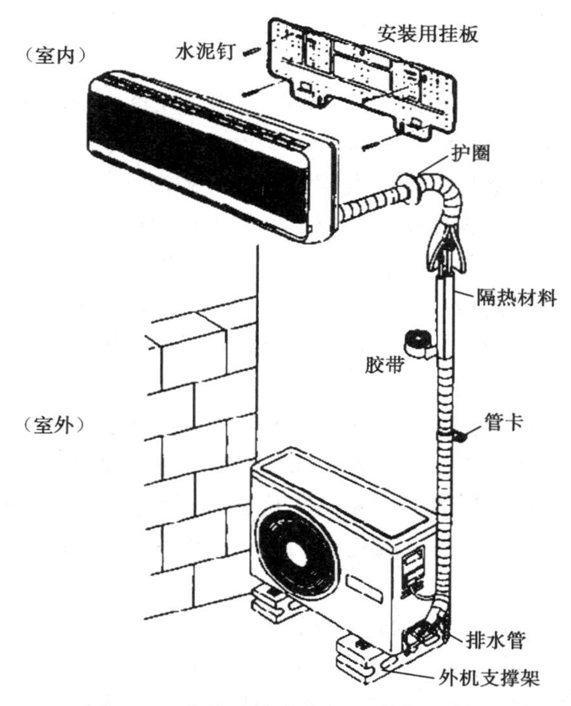

图 10.7　分体壁挂式空调器安装示意图

提示

① 选择正确的安装位置；穿墙孔要注意向外侧倾斜，以利于冷凝水顺利流出。

② 使用旋转式压缩机的电源相位不能接错，电源端子接线必须牢固。

③ 高层作业时，要注意安全，要有足够的人手配合操作。

10.1.7　空调器机组的移装

一、实训目的

（1）掌握对空调器的抽取、补充制冷剂的方法。

（2）掌握拆卸空调器机组、重新安装，如图 10.8 所示。

图 10.8　空调器的移装

二、实训器材

（1）实训装置（分体空调器），1 台；

（2）铁支架，1 套；

（3）活动扳手，2 把；

（4）冲击电钻，1 套；

（5）胀管螺栓，1 套；

（6）安全带与绳，1 付；

（7）割管扩管工具，1 付；

（8）真空泵及检漏设备，1 套；

（9）配管，2 根；

（10）软管与制冷剂钢瓶（内有制冷剂），1 套。

三、实训步骤

（1）抽取制冷剂。为了充分利用原机内的制冷剂，在拆卸前将全部制冷剂回抽到室外机组中保存，以备空调器重新安装后再用。

① 先用扳手旋开空调器室外机组的气管（细管）和液管（粗管）上的截止阀。

② 液管（细管）上的液体阀关闭后，空调器室内机组的制冷剂在继续蒸发过程中，从气管（粗管）被压缩机吸入并排到室外机组的冷凝器中冷却，整个系统继续回抽制冷剂。

③ 普通家用壁挂式空调器抽制冷剂时间一般掌握在 2min 左右。结束抽取制冷剂时，应先关闭室外机组气管上的截止阀，然后再关闭空调器的运行开关，停止压缩机工作。

（2）拆卸空调器机组。

① 先切断空调器的电源，拆除电源输入线和内外机组间的控制电缆线。

② 先拆下配管（先用一把扳手固定在机组接头螺口上，再用另一把扳手旋开配管上的固定螺母），并及时将喇叭口用铜帽或塑料帽封闭旋紧。再顺势慢慢将铜管从穿墙孔中拉出。

③ 拆除空调器室内外机架的固定螺钉；将室外机组用绳子绑牢后小心吊放到地面或搬入需移装的位置。

（3）重新安装空调器机组。空调器在新位置的安装，与安装新空调器机组相同（参阅随机说明书进行管理和电路系统连接）。如果发现铜管管口损坏，必须重新扩喇叭口。

（4）补充制冷剂。补充制冷剂采用低压侧气体加注法较为安全。方法：把制冷剂钢瓶竖放，出口朝上。拧下空调器室外液管三通截止阀口的螺帽，用软管修理口与钢瓶出口连接。先稍微开启钢瓶阀门，用流出的制冷剂排尽软管中的空气，然后启动空调器在制冷状态下运行，压缩机运行后，打开三通截止阀门，再缓慢开启钢瓶阀门。这时，流出的制冷剂气体从液管到压缩机的吸气口，进入系统中。

提示

① 铜管从穿墙孔中拉出时要小心，严禁强拉硬拆。

② 移机时，一定要有足够的人手，通常需要 2～4 人配合操作。

③ 重新加工的喇叭口要光滑均匀、无毛刺伤痕。

④ 对加长配管的空调器，应及时补充适量制冷剂。

⑤ 检漏时，应注意各连接部分的密封性。

10.2 全国“制冷与空调设备组装与调试”大赛简介

10.2.1 大赛概况

根据《国务院关于大力发展职业教育》和教职成〔2009〕2 号文件精神：要不断深化职业教育教学改革，全面提高职业教育质量，高度重视实践和实训教学环节，强化学生的实践能力和职业技能培养，提高学生的实际动手能力，更好地指导中等职业学校教学工作，保证高素质劳动者和技能型人才培养的规格和质量的要求，由教育部职业教育与成人教育司、工业和信息化部人事教育司、天津市教委承办，中国亚龙科技集团、浙江天煌科技实业有限公司、天津市南洋工业学校协办下，首届（2009 年）全国职业院校技能大赛（中职组）“制冷与空调设备组装与调试”赛项在天津市南洋工业学校举办，开幕式场景如图 10.9 所示。

《制冷与空调设备组装与调试》（中职组）是其中一个重要的赛项。它融流体力学、热力学、传热学和电气控制等技术，主要包括：制冷设备的定位与安装；制冷管路的设计与连接；制冷系统保压与检漏；制冷系统电气布线和接线；制冷系统充真空、加注制冷剂与调试等，是对中职学生综合技能的测试。参加本项赛队由全国省市层层选拔组队而成。

图 10.9　全国技能大赛开幕式场景

一、竞赛场地要求

（1）比赛工位：每工位占地 15m^2；

（2）赛场提供单相三线 220V 交流电源，提供 10A 电源插头两个，每个工位都提供独立的电源保护装置；

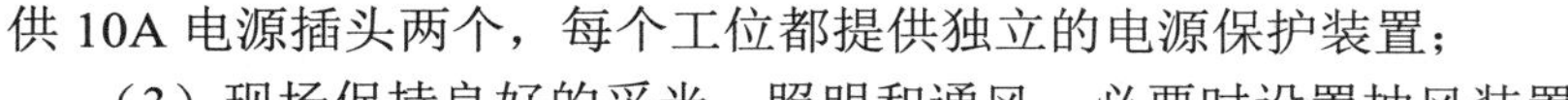

（3）现场保持良好的采光、照明和通风，必要时设置抽风装置等。

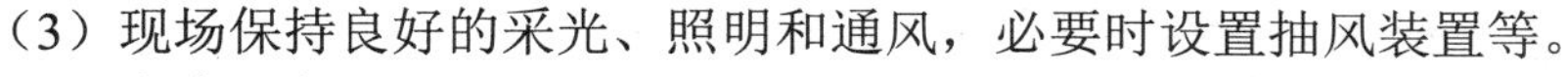

二、大赛设备和器材

1．大赛装置

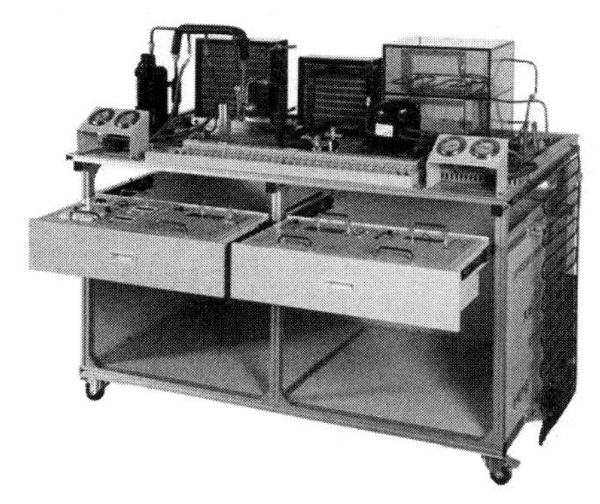

图 10.10　制冷与空调系统技能实训装置

大赛装置采用“天煌教仪”生产的 THRHZK-1 型现代制冷与空调系统技能实训装置，其外观如图 10.10 所示。

该装置由实训平台、制冷系统部分和电气控制三大部分组成，它涵盖了制冷专业中所涉及的安装、接线、保压、抽真空、充注制冷剂及运行调试等内容。通过装置的使用、训练和培训，能充分锻炼操作者的实际动手操作能力，实际维修中对问题的分析与处理能力。

（1）实训平台。以型材为主框架，钣金板作为辅材，搭建一个 150cm×80cm，由 10 根 20mm× 80mm 型材铺设而成。下设两个抽屉，用来放置实训模块，抽屉下面是一个存放柜，可以放置一些专用工具及制冷剂钢瓶等。底脚采用 4 个带刹车的小型万向轮，方便设备移动。

（2）制冷系统部分。系统主要分为两大子系统：热泵型空调系统和直冷式电冰箱系统；均由压缩机、蒸发器、冷凝器、节流装置及辅助器件组成；采用可拆卸（组装）式结构，通过管道螺纹连接方式，将各部件串到一个回路中去，最终组成一套完整的制冷系统。

（3）电气控制部分。采用模块式结构，根据功能不同分为电源及仪表模块挂箱、空调电气控制模块挂箱、冰箱电子温控电气控制模块挂箱、冰箱智能温控电气控制模块挂箱。同时在实训平台上设置接线区，作为电气实训单元箱与被控元件的连接过渡区。接线区内采用加盖端子排，提高操作安全系数。

2. 大赛器材

（1）装置提供的器材，如表10.1所示。

表10.1 现代制冷与空调系统技能实训装置提供的器材（模块）

序　号	名　称	主要部件、器件及规格	数　量	备　注
1	实训平台	提供1500mm×800mm×800mm铝型材实训平台	1台	
2	空调系统模块	包含旋转式压缩机、冷凝器、蒸发器、四通换向阀、节流装置、视液镜、空调阀等器件	1套	
3	冰箱系统模块	包含活塞式压缩机、钢丝式冷凝器、冷冻室蒸发器、冷藏室蒸发器、节流装置、视液镜、电磁阀、干燥过滤器等器件	1套	
4	电源模块	提供交流电源AC220V，交流电压表0～250V、交流电流表0～15A	1套	
5	冰箱电子温控控制模块	提供东芝GR-204E电子温度控制模块，可控制直冷式双门电冰箱	1套	
6	冰箱智能温控控制模块	单片机控制、液晶显示、双温控；具有速冻功能、智能控温、自动运行	1套	
7	空调控制模块	提供空调通用控制模块，具有制冷、制热、通风、除湿控制功能	1套	
8	专用制冷工具	胀管扩口器、双表修理阀、真空泵、瓶装制冷剂、加液管、割管刀、弯管器、小型焊具等	1套	

（2）选手自带的工具

① 电路和元件检查工具：万用表；

② 试题作答工具：圆珠笔或签字笔、HB和B型铅笔、橡皮、三角尺；

③ 测量工具：3m卷尺或软尺。

10.2.2 大赛规则

一、选手应完成的工作任务

图10.11 阅读任务书

根据大赛组委会提供的有关资料，参赛的工作组在规定时间内完成下列工作任务：

（1）按照任务书要求采用专用工具完成任务；

（2）根据制冷系统原理图，完成制冷管路设计、连接；

（3）按相关标准完成制冷系统保压、检漏；

（4）按电路接线图完成制冷系统电气布线和接线；

（5）按相关标准完成制冷系统抽真空、加注制冷剂；

（6）通电调试运行制冷设备，达到任务书规定的技术要求。如图10.11所示是参赛学生在阅读任务书。

二、大赛方式与时间

1．大赛方式

项目大赛由2名参赛学生组成一个工作组，由工作组完成大赛规定的工作任务。

2．比赛用时

完成大赛规定的全部工作任务时间为4h。

三、评分标准

1．评分标准及分值

根据在规定的时间内选手完成工作任务的情况，结合制冷国家职业标准中级工的技能要求进行评分。制冷技能大赛项目的满分为100分。

（1）正确性（60分）

专用工具的使用、部件安装位置符合要求。电路、管路连接正确，制冷系统工艺设备的工作要求。

（2）工艺性（30分）

设备组装与调试的工艺步骤，方法正确，测量工具的使用符合规范；电路与管路连接布线符合工艺要求、安全要求和技术要求，整齐、美观、可靠。

（3）职业与安全意识（10分）

完成工作任务的所有操作符合安全操作规程；工具摆放，包装物品、导线线头等的处理，符合职业岗位的要求；遵守赛场纪律，尊重赛场工作人员，爱惜赛场的设备和器材，保持工位的整洁。

现场操作符合安全操作规程；工具摆放、包装物品、导线线头等的处理符合职业岗位的要求；团队协作既有分工又有合作，配合紧密；遵守赛场纪律，尊重赛场工作人员，爱惜赛场的设备和器材，保持工位的整洁。

2．违规扣分

选手有下列情形，需从参赛成绩中扣分：

（1）在完成工作任务的过程中，因操作不当导致事故，视情节扣10～20分，情况严重者取消比赛资格。

（2）因违规操作损坏赛场提供的设备，污染赛场环境等不符合职业规范的行为，视情节扣5～10分。

（3）扰乱赛场秩序，干扰裁判员工作，视情节扣5～10分，情况严重者取消比赛资格。

四、选手名次排列

按大赛成绩从高分到低分排列参赛队的名次。大赛成绩相同时，完成工作任务所用时间少的名次在前；大赛成绩和完成工作任务用时均相同时，专用工具操作成绩高的名次在前；再次，职业素养项的成绩高的名次在前。

10.2.3　大赛任务书

首届全国职业院校技能大赛（中职组）“制冷与空调设备组装与调试”操作技能任务书

工位号：________　　交卷时间：________　　总分：________

题号	任务1	任务2	任务3	任务4	任务5	任务6	任务7	合 计
得分								

一、说明

（1）本任务书的编制是以可行性、技术性和通用性为原则。

（2）本任务书依据首届（2009 年）全国职业院校技能大赛（中职组）“制冷与空调设备组装与调试”的具体工作要求和 1995 年劳动部、国家贸易部联合颁布的“中华人民共和国制冷设备维修工职业技能鉴定规范考核大纲”（中级工）设计编制的。

（3）任务完成总时间为 4h。

（4）本任务书总分为 100 分。

（5）本任务书适用于 2009 年全国职业院校技能大赛（中职组）“制冷与空调设备组装与调试”项目。

二、任务

任务 1．按照要求，选取专用工具完成下列任务（10 分）

（1）将赛场提供的直径为ϕ6 和 3/8″ 的铜管，分别截取 1000mm，以 100mm 为长度，切割成十段，并对每段两端作倒角处理。存放在装任务书的档案袋中。

（2）取上述切割好的ϕ6 和 3/8″ 铜管各三根，选取专用工具，将其中一端制作成杯形口。存放在装任务书的档案袋中。

（3）取上述切割好的ϕ6 和 3/8″ 铜管各三根，选取专用工具，将其中一端制作成喇叭口。存放在装任务书的档案袋中。

（4）将赛场提供的直径为 3/8″ 的铜管，截取 500mm，以中点为中心位置折弯成 180°，如图 10.12 所示。存放在装任务书的档案袋中。

（5）将赛场提供的直径为ϕ6 的铜管，截取 800mm，将其弯成蛇形状，如图 10.13 所示。存放在装任务书的档案袋中。

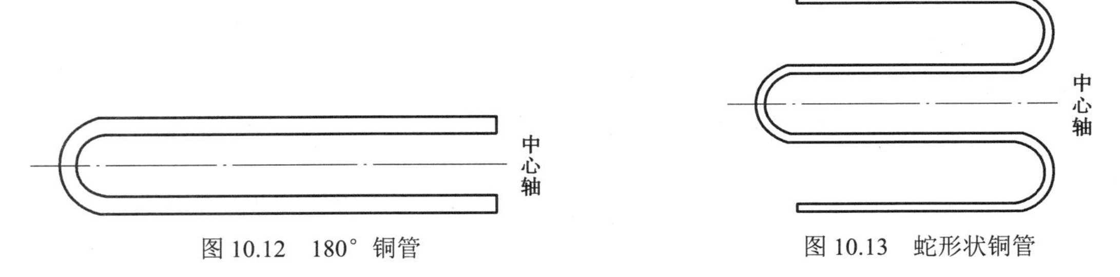

图 10.12　180°铜管　　图 10.13　蛇形状铜管

具体要求：

（1）截取长度误差为±2mm。

（2）制作的杯形口、喇叭口无变形、无裂纹、无锐边。

（3）弯成 180° 铜管的两端长度偏差在 5mm 以内。

（4）弯成 180° 的蛇形铜管的两端长度偏差在 10mm 以内。

任务 2．按照大赛提供的 THRHZK-1 型“现代制冷与空调系统技能实训装置”（简称“装置”，下同），绘制冰箱和空调制冷系统流程图，并截取相应长度的铜管，并制作喇叭口，组装智能式冰箱和空调制冷系统，按附件 3 将部件安装到位（20 分）

具体要求：

（1）按照附件 3 图中部件位置的要求，将空调制冷系统部件安装到位，安装位置尺寸误差为±3mm。

（2）按照“装置”要求，以节省铜管为原则，完成制冷管路的设计制作，组装冰箱和空调制冷系统，要求布局合理、连接可靠、美观。

（3）按赛场提供的合格、不合格部件，选择合格的部件进行连接。

（4）在附件 1 上，按组装好的冰箱制冷系统，绘制其流程图，并注明 5 个主要部件的名称。

（5）在附件 2 上，按组装好的空调制冷系统，绘制其流程图，并注明 5 个主要部件的名称。

（6）在附件 1 冰箱制冷系统流程图上，用箭头标注制冷剂的流向；在附件 2 空调制冷系统流程图上，用箭头标注制热时制冷剂的流向。

任务 3．按照“中华人民共和国制冷设备维修工职业技能鉴定规范考核大纲”（简称为“大纲”，下同）的要求，完成冰箱和空调制冷系统的保压检漏（10 分）

具体要求：

（1）在进行保压检漏前，用氮气对冰箱、空调制冷系统进行吹污。

（2）将 0.8MPa 氮气充入冰箱的制冷系统，将 1.2MPa 氮气充入空调的制冷系统进行保压检漏并清理检漏部位，自检不漏后，开始申请保压，空调的保压时间为 20min，冰箱的保压时间为 30min。保压开始及结束时，参赛人员应举手示意，由参赛人员在表 1 中记录实训台低压表的压力值和保压时间（以赛场挂钟时间为准），并由评委签字确认。

（3）如果发现有泄漏部位，应重新进行上述操作，直到不漏为止。

任务 4．按照附件 4 电气图进行空调、冰箱的电路连接（15 分）

具体要求：

（1）将赛场提供的各种电线和配件，按强电、弱电要求，测量所需电线长度，并套上相对应的号码管连接到端子排上。

（2）将电线布放在线槽内，加套管并焊接。

（3）判断空调室内风机与压缩机各接线端子，由参赛人员在表 2 中记录测量数据。

（4）按赛场提供的好、坏器件，选择好的器件进行连接。

任务 5．按照“大纲”要求，完成冰箱和空调制冷系统的抽真空及加注制冷剂（15 分）

具体要求：

（1）冰箱制冷系统抽真空时间不少于 40min，空调制冷系统抽真空时间不少于 30min，抽真空开始及结束时，参赛人员应举手示意，由参赛人员在表 3 中记录开始及结束的时间（以赛场挂钟时间为准）和双表修理阀低压表的压力值，并由评委签字确认。

（2）参赛人员凭评委签字确认后的表 3，由该评委带领到指定位置领取已称过重量的制冷剂 R_{600a}（HC-600a）罐。

（3）加注制冷剂 R_{600a}（HC-600a）后，参赛人员确认不再使用制冷剂 R_{600a}（HC-600a）时，应举手示意并持表 3，由评委带领将 R_{600a}（HC-600a）制冷剂罐送至指定位置称重并由评委确认后归还。

（4）禁止从制冷系统或制冷剂罐中的制冷剂向赛场排放，如由于操作不当引起向赛场排放制冷剂，任务 5 不得分。

任务 6．通电调试运行冰箱和空调制冷系统，使其在安全、经济的条件下达到耗功最小、效率最高的预期效果（20 分）

具体要求：

（1）冰箱设置状态。冷藏室温度：2℃，冷冻室温度：−24℃，变温室温度：0℃，速冻功能：关，智能功能：关，假日功能：开。

（2）冰箱制冷系统自检合格后，通电开始前，参赛人员应举手示意，并在表 4 中记录开始运行时间，由评委签字确认；运行 20min 后，参赛人员应举手示意，并由参赛人员在表 4 中记录当前时间及压缩机的吸气压力值、排气压力值及压缩机的运行电流值，由评委签字确认。

（3）空调制冷系统自检合格后，空调处于制冷状态，室内风机调至中挡送风时，通电开始前，参赛人员应举手示意，并在表 4 中记录开始运行时间，由评委签字确认；运行 20min 后，参赛人员应举手示意，并由参赛人员在表 4 中记录当前时间及压缩机的吸气压力值、排气压力值及压缩机的运行电流值，由评委签字确认。

任务 7．职业素质和安全操作（10 分）

具体要求：

（1）遵守赛场纪律，爱护赛场设备。

（2）工位环境整洁，工具摆放整齐。

（3）具体操作均符合安全操作规程。

10.2.4 大赛记录表

首届全国职业院校技能大赛（中职组）“制冷与空调设备组装与调试”任务书记录，如附件 1～4 和表 3～6 所示。

附件1　　电冰箱制冷系统流程图

冰箱制冷系统流程图		比例	图号
			001
设计		电工电子技能比赛执委会	
制图			

附件2

空调制冷系统流程图

空调制冷系统流程图		比例	图号
			002
设计		电工电子技能比赛执委会	
制图			

附件3

空调系统换热器安装位置图

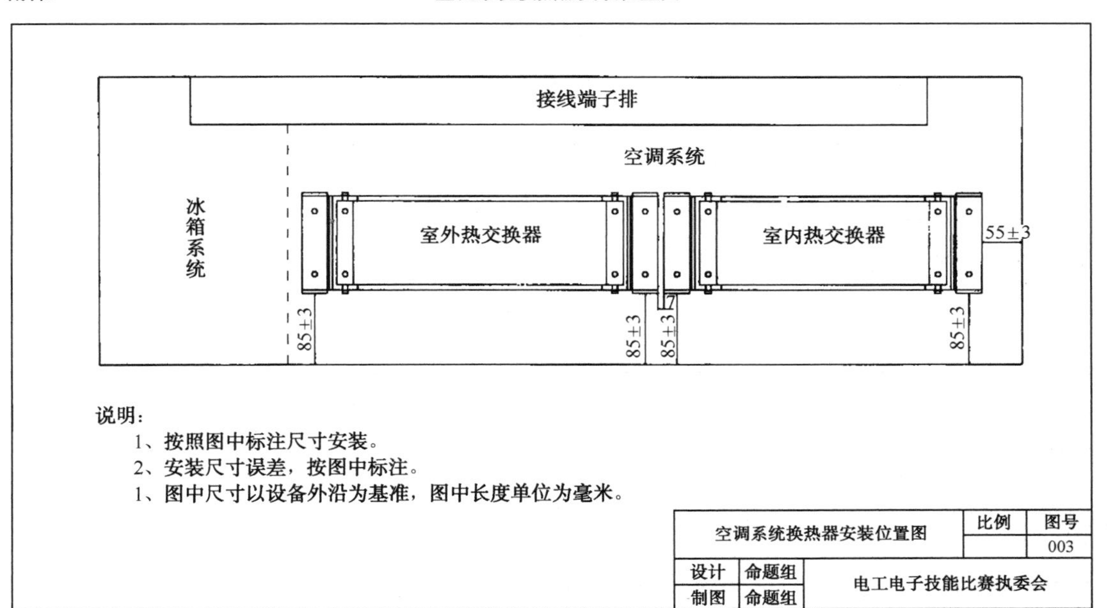

附件4

电气图

端子号	接线	端子号	接线
1	电源火线 L	2	电源零线 N
3	电源火线 L	4	电源零线 N
5		6	
7		8	室内风机 蓝线
9	空调压缩机过热保护器一端	10	压缩机运行端
11	室外风机 红线	12	室内风机零线 黑线
13	室内风机 红线	14	空调环境温度传感器
15	室内风机启动电容 黄线	16	室内风机 白线
17	空调四通阀一端	18	空调室内蒸发器管温传感器
19	空调室内蒸发器管温传感器	20	压缩机启动端
21	空调环境温度传感器	22	室外风机 蓝线
23	室外风机启动电容 白线	24	空调四通阀一端
25		26	
27		28	
29		30	
31	电源火线 L	32	电源零线 N
33	电源火线 L	34	电源零线 N
35		36	
37		38	
39		40	
41		42	
43		44	
45		46	冰箱智能温控冷藏室传感器
47	冰箱智能温控冷冻室传感器	48	冰箱电子温控冷藏室传感器
49	电冰箱门灯一端	50	电冰箱门灯一端
51	冰箱电子温控冷藏室传感器	52	冰箱电磁阀一端
53	冰箱电磁阀一端	54	冰箱压缩机PTC启动器一端
55	冰箱智能温控冷藏室传感器	56	冰箱电子温控冷冻室传感器
57	冰箱压缩机过热保护器一端	58	冰箱智能温控冷冻室传感器
59		60	冰箱电子温控冷冻室传感器
61	电源火线 L	62	电源零线 N
63	电源火线 L	64	电源零线 N

电气图		比例	图号
			004
设计	命题组	电工电子技能比赛执委会	
制图	命题组		

2009年全国职业院校技能大赛（中职组）
“制冷与空调设备组装与调试”任务书中任务3记录表

工位号：

表1

项目名称	次数	保压开始			保压结束		
		时间	压力值（MPa）	评委确认	时间	压力值（MPa）	评委确认
空调制冷系统的保压检漏	第一次						
	第二次						
	第三次						
冰箱制冷系统的保压检漏	第一次						
	第二次						
	第三次						

注：①要求空调系统保压时间不少于20min，冰箱系统保压时间不少于30min。②表中数据用圆珠笔或签字笔填写。③表中数据文字涂改项无效。

2009年全国职业院校技能大赛（中职组）
“制冷与空调设备组装与调试”任务书中任务4记录表

工位号：

表2

项目名称	测量内容	测量结果（Ω）
测量和判断空调室内机及压缩机各接线端子	室内风机启动端与低速挡阻值	
	室内风机启动端与中速挡阻值	
	室内风机启动端与高速挡阻值	
	空调压缩机启动绕组阻值	
	空调压缩机运行绕组阻值	

注：①表中数据用圆珠笔或签字笔填写。②表中数据文字涂改项无效。

2009 年全国职业院校技能大赛（中职组）
“制冷与空调设备组装与调试”任务书中任务 5 记录表

工位号：　　　　　　　　　　　　　　　表 3

项目名称	次数	抽真空开始			抽真空结束		
		时间	真空值（mmHg 柱高）	评委确认	时间	真空值（mmHg 柱高）	评委确认
空调系统抽真空	第一次						
	第二次						
	第三次						
冰箱系统抽真空	第一次						
	第二次						
	第三次						

项目名称	项目内容	冰箱系统（R_{600a}）	评委确认
加注制冷剂	制冷剂罐未加注前重量（g）		已经首席评委确认
	制冷剂罐加注完后重量（g）		
	制冷剂加注量（g）		

注：①要求空调系统抽真空时间不少于 30min，冰箱系统抽真空时间不少于 40min。②表中数据用圆珠笔或签字笔填写。③表中数据文字涂改项无效。

2009 年全国职业院校技能打赛（中职组）
“制冷与空调设备组装与调试”任务书中任务 6 记录表

工位号：　　　　　　　　　　　　　　　表 4

项目名称	项目内容	空调系统	评委确认	冰箱系统	评委确认
通电试运行	系统运行开始时间				
	系统运行结束时间				
	压缩机吸气压力值（MPa）				
	压缩机排气压力值（MPa）				
	压缩机的运行电流（A）				

注：①要求空调系统运行 20min 后记录上表中数据，冰箱系统运行 20min 后记录上表中数据。②表中数据用圆珠笔或签字笔填写。③表中数据文字涂改项无效。

10.3　THRHZK-1 型现代制冷与空调系统技能实训装置介绍

10.3.1　装置的结构与组成

本装置是专门为职业院校、职业教育培训机构研制的制冷与空调冰箱系统维修技能实训考核设备，如图 10.14 所示，根据制冷类行业中家用空调与冰箱维修技术的特点，对家用空调和冰箱的电气控制以及制冷系统的安装与维修进行了研究，针对实训教学活动进行了专门设计，该项目包含了流体力学、热力学、传热学和电气控制等技术，强化了学生对空调冰箱

图 10.14　技能实训考核设备

系统管路的安装、电气接线、工况调试、故障诊断与维修等综合能力，适合制冷类相关专业的教学和培训。

一、装置结构与组成

现代制冷与空调系统技能实训装置采用一体化设计，由铝合金导轨式安装平台、热泵型空调系统、家用电冰箱系统、电气控制系统等组成。

由铝合金导轨式安装平台由标准规格的铝合金工业型材组成，上面安装有空调系统部件和冰箱系统部件。

空调系统包含空调压缩机、冷凝器、蒸发器、四通换向阀、节流装置、视液镜、空调阀等元件。

家用电冰箱系统包含冰箱压缩机、冷凝器、冷冻室、冷藏室、毛细管、视液镜、电磁阀、干燥过滤器等元件。

电气控制系统采用模块化设计，包含了电源模块、热泵空调电气控制模块、冰箱电子温控控制模块、冰箱智能温控控制模块。

装置的基本配置及配套工具如表 10.2 和表 10.3 所示。

表 10.2　基本部件和器件

序　号	名　称	主要部件、器件及规格	数　量	备　注
1	实训台	提供 1600mm×800mm×800mm 铝型材实训平台	1 台	
2	空调系统	旋转式压缩机	1 台	
		室内换热器	1 个	
		四通阀	1 个	
		毛细管	1 套	
		室外换热器	1 个	
		过滤器	1 个	
		压力表-0.1～1.5MPa	1 个	
		压力表-0.1～3.5MPa	1 个	
		视液镜	1 个	
3	冰箱系统	活塞式压缩机	1 台	
		钢丝式冷凝器	1 个	
		毛细管	1 套	
		稳态电磁阀	1 个	
		铝复合板吹胀式蒸发器	1 套	
		模拟冷藏室、冷冻室（有机玻璃）	1 套	
		视液镜	1 个	
		真空压力表-0.1～0.9MPa	1 个	
		真空压力表-0.1～1.5MPa	1 个	
		干燥过滤器	1 个	

续表

序　　号	名　　称	主要部件、器件及规格	数　　量	备　　注
4	实验台挂箱	空调主控制板挂箱（计算机温控）	1台	
		冰箱主控制板挂箱（电子温控）	1台	
		冰箱主控制板挂箱（计算机温控）	1台	
		电源及仪表挂箱	1台	
		系统元件挂箱	1台	
5	附件	空调冷凝器接水盘、空调蒸发器接水盘冰箱蒸发器接水盘	1套	

表 10.3　配套工具

序　　号	类　　别	设 备 名 称	数　　量	备　　注
1	连接电路的工具	螺丝刀、剥线钳、尖嘴钳、斜口钳、剪刀、电烙铁、焊锡丝、镊子等	1套	
2	机械设备安装工具	活动扳手，内六角扳手等工具	1套	
3	专用工具	胀管扩口器、双表修理阀、真空泵、制冷剂钢瓶、三色加液管、割管刀、弯管器、小型焊炬、检漏工具等	1套	
4	检漏工具	肥皂溶液、容器、海绵或毛笔等	1套	

二、装置技术性能

（1）输入电源：单相三线 220V±10% 50Hz；

（2）工作环境：温度-10～40℃相对湿度≤85%（25℃）海拔<4000m；

（3）装置容量：≤1.5kVA；

（4）外形尺寸：150cm×80cm×125cm；

（5）空调系统压缩机：输入功率 585W；

（6）冰箱系统压缩机：输入功率 65W；

（7）制冷剂类型：冰箱系统 R_{600a}、空调系统 R_{22}；

（8）安全保护：具有漏电压、漏电流保护，安全符合国家标准。

10.3.2　装置能完成的项目

一、空调系统管路设计、组装、接线和调试项目

1．管路设计任务

家用空调系统管路的设计（包括管路距离的确定、割管、弯管、扩管、胀管等）。

2．系统组装任务

将设计好的管路安装到对应部件的合理位置并完成对家用空调系统的保压、检漏。

3．系统接线任务

判断空调压缩机的绕组，完成家用空调系统的线路铺设和连接。

图 10.15　认真完成大赛各赛项

4．系统调试任务

完成对家用空调系统的抽真空、加注制冷剂、电气调试、工况的调整，如图 10.15 所示。

二、家用电冰箱系统管路设计、组装、接线和调试项目

1．管路设计任务

家用冰箱系统管路的设计（包括管路距离的确定、割管、弯管、扩管、胀管等）。

2．系统组装任务

将设计好的管路安装到对应部件的合理位置并完成对家用冰箱系统的保压、检漏。

3．系统接线任务

判断冰箱压缩机的绕组，完成家用冰箱系统的线路铺设和连接。

4．系统调试任务

完成对家用冰箱系统的抽真空、加注制冷剂、电气调试、工况的调整。

通过该装置的操练，可考察学生以下七方面的能力：

（1）制冷工专用工具的使用能力；

（2）气焊焊枪的使用能力；

（3）制冷系统的组装能力；

（4）制冷系统的检漏与制冷剂的加注能力；

（5）制冷装置电气连接控制能力；

（6）制冷系统的故障判断与维修能力；

（7）学生的协调组织能力。

10.4　全国“制冷与空调设备组装与调试”学生赛事掠影

“普通教育有高考、职业教育有大赛”。每年在天津（南洋工业学校）隆重举行全国职业院校学生技能大赛，来自全国各地的选手同台献技、一展身手。如图 10.16 所示是一组《制冷与空调设备组装与调试》（中职组）赛项的参赛学生赛事掠影。

（a）政府企业高度重视，技能大赛拉开序幕

图 10.16　全国职业院校参赛学生技能大赛掠影

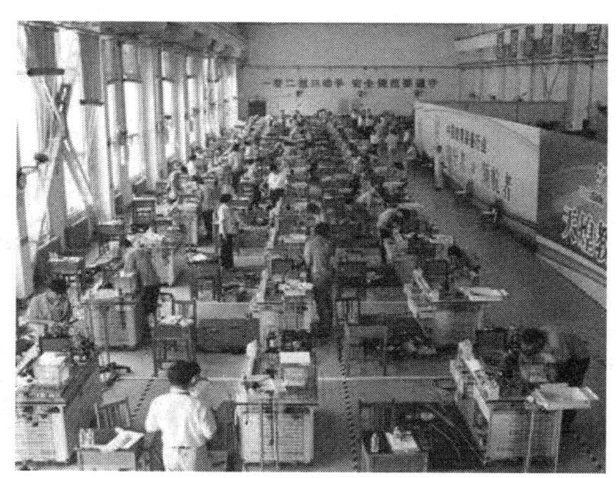

（b）摩拳擦掌上赛场，同台竞技比高低

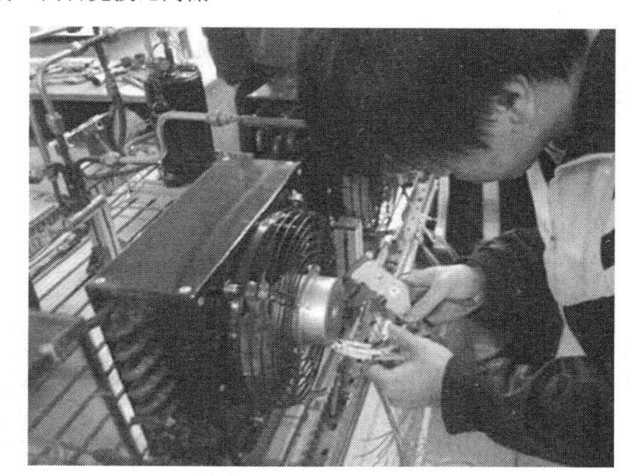

（c）先人一步胜人一筹、展现技能显身手

（d）知识技能双优胜，企校共庆贺成果

图 10.16　全国职业院校参赛学生技能大赛掠影（续）

思考与练习

1. 填空题

（1）首届全国职业院校《制冷与空调设备组装与调试》（中职组）技能大赛于________年________月在天津市________举办。

（2）大赛装置采用________企业生产的________装置。

（3）通过大赛装置的操练，可考查学生________等七方面的能力。

2. 简答题

（1）职业技术教育的根本属性是什么？

（2）为什么说“加强对学生基本技能的训练，在动手实践中磨炼过硬的本领”是缩短由学生到劳动者之间的距离，是提高中等职业学校教育水平的一个有效途径？

附录

附录Ⅰ：制冷设备维修工技术等级标准

（仅供参考）

一、工种定义

运用各种检修手段对制冷设备进行调试、维护、保养、检查、修理、排除故障。

二、适用范围

电冰箱、空调器、中小型冷库（如食堂冷藏库等）。

三、技术等级线

本工种分为初、中、高三个技术等级。

（一）初级制冷设备维修工

1．必备知识

（1）技术基础知识

① 具有热力学的基础知识（包括温度、热量、压力与真空、临界温度和临界压力、比热容容、饱和温度与饱和压力、蒸发与冷凝、过热与过冷、热力学的两个基本定律、热量的传导）。

② 具有电工学基础知识（包括直流电、交流电、导体和电阻、电阻率、电压、电流、电功率的计算）。

③ 了解家用电冰箱构造、电原理图以及基本工作原理。

（2）经营和管理知识

了解本岗位经营业务及有关手续制的管理知识。

（3）工具设备知识

① 懂得本工种常用检测仪器、仪表（万用表、兆欧表、钳形表、温度表、压力表等）的使用和维护知识。

② 了解本工种常用检修工具（如扩管器、割管器、封口钳、气焊焊枪、抽真空泵、灌氟计算器、安全减压阀、氧气瓶、乙炔瓶、液化石油气瓶、氧化气瓶）的使用和维护知识。

（4）工艺技术知识

① 懂得气焊焊接工艺要求和操作方法。

② 懂得常用气焊焊剂、焊料的种类、型号和选用知识。

③ 了解氧气、乙炔气、液化石油气的性能、用途、使用方法。

④ 懂得电冰箱的一般检修方法和检修工艺流程。

（5）材料和产品性能知识

① 懂得制冷设备的主要部件（压缩机、毛细管、过滤器、蒸发器、冷凝器等）的名称、分类、型号、规格。

② 懂得制冷剂的一般性能和对制冷剂的一般要求。

（6）质量标准知识

了解电冰箱的主要性能参数指标。

（7）安全防护知识

① 熟知本岗位气焊焊接安全操作的法规、安全规章制度。

② 懂得本工种操作过程中产生有害气体的预防知识。

③ 掌握安全用电知识。

④ 懂得氧气、乙炔气、液化石油气、氮气储存、使用和运输的安全知识。

2．技能要求

（1）领会应用能力

能看懂电冰箱的电原理图、接线图、结构图、安装图。

（2）实际操作能力

① 能判断电冰箱常见故障产生的部位。

② 能判断主要部件（压缩电动机、压缩电动机附件、机械温度控制继电器）是否损坏。

③ 能按照操作规程对电冰箱进行检漏、抽真空、定量灌氯、封口作业。

④ 能用常用仪器、仪表，对修复的电冰箱的性能进行鉴别。

⑤ 能执行安全操作规程，正确使用气焊焊接电冰箱制冷系统的管道。

⑥ 能检修电冰箱制冷系统的常见故障。

⑦ 能检修电冰箱电气系统的常见故障。

（3）应用计算能力

能计算制冷设备的用电量。

（4）工具设备使用维护和检修排障能力。

① 能正确使用与维护保养常用检修仪器、仪表和工具。

② 能判断检修仪器、仪表工作是否正常，并能对专用工具进行维修。

（5）应变及事故处理能力

能正确使用本岗位各种消防器材，按安全技术规程进行操作，具有自我保护能力。

（6）语言文字能力

能分析电冰箱产生常见故障的一般原因并写出检修报告，看懂整机上常见的外文（一种）标记的含义。

（二）中级制冷设备维修工

1．必备知识

（1）技术基础知识

① 具有电工学基础知识（单相、三相交流电动机的构造和工作原理）。

② 具有电子学基础知识（常用的电子器件、晶体管放大电路、开关电路、电磁效应、集成电路和数字集成电路等）。

③ 具有钳工基础知识。

④ 了解热泵式空调器制冷、制热系统的构造和工作原理。

⑤ 了解国内外电冰箱、空调器等电路控制元器件（电子电路温度控制器）的构造和工作原理。

（2）经营和管理知识

① 懂得制冷设备的检修技术管理的基本知识。

② 懂得制冷设备的维修材料消耗的经济核算知识。

（3）工具设备知识

① 了解制冷设备常用检测仪器、仪表的构造、性能、工作原理及使用规程。

② 掌握制冷设备的常用检测工具的构造、性能、操作规则。

（4）工艺技术知识

① 了解国内外电冰箱、空调器等制冷设备运用新技术、新工艺的动态。

② 懂得气焊焊丝、焊剂的物理、化学性质及适用范围。

③ 懂得氧气、乙炔气、液化石油气的物理性质。

④ 懂得空调器的检修方法和检修工艺流程。

（5）材料和产品性能知识

懂得制冷设备主要部件的性能、技术要求和主要部件的质量。

（6）质量标准知识

懂得电冰箱、空调器的主要性能指标的测试环境和测试方法。

（7）安全防护知识

① 全面掌握本岗位气焊焊接安全操作法规。

② 熟知气焊焊接设备的防火、防爆知识。

2．技能要求

（1）领会应用能力

能看懂空调器的电原理图、接线图、结构图、安装图。

（2）实际操作能力

① 能判断空调器故障产生的部位。

② 能用检测仪器、仪表对制冷设备的主要性能进行一般测试。

③ 能进行国内外电冰箱、空调器等制冷设备制冷系统的主要部件的更换。

④ 能排除压缩机故障。

⑤ 能安装、调试分离式空调器。

⑥ 能应用观察法判断电冰箱、空调器制冷系统的制冷剂充灌量是否准确。

⑦ 能更换、修补双门电冰箱的上、下蒸发器。

⑧ 能检修制冷设备的电子电路温度控制器。

⑨ 能熟练地检修制冷设备、制冷系统、电气系统的疑难故障。

（3）应用计算能力

能对空调器制冷量进行计算。

（4）工具设备使用维护和检修排障能力

能对测试仪器、仪表、专用工具的一般性故障检修。

（5）应变及事故处理能力

能对本部门进行安全检查，对查出的不安全因素能及时报告并采取措施。

（6）语言文字能力

① 能分析制冷设备产生故障的原因并写出检修报告。

② 能借助工具书看懂电原理图中外文（一种）的含义。

（7）其他相关能力

能组织、指导初级维修人员开展维修工作。

（三）高级制冷设备维修工

1．必备知识

（1）技术基础知识

① 具有电工学、电子学、热力学的基础理论。

② 具有机械原理、修械制图、空气调节的基础知识。

③ 具有压-焓图的知识。

④ 具有各种制冷设备的构造、结构特点和工作原理的知识。

（2）经营管理知识

① 掌握检修制冷设备全面质量管理和现场管理知识。

② 掌握本部门经营核算知识

（3）工具设备知识

① 掌握制冷设备检测仪器、仪表的构造、性能和工作原理及使用规程。

② 了解制冷设备检测仪器、仪表的新品种、新设备的开发应用情况。

（4）工艺技术知识

了解国内外制冷设备的制冷系统新工艺新技术动态。

（5）材料和产品性能知识

掌握制冷设备采用新部件、新制冷剂的动态。

（6）质量标准知识

掌握制冷设备性能指标的测试方法和测试过程。

（7）安全防护知识

熟知安全生产法规、消防条例、安全规章制度等有关规定。

2．技能要求

（1）实际操作能力

① 能全面正确分析制冷设备故障产生的部位。

② 能绘制机械图纸，加工、改造制冷设备的简单易损配件。

③ 能自行设计、加工、制作、修理所用的装备和专用工具。

④ 能使用测试仪器、仪表对制冷设备的主要性能指标进行测试。

⑤ 能检修制冷设备，排除复杂疑难故障。

（2）应用计算能力

能对制冷设备的供电线路、设备容量等有关技术参数进行计算。

（3）应变及事故处理能力

能对本部门进行安全教育和管理，对查出的不安全因素能及时分析并排除解决。

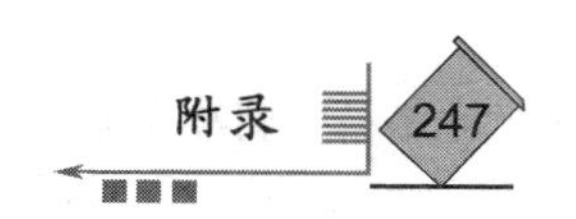

（4）语言文字能力

能分析制冷设备产生故障的原因并写出检修工艺单。

（5）其他相关能力

① 能组织指导维修人员展开工作。

② 能培训中级制冷设备维修工。

附录Ⅱ：制冷设备维修职业技能鉴定规范

一、初级制冷设备维修工

（一）知识要求

项　　目	考核内容要求	配 分 比 例	相 关 知 识
电工学基础	1．电路的组成、电流、电压、电阻的概念、表示方法及相互关系 2．电功率和欧姆定律 3．简单直流电路的计算 4．电容的充、放电和串、并联 5．交流电的周期、频率、有效值、初相和相位差	20%	技术基础知识
电子技术基础	1．二极管的单向导电原理和主要参数 2．三极管的放大原理和主要参数 3．整流电路与滤波电路 4．稳压管和稳压电路	10%	技术基础知识
制冷技术基础	一、制冷技术的基本知识 1．物态的变化 2．气体的物理性质 3．温度、压强与真空、临界温度与临界压力、饱和温度与饱和压力 4．热力学第一定律、热力学第二定律 5．显热和潜热 二、制冷剂及状态 1．制冷剂 2．制冷剂状态的术语 3．蒸发和冷凝 三、单极蒸气压缩式制冷循环 1．制冷系统的基本组成 2．制冷系统中制冷剂的状态变化 3．制冷循环	20%	技术基础知识
蒸气压缩式制冷系统	一、往复活塞式制冷压缩机 1．开启式压缩机结构及半封闭式压缩机结构 2．全封闭式压缩机结构 3．往复活塞式制冷压缩机的工作原理 二、旋转活塞式制冷压缩机 1．QXW 旋转式压缩机结构 2．旋转式压缩机的工作原理	20%	工艺技术知识

续表

项　目	考核内容要求	配分比例	相关知识
蒸气压缩式制冷系统	三、冷凝器与蒸发器 1．冷凝器 2．蒸发器 四、膨胀阀和毛细管 1．膨胀阀 2．毛细管 五、辅助设备 1．储液器（桶） 2．过滤器和干燥过滤器 3．截止阀 4．视液镜 5．电磁阀	20%	工艺技术知识
制冷设备电动机与控制电路	一、电动机 1．单相电动机 2．三相电动机 二、电动机的启动和保护装置 1．单相异步电动机的启动原理、结构、特点 2．单相异步电动机的启动与保护装置 三、温度控制装置 1．蒸气压力式温控器的工作原理 2．压力式温控器 四、电加热及除霜装置 1．电加热器的作用 2．除霜装置的作用	15%	工艺技术知识
家用电冰箱知识	一、电冰箱制冷系统的结构特点及组成 1．制冷系统的构成 2．压缩式制冷系统的几种形式 3．不同冷却方式电冰箱的特点 二、电气系统工作原理及电路连接 1．单门电冰箱的电气控制电路 2．双门直冷式电冰箱的电气控制电路 3．间冷式电冰箱控制电路 4．电子式温度控制器电路原理 三、家用电冰箱的性能指标及测试 1．国产电冰箱型号表示方法 2．电冰箱的主要性能参数指标及测试 3．电冰箱电气电路读图		工艺技术知识 质量标准知识

（二）技能要求

项　　目	考核内容要求	配分比例	相关知识
常用检测仪表及工具	一、常用检测仪器、仪表的构造、工作原理及使用方法 1．万用表的使用注意事项 2．兆欧表的使用注意事项 3．钳形电流表正确的使用方法和注意事项 二、制冷维修基本操作要领 1．常用气焊条、焊剂的选用 2．氧气，乙炔气、液化石油气的特质及使用注意事项 3．制冷剂从大容器移入小容器的方法及注意事项 4．安全用电及气焊安全操作知识	10%	工具设备知识 安全防范知识
常用仪表工具操作	1．用万用表检测电冰箱电路中各器件的好坏 2．使用钳形表测压缩电动机的启动电流和工作电流 3．用压力表测制冷系统中的高、低压系统的压力是否符合安全要求 4．制冷剂从大容器移入小容器 5．检修阀、真空泵的正确使用	30%	工具设备使用维护和检修排故能力 实际操作能力
气焊焊接水平考核	1．气焊铜-铜管道连接，不少于 2 个接头 2．气焊铜-铁管道连接，不少于 2 个接头 3．气焊铁-铁管道连接，不少于 2 个接头 4．正确选用常用气焊焊丝、焊剂的种类、型号	30%	实际操作能力 工具设备操作能力
电冰箱修理	1．电冰箱制冷系统等检漏、抽真空、加注制冷剂、封口等操作工艺 2．电冰箱制冷系统故障的判断与修理 3．电冰箱修复后的性能试验 4．压缩机润滑油的排出与注入 5．往复活塞式压缩机故障的判断	30%	领会应用能力 实际操作能力

二、中级制冷设备维修工

（一）知识要求

项　　目	考核内容要求	配分比例	相关知识
电工学基础	1．简单直流电路的计算 2．基尔霍夫定律、叠加原理、戴维南定理 3．电流源、电压源的等效变换 4．正弦交流电路的电阻、电容、电感 5．三相交流电路 6．对称三相交流电路的功率、计算	10%	技术基础知识
电子学基础	1．三极管的基本放大电路 2．三极管的开关特性 3．串联调整管稳压电路 4．振荡电路 5．线性集成电路 6．基本门电路	10%	技术基础知识

三、高级制冷设备维修工

（一）知识要求

项　　目	考核内容要求	配 分 比 例	相 关 知 识
电工学基础	1．正弦交流电路的符号表示方法 2．振荡电路与谐振电路的表示方法 3．相量、柜量图 4．正弦波的加减运算 5．正弦交流电路中的欧姆定律 6．正弦交流电路中的基尔霍夫定律 7．阻抗与导纳，简单交流电路分析	10%	技术基础知识
数字电路基础	1．晶闸管的工作原理与应用 2．基本放大电路的计算 3．基本门电路 4．触发器、计数器 5．译码器、显示器 6．寄存器、存储器	20%	电子技术基本知识
机械制图知识	1．零件在图纸上的表示方式 2．机械装配图的画法及识读 3．电动机绕组的计算与绕制	10%	技术基础知识
热力学基础知识	1．制冷剂的压-焓图 2．压-焓图的应用 3．空气调节焓-湿图 4．利用 i-d 图求空气的露点湿度 5．冷却过程在 i-d 图上的表示 6．加热过程在 i-d 图上的表示 7．加湿过程在 i-d 图上的表示	20%	技术基础知识
其他专业知识	1．微电脑空调器的控制原理与电路分析 2．汽车空调器的特点及结构组成 3．微电脑空调器控制电路的常见故障及检修知识 4．家用制冷设备采用新部件、新制剂及新产品的动态 5．能设计安装小型冷库及制冷装置 6．了解螺插式、离心式、吸收式制冷装置的工作原理及基本结构	25%	工艺技术知识 材料及产品性能知识
综合知识	1．掌握本部门检修技术的组织、管理知识 2．掌握正确处理发生事故方法，分折事故发生的原因和预防的措施 3．能掌握全面质量管理与现场技术管理的知识 4．掌握制冷设备性能指标的测试方法和测试过程	10%	经营管理知识 安全防护知识 质量标准知识
仪表工具使用知识	1．万用表、兆欧表、钳形电流表的保养和维修知识 2．掌握示波器的使用方法与常见故障的检修知识	5%	工具设备知识

（二）技能要求

项　　目	考核内容要求	配 分 比 例	相 关 知 识
专用工具使用维修	1．万用表、兆欧表、钳形电流表故障检修和排故 2．真空泵常见故障的修理和排除	20%	工具设备使用维护和检修排除故障能力
空调器修理	1．分体式空调器控制电路故障的判断、检修 2．微电脑空调器控制电路的检修 3．汽车空调器检测和修理 4．家用新式空调器的检修	40%	实际操作能力
经营管理	1．能对中级维修工的维修技术进行指导 2．对本部门修理流程、章程制度的制定管理能力 3．能写出本门市部工作报告、检修报告 4．能借助工具书、看懂外文维修资料	10%	语言文字能力 领会应用能力
安全生产	1．能正确处理发生的事故，分析事故发生的原因，提出有效预防措施 2．能全面制定本部门、本工种的安全规章制度 3．能编制、修订制冷设备检修的安全合理的检修流程	10%	应变及事故处理能力
质量管理	1．掌握各种设备修订的常见性能参数和质量标准 2．对修理中出现的质量问题能提出补救办法和措施	10%	应变及质量管理能力
其他修理	1．小型冷库及冷藏箱常见故障的判断、检测与修理 2．制冰机及冷饮机的常见故障排除	10%	实际操作能力

附录Ⅲ：制冷剂压-焓图

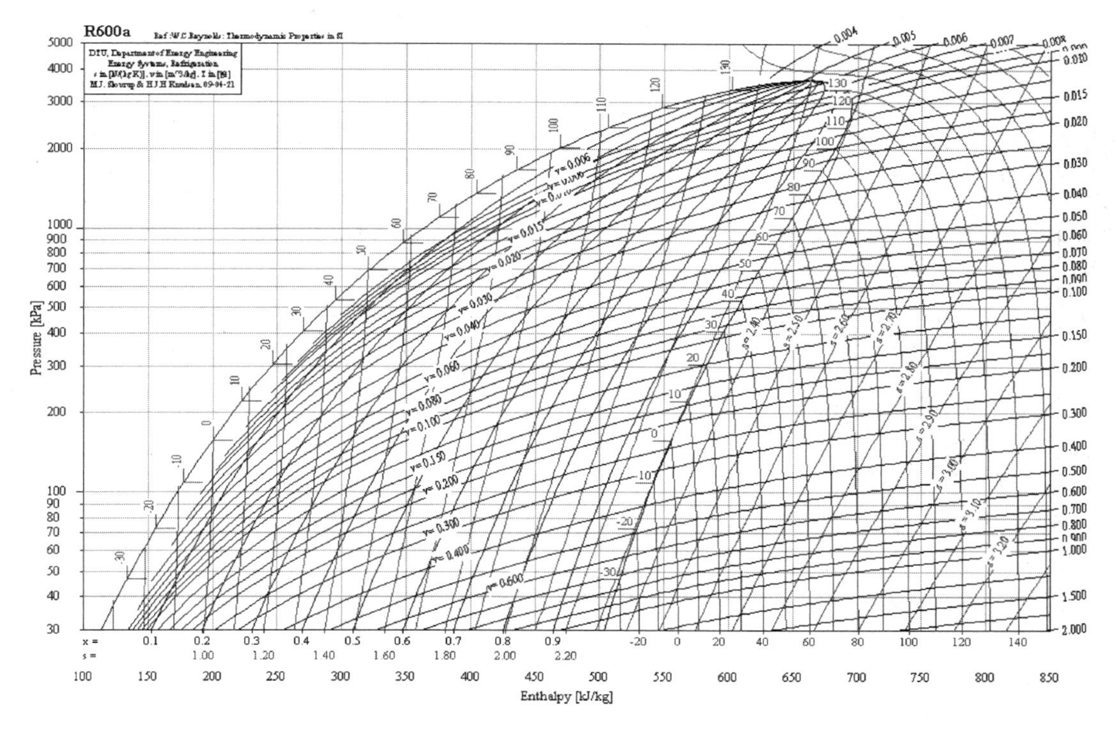

图 A　R600a 压-焓图

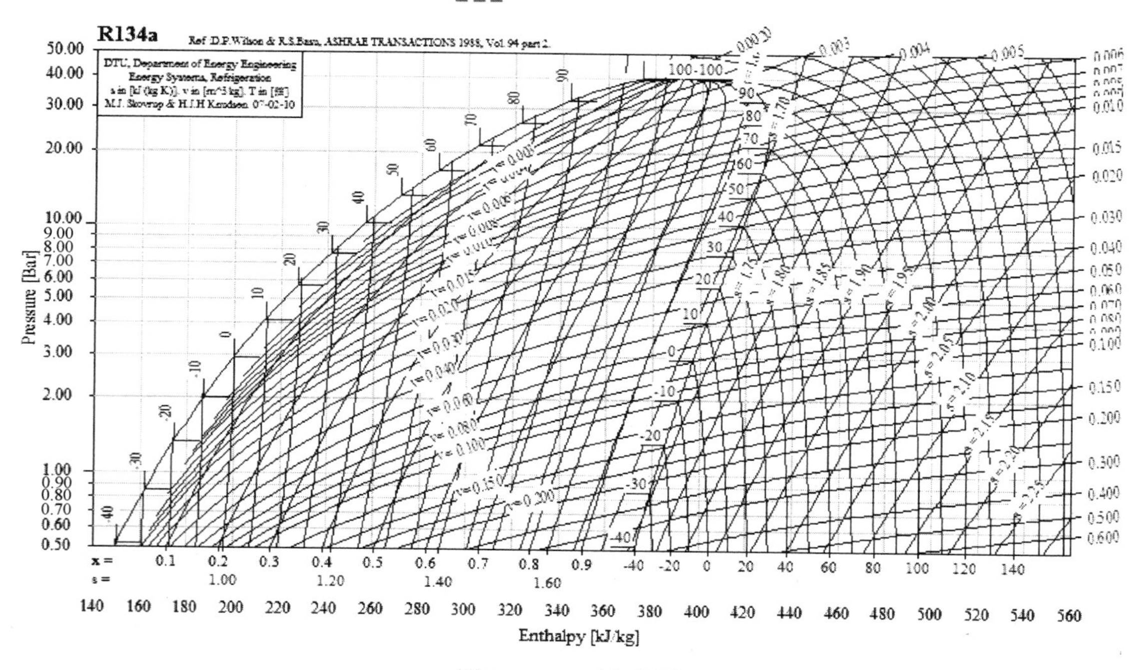

图 B R134a 压-焓图

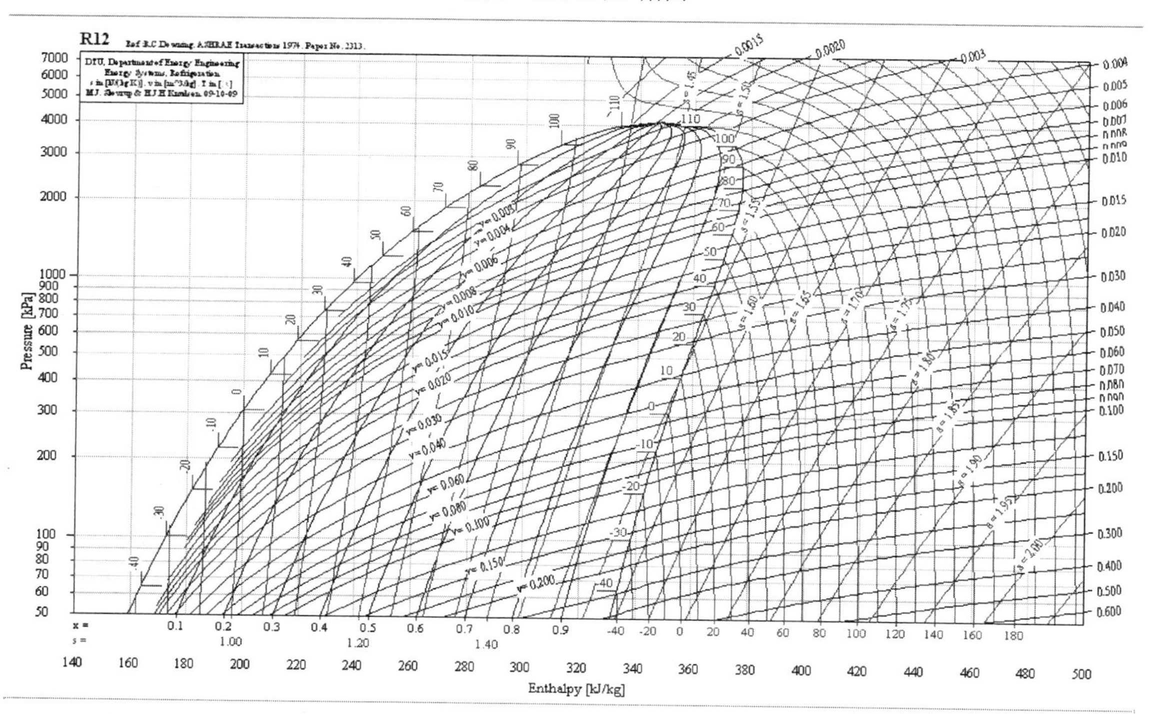

图 C R12 压-焓图

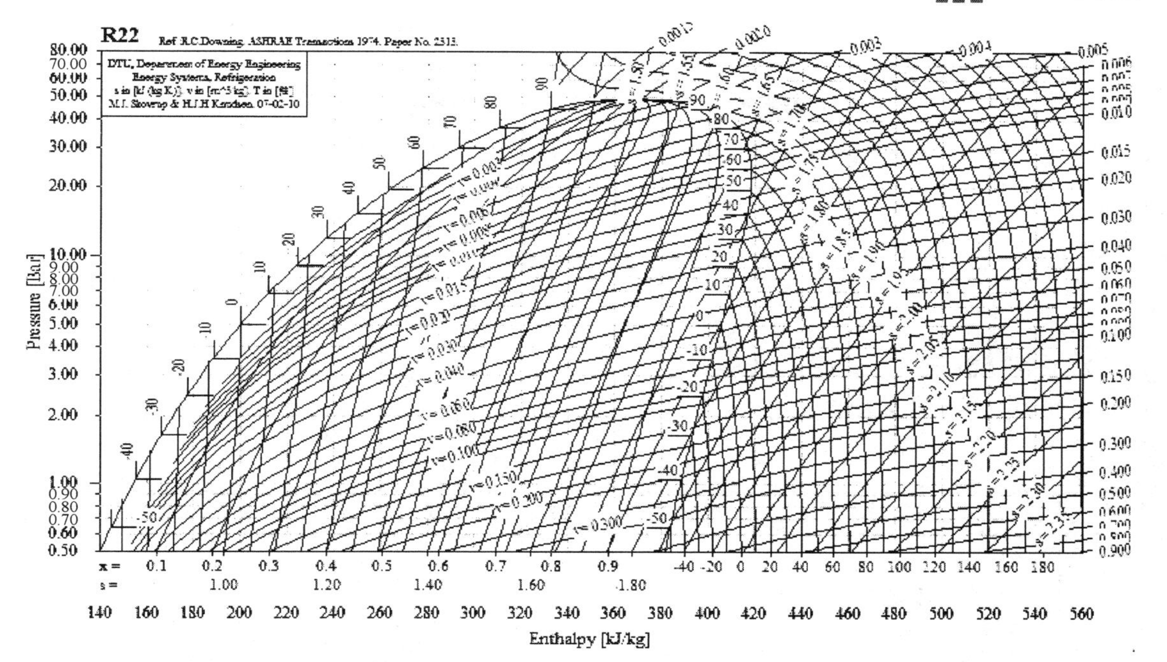

图 D　R22 压-焓图

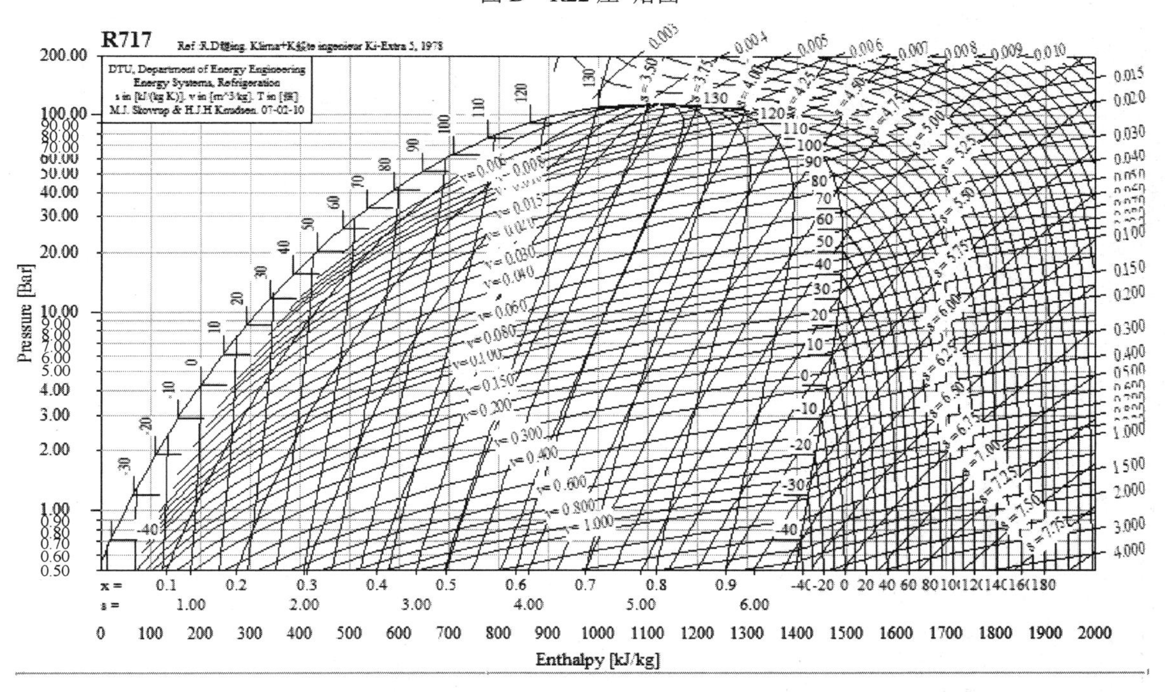

图 E　R717 压-焓图

附录Ⅳ：打孔辅助件安装及其操作步骤

1. 墙孔打制辅助件的认识

打制墙孔时，需要配上相应的辅助件，如附录Ⅳ图所示。

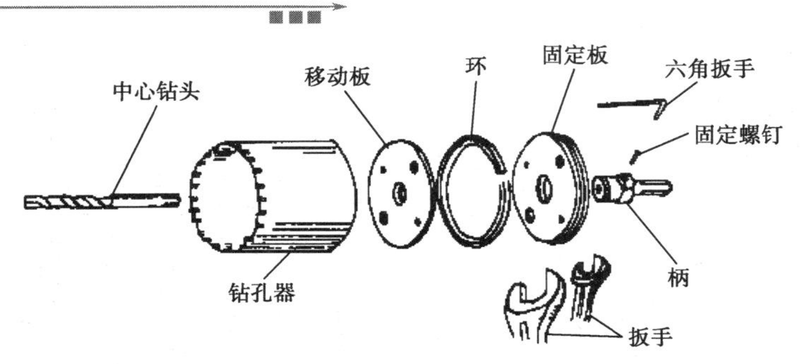

附录Ⅳ图　墙孔打制用的辅助件

2. 打孔辅助件安装与操作步骤

用冲击电钻和辅助件打制墙孔时，相应的打孔辅助件安装与操作步骤，如附录Ⅳ表所示。

附录Ⅳ表　打孔辅助件的安装与操作

序号	示　意图	操作要点	序号	示　意图	操作要点
1		组装钻孔辅助件的移动板、环和固定板，如左图所示	6		用六角扳手旋转固定螺钉，固定钻孔器，如左图所示
2		从钻孔辅助件的固定板后方，旋入柄，如左图所示	7		将柄柱入冲击电钻的钻夹头中，如左图所示
3		将固定板总成装入外壳中，如左图所示	8		用钻夹头钥匙旋紧，操作准备工作完毕，如左图所示
4		使用专用扳手2把，完全紧固，由环的作用使外壳固定，如左图所示	9	中心钻头　移动板　墙	进行墙孔打制，如左图所示
5		将中心销嵌入柄内部的凹孔中，如左图所示	10	墙	退出工具，结束打孔
注意事项	（1）为保证打孔过程安全，使用前一定要认真检查冲击电钻外壳接地保护的可靠性；操作时，最好戴绝缘手套、穿着绝缘鞋或站在干燥的木板、木凳上。 （2）打孔辅助件的规格应与所需孔径的要求相符。 （3）“打孔”中，打孔辅助件与墙面要垂直，用力均匀、不过猛				

参考文献

- 金国砥. 制冷与制冷设备技术·4版. 北京：电子工业出版社.
- 《制冷技术与实训》机械工业出版社　金国砥主编
- 《电冰箱、空调器原理与实训》人民邮电出版社　金国砥主编
- 《新型空调器修理入门》浙江科技出版社　金国砥主编
- 《电冰箱修理大全》浙江科技出版社　杨象忠编写
- 《空调器修理大全》浙江科技出版社　杨象忠编写
- 《制冷与空调设备组装与调试备赛指导》高等教育出版社　杨象忠主编、金国砥副主编
- 《天煌教仪实训系列产品简介》浙江天煌科技实业有限公司编写
- 《海尔电冰箱冷柜原理及维修》人民邮电出版社　海尔集团编

反侵权盗版声明

举报电话：（010）88254396；（010）88258888

传　　真：（010）88254397

E-mail：　dbqq@phei.com.cn

通信地址：北京市万寿路173信箱

　　　　　电子工业出版社总编办公室

邮　　编：100036